"十二五"普通高等教育本科国家级规划教材

高等学校**计算机专业**新形态教材精品系列

微课版

数据结构

C语言版｜第4版

李云清 杨庆红 揭安全◎编著

Data Structure

U0390180

人民邮电出版社

北 京

图书在版编目（ＣＩＰ）数据

数据结构：C语言版：微课版 / 李云清，杨庆红，
揭安全编著. -- 4版. -- 北京：人民邮电出版社，
2023.7
（高等学校计算机专业新形态教材精品系列）
ISBN 978-7-115-60320-3

Ⅰ. ①数… Ⅱ. ①李… ②杨… ③揭… Ⅲ. ①数据结
构－高等学校－教材②C语言－程序设计－高等学校－教
材 Ⅳ. ①TP311.12②TP312.8

中国版本图书馆CIP数据核字(2022)第200123号

内 容 提 要

本书主要介绍数据结构的基本概念和基本算法。全书共 10 章，内容包括：概论，线性表及其顺序
存储，线性表的链式存储，字符串、集合和特殊数组，递归，树状结构，二叉树，图，查找，排序。
附录给出较为详细的基础实验和几类综合实验。

本书内容丰富、逻辑性强，文字清晰、语言流畅，既注重理论知识，又强调工程应用。书中既体
现抽象数据类型的概念，又对每个算法的具体实现给出完整的 C 语言源代码描述。本书可作为高等院
校计算机相关专业数据结构课程的教材，也可作为从事计算机工程与应用工作的广大读者的参考书。

◆ 编　著　李云清　杨庆红　揭安全
　　责任编辑　孙　澍
　　责任印制　王　郁　陈　犇
◆ 人民邮电出版社出版发行　　北京市丰台区成寿寺路 11 号
　　邮编　100164　电子邮件　315@ptpress.com.cn
　　网址　https://www.ptpress.com.cn
　　北京隆昌伟业印刷有限公司印刷
◆ 开本：787×1092　1/16
　　印张：20.75　　　　　　　　2023 年 7 月第 4 版
　　字数：617 千字　　　　　　2024 年 8 月北京第 2 次印刷

定价：69.80 元
读者服务热线：(010)81055256　印装质量热线：(010)81055316
反盗版热线：(010)81055315
广告经营许可证：京东市监广登字 20170147 号

数据结构是计算机相关专业重要的专业基础课程与核心课程之一。全国硕士研究生入学统一考试计算机科学与技术学科联考的考试科目——计算机学科专业基础综合，涵盖 4 门课程，数据结构为其中重要的 1 门课程，所占比例和分值最高。

数据结构课程主要介绍基本数据结构及其应用、查找和排序算法的各种实现方法与分析比较，对于选用何种描述工具对数据结构和算法进行描述，编者认为各有千秋。对数据结构本质和各种算法思想的掌握并不依赖描述工具。实践表明，对于熟练掌握 C 语言的读者，使用 C 语言描述算法，集中于算法思想的理解，有利于数据结构课程的学习。

2004 年，编者根据多年的教学经验，结合高等教育大众化的趋势，在分析国内外同类教材的基础上，编写并出版了《数据结构（C 语言版）》，2009 年修订并出版了《数据结构（C 语言版）（第 2 版）》。2014 年，编者修订了第 2 版中的一些表述，根据读者的建议和教学实际情况，增加了 2 个附录，分别是基础实验和综合实验，出版了《数据结构（C 语言版）（第 3 版）》。本书前 3 个版次累计被100 余所高校选用，其中，第 3 版被评为"十二五"普通高等教育本科国家级规划教材，受到读者的关注和欢迎。

本次修订结合最新的考研大纲，全面覆盖考研知识点，同时在习题中增加了一些考研真题，目的是在保持本书通俗易懂的基础上，提升一定的难度，以满足不同读者的需求。本书总结了编者主持"数据结构"省级精品课程和省级资源共享课程建设的最新成果，传承了第 3 版的特色。修订后，本书具有以下特色。

1. 对数据结构的基本概念、基本理论的阐述注重科学性和严谨性。全书贯穿抽象数据类型的思想，在讨论同一种数据结构时，都采用抽象数据类型的观点进行描述，以便读者更好地掌握理论知识，提高抽象思维的能力。

2. 对各种基本算法描述尽量详细、清楚。对大量算法给出详尽的图示，帮助读者理解算法的思路。

3. 注重工程应用。对于数据结构和算法，本书并没有使用伪代码进行描述，而使用大多数读者熟悉的 C 语言进行描述，每个算法都用 C 语言的函数形式给出。书中所有的算法实现都对应一个 C 语言的函数，一个数据结构的基本函数实现置于一个 C 文件中，如同 C 语言库函数，使用十分方便。限于篇幅，书中没有给出使用实例。我们提供了包含许多测试程序的源代码，读者可以通过参阅这些测试程序掌握书中算法的使用方法。

4. 鉴于递归在算法设计中经常使用，第 5 章介绍递归的特点、递归程序的执行过程以及递归程序和非递归程序的转换等。

5. 附录 1 给出较为详细的基础实验指导，附录 2 给出几类综合实验，方便教师开展实验教学，帮助学生掌握数据结构知识，提高算法设计和实践能力。完整的基础实验案例可从人邮教育社区（www.ryjiaoyu.com）下载。

为了方便教师使用，编者制作了与本书配套的电子教案和习题参考答案等教学资源，教师在使用时可以根据需要对电子教案进行修改。电子教案和书中所有算法的源代码等均可从人邮教育社区免费下载。本书配套的 MOOC 已上线国家高等教育智慧教育平台，读者可访问该平台并搜索"图解数据结构"进行学习。

前言 FOREWORD

本书包含正文和附录。正文共 10 章，第 1 章~第 3 章和第 10 章由李云清撰写，第 4 章~第 7 章由杨庆红撰写，第 8 章、第 9 章、附录 1、附录 2 由揭安全撰写。全书由李云清统稿。

在编写本书的过程中，编者得到了许多老师的指导和帮助。本书第 3 版出版后，一些老师和学生也提出了许多富有建设性的意见和建议，在此，编者向他们表示衷心的感谢。

由于编者水平有限，书中难免有不足之处，恳请同行专家及广大读者批评指正。

编者
2022 年 7 月

CONTENTS 目录

第1章 概论 ………… 1

1.1 数据结构的基本概念与术语 ………… 1
1.1.1 数据结构的基本概念 ……… 1
1.1.2 数据的逻辑结构 ………… 2
1.1.3 数据的存储结构 ………… 3
1.1.4 数据的运算集合 ………… 5

1.2 数据类型和抽象数据类型 ……… 5
1.2.1 数据类型 ………… 6
1.2.2 抽象数据类型 ………… 6
1.2.3 抽象数据类型的描述和实现 ………… 7

1.3 算法和算法分析 ……… 8
1.3.1 算法的基本概念和基本特征 ……… 8
1.3.2 算法的时间复杂度和空间复杂度 ………… 8

本章小结 ……… 9
习题 ………… 10

第2章 线性表及其顺序存储 ………… 12

2.1 线性表 ………… 12
2.2 顺序表 ………… 12
2.2.1 顺序表的基本概念及描述 ……… 12
2.2.2 顺序表的实现 ………… 13

2.3 栈 ………… 17
2.3.1 栈的基本概念及描述 ………… 17
2.3.2 顺序栈及其实现 ………… 18
2.3.3 栈的应用之一——括号匹配 ………… 21
2.3.4 栈的应用之二——算术表达式求值 ………… 22

2.4 队列 ………… 26
2.4.1 队列的基本概念及描述 ……… 26
2.4.2 顺序队列及其实现 …………… 27
2.4.3 顺序循环队列及其实现 ……… 30
2.4.4 队列的应用 ………… 31

本章小结 ………… 32
习题 ………… 32

第3章 线性表的链式存储 ………… 34

3.1 链式存储 ………… 34
3.2 单链表 ………… 35
3.2.1 单链表的基本概念及描述 ……… 35
3.2.2 单链表的实现 ………… 36

3.3 带头节点的单链表 ………… 39
3.3.1 带头节点的单链表的基本概念及描述 ………… 39
3.3.2 带头节点的单链表的实现 ……… 40

3.4 循环单链表 ………… 43
3.4.1 循环单链表的基本概念及描述 ………… 43
3.4.2 循环单链表的实现 ………… 44

3.5 双链表 ………… 49
3.5.1 双链表的基本概念及描述 ……… 49
3.5.2 双链表的实现 ………… 49

3.6 链式栈 ………… 54
3.6.1 链式栈的基本概念及描述 ……… 54
3.6.2 链式栈的实现 ………… 54

3.7 链式队列 ………… 57
3.7.1 链式队列的基本概念及描述 ………… 57
3.7.2 链式队列的实现 ………… 57

本章小结 ………… 60
习题 ………… 61

第4章 字符串、集合和特殊数组 ……… 63

4.1 字符串 ………… 63

4.1.1 字符串的基本概念 ⋯⋯⋯⋯63
4.1.2 字符串类的定义 ⋯⋯⋯⋯64
4.1.3 字符串的存储结构及其
实现 ⋯⋯⋯⋯65

4.2 字符串的模式匹配 ⋯⋯⋯⋯**71**
4.2.1 朴素模式匹配算法 ⋯⋯⋯71
4.2.2 快速模式匹配算法 ⋯⋯⋯72

4.3 集合 ⋯⋯⋯⋯**75**
4.3.1 集合的定义和性质 ⋯⋯⋯75
4.3.2 集合类的定义 ⋯⋯⋯⋯76
4.3.3 集合的存储结构及其实现 ⋯⋯76

4.4 数组 ⋯⋯⋯⋯ **84**
4.4.1 数组和数组元素 ⋯⋯⋯84
4.4.2 数组类的定义 ⋯⋯⋯⋯85
4.4.3 数组的顺序存储及其实现 ⋯86

4.5 特殊矩阵 ⋯⋯⋯⋯ **89**
4.5.1 对称矩阵的压缩存储 ⋯⋯⋯89
4.5.2 三角矩阵的压缩存储 ⋯⋯⋯90
4.5.3 带状矩阵的压缩存储 ⋯⋯⋯92

4.6 稀疏矩阵 ⋯⋯⋯⋯ **93**
4.6.1 稀疏矩阵类的定义 ⋯⋯⋯93
4.6.2 稀疏矩阵的顺序存储及
其实现 ⋯⋯⋯⋯94
4.6.3 稀疏矩阵的链式存储及
其实现 ⋯⋯⋯⋯96

本章小结 ⋯⋯⋯⋯**100**
习题 ⋯⋯⋯⋯**100**

第 5 章 递归 ⋯⋯⋯⋯**102**
**5.1 递归的基本概念与递归
程序设计** ⋯⋯⋯⋯**102**
**5.2 递归程序执行过程的
分析** ⋯⋯⋯⋯**104**
**5.3 递归程序到非递归程序的
转换** ⋯⋯⋯⋯**106**
5.3.1 简单递归程序到非递归程序
的转换 ⋯⋯⋯⋯107

5.3.2 复杂递归程序到非递归程序
的转换 ⋯⋯⋯⋯ 109
**5.4 递归程序设计的应用
实例** ⋯⋯⋯⋯**114**
本章小结 ⋯⋯⋯⋯**116**
习题 ⋯⋯⋯⋯**116**

第 6 章 树状结构 ⋯⋯⋯ **118**
6.1 树的基本概念 ⋯⋯⋯⋯**118**
6.2 树类的定义 ⋯⋯⋯⋯**120**
6.3 树的存储结构 ⋯⋯⋯⋯**120**
6.3.1 双亲表示法 ⋯⋯⋯⋯120
6.3.2 孩子表示法 ⋯⋯⋯⋯121
6.3.3 孩子兄弟表示法 ⋯⋯⋯ 124
6.4 树的遍历 ⋯⋯⋯⋯**125**
6.5 树的线性表示 ⋯⋯⋯⋯**128**
6.5.1 树的括号表示 ⋯⋯⋯ 128
6.5.2 树的层号表示 ⋯⋯⋯ 130
6.6 并查集 ⋯⋯⋯⋯**131**
6.6.1 并查集的定义 ⋯⋯⋯ 131
6.6.2 并查集的构建 ⋯⋯⋯132
6.6.3 基于树状结构的并查集
实现 ⋯⋯⋯⋯132
本章小结 ⋯⋯⋯⋯**137**
习题 ⋯⋯⋯⋯**138**

第 7 章 二叉树 ⋯⋯⋯⋯**139**
7.1 二叉树的基本概念 ⋯⋯⋯**139**
7.2 二叉树的基本操作 ⋯⋯⋯**141**
7.3 二叉树的存储结构 ⋯⋯⋯**141**
7.3.1 顺序存储结构 ⋯⋯⋯⋯ 142
7.3.2 链式存储结构 ⋯⋯⋯ 143
7.4 二叉树的遍历 ⋯⋯⋯⋯**145**
7.4.1 二叉树遍历的定义 ⋯⋯ 145
7.4.2 二叉树遍历的递归
实现 ⋯⋯⋯ 145

CONTENTS 目录

7.4.3 二叉树遍历的非递归
实现 …………… 147
7.5 二叉树其他运算的实现 ····· **150**
7.6 线索二叉树 ············· **152**
7.6.1 线索二叉树的定义 ·········· 152
7.6.2 中序线索二叉树的基本
操作 …………… 153
7.6.3 中序线索二叉树的存储结构
及其实现 ………… 154
7.7 树、森林和二叉树的
转换 ·················· **156**
7.7.1 树、森林到二叉树的
转换 …………… 156
7.7.2 二叉树到树、森林的
转换 …………… 157
本章小结 ·················· **158**
习题 ······················ **158**

第 8 章 图 ··········· **160**
8.1 图的基本概念 ··········· **160**
8.2 图的基本操作 ··········· **163**
8.3 图的基本存储结构 ······· **164**
8.3.1 邻接矩阵及其实现 ······· 164
8.3.2 邻接表及其实现 ········· 167
8.3.3 邻接多重表 ··············· 169
8.4 图的遍历 ··············· **170**
8.4.1 深度优先遍历 ··········· 170
8.4.2 广度优先遍历 ··········· 172
8.5 生成树与最小生成树 ······· **173**
8.5.1 最小生成树的定义 ······· 175
8.5.2 最小生成树的 Prim
算法 …………… 176
8.5.3 最小生成树的 Kruskal
算法 …………… 179
8.6 最短路径 ··············· **182**
8.6.1 单源最短路径 ·········· 182

8.6.2 所有顶点对的最短
路径 ……………… 185
8.7 拓扑排序 ················ **188**
8.8 关键路径 ················ **191**
本章小结 ··················· **196**
习题 ························· **196**

第 9 章 查找 ·········· **200**
9.1 查找的基本概念 ··········· **200**
9.2 线性表的查找 ············· **201**
9.2.1 顺序查找 ·············· 201
9.2.2 二分查找 ·············· 203
9.2.3 分块查找 ·············· 205
9.3 二叉排序树 ··············· **207**
9.4 丰满树和平衡树 ··········· **213**
9.4.1 丰满树 ··············· 214
9.4.2 平衡二叉排序树 ········· 215
9.4.3 扩充二叉树 ············ 222
9.5 红黑树 ··················· **223**
9.5.1 红黑树的定义 ·········· 224
9.5.2 红黑树的插入 ·········· 224
9.5.3 红黑树的删除 ·········· 227
9.6 最佳二叉排序树和
Huffman 树 ············ **230**
9.6.1 最佳二叉排序树 ········· 230
9.6.2 Huffman 树 ············ 235
9.7 B 树 ···················· **238**
9.7.1 B-树的定义 ············ 238
9.7.2 B-树的基本操作 ········· 239
9.7.3 B+树 ················· 243
9.8 散列表查找 ··············· **245**
9.8.1 散列存储 ·············· 245
9.8.2 散列函数的构造 ········· 246
9.8.3 冲突处理 ·············· 247
本章小结 ··················· **251**
习题 ························· **251**

目录 CONTENTS

第 10 章 排序 ………255

10.1 排序的基本概念 ………255
10.2 插入排序 ………256
10.2.1 直接插入排序 ………256
10.2.2 二分法插入排序 ………259
10.2.3 表插入排序 ………260
10.2.4 Shell 插入排序 ………262
10.3 选择排序 ………263
10.3.1 直接选择排序 ………263
10.3.2 树状选择排序 ………265
10.3.3 堆排序 ………267
10.4 交换排序 ………271
10.4.1 冒泡排序 ………271
10.4.2 快速排序 ………272
10.5 归并排序 ………274
10.6 基数排序 ………278
10.6.1 多排序码的排序 ………278
10.6.2 静态链式基数排序 ………278
10.7 外部排序 ………281
10.7.1 磁盘排序 ………282
10.7.2 多路平衡归并 ………283
10.7.3 置换-选择排序 ………285
10.7.4 最佳归并树 ………288
本章小结 ………290
习题 ………291

附录 1 基础实验 ……294

实验 1 线性表的顺序存储实现 ………294
实验 2 不带头节点的单链表 ………297
实验 3 带头节点的单链表 ………301
实验 4 栈与字符串 ………303
实验 5 递归 ………306
实验 6 树 ………310
实验 7 二叉树 ………312
实验 8 图 ………315
实验 9 查找 ………317
实验 10 排序 ………318

附录 2 综合实验 ……320

1

第1章 概论

学习目标

（1）掌握数据结构相关的基本概念，包括数据结构、数据的逻辑结构、数据的存储结构和数据的运算集合等；重点掌握数据的逻辑结构与存储结构以及它们之间的联系。

（2）了解抽象数据类型的定义、描述与实现。

（3）掌握算法的特征，了解如何评价算法的优劣；掌握算法高效性评价方法，重点掌握算法时间复杂度的分析方法。

数据结构讨论的是数据的逻辑结构、存储结构以及相关操作。本章讲述数据结构的基本概念及相关术语，介绍数据结构、数据类型和抽象数据类型之间的联系，介绍算法的特点及算法的时间复杂度与空间复杂度。

1.1 数据结构的基本概念与术语

1.1.1 数据结构的基本概念

人们常把计算机称为数据处理机，在计算机问世的初期，计算机所处理的数据基本上都是数值数据，也就是说，计算机发展的初期主要用于数值计算，那时的软件设计者将主要精力用于程序设计的技巧上，而对如何在计算机中组织数据并没有花费太多的时间和精力。然而，随着计算机软、硬件的发展，计算机的应用范围在不断扩大，计算机处理数据的数量也在不断增加，计算机处理的数据已不再是单纯的数值数据，而更多的是非数值数据。此时，如果仅在程序设计技巧上花工夫，而不去考虑数据的组织，那么对大量数据的处理将会是十分低效的，有时甚至是无法进行的。

需要处理的数据并不是杂乱无章的，它们一定有内在的联系，只有弄清楚它们之间本质的联系，才能使用计算机对大量的数据进行有效的处理。

例如，某电信公司的市话用户信息表如表 1.1 所示。

表 1.1 某电信公司的市话用户信息表

序号	用户名	电话号码	用户住址	
			街道名	门牌号
00001	万方林	33800***	北京西路	1659*
00002	吴金平	33800***	北京西路	2099*
00003	王 冬	55700***	瑶湖大道	1987*
00004	王 三	55700***	瑶湖大道	2008*
00005	江 凡	68800***	学府大道	5035*

对于用户信息表中的数据，每一行是一个用户的有关信息，它由序号、用户名、电话号码和用户住址等项组成。序号、用户名和电话号码等项称为基本项，是有独立意义的最小标识单位；而用户住址称为组合项，组合项由一个或多个基本项或组合项组成，是有独立意义的标识单位。这里的每一行称为一个节点，每一个基本项或组合项称为一个字段。节点是由若干个字段构成的。对于能唯一地标识一个节点的字段或几个字段的组合，如这里的序号字段，称为关键码。当要使用计算机处理用户信息表中的数据时，必须弄清楚以下 3 方面的问题。

1. 数据的逻辑结构

这些数据存在什么样的内在联系？在这些数据中，有且仅有一个节点是表首节点，它前面没有其他节点，后面有一个和它相邻的节点；有且仅有一个节点是表尾节点，它后面没有其他节点，前面有一个和它相邻的节点；除这两个节点之外，表中所有其他的节点都有且仅有一个和它相邻的位于它之前的节点，也有且仅有一个和它相邻的位于它之后的节点。这就是用户信息表的逻辑结构。

2. 数据的存储结构

数据在计算机中的存储方式称为存储结构。将用户信息表中的所有节点存入计算机时，就必须考虑存储结构。使用 C 语言进行设计时，常见的方式是用一个结构数组来存储整个用户信息表，每一个结构数组元素是一个结构，它对应用户信息表中的一个节点。用户信息表中相邻的节点，对应的结构数组元素也是相邻的，或者说在这种存储方式下，逻辑相邻的节点就必须物理相邻。这是一种被称为顺序存储的方式，当然，还有其他的存储方式。

3. 数据的运算集合

对数据的处理必定涉及相关的运算。在上述用户信息表中，可以进行删除一个用户、增加一个用户和查找某个用户等操作。应该明确指出这些操作的含义。比如对于删除操作，是删除序号为00005 的用户还是删除用户名为王三的用户应该明确定义，如果有需要可以定义两个不同的删除操作。为一批数据定义的所有运算（或称操作）构成一个运算（或称操作）集合。

对于一批待处理的数据，只有分析清楚上述 3 方面的问题，才能进行有效的处理。

数据结构就是指按一定的逻辑结构组成一批数据，使用某种存储结构将这批数据存储于计算机中，并在这批数据上定义一个运算集合。

在讨论一个数据结构时，数据结构所含的 3 方面缺一不可，也就是说，只有给定一批数据的逻辑结构和它们在计算机中的存储结构，并且定义数据的运算集合，才能确定一个数据结构。例如，在后面的章节中将要介绍的栈和队列，它们的逻辑结构是一样的，并且都可以用同样的存储结构，但是由于所定义的运算集合不同，它们成为两种不同的数据结构。

1.1.2 数据的逻辑结构

数据的逻辑结构是数据和数据之间所存在的逻辑关系，它可以用一个二元组

$$B = (K, R)$$

来表示，其中 K 是数据，即节点的有限集合；R 是集合 K 上关系的有限集合，这里的关系是从集合 K 到集合 K 的关系。在本书的讨论中，一般只涉及具有一个关系的逻辑结构。

例如，有 5 人，分别记为 a,b,c,d,e，其中 a 是 b 的父亲，b 是 c 的父亲，c 是 d 的父亲，d 是 e 的父亲，如果只讨论它们之间存在的父子关系，则可以用下面的二元组形式化地表示：

$$B = (K, R)$$

其中，

$K = \{a,b,c,d,e\}$

$R = \{r\}$

$r = \{<a,b>,<b,c>,<c,d>,<d,e>\}$

也可以用图形的方式表示数据的逻辑结构，K 中的每个节点 k_i 用一个方框表示，而节点之间的关系用带箭头的线段表示。这 5 人之间的逻辑结构用图形的方式表示，如图 1.1 所示。

图 1.1　5 人之间的逻辑结构

若 $k_i \in K$，$k_j \in K$，$<k_i,k_j> \in r$，则称 k_i 是 k_j 的相对于关系 r 的前驱节点，k_j 是 k_i 的相对于关系 r 的后继节点。因为一般只讨论具有一种关系的逻辑结构，即 $R = \{r\}$，所以简称 k_i 是 k_j 的前驱，k_j 是 k_i 的后继。如果某个节点没有前驱节点，则称其为开始节点；如果某个节点没有后继节点，则称其为终端节点；既不是开始节点，又不是终端节点的节点称为内部节点。

对于一个逻辑结构 $B = (K,R)$，如果它只有一个开始节点和一个终端节点，而其他的每一个节点有且仅有一个前驱和一个后继，则其为线性结构。如果它有一个开始节点，有多个终端节点，除开始节点外，每一个节点有且仅有一个前驱，则其为树状结构。如果每个节点都可以有多个前驱和后继，则其为图形结构。此外，还有一种特殊的逻辑结构是集合结构，这种结构中的数据之间没有任何关系，即 $R=\varnothing$。按照关系的复杂程度，由低到高，可以将逻辑结构分为 4 种。

① 集合结构。数据之间不存在任何关系。
② 线性结构。数据之间存在一对一的关系。
③ 树状结构。数据之间存在一对多的关系。
④ 图形结构。数据之间存在多对多的关系。

集合结构、树状结构和图形结构都是非线性结构。

图 1.2 所示是一个有 7 个节点的数据结构的逻辑关系。

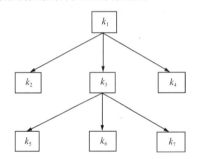

图 1.2　一个有 7 个节点的数据结构的逻辑关系

这里 k_1 是开始节点，k_2,k_4,k_5,k_6,k_7 是终端节点，k_3 是内部节点。

以后，在不引起误解的情况下，我们把数据的逻辑结构简称为数据结构。

1.1.3　数据的存储结构

数据的逻辑结构是独立于计算机的，它与数据在计算机中的存储无关。要对数据进行处理，就必须将数据存储在计算机中，如果将数据无规律地存储在计算机中，那么在处理数据时会非常糟，是没有用的。对于一个数据结构 $B = (K,R)$，必须建立从节点集合到计算机某个存储区域 M 的一个映像，这个映像通常要直接或间接地表达节点之间的关系 R。如前文所述，数据在计算机中的存储方式称为数据的存储结构。数据的存储结构主要有以下 4 种。

1. 顺序存储

顺序存储通常用于存储具有线性结构的数据。将逻辑相邻的节点存储在连续存储区域 M 的相邻存储单元中，使逻辑相邻的节点一定是物理相邻的。这种映像是通过物理上存储单元的相邻关系来体现节点间相邻的逻辑关系的。

例如，对于一个数据结构 $B=(K,R)$，其中，

$K=\{k_1,k_2,k_3,k_4,k_5,k_6,k_7,k_8,k_9\}$

$R=\{r\}$

$r=\{<k_1,k_2>,<k_2,k_3>,<k_3,k_4>,<k_4,k_5>,<k_5,k_6>,<k_6,k_7>,<k_7,k_8>,<k_8,k_9>\}$

它的顺序存储如图 1.3 所示。

2．链式存储

链式存储方式是给每个节点附加一个指针段，一个节点的指针所指的是该节点的后继存储地址，因为一个节点可能有多个后继，所以指针段可以是一个指针，也可以是多个指针。在链式存储中逻辑相邻的节点在连续存储区域 M 中可以不是物理相邻的。前文讲到，数据的存储结构一定要体现它的逻辑结构，这里是通过指针来体现的。

例如，数据的逻辑结构 $B=(K,R)$，其中，

$K=\{k_1,k_2,k_3,k_4,k_5\}$

$R=\{r\}$

$r=\{<k_1,k_2>,<k_2,k_3>,<k_3,k_4>,<k_4,k_5>\}$

这是一个线性结构，它的链式存储如图 1.4 所示。

很明显，在这种存储方式下，必须知道开始节点的存储地址。

例如，数据的逻辑结构 $B=(K,R)$，其中，

$K=\{k_1,k_2,k_3,k_4,k_5\}$

$R=\{r\}$

$r=\{<k_1,k_2>,<k_1,k_3>,<k_2,k_4>,<k_4,k_5>\}$

这是一个树状结构，它的链式存储如图 1.5 所示。

存储地址	M
1000H	k_1
1004H	k_2
1008H	k_3
100cH	k_4
1010H	k_5
1014H	k_6
1018H	k_7
101cH	k_8
1020H	k_9

图 1.3　顺序存储示意

存储地址	info	next
1010H		
1020H	k_1	1040H
1030H		
1040H	k_2	1080H
1050H		
1060H	k_4	1070H
1070H	k_5	∧
1080H	k_3	1060H
1090H		

图 1.4　线性结构的链式存储示意

存储地址	数据	指针1	指针2
1020H	k_1	1038H	10b0H
1038H	k_2	1098H	∧
1050H			
1068H	k_5	∧	∧
1080H			
1098H	k_4	1068H	∧
10b0H	k_3	∧	∧
10c8H			
10e0H			

图 1.5　树状结构的链式存储示意

3．索引存储

在线性结构中，设开始节点的索引号为 1，其他节点的索引号等于其前驱节点的索引号加 1，则每一个节点都有唯一的索引号。索引存储就是根据节点的索引号确定该节点的存储地址。例如，一本书的目录就是各章节的索引，目录中每个章节后面标识的页码就是该章节在书中的位置。如果某本书的每章所占页数相同，那么可以由一个线性函数来确定每章在书中的位置。

4．散列存储

散列存储的思想是构造一个从集合 K 到存储区域 M 的函数 h，该函数的定义域为 K，值域为 M，K 中的每个节点 k_i 在计算机中的存储地址由 $h(k_i)$ 确定。

一个数据结构存储在计算机中，整个数据结构所占的存储空间一定不小于数据本身所占的存储空间，通常把数据本身所占存储空间的大小与整个数据结构所占存储空间的大小之比称为数据结构的存储密度。显然，数据结构的存储密度不大于 1。顺序存储的存储密度为 1，链式存储的存储密度小于 1。

1.1.4　数据的运算集合

对于一批数据，数据的运算是定义在数据的逻辑结构之上的，而运算的具体实现依赖于数据的存储结构。

例如，在一个线性结构中查找一个值为 x 的节点，可以这样定义查找运算："从该结构的第 1 个节点开始，将节点值与 x 比较，如果相等则以查找成功结束；如果不相等，则沿着该节点的后继继续比较，直到找到一个满足条件的节点以查找成功结束，或找遍所有节点都没有找到而以查找失败结束。"

如果一个线性结构采用顺序存储，比如用一个一维数组存放，则查找运算中一个节点的后继是通过数组下标的递增实现的，如 "i = i + 1"。如果采用链式存储，一个节点的后继是通过形如 "p = p->link" 的方式来实现的。

数据的运算集合要视情况而定，一般而言，数据的运算包括插入、删除、检索、输出和排序等。

插入是指在一个结构中增加一个新的节点。

删除是指在一个结构中删除一个节点。

检索是指在一个结构中查找满足条件的节点。

输出是指将一个结构中所有节点的值输出。

排序是指将一个结构中所有节点按某种顺序重新排列。

数据结构的基本概念

1.2　数据类型和抽象数据类型

在程序设计中，数据和运算是两个不可缺少的因素。所有的程序设计活动都是围绕数据及其相关运算进行的。从机器语言、汇编语言中的数据没有类型的概念，到现在的面向对象程序设计语言中抽象数据类型概念的出现，程序设计中的数据经历了一次次抽象。数据的抽象经历了 3 个发展阶段。

第一个发展阶段是从无类型的二进制数到基本数据类型的产生。在机器语言中，程序设计中所涉及的一切数据，包括字符、数、指针、结构数据和程序等，都是由程序设计人员用二进制数表达的，没有类型的概念。人们难以理解、辨别这些由 0 和 1 组成的二进制数表达的含义。这种程序的易读性、可维护性和可靠性极差。随着计算机技术的发展，出现了 FORTRAN、ALGOL 等高级程序设计语言，这些高级程序设计语言中引入了整型、实型和布尔型等基本数据类型，程序设计人员可以将其他的数据对象建立在基本数据类型之上，从而避免复杂的机器表示。这样程序设计人员不必和繁杂的二进制数直接"打交道"就能完成相应的程序设计任务。数据类型就像一层外衣，它反映了一个抽象层次，使程序设计人员只需知道如何使用整数、实数和布尔数，而不需要了解机器的内部细节。此外，高级程序设计语言的编译程序可以利用类型信息进行类型一致性检查，及早发现程序中的语法错误。

第二个发展阶段是从基本数据类型到用户自定义类型的产生。FORTRAN 等语言只是引入了整型、实型和布尔型等基本数据类型，而在程序的开发过程中，许多复杂的数据对象难以用这些基本数据类型表示，这就给程序的设计带来了很大的困难。例如，程序要实现一个数组栈（即栈中的元素为数组）的操作，不能将数组作为基本对象来处理，必须通过其下标变量对数组的分量逐个处理。如果数组的分量又是一个数组，则还必须对这个用作分量的数组的分量逐一处理，直到最底层为整数、实数或布尔数等基本数据类型的数据为止。也就是说，虽然经过第一个阶段的发展，用户可以不必涉及机器的内部细节，但是，仅仅引入几种基本数据类型，用户在处理复杂的数据时，仍要涉及其数据结构的细节。如果可以把所要处理的数据对象作为某种类型的对象来直接处理，而不必涉及其数据结构细节，将影响控制程序的复杂性，并且编译程序的类型检查机制可以及早发现错误。为此，PL/I 曾试图引入更多的基本数据类型（如数组、树和栈等），以便将数组、树和栈作为直接处理的数据对象。但这不是解决问题的好方法。因为一个大型系统所涉及的数据对象极其复杂，任何一种程序语言都没有办法使所有的类型作为其基本数据类型。解决问题的根本方法是，程序设计语言必须提供这样一种机制：程序设计人员可以依据具体问题，灵活、方便地定义新的数据类型，即用户自定义类型的机制。在大家熟知的 Pascal 和 C 语言中就引入了用户自定义类型的机制，程序中允许有用户自己定义的新的数据类型。

第三个发展阶段是从用户自定义类型到抽象数据类型的产生。抽象数据类型是用户自己定义类型的一个机制。数据和运算是程序设计的核心，数据表示的复杂性决定了其上运算实现的复杂性，这也是整个系统复杂性的关键所在。20 世纪 60 年代末出现的"软件危机"就是因为在软件开发中不能有效地控制数据表示，无法控制整个软件系统的复杂性，最终导致软件系统的失败。软件危机使人们认识到，在基于功能抽象的模块化设计方法中，模块间的连接是通过数据进行的，数据从一个模块传送到另一个模块，每一个模块在其上施加一定的操作，并完成一定的功能。尽管 Pascal 和 C 语言等的用户自定义类型机制使用户可以将这些连接数据作为某种类型的对象直接处理，然而，由于这些用户自定义类型的表示细节是对外部公开的，没有任何保护措施，程序设计人员可以随意地修改这种类型对象的某些成分，添加一些不合法的操作，而处理这种数据对象的其他模块却一无所知，从而危害整个软件系统。这些不利因素将会对由多人合作进行的大型软件系统开发产生致命的危害。为了有效地控制大型软件系统的复杂性，必须从两个方面加以考虑：一方面是要更新程序设计语言中的类型定义机制，使类型的内部表示细节对外部不可见，程序设计中不需要依赖于数据的某种具体表示；另一方面是要寻求连接模块的新方法，尽可能缩小模块间的界面。面向对象程序设计语言 C++中的类就是实现抽象数据类型的机制。

1.2.1 数据类型

数据类型（简称类型）反映了数据的取值范围以及对这类数据可以施加的运算。在程序设计语言中，一个变量的数据类型是指该变量所有可能的取值集合。例如，Pascal 语言中布尔型的变量可以取值为 true 或 false，而不能取其他值；C 语言中字符型的变量可以取值为 A 或 B 等单个字符，但不能取值 ABC。各种程序设计语言中所规定的基本数据类型不尽相同，利用基本数据类型构造组合数据类型的法则也不一样。因此，一个数据类型就是同一类数据的全体，数据类型用以说明一个数据在数据分类中的归属，是数据的一种属性，数据属性规定了该数据的变化范围。数据类型还规定了这一类数据可以参与的运算，例如，整型数据可以进行加、减、乘和除运算，而字符型数据则不能进行这些运算。所以，数据类型包括两个方面，即数据属性和在这些数据上可以施加的运算集合。

数据结构是数据存在的形式，所有的数据都是按照数据结构进行分类的。简单数据类型对应简单的数据结构，构造数据类型对应复杂的数据结构。

1.2.2 抽象数据类型

抽象数据类型是数据类型的进一步抽象，是大家熟知的基本数据类型的延伸和发展。众所周知，整数类型是整数值数据模型（或简单理解为整数）和加、减、乘、除四则运算等的统一体，人们在程序设计中大量使用整数类型及其相关的四则运算，而没有人去追究这些运算是如何实现的。如果人们问到此问题，有人可能会简单回答为计算机自动进行处理。实际上，每一种基本数据类型都有一组与其相关的运算，而这组运算的具体实现都被封装起来，人们不知道也确实不必去关心这些细节。试想一下，如果程序设计人员在程序设计中要考虑基本数据类型的相关运算是如何具体实现的，那将是多么繁杂和令人头痛的事情，程序中的错误也会增加许多。将基本数据类型的概念进行延伸，程序设计人员可以在进行问题求解时，

抽象数据类型

首先确定该问题所涉及的数据模型以及定义在该数据模型上的运算集合，然后求出从数据模型的初始状态到达目标状态所需的运算序列，这就成为该问题的求解算法，这样做就是一种抽象。它使用户不必去关心数据模型中的数据具体表示及相关运算的具体实现，可大大提高程序开发效率和程序的正确性等。

抽象数据类型是与表示无关的数据类型，是一个数据模型及定义在该模型上的一组运算。定义一个抽象数据类型时，必须给出它的名字及各运算的运算符名，即函数名，并且规定这些函数的参数性质。一旦定义了一个抽象数据类型及其具体实现，在程序设计中就可以像使用基本数据类型那样，十分方便地使用抽象数据类型。

1.2.3 抽象数据类型的描述和实现

抽象数据类型的描述包括给出抽象数据类型的名称、数据的集合以及数据之间的关系和操作的集合等方面的描述。抽象数据类型的设计者根据这些描述给出操作的具体实现，抽象数据类型的使用者依据这些描述使用抽象数据类型。

在描述抽象数据类型时，抽象数据类型的名称可以任意给定，但最好用意义贴近的文字表示；对于数据的描述，应该给出数据的集合以及这些数据之间关系的描述；对于操作方面的描述，要给出每个操作的名称、操作的前置条件和后置条件以及操作的功能等方面的描述。一个抽象数据类型的操作包括"构造操作集"和"非构造操作集"，读者可以简单地理解构造操作集是一个抽象数据类型中必须定义的操作集合，抽象数据类型中的数据元素均可以通过它们的组合操作获得，而非构造操作集是为了方便使用抽象数据类型而定义的一些操作的集合。例如，对于非负整数抽象数据类型，它的构造操作集有两个：一个是初始化操作 zero，另一个是求后继的操作 succ。任意一个非负整数都可以由这两个操作生成，如 2 = succ(succ(zero( )))。当然，还要定义如相等、相加和相减等操作。一般而言，一个抽象数据类型中定义并实现的操作越多，使用就越方便，如同商业银行提供的服务项目越多就越受用户欢迎。

抽象数据类型描述的一般形式如下：

```
ADT 抽象数据类型名称 {
    数据对象：
        …
    数据关系：
        …
    操作集合：
        操作名 1：
            …
        操作名 n：
}ADT 抽象数据类型名称
```

抽象数据类型的具体实现依赖于程序设计语言。面向对象程序设计语言中的类支持抽象数据类型，也支持信息隐藏。本书设定读者使用 C 语言进行程序设计，书中使用 C 语言进行算法的描述和实现，而 C 语言在对抽象数据类型的支持上是欠缺的。一个抽象数据类型（使用 C 语言）的不同实现，如一个使用顺序存储，另一个使用链式存储，尽管在不同的实现中可以使同一操作对应的函数名相同，但是抽象数据类型的操作所对应的函数原型一般是不同的。因此，要 C 语言完整地实现抽象数据类型是不现实的。尽管如此，本书在叙述时仍努力贯彻抽象数据类型的思想，在给出一个抽象数据类型的描述时，对于不同的具体实现，为了和实现中的函数原型一致，在描述抽象数据类型中各操作的时候，有的地方采用了和实现有关的函数原型，并对函数的功能进行了描述。采用这种折中的方法，是希望向只具有过程式程序设计经验的读者逐渐地灌输抽象数据类型的思想，同时也希望具有面向对象程序设计经验的读者能从中获益。

1.3 算法和算法分析

算法和算法分析

1.3.1 算法的基本概念和基本特征

为了求解某问题，必须给出一系列的运算规则，这一系列的运算规则是有限的，表达了求解问题的方法和步骤，这就是一个算法。

一个算法可以用自然语言描述，也可以用高级程序设计语言或伪代码描述。本书采用 C 语言对算法进行描述。

算法是求解问题的一种方法或一个过程。更严格地讲，算法是由若干条指令组成的有穷序列，并满足以下 5 个特征。

① 有穷性：算法的执行必须在有限步内结束。

② 确定性：算法的每一个步骤必须是确定的、无二义性的。

③ 输入：算法可以有 0 个或多个输入。

④ 输出：算法一定有输出结果。

⑤ 可行性：算法中的运算都必须是可以实现的。

程序是用计算机语言表达的求解一个问题的一系列指令的序列，它和算法的主要区别是，算法具备有穷性，程序不需要具备有穷性。一般的程序都会在有限时间内终止，但有的程序可以不在有限时间内终止，如一个操作系统在正常情况下是永远都不会终止的。

1.3.2 算法的时间复杂度和空间复杂度

求解一个问题可能有多个算法，如何评价算法的优劣呢？一个算法的优劣主要从算法执行时间和所需要占用的存储空间两个方面来衡量。算法执行时间的度量不是采用算法执行的绝对时间来计算的，因为一个算法在不同的机器上执行的时间不一样；在不同时刻也会由于计算机资源占用情况的不同，使算法在同一台计算机上执行的时间也不一样。所以算法的时间复杂度，采用算法执行过程中其基本操作的执行次数，即计算量来度量。

算法基本操作的执行次数一般是与问题规模有关的，对于节点个数为 n 的数据处理问题，用 $T(n)$ 表示算法基本操作的执行次数。为评价算法的时间复杂度与空间复杂度，我们引入记号为"O"的数学符号。设 $T(n)$ 和 $f(n)$ 是定义在正整数集合上的两个函数，如果存在正常数 C 和 n_0，使当 $n \geq n_0$ 时都有 $0 \leq T(n) \leq C \cdot f(n)$，则记 $T(n) = O(f(n))$。当比较不同算法的时间性能时，主要标准是看不同算法时间复杂度所处的数量级如何。例如，同一问题的两个不同算法，如果一个算法执行基本操作的时间复杂度为 $T_1(n) = 2n$，另一个算法执行基本操作的时间复杂度为 $T_2(n) = n + 1$，由于 $T_1(n) = 2n = O(n)$，$T_2(n) = n + 1 = O(n)$，因此它们被认为是具有相同数量级的算法。也就是说，在评价算法的时间复杂度时，不考虑算法执行次数之间的细小区别，而只关心算法的本质差别。

对于 $O(\ )$ 记号的深入了解，可以参阅数学分析或高等数学方面的书籍。表 1.2 给出了一些具体函数的 $O(\ )$ 表示。

表 1.2 一些具体函数的 $O(\ )$ 表示

$f(n)$	$O(g(n))$	数量级
35	$O(1)$	常数阶
$3n\log_2 n + 19n + 123$	$O(n\log_2 n)$	线性对数阶
$2n + 7$	$O(n)$	线性阶
$n^2 + 10$	$O(n^2)$	平方阶
$2n^3 + n$	$O(n^3)$	立方阶

按数量级递增排列，常见算法的时间复杂度有常数阶 $O(1)$、对数阶 $O(\log_2 n)$、线性阶 $O(n)$、线性对数阶 $O(n\log_2 n)$、平方阶 $O(n^2)$、立方阶 $O(n^3)$、$\cdots$、k 次方阶 $O(n^k)$、指数阶 $O(2^n)$，即

$$O(1) < O(\log_2 n) < O(n) < O(n\log_2 n) < O(n^2) < O(n^3) < \cdots < O(n^k) < O(2^n)$$

算法的时间复杂度不仅与问题的规模有关，还与问题的数据的初始状态有关。对于在一个线性结构中的检索问题，设问题规模为 n，算法采用从左向右的方向检索，如果要检索的 x 正好就是线性结构中的第一个节点，则检索时间复杂度为 $O(1)$；如果 x 不在线性结构中，或 x 等于线性结构中的最后一个节点的值，则检索时间复杂度为 $O(n)$。这样就有了算法在最好、最坏以及平均情况下的时间复杂度的概念。

①　算法在最好情况下的时间复杂度是指算法计算量的最小值。

②　算法在最坏情况下的时间复杂度是指算法计算量的最大值。

③　算法在平均情况下的时间复杂度是指算法在所有可能的情况下的计算量经过加权计算出的平均值。

对算法时间复杂度的度量，人们更关心的是最坏情况下和平均情况下的时间复杂度。

算法的空间复杂度一般考虑的是算法中除了存储数据本身以外的附加存储空间，它的度量方法和算法时间复杂度的相似。

算法的时间复杂度和空间复杂度是衡量一个算法效率的两个主要方面，但一般情况下，人们更感兴趣的是算法时间复杂度。

算法的时间复杂度与空间复杂度是衡量一个算法的高效性能的指标。评价一个算法除了高效性，还要考虑以下几个方面。

①　正确性。对于合理的输入数据，算法应该在有限时间内求出正确的结果。

②　可读性。一个好的算法应该容易理解，便于调试与修改。

③　稳健性。一个好的算法应该有良好的适应性，对于一些非法的输入数据，能够做出相应的处理。

任何一个算法，必须把正确性放在首位，然后才考虑可读性、稳健性和高效性。

本章小结

本章主要知识点的思维导图如图 1.6 所示。

图 1.6　本章主要知识点的思维导图

图 1.6　本章主要知识点的思维导图（续）

1.1　什么是数据结构？

1.2　数据结构涉及哪几个方面？

1.3　两个数据结构的逻辑结构和存储结构都相同，但是它们的运算集合中有一个运算的定义不一样，它们是否可以当作同一个数据结构？为什么？

1.4　线性结构的特点是什么？非线性结构的特点是什么？

1.5　数据结构的存储方式有哪几种？

1.6　算法有哪些特点？它和程序的主要区别是什么？

1.7　抽象数据类型是什么？它有什么特点？

1.8　算法的时间复杂度指的是什么？如何表示？

1.9　算法的空间复杂度指的是什么？如何表示？

1.10　对于下面的程序段，分析带下画线的语句的执行次数，并给出它们的时间复杂度 $T(n)$。

（1）i++;

（2）for(i=0;i<n;i++)

　　　　if(a[i]<x) x=a[i];

（3）for(i=0;i<n;i++)

　　　　for(j=0;j<n;j++)

　　　　　　printf("%d",i+j);

（4）for(i=1;i<=n-1;i++)

　　　{ k=i;

　　　　for(j=i+1;j<=n;j++)

　　　　　　if(a[j]>a[j+1]) k=j;

　　　　t=a[k]; a[k]=a[i]; a[i]=t;

　　　}

（5）for(i=0;i<n;i++)

　　　　for(j=0;j<n;j++)

　　　　　　{++x;s=s+x;}

1.11　【2012 年统考真题】求整数 n（$n \geq 0$）的阶乘的算法如下，其时间复杂度是（　　　）。

```
int fact (int n)
```

```
{
    if(n<=1) return 1;
return n*fact(n-1);
}
```

　　A．$O(\log_2 n)$　　　B．$O(n)$　　　C．$O(n\log_2 n)$　　D．$O(n^2)$

　　1.12【2013 年统考真题】已知两个长度分别为 m 和 n 的升序链表，若将它们合并为一个长度为 $m+n$ 的降序链表，则最坏情况下的时间复杂度是（　　　）。

　　A．$O(n)$　　　B．$O(mn)$　　　C．$O(\min(m,n))$　　D．$O(\max(m,n))$

　　1.13【2014 年统考真题】下列程序段的时间复杂度是（　　　）。

```
count=0;
for(k=1;k<=n;k*=2)
  for(j=1;j<=n;j++)
  count++;
```

　　A．$O(\log_2 n)$　　　B．$O(n)$　　　C．$O(n\log_2 n)$　　D．$O(n^2)$

　　1.14【2017 年统考真题】下列函数的时间复杂度是（　　　）。

```
int func(int n)
{
    int i=0,sum=0;
    while(sum<n) sum+=++i;
    return i;
}
```

　　A．$O(\log_2 n)$　　　B．$O(n^{1/2})$　　　C．$O(n)$　　　D．$O(n\log_2 n)$

　　1.15【2019 年统考真题】设 n 是描述问题规模的非负整数，下列程序段的时间复杂度是（　　　）。

```
x=0;
while(n>=(x+1)*(x+1))
    x=x+1;
```

　　A．$O(\log_2 n)$　　　B．$O(n^{1/2})$　　　C．$O(n)$　　　D．$O(n^2)$

2

第 2 章　线性表及其顺序存储

学习目标

（1）掌握线性表的概念。

（2）掌握顺序表的概念，了解顺序表的基本操作的实现方法；重点掌握顺序表的插入、删除等基本操作的思想和实现方法；重点掌握插入与删除操作的时间复杂度分析。

（3）掌握栈和顺序栈的概念及特点；掌握顺序栈的进栈和出栈等基本操作的思想及实现方法。

（4）掌握队列和顺序队列的概念及特点；掌握顺序队列的进队和出队等基本操作的思想及实现方法。

（5）掌握顺序循环队列的概念和特点；掌握顺序循环队列的进队和出队等基本操作的思想及实现方法；重点掌握顺序循环队列空和满的判断条件；掌握基本操作的时间复杂度分析。

（6）运用栈或队列求解问题。

线性表是一种常用的数据结构。本章介绍线性表及其顺序存储，并对栈和队列及它们的顺序实现给出详细的设计描述。

2.1　线性表

线性表是一个线性结构，它是一个含有 $n \geq 0$ 个节点的有限序列，对于其中的节点，有且仅有一个开始节点，它没有前驱节点但有一个后继节点；有且仅有一个终端节点，它没有后继节点但有一个前驱节点；其他的节点都有且仅有一个前驱节点和一个后继节点。通常，一个线性表可以表示成一个线性序列 $k_1, k_2, \cdots, k_n$，其中 k_1 是开始节点，k_n 是终端节点。

线性表在计算机中的存储基本采用顺序存储和链式存储两种方式。

2.2　顺序表

2.2.1　顺序表的基本概念及描述

线性表采用顺序存储的方式存储就称为顺序表。顺序表是将表中的节点依次存放在计算机内存中一组地址连续的存储单元中。

如果顺序表中的每个节点需要占用 len 个内存单位，用 location(k_i)表示顺序表中第 i 个节点 k_i 所占内存空间的第 1 个单元的地址，则有如下的关系：

$$location\ (k_{i+1}) = location\ (k_i) + len$$

$$location\ (k_i) = location\ (k_1) + (i - 1)\ len$$

顺序表的存储结构如图 2.1 所示。

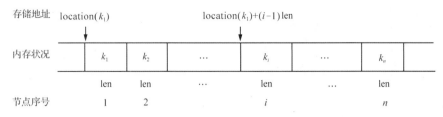

图 2.1 顺序表的存储结构

数据结构的存储结构要体现它的逻辑结构。在顺序表的存储结构中，内存中物理地址相邻的节点一定具有顺序表中的逻辑关系。

按照上述的讨论，只要知道顺序表中第 1 个节点的存储地址 location(k_1)，就可以方便地访问顺序表中的任意节点。计算机高级程序设计语言（如 C 语言）中的数组元素是可以随机访问的，所以可以用数组表示顺序表。

顺序表类型的描述如下。

```
ADT sequence_list{
    数据集合 K:K={k₁,k₂,…,kₙ},n≥0,K 中的元素是 datatype 类型。
    数据关系 R:R={r},r={<kᵢ,kᵢ₊₁>| i=1,2,…,n-1}。
    操作集合如下。
    (1) void init(sequence_list *slt): 顺序表的初始化——置空表。
    (2) void append(sequence_list *slt,datatype x): 在顺序表后部插入值为 x 的节点。
    (3) void display(sequence_list slt): 输出顺序表的各节点值。
    (4) int empty(sequence_list slt): 判断顺序表是否为空。
    (5) int find(sequence_list slt,datatype x): 查找顺序表中值为 x 的节点位置。
    (6) int get(sequence_list slt,int i): 取得顺序表中第 i 个节点的值。
    (7) void insert(sequence_list *slt,int position,datatype x): 在顺序表的 position
位置插入值为 x 的节点。
    (8) void dele(sequence_list *slt,int position): 删除表中第 position 位置的节点。
} ADT sequence_list
```

2.2.2 顺序表的实现

用 C 语言中的数组存储顺序表，对于顺序表的许多操作，实现起来是比较简单的，如查找第 i 个节点的值、输出整个顺序表的所有节点值等。需要说明的是，C 语言中数组的下标是从 0 开始的，即数组中下标为 0 的元素对应的是顺序表中的第 1 个节点，数组中下标为 i 的元素对应的是顺序表中第 $i+1$ 个节点。为了方便、简单，将顺序表中各节点的序号改为和对应数组元素的下标一致，即将顺序表中各节点的序号从 0 开始编号。这样，一个长度为 n 的顺序表可以表示为：

顺序表及其基本操作

$$\{k_0,k_1,k_2,\cdots,k_{n-1}\}$$

顺序表存储结构的 C 语言描述如下。

```
/**********************************/
/*  顺序表的头文件,文件名:sequlist.h */
/**********************************/
#define MAXSIZE 100
typedef int datatype;
typedef struct{
    datatype a[MAXSIZE];
    int size;
}sequence_list;
```

顺序表的几个基本操作的具体实现详见算法 2.1～算法 2.6。

```
/******************************************************/
/*   函数功能:顺序表的初始化——置空表                    */
/*   函数参数:sequence_list 类型的指针                 */
/*   函数返回值:无                                    */
/*   文件名:sequlist.c,函数名:init()                   */
/******************************************************/
void init(sequence_list *slt)
{
  slt->size=0;
}
```

算法 2.1　顺序表的初始化——置空表

```
/******************************************************/
/*   函数功能:在顺序表后部进行插入操作                    */
/*   函数参数:sequence_list 类型的指针                 */
/*           datatype 型变量 x                       */
/*   函数返回值:无                                    */
/*   文件名:sequlist.c,函数名:append()                 */
/******************************************************/
void append(sequence_list *slt,datatype x)
{
  if(slt->size==MAXSIZE)
    {printf("顺序表是满的!");exit(1);}
  slt->a[slt->size]=x;
  slt->size=slt->size+1;
}
```

算法 2.2　在顺序表后部进行插入操作

```
/******************************************************/
/*   函数功能:输出顺序表的各节点值                       */
/*   函数参数:sequence_list 类型变量                   */
/*   函数返回值:无                                    */
/*   文件名:sequlist.c,函数名:display()                */
/******************************************************/
void display(sequence_list slt)
{
  int i;
  if(!slt.size) printf("\n 顺序表是空的!");
  else
  for(i=0;i<slt.size;i++)  printf("%5d",slt.a[i]);
}
```

算法 2.3　输出顺序表的各节点值

```
/******************************************************/
/*   函数功能:判断顺序表是否为空                         */
/*   函数参数:sequence_list 类型变量                   */
/*   函数返回值:int 类型。1 表示空,0 表示非空             */
/*   文件名:sequlist.c,函数名:empty()                  */
/******************************************************/
int empty(sequence_list slt)
{
  return(slt.size==0?1:0);
}
```

算法 2.4　判断顺序表是否为空

```
/***************************************************************/
/*   函数功能:查找顺序表中值为 x 的节点位置                        */
/*   函数参数:sequence_list 类型变量,datatype 类型变量            */
/*   函数返回值:int 类型。返回 x 的位置值,-1 表示没找到            */
/*   文件名:sequlist.c,函数名:find()                            */
/***************************************************************/
int find(sequence_list slt,datatype x)
{
  int i=0;
  while(i<slt.size&&slt.a[i]!=x) i++;
  return (i<slt.size?i:-1);
}
```

算法 2.5　查找顺序表中值为 x 的节点位置

```
/***************************************************************/
/*   函数功能:取得顺序表中第 i 个节点的值                         */
/*   函数参数:sequence_list 类型变量,int 类型变量                */
/*   函数返回值:datatype 类型。返回第 i 个节点的值                */
/*   文件名:sequlist.c,函数名:get()                            */
/***************************************************************/
datatype get(sequence_list slt,int i)
{
  if(i<0||i>=slt.size)
    {printf("\n 指定位置的节点不存在!");exit(1);}
  else
    return slt.a[i];
}
```

算法 2.6　取得顺序表中第 i 个节点的值

1. 顺序表的插入操作

顺序表的插入操作是指将一个值为 x 的节点插入顺序表的第 i（$0 \leqslant i \leqslant n$）
个位置，即将 x 插入 k_{i-1} 和 k_i 之间；如果 $i = n$，则表示插入表的最后。一般表
示如下。

顺序表的插入与
删除操作

插入前：$\{k_0,k_1,\cdots,k_{i-1},k_i,\cdots,k_{n-1}\}$。

插入后：$\{k_0,k_1,\cdots,k_{i-1},x,k_i,\cdots,k_{n-1}\}$。

插入前 k_{i-1} 的后继是 k_i，k_i 的前驱是 k_{i-1}；插入 x 后，k_{i-1} 的后继是 x，k_i 的前驱是 x，x 的前驱和
后继分别是 k_{i-1} 和 k_i。顺序表的插入操作使其部分节点的逻辑关系发生了变化，这种变化应该在它
的存储结构上反映出来，否则，它的存储结构就会因为逻辑结构的变化而丢失功效。为了在存储结
构上反映这种变化，需要将 $k_i,\cdots,k_{n-1}$ 这些节点所对应的数组元素依次后移一个位置，空出 k_i 原先的
存储位置以便存放新插入的节点（顺序表的长度将加 1）。插入过程如图 2.2 所示。

图 2.2　插入过程

顺序表插入操作的具体实现详见算法 2.7。

```
/**********************************************************/
/*  函数功能:在顺序表的 position 位置插入值为 x 的节点      */
/*  函数参数:指向 sequence_list 类型的指针                 */
/*           datatype 型变量 x,int 型变量 position         */
/*  函数返回值:空                                          */
/*  文件名:sequlist.c,函数名:insert()                     */
/**********************************************************/
void insert(sequence_list *slt,datatype x,int position)
{
  int i;
  if(slt->size==MAXSIZE)
    {printf("\n 顺序表是满的!无法插入!");exit(1);}
  if(position<0||position>slt->size)
    {printf("\n 指定的插入位置不存在!");exit(1);}
  for(i=slt->size;i>position;i--) slt->a[i]=slt->a[i-1];
  slt->a[position]=x;
  slt->size++;
}
```

算法 2.7　在顺序表的 position 位置插入值为 x 的节点

在算法 2.7 中，所花费的时间主要在元素后移操作上。在第 i 个位置上插入一个新的元素，需要移动 $n-i$ 个元素，设在第 i 个位置上插入一个元素的概率为 p_i，且在任意一个位置上插入元素的概率相等，即 $p_0=p_1=p_2=\cdots=p_n=1/(n+1)$，则在一个长度为 n 的顺序表中插入一个元素的平均移动次数为：

$$\sum_{i=0}^{n}p_i(n-i)=\sum_{i=0}^{n}\frac{1}{n+1}(n-i)=\frac{1}{n+1}\times\frac{n(n+1)}{2}=\frac{n}{2}$$

这就是说，在一个长度为 n 的顺序表中插入一个元素平均需要移动表中的一半元素。该算法的时间复杂度为 $O(n)$。

2．顺序表的删除操作

顺序表的删除操作是指删除顺序表中的第 i（$0\leqslant i\leqslant n-1$）个节点，一般表示如下。

删除前：$\{k_0,k_1,\cdots,k_{i-1},k_i,k_{i+1},\cdots,k_{n-1}\}$。

删除后：$\{k_0,k_1,\cdots,k_{i-1},k_{i+1},\cdots,k_{n-1}\}$。

与插入操作一样，删除操作也改变了顺序表中部分节点的逻辑关系，当然也应该在它的存储结构上反映出来。为此，需要将顺序表中的 $k_{i+1},\cdots,k_{n-1}$ 元素依次前移一个位置。删除过程如图 2.3 所示。

图 2.3　删除过程

顺序表删除操作的具体实现详见算法 2.8。

```
/**********************************************************/
/*  函数功能:删除顺序表中第 position 位置的节点            */
```

```
/*   函数参数:sequence_list 类型的指针                    */
/*             int 型变量 position                       */
/*   函数返回值:空                                        */
/*   文件名:sequlist.c,函数名:dele()                      */
/**************************************************/
  void dele(sequence_list *slt,int position)
  {
    int i;
    if(slt->size==0)
      {printf("\n 顺序表是空的!");exit(1);}
    if(position<0||position>=slt->size)
      {printf("\n 指定的删除位置不存在!");exit(1);}
    for(i=position;i<slt->size-1;i++) slt->a[i]=slt->a[i+1];
    slt->size--;
  }
```

算法 2.8　删除顺序表中第 position 位置的节点

在算法 2.8 中，所花费的时间主要在元素前移操作上。如果要删除顺序表中的第 i 个元素，则需要移动 $n-i-1$ 个元素，设删除顺序表中第 i 个元素的概率为 q_i，且删除顺序表中每一个位置的元素概率相等，即 $q_0=q_1=\cdots=q_{n-1}=1/n$，则在一个长度为 n 的顺序表中删除一个元素的平均移动次数为：

$$\sum_{i=0}^{n-1}q_i(n-i-1)=\sum_{i=0}^{n-1}\frac{1}{n}(n-i-1)=\frac{1}{n}\times\frac{n(n-1)}{2}=\frac{n-1}{2}$$

这表明，在一个长度为 n 的顺序表中删除一个元素平均需要移动表中大约一半的元素。该算法的时间复杂度为 $O(n)$。

2.3　栈

2.3.1　栈的基本概念及描述

栈的基本概念

栈是一种特殊的线性表，对于这种线性表，规定它的插入操作和删除操作均在线性表的同一端进行，进行插入和删除操作的那一端称为栈顶，另一端称为栈底。栈的插入操作和删除操作分别简称进栈和出栈。

生活中有许多栈的例子。例如，在家庭生活中，我们将洗干净的碗一个摞一个地放置，使用时从这摞碗的最上面依次取出，把这摞碗看作一个栈，则栈顶就是这摞碗的上部那端。同时，我们可以发现一种现象，最先洗干净放置于这摞碗最下面的那只碗是最后才使用的，而最后洗干净放置于这摞碗最上面的那只碗是最先被使用的。当然，这里假设大家都不会从这摞碗的中间取碗，也不会将洗干净的碗插入中间的位置。这就是说，栈具有"后进先出""先进后出"（First In Last Out，FILO）的性质。通常，如果栈中有 n 个节点 $\{k_0,k_1,k_2,\cdots,k_{n-1}\}$，$k_0$ 为栈底，k_{n-1} 为栈顶，则栈中节点的进栈顺序为 $k_0,k_1,k_2,\cdots,k_{n-1}$，而出栈顺序为 $k_{n-1},k_{n-2},\cdots,k_1,k_0$，如图 2.4 所示。

又如，一个"Y"字形的铁路调度站需要对一些列车进行调度，这也是一个栈的实例，如图 2.5 所示。

在图 2.5 中，规定右边开来的列车只能经停铁路调度站往左边开出，而不能倒回右边，且设该调度站可以停放足够多列车。如果有编号为 1,2,3 的 3 列车经过该调度站，则经重新调度后，往左边继续行驶的列车次序可能有 5 种情况，分别为：① 1,2,3；② 1,3,2；③ 2,1,3；④ 2,3,1；⑤ 3,2,1。

图 2.4　栈

图 2.5　铁路调度站对列车进行调度实例

　　栈的主要操作是插入和删除，当然还有栈的初始化、判断栈是否为空以及读取栈顶节点的值等操作。

　　栈类型的描述如下。

```
ADT sequence_stack {
    数据集合 K:K={k₁,k₂,…,kₙ},n≥0,K 中的元素是 datatype 类型。
    数据关系 R:R={r},r={<kᵢ,kᵢ₊₁>|i=1,2,…,n-1}。
    操作集合如下。
    （1）void init(sequence_stack *st)：栈（顺序存储）初始化。
    （2）int empty(sequence_stack st)：判断栈（顺序存储）是否为空。
    （3）datatype read(sequence_stack st)：读取栈顶（顺序存储）节点值。
    （4）void push(sequence_stack *st,datatype x)：栈（顺序存储）的插入操作。
    （5）void pop(sequence_stack *st)：栈（顺序存储）的删除操作。
} ADT sequence_stack
```

2.3.2　顺序栈及其实现

　　栈的存储方式一般有两种：顺序存储和链式存储。对应两种存储方式的栈分别称为顺序栈和链式栈。本小节将介绍栈的顺序存储实现，它的链式存储实现将在第 3 章中介绍。

顺序栈及其操作

　　顺序栈是特殊的顺序表，对于这种特殊的顺序表，它的插入和删除操作规定在顺序表的同一端进行，所以与顺序表一样，顺序栈也可用一维数组表示。通常，可以设定一个足够大的一维数组来存储栈，数组中下标为 0 的元素就是栈底，对于栈顶，可以用一个整型变量 top 来记录栈顶的位置。为了方便，设定 top 所指的位置是下一个将要插入的节点的存储位置，这样，当 top = 0 时就表示一个空的栈。一个栈的几种状态以及在这些状态下栈顶指示变量 top 和栈中节点的关系如图 2.6 所示。

图 2.6　栈的状态及栈顶指示变量 top 和栈中节点的关系示意

顺序栈存储结构的 C 语言描述如下。

```
/***************************/
/*  栈（顺序存储）的头文件     */
/*  文件名:seqstack.h        */
/***************************/
#define MAXSIZE 100
typedef int datatype;
typedef struct{
  datatype a[MAXSIZE];
  int top;
}sequence_stack;
```

顺序栈的几个基本操作的具体实现详见算法 2.9～算法 2.13。

```
/**************************************************/
/*  函数功能:栈（顺序存储）初始化                      */
/*  函数参数:sequence_stack 类型的指针                */
/*  函数返回值:无                                    */
/*  文件名:seqstack.c,函数名:init()                  */
/**************************************************/
void init(sequence_stack *st)
{
  st->top=0;
}
```

算法 2.9　栈（顺序存储）初始化

```
/**************************************************/
/*  函数功能:判断栈（顺序存储）是否为空                  */
/*  函数参数:sequence_stack 类型变量 st              */
/*  函数返回值:int 类型。1 表示空,0 表示非空            */
/*  文件名:seqstack.c,函数名:empty()                 */
```

```
/*****************************************************/
int empty(sequence_stack st)
{
    return(st.top?0:1);
}
```

算法 2.10　判断栈（顺序存储）是否为空

```
/*****************************************************/
/*   函数功能:读取栈顶（顺序存储）节点值            */
/*   函数参数:sequence_stack 类型变量 st            */
/*   函数返回值:datatype 类型。返回栈顶节点值       */
/*   文件名:seqstack.c,函数名:read()               */
/*****************************************************/
datatype read(sequence_stack st)
{
    if(empty(st))
        {printf("\n栈是空的!");exit(1);}
    else
        return st.a[st.top-1];
}
```

算法 2.11　读取栈顶（顺序存储）节点值

```
/*********************************************************/
/*   函数功能:栈（顺序存储）的插入操作                    */
/*   函数参数:sequence_stack 类型的指针                  */
/*           datatype 类型变量 x                         */
/*   函数返回值:无                                       */
/*   文件名:seqstack.c,函数名:push()                    */
/*********************************************************/
void push(sequence_stack *st,datatype x)
{
    if(st->top==MAXSIZE)
        {printf("\nThe sequence stack is full!");exit(1);}
    st->a[st->top]=x;
    st->top++;
}
```

算法 2.12　栈（顺序存储）的插入操作

```
/*********************************************************/
/*   函数功能:栈（顺序存储）的删除操作                    */
/*   函数参数:sequence_stack 类型的指针                  */
/*   函数返回值:无                                       */
/*   文件名:seqstack.c,函数名:pop()                     */
/*********************************************************/
void pop(sequence_stack *st)
{
    if(st->top==0)
        {printf("\nThe sequence stack is empty!");exit(1);}
    st->top--;
}
```

算法 2.13　栈（顺序存储）的删除操作

2.3.3　栈的应用之一——括号匹配

栈的应用之一——
括号匹配

设一个表达式中可以包含 3 种括号，即圆括号、方括号和花括号，各种括号允许任意嵌套，如圆括号内可以嵌套方括号、花括号，但是不能交叉。例如：

([]{})　　　　　正确

([()])　　　　　正确

{([])}　　　　　正确

{([)]}　　　　　不正确

{()[()]　　　　　不正确

如何去检验一个表达式的括号是否匹配呢？大家知道，当自左向右扫描一个表达式时，凡是遇到的开括号（或称左括号）都期待有一个闭括号（或称右括号）与之匹配。按照括号正确匹配的规则，当自左向右扫描一个表达式时，后遇到的开括号比先遇到的开括号更加期待有一个闭括号与之匹配。因为可能会连续遇到多个开括号，且它们都期待匹配的闭括号，所以必须将遇到的开括号存放好。又因为后遇到的开括号的期待程度高于先前遇到的开括号的期待程度，所以应该将所遇到的开括号存放于一个栈中。这样，当遇到一个闭括号时，就查看这个栈的栈顶节点，如果它们匹配，则删除栈顶节点，继续向右扫描；如果不匹配，则说明表达式中的括号是不匹配的；如果扫描整个表达式后，这个栈是空的，则说明表达式中的括号是匹配的，否则表达式中的括号是不匹配的。判断表达式中括号是否匹配的具体实现详见算法 2.14。

```
/******************************************************/
/*   函数功能:判断表达式中括号是否匹配                 */
/*   函数参数:char 类型数组 c                          */
/*   函数返回值:int 类型。返回 1 为匹配,返回 0 为不匹配  */
/*   文件名:seqmatch.c,函数名:match_kuohao()          */
/******************************************************/
int match_kuohao(char c[])
 {
   int i=0;
   sequence_stack s;
   init(&s);
   while(c[i]!='#')
   {
    switch(c[i])
    {
     case '{':
     case '[':
     case '(':push(&s,c[i]);break;
     case '}':if(!empty(s)&&read(s)=='{'  )
              {pop(&s);break;}
             else return 0;
     case ']':if(!empty(s)&&read(s)=='['  )
              {pop(&s);break;}
             else return 0;
     case ')':if(!empty(s)&&read(s)=='('  )
              {pop(&s);break;}
             else return 0;
    }
    i++;
   }
```

```
    return (empty(s));   /*栈为空则匹配,否则不匹配*/
}
```

算法 2.14　判断表达式中括号是否匹配

2.3.4　栈的应用之二——算术表达式求值

栈的应用之二——
算术表达式求值

编译技术中对表达式的求值是使用栈实现的，为了表述简单，这里仅讨论包含"+""-""*""/"4 种运算符和圆括号的算术表达式的求值问题。这样的讨论不会对一般表达式求值问题的本质产生影响。

表达式的表示形式有中缀、前缀和后缀 3 种形式。中缀表达式是指运算符处于两个操作数之间的表达式，通常人们使用的就是这种形式的表达式；前缀和后缀表达式分别是指运算符处于两个操作数之前和之后的表达式。

1．中缀表达式

中缀表达式是常用的一种表达式，中缀表达式的计算规则如下。

（1）括号内的操作先执行，括号外的操作后执行。如有多层括号，则先执行内层括号内的操作，再执行外层括号内的操作。

（2）先乘、除，后加、减。

（3）在有多个乘、除或加、减运算可选择时，按从左到右的顺序执行，即优先级相同的运算符按先后次序进行。

中缀表达式的计算规则是大家熟知的，下面讨论一个中缀表达式的计算过程。

3 + 4*5

依据中缀表达式的计算规则，应先计算 4*5 得 20，再计算 3 + 20 得 23。在从左向右扫描这个表达式的时候，首先遇到的是一个操作数 3，接下来遇到一个运算符"+"，当再遇到一个操作数 4 时，并不一定就能将 3 和 4 做加法操作，根源在于这里的 4 不一定就是该运算符的第 2 个操作数，还需要继续向右扫描，接下来遇到一个新的运算符"*"，"*"要先于"+"执行，在遇到操作数 5 时，根据计算规则，将 4 和 5 相乘，得 20，其实此时仍不能确定前面遇到的运算符"+"的第 2 个操作数就是 20，还应该继续向右扫描，直到遇到一个和"+"同一优先级的运算符"+"或"-"，或者遇到闭括号，或者表达式结束，才能确定运算符"+"的第 2 个操作数。

按照上述思路，请读者想一想下面几个表达式计算时的执行过程。

3 + 4*5/2

3 + (12 − 3*2)

(3 + 12/3)*5 − 6

3*4 + 5

可以看出，计算机在处理表达式求值问题时，当遇到一个运算符后，尽管已经知道该运算符的第 1 个操作数，但第 2 个操作数还要继续向右扫描才能确定，它可能是某些操作的结果。对于暂时不能确定第 2 个操作数的运算符，应先将其保存在一个运算符栈中。后面会有更详细的叙述。

2．后缀表达式及其求值

后缀表达式中只有操作数和运算符，它不再含有括号，运算符在两个操作数之后。它的计算规则非常简单，严格按照从左向右的次序依次执行每一个操作。每遇到一个运算符，就对前面的两个操作数执行相应的操作。

下面是几个后缀表达式及其中缀表示形式。

后缀表达式	中缀表示形式
3 5 2 *−	3 − 5*2
3 5 − 2*	(3 − 5)*2
3 5 2 *1+/	3/(5*2 + 1)

计算机处理后缀表达式求值问题是比较方便的，即将遇到的操作数暂存于一个操作数栈中，凡是遇到运算符，便从栈中弹出两个操作数执行相应的操作，并将结果存于操作数栈中，直到将后缀表达式中最后一个运算符处理完，最后压入栈中的数就是后缀表达式的计算结果。

设待求值的后缀表达式是符合文法的，在后缀表达式求值算法中，后缀表达式以字符数组的形式存放在一个一维数组中，表达式的结束标记为"#"，两个操作数以一个空格分隔。

如后缀表达式 3.5 2.5 2.0*+，其在数组中的存放形式为：

3	.	5		2	.	5		2	.	0	*	+	#		

由于操作数也是以字符的形式存放的，所以需要一个函数来实现读取一个数，即将一连续的由数字字符和小数点组成的字符序列转换为实数。算法 2.15 给出的是实现该功能的函数。

```
/*****************************************************/
/*   函数功能:将数字字符串转变成相应的数              */
/*   函数参数:char 类型的数组 f,int 类型的指针 i      */
/*   函数返回值:double 类型。返回数字字符串对应的数   */
/*   文件名:readnumb.c,函数名:readnumber()           */
/*****************************************************/
double readnumber(char f[],int *i)
{ double x=0.0;
  int k=0;
  while(f[*i]>='0'&&f[*i]<='9') /*处理整数部分*/
  { x=x*10+(f[*i]-'0');
    (*i)++;
  }
  if(f[*i]=='.')                    /*处理小数部分*/
  {  (*i)++;
     while(f[*i]>='0'&&f[*i]<='9')
     {x=x*10+(f[*i]-'0');
         (*i)++;
         k++;
         }
  }
  while(k!=0)
   { x=x/10.0;
     k=k-1;
   }
  return(x);
}
```

算法 2.15   将数字字符串转变成相应的数

后缀表达式求值的具体实现详见算法 2.16。

```
/*****************************************************/
/*   函数功能:求一个后缀表达式的值                   */
/*   函数参数:char 类型的数组 f                      */
/*   函数返回值:double 类型。返回后缀表达式的值       */
/*   文件名:evalpost.c,函数名:evalpost()             */
/*****************************************************/
double evalpost(char f[])
{ double obst[100]; /*操作数栈*/
  int top=0;
  int i=0;
  double x1,x2;
```

```
      while(f[i]!='#')
      { if(f[i]>='0'&&f[i]<='9')
      { obst[top]=readnumber(f,&i);top++;}
      else if(f[i]==' ')  i++;
      else if(f[i]=='+')
        { x2=obst[--top];
          x1=obst[--top];
          obst[top]=x1+x2;top++;
          i++;
                }
      else if(f[i]=='-')
      {
        x2=obst[--top];
        x1=obst[--top];
        obst[top]=x1-x2;top++;
              i++;
      }
      else if(f[i]=='*')
      { x2=obst[--top];
        x1=obst[--top];
        obst[top]=x1*x2;top++;
        i++;
      }
      else if (f[i]=='/')
      { x2=obst[--top];
        x1=obst[--top];
        obst[top]=x1/x2;top++;
        i++;
       }
      }
      return obst[0];
 }
```

算法 2.16　后缀表达式求值

需要说明的是，这里没有使用已经定义并实现的顺序栈，其原因是表达式求值时，操作数和操作结果可能是实数，而前面定义的顺序栈是一个整型的栈，所以不能直接使用。为此，这里重新设计了栈的几个基本操作的实现。这主要是因为 C 语言对抽象数据类型不支持，表示能力欠缺。如果使用面向对象程序设计语言 C++，则可以用类模板实现。

3. 将中缀表达式转换为等价的后缀表达式

中缀表达式不便于计算机处理，通常要将中缀表达式转换成一个与之等价的后缀表达式。等价是指两个表达式的计算顺序和计算结果完全相同。

中缀表达式：

$$0.3/(5*2 + 1)\#$$

其等价的后缀表达式是：

$$0.3\ 5\ 2*1\ + /\#$$

仔细观察这两个等价的表达式可知，操作数的出现次序相同，但运算符的出现次序不同。在后缀表达式中，运算符的出现次序是实际进行操作的次序；在中缀表达式中，由于受到运算符的优先级和括号的影响，运算符的出现次序与实际进行操作的次序很可能是不一样的。

将中缀表达式转换为等价的后缀表达式时要使用一个栈存放"（"和运算符。具体可以按照下面的方式进行。

（1）从左至右依次扫描中缀表达式的每一个字符，如果是数字字符和小数点"."，则直接将它们写入后缀表达式中。

（2）如果遇到的是开括号"("，则将它压入一个运算符栈中，它表明一个新的计算层次的开始，在遇到和它匹配的闭括号时，将栈中元素弹出并放入后缀表达式中，直到栈顶元素为开括号"("时，将栈顶元素"("弹出，表明这一层括号内的操作处理完毕。

（3）如果遇到的是运算符，则将该运算符和运算符栈的栈顶元素进行比较，方法如下。

① 当所遇到的运算符的优先级小于或等于栈顶元素的优先级时，则取出栈顶元素并将其放入后缀表达式中，之后弹出栈顶元素，反复执行直到栈顶元素的优先级小于当前运算符的优先级。

② 当所遇到的运算符的优先级大于栈顶元素的优先级时，则将它压入栈中。

重复上述步骤直到遇到中缀表达式的结束标记"#"，弹出栈中的所有元素并放入后缀表达式中，转换结束。

算法 2.17 用于判断一个字符是否为运算符。算法 2.18 用于求运算符、"("和"#"的优先级。

```
/**************************************************/
/*  函数功能:判断一个字符是否为运算符              */
/*  函数参数:char 类型变量 op                      */
/*  函数返回值:int 类型。返回 1 表示 op 是运算符,否则不是 */
/*  文件名:is_operat.c,函数名:is_operation()      */
/**************************************************/
int is_operation(char op)
 {
   switch(op)
   { case '+':
     case '-':
     case '*':
     case '/':return 1;
     default:return 0;
   }
 }
```

算法 2.17　判断一个字符是否为运算符

```
/**************************************************/
/*  函数功能:求运算符、"("和"#"的优先级           */
/*  函数参数:char 类型变量 op                      */
/*  函数返回值:int 类型。返回各运算符的优先级       */
/*  文件名:priority.c,函数名:priority()           */
/**************************************************/
 int priority(char op)
 {
   switch(op)
   {
     case '#':return -1;
     case '(':return 0;
     case '+':
     case '-':return 1;
     case '*':
     case '/':return 2;
     default:return -1;
   }
 }
```

算法 2.18　求运算符、"("和"#"的优先级如果中缀表达式和与之等价的后缀表达式分别用字符数组 *e* 和 *f* 存储，则将中缀表达式转换为等价的后缀表达式的具体转换过程详见算法 2.19。

```
/***********************************************************/
/*  函数功能:将中缀表达式转换为等价的后缀表达式              */
/*  函数参数:char 类型的数组 e 和 f                        */
/*  函数返回值:无                                          */
/*  文件名:postfix.c,函数名:postfix()                     */
/***********************************************************/
void postfix(char e[],char f[])
 { int i=0,j=0;
   char opst[100];
   int top,t;
   top=0;
   opst[top]='#';top++;
   while(e[i]!='#')
   {
     if((e[i]>='0'&&e[i]<='9')||e[i]=='.')
       f[j++]=e[i];                /*遇到数字和小数点则直接将它们写入后缀表达式*/
     else if(e[i]=='(')    /*遇到开括号则将其压入运算符栈*/
         { opst[top]=e[i];top++;}
     else if(e[i]==')')
         /*遇到闭括号则将其对应的括号后的运算符全部写入后缀表达式*/
         {
           t=top-1;
           while(opst[t]!='(') {f[j++]=opst[--top];t=top-1;}
           top--;                 /*开括号出栈*/
         }
     else if(is_operation(e[i]))   /*+、-、*、/ */
         {
           f[j++]=' ';            /*用空格分开两个操作数*/
           while(priority(opst[top-1])>=priority(e[i]))
           f[j++]=opst[--top];
           opst[top]=e[i];top++;  /*当前元素进栈*/
         }
     i++;                         /*处理下一个元素*/
   }
   while(top) f[j++]=opst[--top];
 }
```

算法 2.19　将中缀表达式转换为等价的后缀表达式

2.4　队列

2.4.1　队列的基本概念及描述

队列的基本概念及其操作

队列是一种特殊的线性表，它的特殊性在于其插入和删除操作分别在表的两端进行，进行插入操作的那一端称为队尾，进行删除操作的那一端称为队首。队列的插入操作和删除操作分别简称进队和出队。

生活中的排队购票等现象就是队列的例子，它的特点是先到先享受购票服务。对于一个队列：

$$\{k_0,k_1,k_2,\cdots,k_{n-1}\}$$

如果 k_0 那端是队首，k_{n-1} 那端是队尾，则 k_0 是这些节点中最先插入的节点，若要进行删除操作，k_0 将首先被删除。因此，队列是具有"先进先出"（First In First Out，FIFO）特点的线性结构。

队列类型的描述如下。

```
ADT sequence_queue {
        数据集合 K:K={k₁, k₂, …, kₙ},n≥0,K 中的元素是 datatype 类型。
        数据关系 R:R={r},r={<kᵢ, kᵢ₊₁>|i=1,2,…,n-1}。
        操作集合如下。
        （1）void init(sequence_queue *sq)：队列（顺序存储）初始化。
        （2）int empty(sequence_queue sq)：判断队列（顺序存储）是否为空。
        （3）void display(sequence_queue sq)：输出队列（顺序存储）的节点值。
        （4）datatype get(sequence_queue sq)：取得队列（顺序存储）的队首节点值。
        （5）void insert(sequence_queue *sq,datatype x)：队列（顺序存储）的插入操作。
        （6）void dele(sequence_queue *sq)：队列（顺序存储）的删除操作。
} ADT sequence_queue;
```

2.4.2　顺序队列及其实现

在 C 语言中，队列的顺序存储可以用一维数组表示。为了标识队首和队尾，需要附设两个指针 front 和 rear，front 指示的是队首节点在数组中的下标；rear 指示的是队尾节点在数组中下标的下一个位置，也就是说，rear 指示的是即将插入的节点在数组中的下标。

图 2.7 所示是队列的几种状态。

图 2.7　队列的几种状态

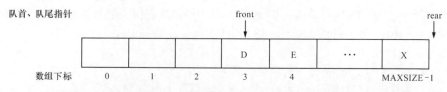

（e）连续插入若干节点后的状态——此时队列呈现满的状态，但数组前部有空闲位置

图 2.7　队列的几种状态（续）

顺序队列存储结构的 C 语言描述如下。

```
/*****************************/
/*   队列（顺序存储）的头文件  */
/*   文件名:seqqueue.h      */
/*****************************/
#define MAXSIZE 100
typedef int datatype;
typedef struct{
  datatype a[MAXSIZE];
  int front;
  int rear;
}sequence_queue;
```

顺序队列的几个基本操作的具体实现详见算法 2.20～算法 2.25。

```
/***********************************************/
/*   函数功能:队列（顺序存储）初始化              */
/*   函数参数:sequence_queue 类型的指针         */
/*   函数返回值:无                            */
/*   文件名:seqqueue.c,函数名:init()          */
/***********************************************/
void init(sequence_queue *sq)
{
  sq->front=sq->rear=0;
}
```

算法 2.20　队列（顺序存储）初始化

```
/***********************************************/
/*   函数功能:判断队列（顺序存储）是否为空         */
/*   函数参数:sequence_queue 类型变量 sq        */
/*   函数返回值:int 类型。1 表示空,0 表示非空     */
/*   文件名:seqqueue.c,函数名:empty()          */
/***********************************************/
int empty(sequence_queue sq)
{
  return (sq.front==sq.rear?1:0);
}
```

算法 2.21　判断队列（顺序存储）是否为空

```
/***********************************************/
/*   函数功能:输出队列（顺序存储）的节点值         */
/*   函数参数:sequence_queue 类型变量 sq        */
/*   函数返回值:无                            */
/*   文件名:seqqueue.c,函数名:display()        */
/***********************************************/
void display(sequence_queue sq)
```

```
{
  int i;
  if(empty(sq))
  {
    printf("\n 顺序队列是空的!");
  }
  else
  for(i=sq.front;i<sq.rear;i++)  printf("%5d",sq.a[i]);
}
```

算法 2.22　输出队列（顺序存储）的节点值

```
/****************************************************/
/*  函数功能:取得队列（顺序存储）的队首节点值        */
/*  函数参数:sequence_queue 类型变量 sq              */
/*  函数返回值:datatype 类型。返回队首节点值          */
/*  文件名:seqqueue.c,函数名:get()                   */
/****************************************************/
datatype get(sequence_queue sq)
{
  if(empty(sq))
  {
    printf("\n 顺序队列是空的! 无法获得队首节点值! ");
    exit(1);
  }
  return sq.a[sq.front];
}
```

算法 2.23　取得队列（顺序存储）的队首节点值

```
/****************************************************/
/*  函数功能:队列（顺序存储）的插入操作              */
/*  函数参数:sequence_queue 类型的指针                */
/*          datatype 类型变量 x                      */
/*  函数返回值:无                                    */
/*  文件名:seqqueue.c,函数名:insert()                */
/****************************************************/
void insert(sequence_queue *sq,datatype x)
{
  int i;
  if(sq->rear==MAXSIZE)
    {printf("\n 顺序队列是满的!");exit(1);}
  sq->a[sq->rear]=x;
  sq->rear=sq->rear+1;
}
```

算法 2.24　队列（顺序存储）的插入操作

```
/****************************************************/
/*  函数功能:队列（顺序存储）的删除操作              */
/*  函数参数:sequence_queue 类型的指针                */
/*  函数返回值:无                                    */
/*  文件名:seqqueue.c,函数名:dele()                  */
/****************************************************/
void dele(sequence_queue *sq)
```

```
{
  if(sq->front==sq->rear)
    {
      printf("\n顺序队列是空的！不能做删除操作！");
      exit(1);
    }
  sq->front++;
}
```

算法 2.25　队列（顺序存储）的删除操作

细心的读者可能会发现，在图 2.7（e）中，队列呈现满的状态，将不能再插入新的节点，而实际上数组的前部还有许多空闲位置。为了充分利用空间，可以将队列看作一个循环队列，在数组的前部继续进行插入操作。

2.4.3　顺序循环队列及其实现

给定一个大小为 MAXSIZE 的数组存储一个队列，经过若干次插入和删除操作后，当队尾指针 rear = MAXSIZE 时，队列呈现满的状态，而事实上数组的前部可能还有空闲位置。为了有效利用空间，将顺序存储的队列想象为一个环状，把数组中的最前面和最后面两个元素看作相邻的元素，这就是循环队列。

顺序循环队列的
插入删除操作

在循环队列中，如果队列中最后一个节点存放在数组的最后一个元素位置，而数组前部有空闲位置，则下次再进行插入操作时，节点将被插入数组最前面那个元素的位置。其他情况下的插入操作和一般队列的插入操作一样。

图 2.8 给出的是循环队列的几种状态。

（a）初始状态——空的循环队列

（b）剩余一个空间的状态　　　　　　　　　（c）循环队列中只有一个节点的状态

图 2.8　循环队列的几种状态

在图 2.8（b）中，如果再插入一个新的节点，则数组空间将被全部占用，队列已满，且 rear = front。而在图 2.8（c）中，若删除一个节点，则队列成为空队列，此时也有 rear = front。这就是说，循环队列满与空的条件都是 rear = front。这个问题如何解决呢？一种方法是设置一个标识，标识是由于 rear 增 1 使 rear = front，或是由于 front 增 1 使 rear = front，前者是队满而后者是队空。另一种方法是牺牲一个数组元素的空间，即若数组的大小是 MAXSIZE，则该数组所表示的循环队列最多允许存储 MAXSIZE-1 个节点。这样，循环队列满的条件是：

```
(rear+1)%MAXSIZE=front
```

循环队列空的条件是：

```
rear=front
```

循环队列的顺序存储结构的 C 语言描述和一般队列的一致，但是循环队列基本操作的具体实现和一般队列是有区别的，主要区别在判断队空与队满的条件以及相关操作中指针增 1 的表达上，循环队列中指针增 1 时要增加一个取模操作，使之成为一个循环队列。循环队列的插入与删除操作的具体实现详见算法 2.26 和算法 2.27。其他操作的具体实现参见一般队列相关操作的具体实现。

```
/*****************************************************/
/* 函数功能:循环队列（顺序存储）的插入操作           */
/* 函数参数:sequence_queue 类型的指针   */
/*         datatype 类型变量 x                       */
/* 函数返回值:无                                     */
/* 文件名:secqinse.c,函数名:insert_sequence_cqueue() */
/*****************************************************/
void insert_sequence_cqueue(sequence_queue *sq,datatype x)
{
  if((sq->rear+1)%MAXSIZE==sq->front)
    {printf("\n 顺序循环队列是满的! 无法进行插入操作! ");exit(1);}
  sq->a[sq->rear]=x;
  sq->rear=(sq->rear+1)%MAXSIZE;
}
```

算法 2.26　循环队列（顺序存储）的插入操作

```
/*****************************************************/
/* 函数功能:循环队列（顺序存储）的删除操作           */
/* 函数参数:sequence_queue 类型的指针                */
/* 函数返回值:无                                     */
/* 文件名:secqdele.c,函数名:dele_sequence_cqueue()   */
/*****************************************************/
void dele_sequence_cqueue(sequence_queue *sq)
{
  if(sq->front==sq->rear)
   {
     printf("\n 顺序循环队列是空的! 无法进行删除操作! ");
     exit(1);
   }
  sq->front=(sq->front+1)%MAXSIZE;
}
```

算法 2.27　循环队列（顺序存储）的删除操作

2.4.4　队列的应用

队列的应用有很多。比如在开发一个餐馆的管理系统时，会涉及顾客点餐的设计开发，点餐是要拿号排队的，先到先服务，这里就会用到队列。本书后续章节中将介绍的树的层次遍历和图的广度优先遍历等算法，就需要用到队列。在操作系统和数据库原理等计算机专业课程中，一些机制的实现也要用到队列。

本章小结

本章主要知识点的思维导图如图2.9所示。

图 2.9　本章主要知识点的思维导图

习　题

2.1　选择题。

（1）表长为 n 的顺序存储的线性表，当在任何位置上插入或删除一个元素的概率相等时，插入一个元素所需移动元素的平均次数为（　　），删除一个元素所需移动元素的平均次数为（　　）。

　　A．$(n-1)/2$　　　　B．n　　　　　　C．$n+1$　　　　　D．$n-1$

　　E．$n/2$　　　　　　F．$(n+1)/2$　　　G．$(n-2)/2$

（2）设栈 S 和队列 Q 的初始状态为空，元素 $e1$、$e2$、$e3$、$e4$、$e5$ 和 $e6$ 依次通过栈 S，一个元素出栈后即进入队列 Q，若6个元素出队的序列为 $e2$、$e4$、$e3$、$e6$、$e5$ 和 $e1$，则栈 S 的容量至少应该为（　　）。

　　A．6　　　　　　　B．4　　　　　　　C．3　　　　　　　D．2

（3）设栈的输入序列为 $1,2,3,\cdots,n$，若输出序列的第一个元素为 n，则第 i 个输出的元素为（　　）。

　　A．不确定　　　　　B．$n-i+1$　　　C．i　　　　　　D．$n-i$

（4）在一个长度为 n 的顺序表中删除第 i（$1\leqslant i\leqslant n$）个元素时，需向前移动（　　）个元素。

　　A．$n-i$　　　　　　B．$n-i+1$　　　C．$n-i-1$　　　D．i

（5）若长度为 n 的线性表采用顺序存储结构存储，在第 i 个位置上插入一个新元素的时间复杂度为（　　）。

　　A．$O(n)$　　　　　B．$O(1)$　　　　C．$O(n^2)$　　　　D．$O(n^3)$

（6）表达式 $a*(b+c)-d$ 的后缀表达式是（　　）。

　　A．$abcd*+-$　　　B．$abc+*d-$　　C．$abc*+d-$　　D．$-+*abcd$

（7）队列是一种特殊的线性表，其特殊性在于（　　）。

　　A．插入和删除在表的不同位置进行　　B．插入和删除在表的相同位置进行

　　C．插入和删除分别在表的两端进行　　D．插入和删除都在表的某一端进行

（8）栈是一种特殊的线性表，具有（　　）性质。

　　A．先进先出　　　　B．先进后出　　　C．后进后出　　　D．顺序进出

（9）顺序循环队列中（数组的大小为 n），队首指针 front 指向队列的第 1 个元素，队尾指针 rear 指向队列最后元素的后 1 个位置，则循环队列中存放了 $n-1$ 个元素，即循环队列满的条件为（　　）。

　　A．(rear + 1)%n = front − 1　　　　B．(rear + 1)%n = front

　　C．(rear)%n = front　　　　　　　　D．rear + 1 = front

（10）顺序循环队列中（数组的大小为 6），队首指针 front 和队尾指针 rear 的值分别为 3 和 0，当从队列中删除 1 个元素，再插入 2 个元素后，front 和 rear 的值分别为（　　）。

　　A．5 和 1　　　　B．2 和 4　　　　C．1 和 5　　　　D．4 和 2

2.2　什么是顺序表？什么是栈？什么是队列？

2.3　设计一个算法，求顺序表中值为 x 的节点的个数。

2.4　设计一个算法，将一个顺序表倒置，即如果顺序表各个节点值存储在一维数组 a 中，倒置的结果是使数组 a 中的 $a[0]$ 等于原来的最后一个元素，$a[1]$ 等于原来的倒数第 2 个元素，…，数组 a 的最后一个元素等于原来的第 1 个元素。

2.5　已知一个顺序表中的各节点值是从小到大有序的，设计一个算法，插入一个值为 x 的节点，使顺序表中的各节点值仍然是从小到大有序的。

2.6　将下列中缀表达式转换为等价的后缀表达式。

（1）5 + 6*7。

（2）(5 − 6)/7。

（3）5 − 6*7*8。

（4）5*7 − 8。

（5）5*(7 − 6)+ 8/9。

（6）7*(5 − 6*8)− 9。

2.7　已知循环队列存储在一个数组中，数组大小为 n，队首指针和队尾指针分别为 front 和 rear，写出求循环队列中当前节点个数的表达式。

2.8　编号为 1,2,3,4 的 4 列火车通过一个栈式的列车调度站，可能得到的调度结果有哪些？如果有 n 列火车通过该列车调度站，请设计一个算法，输出所有可能的调度结果。

2.9　【2013 年统考真题】已知一个整数序列 $A=(a_0,a_1,\cdots,a_{n-1})$，其中 $0 \leqslant a_i < n$（$0 \leqslant i < n$）。若存在 $a_{p1}=a_{p2}=\cdots=a_{pm}=x$ 且 $m > n/2$（$0 \leqslant pk < n, 1 \leqslant k \leqslant m$），则称 x 为 A 的主元素。例如 $A=(0,5,5,3,5,7,5,5)$，5 为主元素；又如 $A=(0,5,5,3,5,1,5,7)$，此时 A 中没有主元素。假设 A 中的 n 个元素保存在一个一维数组中，请设计一个尽可能高效的算法，找出 A 的主元素。若存在主元素，则输出该元素；否则输出−1。要求：

（1）给出算法的基本设计思想；

（2）根据设计思想，采用 C、C++或 Java 语言描述算法，关键之处给出注释；

（3）说明你所设计算法的时间复杂度和空间复杂度。

2.10　【2018 年统考真题】给定一个含 n（$n \geqslant 1$）个整数的数组，请设计一个在时间上尽可能高效的算法，找出数组中未出现的最小正整数。例如，数组{−5,3,2,3}中未出现的最小正整数是 1；数组{1,2,3}中未出现的最小正整数是 4。要求：

（1）给出算法的基本设计思想；

（2）根据设计思想，采用 C 或 C++语言描述算法，关键之处给出注释；

（3）说明你所设计算法的时间复杂度和空间复杂度。

3

第 3 章　线性表的链式存储

学习目标

（1）掌握线性表的链式存储。

（2）掌握单链表、带头节点的单链表和循环单链表的概念及其关系，重点掌握它们的基本操作实现及其特点；掌握操作的时间与空间复杂度分析。

（3）了解双链表的概念，掌握双链表基本操作的思想和实现方法；重点掌握插入与删除操作中的关键步骤。

（4）掌握链式栈和链式队列的概念及特点，掌握它们基本操作的思想和实现方法；掌握基本操作的时间复杂度分析。

（5）运用链式栈和链式队列求解问题。

　　线性表的存储方式除了常用的顺序存储外，链式存储也是一种常见的方式。本章将介绍线性表的几种链式存储实现方式，如单链表、带头节点的单链表、循环单链表、双链表以及特殊的线性表——栈和队列的链式存储实现。

3.1　链式存储

　　数据结构的存储方式必须体现它的逻辑关系。线性表的顺序存储实现中，线性表的逻辑关系通过顺序存储中物理单元的相邻来表现。在用 C 语言中的数组实现线性表时，线性表中满足逻辑关系的两个节点，它们在数组中的存放位置一定是相邻的，如果下标为 i 的数组元素表示的节点有后继，则它的后继节点对应的数组元素的下标为 $i+1$；如果下标为 i 的数组元素表示的节点有前驱，则它的前驱节点对应的数组元素的下标为 $i-1$。大家知道，一个数据结构采用顺序存储方式时，它所占用的存储区域应该是连续的。

　　在一个数据结构中，如果一个节点有多个后继或多个前驱，那么用顺序存储实现是一件麻烦的事情。即便是线性结构，如果没有足够大的连续存储区域可供使用，那么也是无法实现的。为了解决这些问题，可以使用链式存储。在链式存储方式下，实现时除存放一个节点的信息外，还需附设指针，用指针体现节点之间的逻辑关系。如果一个节点有多个后继或多个前驱，那么可以附设相应个数的指针，一个节点附设的指针指向的是这个节点的某个前驱或后继。

　　在线性结构中，每个节点最多只有一个前驱和一个后继，这里暂且设定更关心它的后继，这样在存储时除了存放该节点的信息外，只需附设一个指针即可，该指针指向它后继节点的存放位置。每个节点的存储形式是：

info	next

链式存储

其中，info 字段存放该节点的数据信息，next 字段是指针，存放的是该节点的后继节点的存放地址。线性表的最后一个节点没有后继，它的指针域设置为空。C 语言中指针为空用 NULL 表示，在图示中用"∧"表示。

例如，数据的逻辑结构 $B = (K,R)$，其中，

$K = \{k_1,k_2,k_3,k_4,k_5\}$

$R = \{r\}$

$r = \{<k_1,k_2>,<k_2,k_3>,<k_3,k_4>,<k_4,k_5>\}$

这是一个线性结构，它的链式存储示意如图 3.1 所示。

因为 C 语言的动态分配函数 malloc( )和 free( )分别实现内存空间的动态分配和回收，所以一般用户不必知道某个节点具体的地址是多少。为了清晰化，图 3.1 可以更简洁地用图 3.2 表示。

图 3.1　链式存储示意　　　　　　　　　图 3.2　链式存储的简洁表示

当然，在这种存储方式下，必须有一个指针指向第一个节点的存储位置，否则，整个数据结构的各个节点都无法访问。这个指针一般用 head 表示。

3.2　单链表

3.2.1　单链表的基本概念及描述

单链表是线性表链式存储的一种形式，其中的节点一般含有两个域，一个是存放数据信息的 info 域，另一个是指向该节点的后继节点存放地址的指针 next 域。一个单链表必须有一个首指针指向单链表中的第一个节点。图 3.3 给出了空的单链表和非空的单链表。

（a）空的单链表

（b）非空的单链表

图 3.3　空的单链表和非空的单链表

单链表类型的描述如下。

```
ADT link_list{
        数据集合 K:K={k₁,k₂,…,kₙ},n≥0,K 中的元素是 datatype 类型。
        数据关系 R:R={r},r={<kᵢ,kᵢ₊₁>|i=1,2,…,n-1}。
        操作集合如下。
        （1）node *init(): 建立一个空的单链表。
```

（2）void display(node *head)：输出单链表中各个节点的值。

（3）node *find(node *head,int i)：在单链表中查找第 i 个节点。

（4）node *insert (node *head,datatype x,int i)：在单链表中第 i 个节点后插入一个值为 x 的新节点。

（5）node *dele(node *head,datatype x)：在单链表中删除一个值为 x 的节点。

} ADT link_list

3.2.2　单链表的实现

单链表结构的 C 语言描述如下。

```
/**********************************/
/* 单链表实现的头文件,文件名:slnklist.h */
/**********************************/
 typedef int datatype;
 typedef struct link_node{
   datatype info;
   struct link_node *next;
 }node;
```

创建一个单链表可以从一个空的单链表开始，通过不断地向单链表中插入新节点获得。已知一个单链表的首指针就可以找到单链表中的第一个节点，依据该节点的指针域可以获得它的后继节点，反复进行这一操作，直到遇到一个节点的指针域为空，表明已经到达单链表中最后一个节点，这样可以访问单链表中的所有节点。

算法 3.1～算法 3.3 给出的是单链表几个基本操作的具体实现。

```
/**************************************************/
/* 函数功能:建立一个空的单链表                      */
/* 函数参数:无                                    */
/* 函数返回值:node 类型的指针                       */
/* 文件名:slnklist.c,函数名:init()                 */
/**************************************************/
 node *init() /*建立一个空的单链表*/
 {
   return NULL;
 }
```

算法 3.1　建立一个空的单链表

```
/**************************************************/
/* 函数功能:输出单链表中各个节点的值                 */
/* 函数参数:node 类型的指针                         */
/* 函数返回值:无                                  */
/* 文件名:slnklist.c,函数名:display()              */
/**************************************************/
 void display(node *head)
 {
   node *p;
   p=head;
   if(!p) printf("\n 单链表是空的! ");
   else
     {
       printf("\n 单链表各个节点的值为:\n");
       while(p) { printf("%5d",p->info);p=p->next;}
     }
 }
```

算法 3.2　输出单链表中各个节点的值

```
/**********************************************************/
/*  函数功能:在单链表中查找第 i 个节点                    */
/*  函数参数:node 类型的指针,int 型变量                   */
/*  函数返回值:node 类型的指针                            */
/*  文件名:slnklist.c,函数名:find()                       */
/**********************************************************/
node *find(node *head,int i)
{
  int j=1;
  node *p=head;
  if(i<1) return NULL;
  while(p&&i!=j)
  {
    p=p->next;j++;
  }
  return p;
}
```

算法 3.3　在单链表中查找第 i 个节点

　　算法 3.3 实现的是查找第 i 个节点,单链表不同于顺序表,不能随机访问它的某个节点,必须从单链表的第一个节点开始,沿着 next 指针域向后查找。

1.　单链表的插入操作

　　对于一般情况下的插入操作,如新插入的节点由 p 指示,将它插入单链表中 q 所指节点的后面,这意味着 p 的后继节点是 q 原来的后继节点,同时 q 的后继节点改变为新插入的节点 p。实现这种改变只需修改它们的指针域。在单链表的最前面插入新节点要做特殊的处理,必须使单链表的首指针指向新插入的节点。单链表的插入过程如图 3.4 所示。

单链表的插入
删除操作

(a) 在单链表的最前面插入一个值为 x 的新节点

(1) p->next=head;
(2) head=p;

(1) p->next=q->next;
(2) q->next=p;

(b) 在 q 所指的节点后插入一个 p 所指的值为 x 的新节点

图 3.4　单链表的插入过程

　　算法 3.4 是插入操作的具体实现。

```
/*********************************************************/
/*   函数功能:在单链表中第 i 个节点后插入一个值为 x 的新节点    */
/*   函数参数:node 类型的指针                              */
/*            datatype 类型变量,int 类型变量               */
/*   函数返回值:node 类型的指针                            */
/* 文件名:slnklist.c,函数名:insert()                      */
/*********************************************************/
node *insert(node *head,datatype x,int i)
{
  node *p, *q;
  q=find(head,i);                        /*查找第 i 个节点*/
  if(!q&&i!=0)
     printf("\n 找不到第%d 个节点,不能插入%d! ",i,x);
  else{
     p=(node *)malloc(sizeof(node));  /*分配空间*/
     p->info=x;                       /*设置新节点*/
     if(i==0){                         /*插入的节点作为单链表的第一个节点*/
           p->next=head;              /*插入操作(1)*/
           head=p;                    /*插入操作(2)*/
        }
     else{
           p->next=q->next;           /*插入操作(1)*/
           q->next=p;                 /*插入操作(2)*/
        }
  }
  return head;
}
```

算法 3.4　在单链表中第 *i* 个节点后插入一个值为 *x* 的新节点

算法 3.4 中注释为“插入操作（1）”“插入操作（2）”的语句是插入操作的关键部分，它们的顺序是不能颠倒的。如果在这类算法中仅仅交换它们的次序，将会产生什么结果？

通过对插入算法的分析可知，当确定插入点之后，插入的关键是对两个指针值的修改，并没有节点的移动，与顺序表中插入一个节点平均需要移动表中一半的节点比较，单链表的插入效率更高。

2. 单链表的删除操作

删除单链表的某个指定的节点 q，必定要涉及该节点的前驱节点，假设 pre 指向前驱节点，则前驱节点 pre 的后继将变为被删除节点 q 的后继节点。因为单链表的第一个节点没有前驱节点，所以当被删除的节点是单链表中的第一个节点时，要做特别处理。单链表的删除过程如图 3.5 所示。

（a）删除单链表的最前面的（第一个）节点

图 3.5　单链表的删除过程

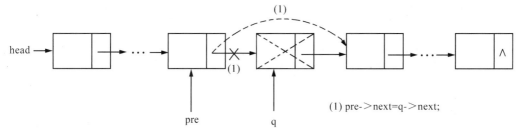

(1) pre->next=q->next;

（b）删除 q 指向的节点，pre 为 q 的前驱节点

图 3.5　单链表的删除过程（续）

算法 3.5 是删除操作的具体实现。

```
/**********************************************/
/*  函数功能:在单链表中删除一个值为 x 的节点      */
/*  函数参数:node 类型的指针                   */
/*          datatype 类型变量                 */
/*  函数返回值:node 类型的指针                 */
/*  文件名:slnklist.c,函数名:dele()          */
/**********************************************/
node *dele(node *head,datatype x)
{
  node *pre=NULL,*p;
  if(!head) {printf("单链表是空的! ");return head;}
  p=head;
  while(p&&p->info!=x)           /*没有找到并且没有找完*/
    {pre=p;p=p->next;}           /*pre 指向 p 的前驱节点*/
  if(p)                         /*找到了被删除节点*/
    {
      if(!pre)  head=head->next; /*要删除的第一个节点*/
      else pre->next=p->next;
      free(p);
    }
  return head;
}
```

算法 3.5　在单链表中删除一个值为 x 的节点

单链表的删除操作就是修改一个指针，不必移动节点，与顺序表中删除一个节点平均需要移动表中一半的节点比较，其效率更高。

总之，链式存储的插入和删除操作比顺序存储的方便，但不能随机访问某个节点。

3.3　带头节点的单链表

3.3.1　带头节点的单链表的基本概念及描述

带头节点的
单链表

单链表的插入和删除操作必须对在空的单链表中插入新节点、删除节点后单链表成为空表等特殊情况做特别处理。为了减少对特殊情况的判断与处理，可以在单链表中设置一个特殊的节点，这个节点由单链表的首指针指示，只要有这个单链表，该节点就永远不会被删除。换句话说，就是单链表中至少包含这个特殊的节点——头节点，此时的单链表称为带头节点的单链表。

带头节点的单链表如图 3.6 所示。

（a）空的带头节点的单链表

（b）含有3个节点的带头节点的单链表

图 3.6　带头节点的单链表

带头节点的单链表类型描述如下。

```
ADT hlink_list{
    数据集合 K:K={k₁,k₂,…,kₙ},n≥0,K 中的元素是 datatype 类型。
    数据关系 R:R={r},r={<kᵢ,kᵢ₊₁>|i=1,2,…,n-1}。
    操作集合如下。
    （1）node *init(): 建立一个空的带头节点的单链表。
    （2）void display(node *head): 输出带头节点的单链表中各个节点的值。
    （3）node *find(node *head,int i): 在带头节点的单链表中查找第 i 个节点。
    （4）node *insert(node *head,datatype x,int i): 在带头节点的单链表中第 i 个节点
后插入一个值为 x 的新节点。
    （5）node *dele(node *head,datatype x): 在带头节点的单链表中删除一个值为 x 的节点。
} ADT hlink_list;
```

3.3.2　带头节点的单链表的实现

一般的单链表中，第一个节点由 head 指示，而在带头节点的单链表中，head 指示的是所谓的头节点，它不是数据结构中的实际节点，第一个实际节点是由 head->next 指示的。在带头节点的单链表的操作实现时要注意这一点。

带头节点的单链表结构的 C 语言描述和单链表结构的一样。算法 3.6～算法 3.8 给出的是带头节点的单链表的几个基本操作的具体实现。

```
/****************************************************/
/*  函数功能:建立一个空的带头节点的单链表            */
/*  函数参数:无                                      */
/*  函数返回值:node 类型的指针                       */
/*  文件名:hlnklist.c,函数名:init()                 */
/****************************************************/
node *init()
{
  node *head;
  head=(node *)malloc(sizeof(node));
  head->next=NULL;
  return head;
}
```

算法 3.6　建立一个空的带头节点的单链表

```
/****************************************************/
/*  函数功能:输出带头节点的单链表中各个节点的值      */
/*  函数参数:node 类型的指针                         */
```

```
/*  函数返回值:无                                      */
/*  文件名:hlnklist.c,函数名:display()               */
/******************************************************/
void display(node *head)
{
  node *p;
  p=head->next;   /*从第一个（实际）节点开始*/
  if(!p) printf("\n 带头节点的单链表是空的!");
  else
    {
      printf("\n 带头节点的单链表中各个节点的值为:\n");
      while(p) { printf("%5d",p->info);p=p->next;}
    }
}
```

算法 3.7   输出带头节点的单链表中各个节点的值

```
/******************************************************/
/*  函数功能:在带头节点的单链表中查找第 i 个节点        */
/*  函数参数:node 类型的指针                           */
/*          int 类型变量                              */
/*  函数返回值:node 类型的指针                         */
/*  文件名:hlnklist.c,函数名:find()                   */
/******************************************************/
node *find(node *head,int i)
{
  int j=0;
  node *p=head;
  if(i<0){printf("\n 带头节点的单链表中不存在第%d 个节点! ",i);return NULL;}
  else if(i==0) return p;        /*此时 p 指向的是头节点*/
  while(p&&i!=j)                 /*没有查找完并且没有找到*/
  {
    p=p->next;j++;              /*继续向后（左）查找,计数器加 1*/
  }
  return p;                      /*返回结果,i=0 时,p 指向的是头节点*/
}
```

算法 3.8   在带头节点的单链表中查找第 *i* 个节点

1. 带头节点的单链表的插入操作

带头节点的单链表的插入过程如图 3.7 所示。

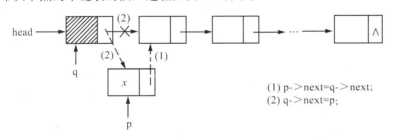

(1) p->next=q->next;
(2) q->next=p;

（a）在非空带头节点的单链表最前面插入一个值为 *x* 的新节点

图 3.7   带头节点的单链表的插入过程

带头节点的单链表
的插入删除操作

（b）在 q 所指的节点后插入一个 p 所指的值为 *x* 的新节点

图 3.7　带头节点的单链表的插入过程（续）

带头节点的单链表的插入操作的具体实现详见算法 3.9。

```
/******************************************************************/
/*  函数功能:在带头节点的单链表中第 i 个节点后插入一个值为 x 的新节点      */
/*  函数参数:node 类型的指针                                          */
/*          datatype 类型变量,int 型变量                            */
/*  函数返回值:node 类型的指针                                        */
/*  文件名:hlnklist.c,函数名:insert()                              */
/******************************************************************/
node *insert(node *head,datatype x,int i)
{
  node *p,*q;
  q=find(head,i);          /*查找带头节点的单链表中的第 i 个节点*/
                           /*i=0,表示新节点插入头节点之后,此时 q 指向的是头节点*/
  if(!q)                   /*没有找到*/
  {  printf("\n 带头节点的单链表中不存在第%d 个节点!不能插入%d!",i,x);return head;}
  p=(node *)malloc(sizeof(node));    /*为准备插入的新节点分配空间*/
  p->info=x;                         /*为新节点设置值 x*/
  p->next=q->next;                   /*插入操作(1) */
  q->next=p;          /*插入操作(2),当 i=0 时,由于 q 指向的是头节点,本语句等价于 head->
next=p; */
  return head;
}
```

算法 3.9　在带头节点的单链表中第 *i* 个节点后插入一个值为 *x* 的新节点

2. 带头节点的单链表的删除操作

带头节点的单链表的删除过程如图 3.8 所示。

（a）删除带头节点的单链表最前面的（第一个）实际节点

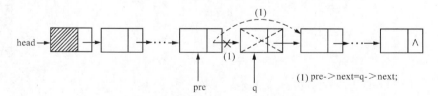

（b）在带头节点的单链表中删除 q 指向的节点，pre 为 q 的前驱节点

图 3.8　带头节点的单链表的删除过程

带头节点的单链表的删除操作的具体实现详见算法 3.10。

```
/*******************************************************/
/*   函数功能:在带头节点的单链表中删除一个值为 x 的节点      */
/*   函数参数:node 类型的指针                           */
/*            datatype 类型变量                         */
/*   函数返回值:node 类型的指针                          */
/*   文件名:hlnklist.c,函数名:dele()                    */
/*******************************************************/
node *dele(node *head,datatype x)
{
  node *pre=head, *q;      /*pre 指向头节点*/
  q=head->next;            /*q 从带头节点的单链表的第一个实际节点开始找值为 x 的节点*/
  while(q&&q->info!=x)    /*没有查找完并且没有找到*/
    {pre=q;q=q->next;}    /*继续查找,pre 指向 q 的前驱节点*/
  if(q)
  {
    pre->next=q->next;   /*删除*/
    free(q);              /*释放空间*/
  }
  return head;
}
```

算法 3.10　在带头节点的单链表中删除一个值为 *x* 的节点

3.4　循环单链表

循环单链表的基本
概念

3.4.1　循环单链表的基本概念及描述

无论是单链表，还是带头节点的单链表，从表中的某个节点开始，都只能访问这个节点及其后面的节点，不能访问它前面的节点，除非再从首指针指示的节点开始访问。如果希望从表中的任意一个节点开始，都能访问表中的所有其他节点，可以设置表中最后一个节点的指针域指向表中的第一个节点，这种链表称为循环单链表。这样做并不会增加任何开销，只不过是将最后一个节点的指针域由原先的 NULL 改为表中第一个节点的存储地址。

循环单链表如图 3.9 所示。

图 3.9　循环单链表

循环单链表类型的描述如下。

```
ADT clink_list{
     数据集合 K:K={k₁,k₂,…,kₙ},n≥0,K 中的元素为 datatype 类型。
     数据关系 R:R={r},r={<kᵢ,kᵢ₊₁>|i=1,2,…,n-1}。
     操作集合如下。
     （1）node *init():建立一个空的循环单链表。
     （2）node *rear(node *head):获得循环单链表的最后一个节点的存储地址。
     （3）void display(node *head):输出循环单链表中各个节点的值。
     （4）node *find(node *head,datatype x):在循环单链表中查找值为 x 的节点。
```

（5）node *insert(node *head,datatype x,int i)：在循环单链表中第 i 个节点后插入一个值为 x 的新节点。

（6）node *dele(node *head,datatype x)：在循环单链表中删除一个值为 x 的节点。

```
} ADT clink_list
```

3.4.2 循环单链表的实现

循环单链表的基本
操作

单链表中某个节点 p 是表中最后一个节点的特征是 p->next==NULL。对于一个循环单链表，若首指针为 head，表中的某个节点 p 是最后一个节点的特征应该是 p->next==head。

循环单链表的头文件和单链表的相同。

算法 3.11～算法 3.14 是循环单链表的几个基本操作的具体实现。

```
/*******************************************************/
/*  函数功能:建立一个空的循环单链表                    */
/*  函数参数:无                                        */
/*  函数返回值:node 类型的指针                         */
/*  文件名:clnklist.c,函数名:init()                    */
/*******************************************************/
node *init()                  /*建立一个空的循环单链表*/
{
  return NULL;
}
```

算法 3.11 建立一个空的循环单链表

```
/*******************************************************/
/*  函数功能:获得循环单链表的最后一个节点的存储地址    */
/*  函数参数:node 类型的指针                           */
/*  函数返回值:node 类型的指针                         */
/*  文件名:clnklist.c,函数名:rear()                    */
/*******************************************************/
node *rear(node *head)
{
  node *p;
  if(!head)                      /*循环单链表是空的*/
    p=NULL;
  else
    {
      p=head;                    /*从第一个节点开始*/
      while(p->next!=head)       /*没有到达最后一个节点*/
        p=p->next;               /*继续向后*/
    }
  return p;
}
```

算法 3.12 获得循环单链表的最后一个节点的存储地址

```
/*******************************************************/
/*  函数功能:输出循环单链表中各个节点的值              */
/*  函数参数:node 类型的指针                           */
/*  函数返回值:无                                      */
/*  文件名:clnklist.c,函数名:display()                 */
```

```
/***************************************************/
void display(node *head)
{
  node *p;
  if(!head) printf("\n 循环单链表是空的！\n");
  else
    {
      printf("\n 循环单链表中各个节点的值分别为:\n");
      printf("%5d",head->info);     /*输出非空表中第一个节点的值*/
      p=head->next;                 /*p 指向第一个节点的下一个节点*/
      while(p!=head)                /*没有回到第一个节点*/
      {
        printf("%5d",p->info);
        p=p->next;
      }
    }
}
```

算法 3.13　输出循环单链表中各个节点的值

```
/***************************************************/
/*   函数功能:在循环单链表中查找值为 x 的节点          */
/*   函数参数:node 类型的指针                       */
/*            datatype 类型的变量                  */
/*   函数返回值:node 类型的指针                     */
/*   文件名:clnklist.c,函数名:find()              */
/***************************************************/
node *find(node *head,datatype x)
{
  /*查找一个值为 x 的节点*/
  node *q;
  if(!head)                       /*循环单链表是空的*/
    {
      printf("\n 循环单链表是空的！无法找到指定节点！");
      return NULL;
    }
  q=head;                         /*q 指向循环单链表的第一个节点,准备查找*/
  while(q->next!=head&&q->info!=x) /*没有查找到并且没有查找完整个表*/
    q=q->next;                    /*继续查找*/
  if(q->info==x) return q;
  else return NULL;
}
```

算法 3.14　在循环单链表中查找值为 x 的节点

1. 循环单链表的插入操作

　　在非空循环单链表中插入新节点时，需要注意的是，如果插入的节点成为表中的第一个节点，那么必须修改表中最后一个节点的指针域，使最后一个节点的指针域指向新插入的节点。在非空循环单链表中插入一个节点的过程如图3.10所示。对于在一个空的循环单链表中插入一个节点的过程，读者可以自己分析。

循环单链表的插入
操作

（a）在循环单链表的最前面插入一个值为 x 的新节点

（b）在循环单链表的q所指的节点后插入一个p所指值值为x的新节点

图 3.10　在非空循环单链表中插入一个节点的过程

循环单链表的插入操作的具体实现详见算法 3.15。

```
/***************************************************************/
/* 函数功能:在循环单链表中第 i 个节点后插入一个值为 x 的新节点    */
/* 函数参数:node 类型的指针                                     */
/*          datatype 类型变量,int 类型变量                      */
/* 函数返回值:node 类型的指针                                   */
/* 文件名:clnklist.c,函数名:insert()                           */
/***************************************************************/
node *insert(node *head,datatype x,int i)
{       /*i为 0 时表示将值为 x 的节点插入并作为循环单链表的第一个节点*/
  node *p,*q,*myrear;
  int j;
  p=(node *)malloc(sizeof(node));       /*分配空间*/
  p->info=x;                            /*设置新节点的值*/
  if(i<0)                               /*如果 i 小于 0,则输出出错信息*/
    {printf("\n 无法找到指定的插入位置! "); free(p);return head;}
  if(i==0&&!head)        /*插入前如果循环单链表是空的,则新节点的指针域应指向它自己*/
    { p->next=p;head=p;return head;}
  if(i==0&&head)        /*在非空循环单链表最前面插入*/
    { myrear=rear(head);    /*找到循环单链表的最后一个节点*/
      p->next=head;         /*插入操作(1)*/
      head=p;  /*插入操作(2)*/
      myrear->next=p;/*插入操作(3),最后一个节点的指针域指向新插入的表中第一个节点*/
      return head;
    }
  if(i>0&&!head) {printf("\n 无法找到指定的插入位置! "); free(p);return head;}
  if(i>0&&head)
  { /*在非空循环单链表中插入值为 x 的节点,并且插入的节点不是第一个节点*/
```

46

```
    q=head;                    /*准备从表中第一个节点开始查找*/
    j=1;                       /*计数开始*/
    while(i!=j&&q->next!=head) /*没有找到并且没有找遍整个表*/
    {
        q=q->next;j++;         /*继续查找,计数器加 1*/
    }
    if(i!=j)   /* 找不到指定插入位置,即 i 的值超过表中节点的个数,则不进行插入*/
    {
      printf("\n 表中不存在第%d 个节点,无法进行插入!\n",i);free(p);
      return head;
    }
    else
    {                          /*找到了第 i 个节点,插入 x*/
      p->next=q->next;         /*插入,修改指针操作(1)*/
      q->next=p;               /*插入,修改指针操作(2)*/
      return head;
    }
  }
}
```

算法 3.15　在循环单链表中第 *i* 个节点后插入一个值为 *x* 的新节点

2．循环单链表的删除操作

对于删除循环单链表的某个节点,需要注意的是,如果删除的节点是表中的第一个节点,那么必须修改表中最后一个节点的指针域,使最后一个节点的指针域指向原来表中的第二个节点,当然首指针也指向原来表中的第二个节点。循环单链表的删除过程如图 3.11 所示。

（a）删除循环单链表最前面的（第一个）节点

循环单链表的删除
操作

（b）删除 q 指向的节点,pre 为 q 的前驱节点（q 指向的不是循环单链表的第一个节点）

图 3.11　循环单链表的删除过程

循环单链表的删除操作的具体实现详见算法 3.16。

```
/***********************************************/
/*   函数功能:在循环单链表中删除一个值为 x 的节点      */
/*   函数参数:node 类型的指针                      */
/*          datatype 类型的变量                  */
/*   函数返回值:node 类型的指针                    */
/*   文件名:clnklist.c,函数名:dele()             */
```

```
/************************************************/
node *dele(node *head,datatype x)
{
  node *pre=NULL,*q;        /*q用于查找值为x的节点,pre指向q的前驱节点*/
  if(!head)                 /*表为空,则无法做删除操作*/
    {
      printf("\n 循环单链表为空,无法做删除操作! ");
      return head;
    }
  q=head;                   /*从第一个节点开始准备查找*/
  while(q->next!=head&&q->info!=x)  /*没有找遍整个表并且没有找到*/
    {
      pre=q;
      q=q->next;            /*pre 为 q 的前驱节点,继续查找*/
    }                       /*循环结束后,pre 为 q 的前驱节点*/
  if(q->info!=x)            /*没有找到*/
    {
      printf("没有找到值为%d 的节点! ",x);
    }
  else                      /*找到了,下面要删除 q*/
    {
      if(q!=head){pre->next=q->next;free(q);}
      else
        if(head->next==head){free(q);head=NULL;}
        else
        { pre=head->next;
          while(pre->next!=q) pre=pre->next;    /*找 q 的前驱节点位置*/
          head=head->next;
          pre->next=head;
          free(q);
        }
    }
  return head;
}
```

算法 3.16　在循环单链表中删除一个值为 *x* 的节点

3. 循环单链表的整体插入与删除操作

如果需要将一个循环单链表整体插入一个单链表的前部,其过程很简单。将循环单链表 head_a 整体插入单链表 head_b 前部的过程如图 3.12 所示。

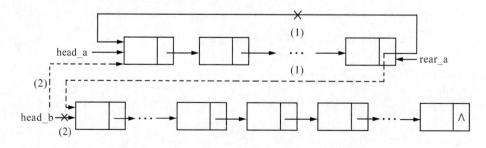

图 3.12　将循环单链表 head_a 整体插入单链表 head_b 前部的过程

主要操作有以下两种：

（1）rear a->next=head b;

（2）head b=head a.

这说明，如果要将整个循环单链表删除，不必一个一个节点删除，只需将整个循环单链表插入一个称为"可利用空间表"的表中即可。

另外，可以给循环单链表增加一个头节点，构成所谓的带头节点的循环单链表。

3.5　双链表

双链表的基本概念

3.5.1　双链表的基本概念及描述

前文介绍的各种链表中，一个节点的指针域是指向它的后继节点的，如果需要找一个节点 p 的前驱节点，则必须从表首指针域开始查找，当某个节点 pre 的指针域指向的是节点 p，即 pre->next=p 时，则说明 pre 是 p 的前驱节点。如果常常需要知道一个节点的前驱节点和后继节点，前文介绍的链表是不合适的。既然单链表中每个节点都有一个指针域指向它的后继节点，那么我们很自然地想到再增设一个指针域指向前驱节点，这就构成了双链表。

双链表的节点包括 3 个域，一个是存放数据信息的 info 域，另外两个是指针域，这里用 llink 和 rlink 表示，llink 指向前驱节点，rlink 指向后继节点。节点的形式如下。

llink	info	rlink

双链表的一般情形如图 3.13 所示。

图 3.13　双链表的一般情形

双链表类型的描述如下。

```
ADT dlink_list{
    数据集合 K:K={k₁,k₂,…,kₙ},n≥0,K 中的元素是 datatype 类型。
    数据关系 R:R={r},r={<kᵢ,kᵢ₊₁>|i=1,2,…,n-1}。
    操作集合如下。
    （1）dnode *init():建立一个空的双链表。
    （2）void display(dnode *head):输出双链表中各个节点的值。
    （3）dnode *find(dnode *head,int i):在双链表中查找第 i 个节点。
    （4）dnode *insert(dnode *head,datatype x,int i):在双链表中第 i 个节点后插入
一个值为 x 的新节点。
    （5）dnode *dele(dnode *head, datatype x):在双链表中删除一个值为 x 的节点。
} ADT dlink_list
```

3.5.2　双链表的实现

双链表结构的 C 语言描述如下。

```
/*****************************************/
/* 双链表的头文件,文件名:dlnklist.h */
/*****************************************/
typedef int datatype;
typedef struct dlink_node{
```

```
    datatype info;
    struct dlink_node *llink,*rlink;
}dnode;
```

双链表中第一个节点没有前驱节点，它的 llink 域为 NULL；最后一个节点没有后继节点，它的
rlink 域为 NULL。节点中 rlink 域的作用和单链表节点中 next 域的作用一样，因此，双链表的一些基本操作的实现并不复杂。但是双链表的插入和删除操作和单链表的插入和删除操作有较大的区别。

算法 3.17～算法 3.19 是双链表的一些基本操作的具体实现。

```
/*****************************************************/
/*   函数功能:建立一个空的双链表                      */
/*   函数参数:无                                     */
/*   函数返回值:dnode 类型的指针                      */
/*   文件名:dlnklist.c,函数名:init()                 */
/*****************************************************/
dnode *init()
{
    return NULL;
}
```

双链表的基本操作

算法 3.17   建立一个空的双链表

```
/*****************************************************/
/*   函数功能:输出双链表中各个节点的值                */
/*   函数参数:dnode 类型的指针                        */
/*   函数返回值:无                                   */
/*   文件名:dlnklist.c,函数名:display()              */
/*****************************************************/
void display(dnode *head)
{
    dnode *p;
    printf("\n");
    p=head;
    if(!p) printf("\n 双链表是空的!\n");
    else
      {
        printf("\n 双链表中各个节点的值为:\n");
        while(p) { printf("%5d",p->info);p=p->rlink; }
      }
}
```

算法 3.18   输出双链表中各个节点的值

```
/*****************************************************/
/*   函数功能:在双链表中查找第 i 个节点               */
/*   函数参数:dnode 类型的指针                        */
/*            int 类型变量                           */
/*   函数返回值:dnode 类型的指针                      */
/*   文件名:dlnklist.c,函数名:find()                 */
/*****************************************************/
dnode *find(dnode *head,int i)
{
    int j=1;
    dnode *p=head;
    if(i<1){printf("\n 第%d 个节点不存在!\n",i);return NULL;}
```

```
  while(p&&i!=j)            /*没有找完整个表并且没有找到*/
  {
    p=p->rlink;j++;         /*继续沿着右指针向后查找,计数器加 1*/
  }
  if(!p){printf("\n 第%d 个节点不存在!\n",i);return NULL;}
  return p;
}
```

算法 3.19　在双链表中查找第 i 个节点

1．双链表的插入操作

双链表的插入操作

对于双链表的插入操作，如果要在双链表中 q 所指向的节点后插入一个新的节点 p，其中要涉及的节点有 q 指向的节点、p 指向的节点以及 q 的后继节点（q->rlink 指向的节点）。要设置或修改的只有 4 个指针，具体要做的设置为：p 的 rlink 设置为 q 的后继节点（q->rlink）；p 的 llink 设置为 q；q 的后继节点的前驱节点（q->rlink->llink）修改为 p；q 的后继节点（q->rlink）修改为 p。对于特殊情况，双链表与单链表一样需要做特别处理。双链表的插入过程如图 3.14 所示。

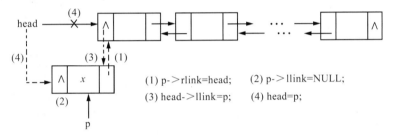

(1) p->rlink=head;　(2) p->llink=NULL;
(3) head->llink=p;　(4) head=p;

（a）在双链表的最前面插入一个值为 x 的新节点

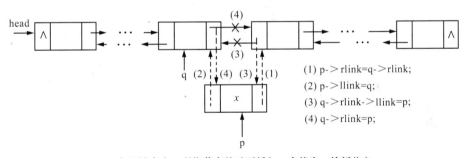

(1) p->rlink=q->rlink;
(2) p->llink=q;
(3) q->rlink->llink=p;
(4) q->rlink=p;

（b）在双链表中 q 所指节点的后面插入一个值为 x 的新节点

(1) p->rlink=q->rlink (=NULL);
(2) p->llink=q;
(3) q->rlink=p;

（c）在双链表中 q 所指节点（最后一个节点）的后面插入一个值为 x 的新节点

图 3.14　双链表的插入过程

双链表的插入操作的具体实现详见算法 3.20。

```
/*************************************************************/
/*  函数功能:在双链表中第 i 个节点后插入一个值为 x 的新节点      */
```

```
/*   函数参数:dnode 类型的指针                                   */
/*            datatype 类型的变量,int 类型的变量                 */
/*   函数返回值:dnode 类型的指针                                 */
/*   文件名:dlnklist.c,函数名:insert()                          */
/**********************************************************/
dnode *insert(dnode *head,datatype x,int i)
 {
   dnode *p,*q;
   p=(dnode *)malloc(sizeof(dnode));  /*分配空间*/
   p->info=x;                         /*设置新节点的值*/
   if(i==0)                           /*在最前面插入一个值为 x 的新节点*/
     {
       p->llink=NULL;      /*新插入的节点没有前驱节点*/
       p->rlink=head;      /*新插入的节点的后继节点是原来双链表中的第一个节点*/
       if(!head)           /*原表是空的*/
       {
         head=p;
       }
       else
       {
         head->llink=p;    /*原来双链表中第一个节点的前驱节点是新插入的节点*/
         head=p;           /*新节点成为双链表的第一个节点*/
       }
       return head;
     }
   q=find(head,i);         /*查找第 i 个节点*/
   if(!q)                  /*第 i 个节点不存在*/
     {printf("第%d 个节点不存在,无法进行插入",i);free(p);return head;}
   if(q->rlink==NULL)      /*在最后一个节点后插入*/
     {
       p->rlink=q->rlink;  /*即 NULL,新插入的节点没有后继节点。插入操作（1）*/
       p->llink=q;         /*插入操作（2）*/
       q->rlink=p;         /*插入操作（4）*/
     }     /*注意不能和下面的一般情况一样处理,这里如执行下面的插入操作（3）将出错*/
   else                    /*一般情况下的插入*/
     {
       p->rlink=q->rlink;  /*插入操作（1）*/
       p->llink=q;         /*插入操作（2）*/
       q->rlink->llink=p;  /*插入操作（3）*/
       q->rlink=p;         /*插入操作（4）*/
     }
   return head;
 }
```

算法 3.20   在双链表中第 *i* 个节点后插入一个值为 *x* 的新节点

2. 双链表的删除操作

删除双链表中 q 指向的节点，需要修改 q 的前驱节点的后继指针域（q->llink->rlink）和 q 的后继节点的前驱指针域（q->rlink->llink）。双链表的删除过程如图 3.15 所示。

（a）被删除的q所指向的节点是双链表中唯一的节点

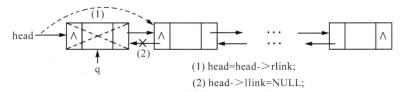

(1) head=head->rlink;
(2) head->llink=NULL;

（b）被删除的q所指向的节点是双链表中的第一个节点（表中不只这一个节点）

q->llink->rlink=NULL;

（c）被删除的q所指向的节点是双链表中的最后一个节点

(1) q->llink->rlink=q->rlink;
(2) q->rlink->llink=q->llink;

（d）被删除的q所指向的节点是双链表中既非第一个也非最后一个节点

图 3.15　双链表的删除过程

双链表的删除操作的具体实现详见算法 3.21。

```
/*****************************************************/
/* 函数功能:在双链表中删除一个值为 x 的节点          */
/* 函数参数:dnode 类型的指针                         */
/*          datatype 类型的变量                      */
/* 函数返回值:dnode 类型的指针                       */
/* 文件名:dlnklist.c,函数名:dele()                   */
/*****************************************************/
 dnode *dele(dnode *head,datatype x)
 {
   dnode *q;
   if(!head)      /*双链表是空的,无法进行删除操作*/
     {printf("双链表是空的,无法进行删除操作");return head;}
   q=head;
   while(q&&q->info!=x)  q=q->rlink;  /*循环结束后 q 指向的是值为 x 的节点*/
   if(!q)
     {
       printf("\n 没有找到值为%d 的节点!不做删除操作! ",x);
     }
   if(q==head&&head->rlink)         /*被删除的节点是第一个节点并且表中不止一个节点*/
     {
       head=head->rlink;
       head->llink=NULL;
       free(q);return head;
```

```
      }
   if(q==head&&!head->rlink)        /*被删除的节点是第一个节点并且表中只有这一个节点*/
      {
         free(q);
         return NULL;                 /*双链表置空*/
      }
   else
      {
         if(!q->rlink)                /*被删除的节点是双链表中的最后一个节点*/
            {
               q->llink->rlink=NULL;
               free(q);
               return head;
            }
         else     /*q是有两个以上节点的双链表中的一个非开始节点、非终端节点*/
            {
               q->llink->rlink=q->rlink;
               q->rlink->llink=q->llink;
               free(q);
               return head;
            }
      }
   }
```

算法 3.21　在双链表中删除一个值为 x 的节点

3.6　链式栈

3.6.1　链式栈的基本概念及描述

栈的链式存储称为链式栈。链式栈就是一个特殊的单链表，对于这种特殊的单链表，它的插入和删除操作规定在单链表的同一端进行。链式栈的栈顶指针一般用 top 表示。链式栈如图 3.16 所示。

链式栈类型的描述如下。

```
ADT link_stack{
      数据集合 K:K={k₁,k₂,…,kₙ},n≥0,K 中的元素是 datatype 类型。
      数据关系 R:R={r},r={<kᵢ,kᵢ₊₁>|i=1,2,…,n-1}。
      操作集合如下。
      （1）node *init()：建立一个空的链式栈。
      （2）int empty(node *top)：判断链式栈是否为空。
      （3）datatype read(node *top)：取得链式栈的栈顶节点值。
      （4）void display(node *top)：输出链式栈中各个节点的值。
      （5）node *push(node *top,datatype x)：向链式栈中插入一个值为 x 的节点（进栈）。
      （6）node *pop(node *top)：删除链式栈的栈顶节点（出栈）。
} ADT link_stack
```

3.6.2　链式栈的实现

链式栈的节点定义同单链表的节点定义。链式栈的几个基本操作的具体实现详见算法 3.22~算法 3.25。

链式栈的基本概念与操作

图 3.16　链式栈

```
/*****************************************************/
/*   函数功能:建立一个空的链式栈                       */
/*   函数参数:无                                      */
/*   函数返回值:node 类型的指针                        */
/*   文件名:lnkstack.c,函数名:init()                  */
/*****************************************************/
node *init()  /*建立一个空的链式栈*/
{
  return NULL;
}
```

算法 3.22　建立一个空的链式栈

```
/*****************************************************/
/*   函数功能:判断链式栈是否为空                       */
/*   函数参数:node 类型的指针                          */
/*   函数返回值:int 类型的变量                         */
/*   文件名:lnkstack.c,函数名:empty()                 */
/*****************************************************/
int empty(node *top)
{
  return (top?0:1);
}
```

算法 3.23　判断链式栈是否为空

```
/*****************************************************/
/*   函数功能:取得链式栈的栈顶节点值                   */
/*   函数参数:node 类型的指针                          */
/*   函数返回值:datatype 类型的变量                    */
/*   文件名:lnkstack.c,函数名:read()                  */
/*****************************************************/
datatype read(node *top)
{
  if(!top) {printf("\n 链式栈是空的!");exit(1);}
  return(top->info);
}        /*本函数可以调用 empty()函数*/
```

算法 3.24　取得链式栈的栈顶节点值

```
/*****************************************************/
/*   函数功能:输出链式栈中各个节点的值                 */
/*   函数参数:node 类型的指针                          */
/*   函数返回值:无                                    */
/*   文件名:lnkstack.c,函数名:display()               */
/*****************************************************/
void display(node *top)
{
  node *p;
  p=top;
  printf("\n");
  if(!p) printf("\n 链式栈是空的!");
  while(p) { printf("%5d",p->info);p=p->next;}
}
```

算法 3.25　输出链式栈中各个节点的值

链式栈的插入过程如图 3.17 所示。链式栈的删除过程如图 3.18 所示。

图 3.17　链式栈的插入过程　　　　　图 3.18　链式栈的删除过程

链式栈的插入和删除操作的具体实现详见算法 3.26 和算法 3.27。

```
/*****************************************************/
/*    函数功能:向链式栈中插入一个值为 x 的节点（进栈）    */
/*    函数参数:node 类型的指针                          */
/*            datatype 类型的变量                       */
/*    函数返回值:node 类型的指针                        */
/*    文件名:lnkstack.c,函数名:push()                   */
/*****************************************************/
node *push(node *top,datatype x)
{
  node *p;
  p=(node *)malloc(sizeof(node));      /*分配空间*/
  p->info=x;                           /*设置新节点的值*/
  p->next=top;                         /*插入操作（1）*/
  top=p;                               /*插入操作（2）*/
  return top;
}
```

算法 3.26　向链式栈中插入一个值为 x 的节点（进栈）

```
/*****************************************************/
/*    函数功能:删除链式栈的栈顶节点（出栈）              */
/*    函数参数:node 类型的指针                          */
/*    函数返回值:node 类型的指针                        */
/*    文件名:lnkstack.c,函数名:pop()                    */
/*****************************************************/
node *pop(node *top)
{
  node *q;
  if(!top) {printf("\n 链式栈是空的!");return NULL;}
  q=top;                    /*指向被删除的节点。删除操作（1）*/
  top=top->next;            /*删除栈顶节点。删除操作（2）*/
  free(q);
```

```
    return top;
}
```

算法 3.27　删除链式栈的栈顶节点（出栈）

3.7　链式队列

3.7.1　链式队列的基本概念及描述

　　队列的链式存储称为链式队列。链式队列就是一个特殊的单链表，对于这种特殊的单链表，它的插入和删除操作规定在单链表的不同端进行。链式队列的队首和队尾指针分别用 front 和 rear 表示。链式队列如图 3.19 所示。

（a）空的链式队列　　　　　　（b）非空的链式队列

图 3.19　链式队列

链式队列类型的描述如下。

```
ADT link_queue{
        数据集合 K:K={k₁,k₂,…,kₙ},n≥0,K 中的元素是 datatype 类型。
        数据关系 R:R={r},r={<kᵢ,kᵢ₊₁>|i=1,2,…,n-1}。
        操作集合如下。
        （1）queue *init()：建立一个空的链式队列。
        （2）int empty(queue qu)：判断链式队列是否为空。
        （3）void display(queue *qu)：输出链式队列中各个节点的值。
        （4）datatype read(queue qu)：取得链式队列的队首节点值。
        （5）queue *insert(queue *qu,datatype x)：向链式队列中插入一个值为 x 的节点。
        （6）queue *dele(queue *qu)：删除链式队列中的队首节点。
} ADT link_queue
```

3.7.2　链式队列的实现

　　链式队列的节点定义和单链表的一样。由于队列必须有队首和队尾指针，因此增加定义一个结构类型，其中的两个域分别为队首和队尾指针。

　　链式队列结构的 C 语言描述如下。

链式队列的基本
概念与操作

```
/********************************************/
/*链式队列的头文件,文件名:lnkqueue.h      */
/********************************************/
typedef int datatype;
typedef struct link_node{
  datatype info;
  struct link_node *next;
}node;
typedef struct{
```

```
    node *front,*rear;  /*定义队首与队尾指针*/
 }queue;
```
链式队列基本操作的具体实现详见算法 3.28～算法 3.31。
```
/***********************************************************/
/*   函数功能:建立一个空的链式队列                         */
/*   函数参数:无                                           */
/*   函数返回值:queue 类型的指针                           */
/*   文件名:lnkqueue.c,函数名:init()                       */
/***********************************************************/
 queue *init()  /*建立一个空的链式队列*/
 {
   queue *qu;
   qu=(queue *)malloc(sizeof(queue));      /*分配空间*/
   qu->front=NULL;                         /*队首指针设置为 NULL*/
   qu->rear=NULL;                          /*队尾指针设置为 NULL*/
   return qu;
 }
```
算法 3.28　建立一个空的链式队列

```
/***********************************************************/
/*   函数功能:判断链式队列是否为空                         */
/*   函数参数:queue 类型的变量                             */
/*   函数返回值:int 类型                                   */
/*   文件名:lnkqueue.c,函数名:empty()                      */
/***********************************************************/
 int empty(queue qu)
 {
   return (qu.front?0:1);
 }
```
算法 3.29　判断链式队列是否为空

```
/***********************************************************/
/*   函数功能:输出链式队列中各个节点的值                   */
/*   函数参数:queue 类型的指针                             */
/*   函数返回值:无                                         */
/*   文件名:lnkqueue.c,函数名:display()                    */
/***********************************************************/
 void display(queue *qu)
 {
   node *p;
   printf("\n");
   p=qu->front;
   if(!p) printf("\nThe link queue is empty!\n");
   while(p) { printf("%5d",p->info);p=p->next; }
 }
```
算法 3.30　输出链式队列中各个节点的值

```
/***********************************************************/
/*   函数功能:取得链式队列的队首节点值                     */
/*   函数参数:queue 类型的变量                             */
/*   函数返回值:datatype 类型                              */
/*   文件名:lnkqueue.c,函数名:read()                       */
```

```
/*****************************************************/
datatype read(queue qu)
{
  if(!qu.front) {printf("\n 链式队列是空的!");exit(1);}
  return(qu.front->info);
}
```
算法 3.31 取得链式队列的队首节点值

1. 链式队列的插入操作

链式队列的插入过程如图 3.20 所示。

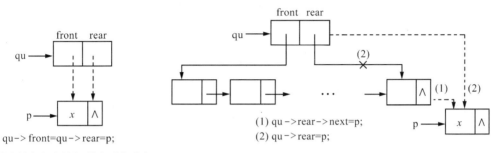

（a）在空链式队列中插入值为x的新节点　　　　（b）在非空链式队列中插入值为x的新节点

图 3.20 链式队列的插入过程

链式队列插入操作的具体实现详见算法 3.32。

```
/*****************************************************/
/*   函数功能:向链式队列中插入一个值为 x 的节点        */
/*   函数参数:queue 类型的指针变量                   */
/*           datatype 类型的变量                    */
/*   函数返回值:queue 类型的指针                      */
/*   文件名:lnkqueue.c,函数名:insert()             */
/*****************************************************/
queue *insert(queue *qu,datatype x)
{
  /*向链式队列中插入一个值为 x 的节点 */
  node *p;
  p=(node *)malloc(sizeof(node));    /*分配空间*/
  p->info=x;                        /*设置新节点的值*/
  p->next=NULL;
  if(qu->front==NULL)               /*当前队列为空,新插入的节点为队列中唯一的节点*/
     qu->frõnt=qu->rear=p;
  else
     {  qu->rear->next=p;           /*队尾插入*/
        qu->rear=p;
     }
  return qu;
}
```
算法 3.32 向链式队列中插入一个值为 x 的节点

2. 链式队列的删除操作

链式队列的删除过程如图 3.21 所示。

（a）链式队列删除操作（队列中只有一个节点）　　　　　（b）链式队列删除操作（队列中不止一个节点）

图 3.21　链式队列的删除过程

链式队列删除操作的具体实现详见算法 3.33。

```
/***************************************************/
/*  函数功能:删除链式队列中的队首节点               */
/*  函数参数:queue 类型的指针                       */
/*  函数返回值:queue 类型的指针                     */
/*  文件名:lnkqueue.c,函数名:dele()                */
/***************************************************/
queue *dele(queue *qu)    /*删除队首节点*/
{
  node *q;
  if(!qu->front) {printf("队列为空,无法删除! ");return qu;}
  q=qu->front;            /*q 指向队首节点。删除操作（1）*/
  qu->front=q->next;      /*队首指针指向下一个节点。删除操作（2）*/
  free(q);                /*释放原队首节点空间*/
  if(qu->front==NULL) qu->rear=NULL; /*队列唯一节点被删除后队列变空。删除操作（3）*/
  return qu;
}
```

算法 3.33　删除链式队列中的队首节点

 本章小结

本章主要知识点的思维导图如图 3.22 所示。

图 3.22　本章主要知识点的思维导图

习 题

3.1 选择题。

（1）两个有序线性表分别具有 n 个元素与 m 个元素，且 $n \leqslant m$，现将其归并成一个有序表，最少的比较次数是（   ）。

    A．n B．m C．$n-1$ D．$m+n$

（2）非空的循环单链表 head 的尾节点（由 p 所指向）满足（   ）。

    A．p->next==NULL   B．p==NULL

    C．p->next==head   D．p==head

（3）在带头节点的单链表中查找 x 应选择的程序段是（   ）。

    A．node *p=head->next;   while(p&&p->info!=x) p=p->next;

          if(p->info==x) return p;   else return NULL;

    B．node *p=head; while(p&&p->info!=x) p=p->next; return p;

    C．node *p=head->next; while (p&&p->info!=x) p=p->next; return p;

    D．node *p=head; while(p->info!=x) p=p->next ; return p;

（4）线性表若采用链式存储结构，要求内存中可用存储单元的地址（   ）。

    A．必须是连续的   B．部分地址必须是连续的

    C．一定是不连续的   D．连续或不连续都可以

（5）在一个具有 n 个节点的有序单链表中插入一个新节点并保持单链表仍然有序的时间复杂度是（   ）。

    A．$O(1)$ B．$O(n)$ C．$O(n^2)$ D．$O(n\log_2 n)$

（6）用不带头节点的单链表存储队列时，队首指针指向队首节点，队尾指针指向队尾节点，则在进行删除操作时（   ）。

    A．仅修改队首指针   B．仅修改队尾指针

    C．队首、队尾指针都要修改   D．队首、队尾指针都可能要修改

（7）若从键盘输入 n 个元素，则建立一个有序单链表的时间复杂度为（   ）。

    A．$O(n)$ B．$O(n^2)$ C．$O(n^3)$ D．$O(n\log_2 n)$

（8）下面与数据的存储结构无关的是（   ）。

    A．顺序表   B．链表   C．散列表   D．队列

（9）在一个单链表中，若删除 p 所指节点的后续节点，则执行（   ）。

    A．p->next=p->next->next;   B．p=p->next; p->next=p->next->next;

    C．p->next=p->next;   D．p=p->next->next;

（10）在一个单链表中，若 p 所指节点不是最后节点，在 p 之后插入 s 所指节点，则执行（   ）。

    A．s->next=p;p->next=s;   B．s->next=p->next;p->next=s;

    C．s->next=p->next;p=s;   D．p->next=s;s->next=p;

3.2 设计一个算法，求一个单链表中的节点个数。

3.3 设计一个算法，求一个带头节点的单链表中的节点个数。

3.4 设计一个算法，在一个单链表中值为 y 的节点前面插入一个值为 x 的节点，使值为 x 的新节点成为值为 y 的节点的前驱节点。

3.5 设计一个算法，判断一个单链表中的各个节点值是否有序。

3.6 设计一个算法，利用单链表原来的节点空间逆转一个单链表。

3.7 设计一个算法，将一个节点值为自然数的单链表拆分为两个单链表，原表中保留值为偶

数的节点，而值为奇数的节点按它们在原表中的相对次序组成一个新的单链表。

3.8 设计一个算法，对一个有序的单链表，删除所有值大于 x 而不大于 y 的节点。

3.9 设计一个算法，在双链表中值为 y 的节点前面插入一个值为 x 的新节点，使值为 x 的新节点成为值为 y 的节点的前驱节点。

3.10 设计一个算法，从右向左输出一个双链表中各个节点的值。

3.11 设计一个算法，将一个双链表改成一个循环双链表。

3.12 【2019 年统考真题】设线性表 $L=(a_1,a_2,a_3,\cdots,a_{n-2},a_{n-1},a_n)$ 采用带头节点的单链表保存，单链表中的节点定义如下：

```
typedef struct node
{   int data;
    struct node *next;
}NODE;
```

请设计一个空间复杂度为 $O(1)$ 且时间上尽可能高效的算法，重新排列 L 中的各节点，得到线性表 $L'=(a_1,a_n,a_2,a_{n-1},a_3,a_{n-2},\cdots)$。要求：

（1）给出算法的基本设计思想；

（2）根据设计思想，采用 C 或 C++语言描述算法，关键之处给出注释；

（3）说明你所设计的算法的时间复杂度。

3.13 【2019 年统考真题】请设计一个队列，要求满足：①初始时队列为空；②进队时，允许增加队列占用空间；③出队后，出队元素所占用的空间可重复使用，即整个队列所占用的空间只增不减；④进队和出队的时间复杂度始终保持为 $O(1)$。请回答下列问题。

（1）该队列是应选择链式存储结构，还是应选择顺序存储结构？

（2）画出队列的初始状态，并给出判断队空和队满的条件。

（3）画出第一个元素进队后的队列状态。

（4）给出进队和出队的基本过程。

4

第 4 章　字符串、集合和特殊数组

学习目标

（1）掌握字符串在顺序存储方式和链式存储方式下数据结构的定义及其操作的实现。

（2）掌握字符串朴素模式匹配算法的实现、快速模式匹配算法的思想及 next 数组的求解方法。

（3）掌握集合在顺序存储方式和链式存储方式下数据结构的定义及其操作的实现。

（4）掌握数组在按行优先和按列优先存储方式下的地址计算公式。

（5）掌握对称矩阵、三角矩阵和带状矩阵在压缩存储时的地址计算公式。

（6）掌握稀疏矩阵的三元组表示及部分运算的实现。

（7）了解稀疏矩阵的十字链表压缩存储结构及部分运算的实现。

字符串是一种特殊的线性表，它是许多非数值计算问题的一种重要处理对象；集合在计算机科学和人工智能领域被广泛应用，它属于非线性结构，但在具体实现时所采用的存储结构和线性表的非常相似；而数组可以看作线性表的推广。本章主要介绍字符串的存储结构及其实现、字符串的模式匹配算法、集合的存储结构及其实现、特殊矩阵和稀疏矩阵的压缩存储方式及其实现。

4.1　字符串

随着计算机技术的迅速发展，计算机的应用领域已从数值计算转向非数值处理，符号处理已成为许多系统中必须解决好的一个重要问题。本节主要介绍字符串的基本概念、存储结构及字符串部分运算的实现。4.2 节将集中介绍字符串处理中常用的模式匹配算法。

4.1.1　字符串的基本概念

字符串是由 0 个或多个字符构成的有限序列，一般可表示成如下形式：

$$"c_1c_2c_3\cdots c_n" \qquad (n \geq 0)$$

表示字符串常量时，常用双引号标注，如上所示，双引号标注的部分 $c_1c_2c_3\cdots c_n$ 为该字符串的值。字符串中所含字符的个数 n 称为字符串的长度；当 $n = 0$ 时，字符串为空串。

字符串中任意个连续的字符构成的子序列称为该字符串的子串,包含子串的字符串称为主串。通常，称字符在字符串序列中的序号为该字符在该字符串中的位置。子串在主串中的位置以子串的第 1 个字符在主串中的位置来表示。例如，T ="STUDENT"，S ="UDEN"，则 S 是 T 的子串，T 是 S 的主串，S 在 T 中出现的位置为 3。

两个字符串相等，当且仅当两个字符串的长度相等，并且各个对应位置的字符都相等。例如，T1 ="REDROSE",T2 ="RED ROSE",由于 T1 和 T2 的长度不相等,因此 T1≠T2;若 T3="STUDENT",T4 ="STUDENS",虽然 T3 和 T4 的长度相等，但两者有对应的字符不同，因而 T3≠T4。

值得一提的是，若 S =" "，此时 S 由一个空格字符组成，其长度为 1，它不等价于空串，因为空串的长度为 0。

4.1.2　字符串类的定义

根据字符串的定义，字符串是元素类型为字符型的特殊线性表，它与一般线性表的不同之处在于，其每个元素的类型一定为字符型，而不能为其他类型。因此，字符串的处理既可以使用前文介绍的关于线性表的基本操作，也可以使用用户自己定义的一些独特操作。根据字符串的特性及其在实际问题中的应用，可以抽象出字符串的一些基本操作，它们与字符串的定义一起构成了字符串的抽象数据类型。

字符串类的定义如下。

```
ADT string {
    数据对象 D:由 0 个或多个字符型的数据元素构成的有限集合。
    数据关系 R:{<aᵢ,aᵢ₊₁>|aᵢ,aᵢ₊₁∈D,i=1,2,…,n-1}。
    字符串的基本操作如下。
    （1）strcreate(S):初始化字符串操作,该操作产生一个新的字符串并放入字符串变量 S 中。
    （2）strassign(S,T):字符串赋值操作,其中 S 和 T 均为字符串变量,该函数的功能是将字符
串变量 T 中存放的值赋给 S。
    （3）strlength(S):求变量 S 中存放的字符串的长度。
    （4）strempty(S):判断变量 S 中存放的字符串是否为空串,若是则返回 1,否则返回 0。
    （5）strclear(S):若字符串 S 已存在,则该操作将它清空。
    （6）strcompare(S1,S2):比较两个字符串 S1 和 S2 的大小。若 S1>S2,则返回 1;若 S1=S2,则
返回 0;否则返回-1。
    （7）strconcat(S1,S2):字符串的连接操作,它将 S2 中存放的字符串连接到 S1 中存放的字符
串的后面构成一个新串返回。
    （8）substring(S,i,len):该函数的功能为求 S 的子串,它表示在字符串 S 中,从第 i 个字符
开始取 len 个连续字符构成一个子串返回。
    （9）index(p,t):寻找字符串 p 在字符串 t 中首次出现的起始位置。
    （10）strinsert(S,i,T):字符串的插入运算,表示将字符串 T 插入字符串 S 的第 i 个字符
之前。
    （11）strdelete(S,i,len):字符串的删除运算,表示将字符串 S 中从第 i 个字符开始长度为
len 的子串删除。
    （12）replace(S,T1,T2):表示在字符串 S 中用 T2 替换所有的 T1。
    （13）strdestroy(S):字符串销毁运算,若字符串 S 存在,执行 strdestroy()运算后,S 被
销毁,空间被回收。
} ADT string
```

例如，若 T ="abc"，则执行 strassign(S, T)后，S 中的值也变为 "abc"。

若 S ="abc"，则 strlength(S) = 3；若 S = Φ（Φ表示空串），则 strlength(S) = 0。

若 S1 ="abc", S2 ="acd"，则 strcompare(S1, S2) = −1;若 S1 ="aaa", S2 ="aaa"，则 strcompare(S1, S2)= 0；若 S1 ="bbb", S2 ="aaa"，则 strcompare(S1, S2)=1。

若 S1 ="abc"， S2 ="cd"，则 strconcat(S1, S2) ="abccd"。

若 S ="abcdef"，i = 3，len = 2，则 substring(S, i, len) ="cd"；若 S ="abc"，i = 4，len = 2，则出错。

若 t ="abcdefg"，p ="bcd"，则 index(p,t) = 2；若 p ="bbd"，此时 p 没有在 t 中出现，因此 index(p, t) = 0。

若 S ="abcdef"，i = 4，T ="kk"，则执行 strinsert(S, i, T)后，S ="abckkdef"。

若 S ="abcdefg"，i = 3，len = 3，则执行 strdelete(S, i, len)后，S ="abfg"。

若 S ="aabcdbca"，T1 ="bc"，T2 ="bb"，则执行 replace(S, T1, T2)后，S ="aabbdbba"。

4.1.3 字符串的存储结构及其实现

字符串是一种特殊的线性表，由于线性表有顺序存储和链式存储两种基本存储结构，因此字符串也有两种基本存储结构：顺序串和链式串。

1. 字符串的顺序存储及其部分运算的实现

字符串的顺序存储使用数组类型来实现，具体类型定义如下。

```
/***********************************/
/*  顺序串的头文件,文件名:seqstr.h    */
/***********************************/
   # define MAXSIZE 100
   typedef struct {
        char str[MAXSIZE];
        int length ;
   } seqstring;
```

其中，str 数组用来存放字符串中的每个字符，length 表示字符串当前的实际长度，而 MAXSIZE 表示数组 str 所能存放的字符串的最大长度。下面给出在顺序存储方式下字符串部分运算的具体实现。

（1）插入运算 strinsert(S, i, T)

插入运算实现的功能是将字符串 T 插入字符串 S 中的第 i 个字符开始的位置上。由于字符串采用顺序存储方式进行存储，因此为了实现 T 的插入，必须将字符串 S 中从第 i 个字符开始一直到 S 的最后一个字符构成的子串向后移动 T.length 个字符的位置，以便使用所空出的位置来存放字符串 T。具体实现详见算法 4.1，算法 4.1 中还考虑了一些特殊情况的处理。

```
/**********************************************/
/*  函数功能:顺序串的插入                      */
/*  函数参数:S 为 seqstring 类型的指针变量       */
/*          整型变量 i 为插入位置               */
/*          T 为 seqstring 类型的变量,表示插入的子串  */
/*  函数返回值:无                              */
/*  文件名:seqstrin.c,函数名:strinsert()       */
/**********************************************/
void strinsert(seqstring *S,int i,seqstring T)
{
    int k;
    if(i<1||i>S->length+1||S->length+T.length>MAXSIZE-1)   /*特殊情况的处理*/
    printf("cannot insert\n");
    else
     {
         for(k=S->length-1;k>=i-1;k--)        /*S 中从第 i 个元素开始后移*/
           S->str[T.length+k]=S->str[k];
         for (k=0;k<T.length;k++)              /*将 T 写入 S 中第 i 个字符开始的位置*/
           S->str[i+k-1]=T.str[k];
```

顺序串的插入

```
        S->length=S->length+T.length;
        S->str[S->length]='\0';                    /*设置字符串 S 新的结束符*/
    }
}
```

算法 4.1　顺序串的插入

（2）删除运算 strdelete(S, i, len)

删除运算实现的功能为将字符串 S 中从第 i 个字符起长度为 len 的子串删除。同样，由于字符串采用顺序存储方式进行存储，字符串中所有字符必须连续存放，因此删除 S 中从第 i 个字符起长度为 len 的子串后，其空出的位置应该被其后续字符代替，这可以通过将 S 中从下标为 i + len − 1 到 S->length − 1 之间的所有字符前移 len 个字符来实现。具体实现详见算法 4.2，算法 4.2 中还考虑了一些特殊情况的处理。

```
/***************************************************/
/*  函数功能:顺序串的删除                            */
/*  函数参数:S 为 seqstring 类型的指针变量            */
/*          整型变量 i 为删除的起始位置               */
/*          整型变量 len 为所删除的子串长度            */
/*  函数返回值:无                                   */
/*  文件名:seqstrde.c, 函数名:strdelete()           */
/***************************************************/
void strdelete(seqstring *S,int i,int len)
{
    int k;
    if(i<1||i>S->length||i+len-1>S->length)     /*特殊情况的处理*/
            printf("cannot delete\n");
    else
      {
            for(k=i+len-1;k<S->length;k++)
            /*S 中从下标为 i+len-1 开始的元素前移*/
                S->str[k-len]=S->str[k];
            S->length=S->length-len;
            S->str[S->length]='\0';              /*设置字符串 S 新的结束符*/
      }
}
```

[顺序串的删除 二维码]
顺序串的删除

算法 4.2　顺序串的删除

（3）连接运算 strconcat (S1,S2)

连接运算实现的功能是连接字符串 S1 和 S2，连接后 S1 在前，S2 在后。在具体实现过程中首先必须考虑 S1 和 S2 连接后存放字符的数组空间是否足够使用。如果足够使用，则只需将 S1 复制到新字符数组的前一部分，将 S2 复制到新字符数组中 S1 之后即可；否则应该报错。具体实现详见算法 4.3。

```
/***************************************************/
/*  函数功能:顺序串的连接                            */
/*  函数参数:S1 和 S2 均为 seqstring 类型变量         */
/*  函数返回值:seqstring 类型的指针                   */
/*  文件名:seqstrco.c,函数名:strconcat()            */
/***************************************************/
seqstring *strconcat(seqstring S1,seqstring S2)
{
    int i;
```

```
        seqstring *r;
        if(S1.length+S2.length>MAXSIZE-1)    /*处理字符数组空间不够使用的情况*/
            { printf("cannot concate");
             return (NULL);}
        else
            {
                r=(seqstring *)malloc(sizeof(seqstring));
                /*将 S1 复制到字符数组 r 的前端*/
                for(i=0;i<S1.length;i++) r->str[i]=S1.str[i];
                /*将 S2 复制到字符数组 r 的后端*/
                for(i=0;i<S2.length;i++) r->str[S1.length+i]=S2.str[i];
                r->length=S1.length+S2.length;
                r->str[r->length]='\0';
            }
        return (r);
}
```

算法 4.3　顺序串的连接

（4）求子串运算 substring(S, i, len)

求子串运算实现的功能是从字符串 S 的第 i 个字符开始取长度为 len 的子串返回。由于字符串采用顺序存储方式进行存储，因此取字符串 S 的子串非常方便，S 中从下标 i − 1 到 i + len − 2 之间的元素即构成所求的子串，实现过程中还必须考虑特殊情况的处理。具体实现详见算法 4.4。

```
/**************************************************/
/*    函数功能:求给定顺序串的子串                 */
/*    函数参数:S 为 seqstring 类型变量            */
/*          整型变量 i 为所取子串的起始位置        */
/*          整型变量 len 为所取子串的长度          */
/*    函数返回值:seqstring 类型的指针              */
/*    文件名:seqstrsb.c,函数名:substring()       */
/**************************************************/
seqstring *substring(seqstring S,int i,int len)
{
    int k;
    seqstring *r;
    if(i<1||i>S.length||i+len-1>S.length)    /*处理特殊情况*/
        { printf("error\n");
         return (NULL);}
    else
        {
            r=(seqstring *)malloc(sizeof(seqstring));
            for(k=0;k<len;k++)                    /*复制子串到字符数组 r 中*/
                r->str[k]=S.str[i+k-1];
            r->length=len;
            r->str[r->length]='\0';
        }
    return (r);
}
```

算法 4.4　求给定顺序串的子串

2．字符串的链式存储及其部分运算的实现

字符串的链式存储采用单链表的形式实现，其中每个节点的定义如下。

```
/***********************************/
/* 链式串的头文件,文件名:linkstr.h */
/***********************************/
typedef struct node
{
  char data;              /*用于存放字符串中的每个字符*/
  struct node *next;      /*用于指向本字符的下一个字符对应的节点的指针*/
} linkstrnode;
typedef linkstrnode *linkstring;
```

其中，linkstring 为指向节点的指针类型。例如，字符串 S ="abcdef"，其链式存储结构如图4.1 所示。

图 4.1　字符串的链式存储结构

下面讨论在上述链式存储结构中字符串部分运算的具体实现。

（1）创建字符串运算 strcreate(S)

创建字符串运算实现的功能是从键盘上按顺序读入一个字符串，并将它存入字符串变量 S 中。该运算实现时，假设当输入的字符为回车符时，意味着字符串输入结束；否则，若输入的字符为其他字符，则建立一个新节点，并将它插入已建好的链表尾部。具体实现详见算法 4.5。

```
/********************************************************/
/* 函数功能:链式串的创建                                */
/* 函数参数:S 为 linkstring 类型的指针变量               */
/* 函数返回值:无                                        */
/* 文件名:lstrcrea.c, 函数名:strcreate()               */
/********************************************************/
void  strcreate(linkstring *S)
{ char ch;
  linkstrnode *p,*r;
  *S=NULL; r=NULL;           /*r 始终指向当前链式串的最后一个字符对应的节点*/
  while((ch=getchar())!='\n')
  { p=(linkstrnode *)malloc(sizeof(linkstrnode)); /*产生新节点*/
    p->data=ch;
    if(*S==NULL)                 /*新节点插入空表的情况*/
      *S=p;
    else r->next=p;              /*新节点插入非空表的情况*/
    r=p;                         /*r 移向当前链式串的最后一个字符的位置*/
  }
  if(r!=NULL)  r->next=NULL;    /*处理表尾节点指针域*/
}
```

算法 4.5　链式串的创建

（2）插入运算 strinsert(S,i,T)

插入运算实现的功能为将字符串 T 插入字符串 S 中的第 i 个字符开始的位置上。由于字符串采用链式存储方式进行存储，为了实现将 T 插入 S 的第 i 个位置上，必须首先从前往后扫描链式

串 S，找到 S 中的第 i-1 个元素的位置 p；同时必须扫描链式串 T，找到 T 中最后一个元素的位置 q，然后将 p 所指节点的下一个节点（即 S 中的第 i 个元素）连接到 T 的后面，而将 T 连接到 p 所指节点之后。具体实现详见算法 4.6。

```
/***************************************************/
/*   函数功能:链式串的插入                           */
/*   函数参数:S 为 linkstring 类型的指针变量           */
/*           整型变量 i 为插入的位置                   */
/*           T 为 linkstring 类型变量,表示插入的子串     */
/*   函数返回值:无                                   */
/*   文件名:lstrinse.c,函数名:strinsert()             */
/***************************************************/
void strinsert(linkstring *S,int i,linkstring T)
{
   int k ;
   linkstring p,q;
   p=*S, k=1;
   while(p&&k<i-1)                    /*用 p 查找 S 中第 i-1 个元素的位置*/
     {
       p=p->next ; k++;
     }
   if(!p) printf("error\n");          /*第 i-1 个元素不存在,则出错*/
   else
     {
       q=T;
       while(q&&q->next)  q=q->next;  /*用 q 查找 T 中最后一个元素的位置*/
       q->next=p->next;               /*将 T 连接到 S 中的第 i 个位置上*/
       p->next=T;
     }
}
```

算法 4.6　链式串的插入

（3）删除运算 strdelete(S,i,len)

删除运算实现的功能为将字符串 S 中从第 i 个字符起长度为 len 的子串删除。在实现该运算时，不仅要找到 S 中第 i 个元素的位置 p，还需设置一个指针 q，用于查找 S 中第 i-1 个元素的位置，以便实现删除。为了达到上述目的，在扫描过程中可以让 q 始终跟踪 p。具体实现详见算法 4.7，算法 4.7 中还考虑了一些特殊情况的处理。

```
/***************************************************/
/*   函数功能:链式串的删除                           */
/*   函数参数:S 为 linkstring 类型的指针变量           */
/*           整型变量 i 为删除的起始位置               */
/*           整型变量 len 为所删除的子串长度           */
/*   函数返回值:无                                   */
/*   文件名:lstrdele.c,函数名:strdelete()             */
/***************************************************/
void strdelete(linkstring *S,int i,int len)
{
    int k;
    linkstring p,q,r;
    p=*S, q=null; k=1;
```

```
        while(p&&k<i)
        {q=p; p=p->next; k++;}        /*用 p 查找 S 的第 i 个元素,q 始终跟踪 p 的前驱节点*/
        if (!p) printf("error1\n");   /*S 的第 i 个元素不存在,则出错*/
        else
        { k=1;
          while(k<len&&p )             /*p 从第 i 个元素开始查找长度为 len 的子串的最后一个元素*/
          { p=p->next ;k++;}
          if(!p)  printf("error2\n");
          else
            { if(!q) { r=*S; *S=p->next; }   /*被删除的子串位于 S 的最前面*/
              else
              {
                  r=q->next; q->next=p->next; /*被删除的子串位于 S 的中间或最后的情形*/
              }
              p->next=null;
              while(r!=null)                 /*回收被删除的子串所占用的空间*/
                {p=r; r=r->next; free(p);}
            }
        }
    }
}
```

算法 4.7   链式串的删除

（4）连接运算 strconcat(S1,S2)

连接运算实现的功能是连接字符串 S1 和 S2，连接后 S1 在前，S2 在后。由于字符串采用链式存储方式进行存储，因此在实现该运算的过程中，若 S1 和 S2 均不为空串，则必须从前往后扫描 S1，找到 S1 最后一个字符的位置 p，以便将字符串 S2 连接到 S1 之后。具体实现详见算法 4.8，算法 4.8 中还考虑了 S1、S2 为空串的特殊情况的处理。

```
/****************************************************/
/*  函数功能:链式串的连接                           */
/*  函数参数:S1 为 linkstring 类型的指针变量         */
/*           S2 为 linkstring 类型变量              */
/*  函数返回值:无                                   */
/*  文件名:lstrconc.c,函数名:strconcat()            */
/****************************************************/
void strconcat(linkstring *S1,linkstring S2)
{
    linkstring p;
    if(!(*S1))                          /*考虑字符串 S1 为空串的情形*/
       {*S1=S2; return;}
    else
       if(S2)                           /*S1 和 S2 均不为空串的情形*/
         {
            p=*S1;                       /*用 p 查找 S1 的最后一个字符的位置*/
            while(p->next) p=p->next;
            p->next=S2;                  /*将字符串 S2 连接到 S1 之后*/
         }
}
```

算法 4.8   链式串的连接

（5）求子串运算 substring(S, i, len)

求子串运算实现的功能是从字符串 S 的第 i 个字符开始取长度为 len 的子串返回。为了得到所求的子串，首先必须找到字符串 S 中的第 i 个字符，由它构成所求子串的第 1 个节点；然后继续扫描 S，同时设置一个计数器计数，每扫描 S 的一个节点，就形成一个相应的新节点，并将其插入子串链表的尾部，直至扫描完 len 个节点为止。为此，必须设置一个指针 q，它始终指向所求子串的当前最后一个字符的位置。具体实现详见算法 4.9。

```
/**********************************************/
/*   函数功能:求给定链式串的子串              */
/*   函数参数:S 为 linkstring 类型变量        */
/*            整型变量 i 为所取子串的起始位置 */
/*            整型变量 len 为所取子串的长度   */
/*   函数返回值:linkstring 类型               */
/*   文件名:lstrsubs.c,函数名:substring()     */
/**********************************************/
linkstring substring(linkstring S,int i,int len)
{
  int k;
  linkstring p,q,r,t;
  p=S; k=1;
  while(p&&k<i) {p=p->next;k++;} /*用 p 查找 S 中的第 i 个字符*/
  if(!p) {printf("error1\n"); return(null);}
  /*处理 S 中的第 i 个字符不存在的情形*/
  else
  {
    r=(linkstring *)malloc(sizeof(linkstrnode));
    r->data=p->data; r->next=null;
    k=1; q=r;                    /*用 q 始终指向子串的最后一个字符的位置*/
    while(p->next&&k<len)        /*取长度为 len 的子串*/
    {
      p=p->next;k++;
      t=(linkstring *)malloc(sizeof(linkstrnode));
      t->data=p->data;
      q->next=t; q=t;
    }
    if(k<len) {printf("error2\n"); return (null);}
    else
      {q->next=null; return (r);}         /*处理子串的尾部*/
  }
}
```

算法 4.9 求给定链式串的子串

4.2 字符串的模式匹配

寻找字符串 p 在字符串 t 中首次出现的起始位置称为字符串的模式匹配，其中，称 p 为模式（Pattern），t 为正文（Text），t 的长度远远大于 p 的长度。在 4.1 节中介绍的字符串运算 index(p, t) 实现的功能就是模式匹配。模式匹配在符号处理的许多问题中是一个十分重要的操作，这一节将详细讨论它的具体实现算法。

4.2.1 朴素模式匹配算法

朴素模式匹配算法的基本思想是：用 p 中的每个字符与 t 中的字符一一比较，如下。

$$\text{正文 } t: \quad t_1 \qquad t_2 \cdots t_m \cdots t_n$$
$$\Updownarrow \quad \Updownarrow \quad \Updownarrow$$
$$\text{模式 } p: \quad p_1 \qquad p_2 \cdots p_m$$

其中，n 代表正文 t 的长度，m 为模式字符串 p 的长度。如果 $t_1=p_1, t_2=p_2, \cdots, t_m=p_m$，则模式匹配成功，$t_1 t_2 \cdots t_m$ 即所要寻找的子串，此时返回其起始位置 1 即可；否则，将 p 向右移动一个字符的位置，重新用 p 中的字符从头开始与 t 中相对应的字符依次比较，如下。

$$t_1 \quad t_2 \quad t_3 \cdots t_m \quad t_{m+1} \cdots t_n$$
$$\Updownarrow \quad \Updownarrow \quad \Updownarrow \qquad \Updownarrow$$
$$p_1 \quad p_2 \cdots p_{m-1} \quad p_m$$

如此反复，直到匹配成功；或者 p 已经移到使 t 中剩下的字符个数小于 p 的长度的位置，此时意味着模式匹配失败，表示 t 中没有子串与模式 p 相等，我们约定返回-1 代表匹配失败。朴素模式匹配算法的具体实现详见算法 4.10，算法 4.10 是以字符串的顺序存储结构为基础加以实现的。

```
/***************************************************************/
/*   函数功能:字符串朴素模式匹配算法的实现                    */
/*   函数参数:模式 p 和正文 t 均为 seqstring 类型变量          */
/*   函数返回值:若匹配成功则返回 p 在 t 中首次出现的起始位置   */
/*            若匹配不成功则返回-1                            */
/*   文件名:smpmatch.c,函数名:index()                        */
/***************************************************************/
int index(seqstring p,seqstring t)   /*寻找模式p在正文t中首次出现的起始位置*/
{
    int i,j,succ;
    i=0; succ=0;                      /*用 i 扫描正文 t,succ 为匹配成功的标志*/
    while((i<=t.length-p.length)&&(!succ))
    {
        j=0; succ=1; /*用 j 扫描模式 p*/
        while((j<=p.length-1)&&succ)
          if(p.str[j]==t.str[i+j])  j++;
          else succ=0;
        ++i;
    }
    if(succ) return (i-1);
    else  return (-1);
}
```

算法 4.10　字符串朴素模式匹配算法的实现

4.2.2　快速模式匹配算法

仔细分析上述朴素模式匹配算法，不难发现其执行效率是非常低的。在最坏的情况下，其比较次数达到$(n-m+1)m$，由于 m 远小于 n，因此其时间复杂度为 $O(nm)$。朴素模式匹配算法执行效率低的主要原因在于，该算法在寻求匹配时没有充分利用比较时已经得到的信息，每次比较不相等时总是将模式 p 右移一位，并用 p 中的字符从头开始再与 t 中的字符进行比较，这是一种带回溯的比较方法，而这种回溯并不经常是必要的。下面介绍一种快速模式匹配算法，称为 KMP 算法，此算法是由 D.E.克努特（D.E.Knuth）、J.H.莫里斯（J.H.Morris）和 V.R.普拉特（V.R.Pratt）同时发现的，该算法可以在 $O(n+m)$ 的时间数量级上完成字符串的模式匹配操作。

首先，我们来分析图 4.2 所示的情形。

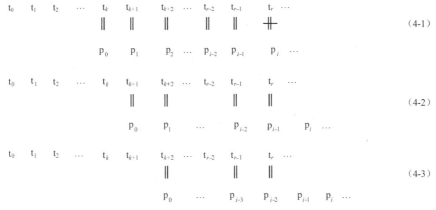

图 4.2 模式 p 右移一位和两位的情形

式（4-1）表明此次匹配从 p_0 与 t_k 开始比较，当比较到 p_i 与 t_r 时出现不等情况，于是将模式 p 右移一位，变成式（4-2）所示的状态，若此次比较成功，则必有 $p_0 = t_{k+1}, p_1 = t_{k+2}, \cdots, p_{i-2} = t_{r-1}$，且 $p_{i-1} \neq p_i$；而根据式（4-1）的比较结果有 $p_1 = t_{k+1}, p_2 = t_{k+2}, \cdots, p_{i-1} = t_{r-1}$，因此有 $p_0 = p_1, p_1 = p_2, \cdots,$ $p_{i-2} = p_{i-1}$。这个性质说明在模式 p 中 p_i 之前存在一个从 p_0 开始长度为 $i-1$ 的连续序列 $p_0 p_1 \cdots p_{i-2}$ 和以 p_{i-1} 为结尾、长度同样为 $i-1$ 的连续序列 $p_1 p_2 \cdots p_{i-1}$，其值对应相等，即：

简记为：

$$[p_0 \sim p_{i-2}] = [p_1 \sim p_{i-1}]$$

这说明模式 p 中 p_i 之前存在长度为 $i-1$ 的真前缀和真后缀的匹配。

现反过来考虑。在式（4-1）所示的状态下，若模式 p 中 p_i 之前存在长度为 $i-1$ 的真前缀和真后缀的匹配，即 $[p_0 \sim p_{i-2}] = [p_1 \sim p_{i-1}]$，且 $p_{i-1} \neq p_i$，当 p_i 与 t_r 出现不等时，根据前面已比较的结果 $p_1 = t_{k+1}, p_2 = t_{k+2}, \cdots, p_{i-1} = t_{r-1}$，于是可得 $p_0 = t_{k+1}, p_1 = t_{k+2}, \cdots, p_{i-2} = t_{r-1}$，因此接下来只需从 p_{i-1} 与 t_r 开始继续后续对应字符的比较即可。

再假设在式（4-1）所示的状态下，模式 p 右移一位成为状态式（4-2）后，匹配仍然不成功，说明 $[p_0 \sim p_{i-2}] \neq [p_1 \sim p_{i-1}]$ 或 $p_{i-1} = p_i$，于是模式 p 再右移一位，成为状态式（4-3），若此次匹配成功，仿照上述分析，必有：

$$[p_0 \sim p_{i-3}] = [p_2 \sim p_{i-1}]$$

这说明模式 p 中 p_i 之前存在长度为 $i-2$ 的真前缀和真后缀的匹配。式（4-3）表明，在式（4-1）所示的状态下，若模式 p 中 p_i 之前最长真前缀和真后缀匹配的长度为 $i-2$，当 p_i 与 t_r 出现不等时，接下来只需从 p_{i-2} 与 t_r 开始继续后续对应字符的比较。

现考虑一般情况。在进行模式匹配时，若模式 p 中 p_i 之前最长真前缀和真后缀匹配的长度为 j，当 $p_i \neq t_r$ 时，则下一步只需从 p_j 与 t_r 开始继续后续对应字符的比较，而不应该将模式 p 一位一位地右移，也不应该反复从模式 p 的开头进行比较。这样既不会失去任何匹配成功的机会，又可极大地加快匹配的速度。

根据上述分析，在模式匹配过程中，每当出现 $p_i \neq t_r$ 时，下一次与 t_r 进行比较的 p_j 和模式 p

中 p_i 之前最长真前缀和真后缀匹配的长度密切相关；而模式 p 中 p_i 之前最长真前缀和真后缀匹配的长度只取决于模式 p 的组成，与正文无关。

于是可以针对模式 p 定义一个数组 next[m]，其中 next[i] 表示当 $p_i \neq t_r$ 时，下一次将从 $p_{next[i]}$ 与 t_r 开始继续后续对应字符的比较。显然，next[i] 的值与模式 p 中 p_i 之前最长真前缀和真后缀匹配的长度密切相关。下面考虑如何根据模式 p 的组成求数组 next 的元素的值。我们规定：

$$next[0] = -1$$

这表明当 $p_0 \neq t_r$ 时，将从 p_{-1} 与 t_r 开始继续后续对应字符的比较；然而 p_{-1} 是不存在的，我们可以将这种情况理解成下一步将从 p_0 与 t_{r+1} 开始继续后续对应字符的比较。

有了 next[0] 为基础，便可以考虑按照 $i = 1,2,\cdots,m-1$ 的顺序依次求解 next[i] 的值。以下假设 next[0],next[1],$\cdots$,next[i] 的值均已求出，现要求 next[i+1] 的值。由于在求解 next[i] 时已得到 p_i 之前最长真前缀和真后缀匹配的长度，设其值为 j，即：

如果此时进一步有 $p_j = p_i$，则 p_{i+1} 之前最长真前缀和真后缀匹配的长度就为 $j+1$，且 next[i+1] = $j+1$。反之，若 $p_j \neq p_i$，注意到，求 p_{i+1} 之前最长真前缀和真后缀匹配问题本质上仍然是一个模式匹配问题，只是在这里模式和正文都是同一个字符串 p 而已，因此，当 $p_j \neq p_i$ 时，应该检查 $p_{next[j]}$ 与 p_i 是否相等。若相等，则 next[i+1] = next[j]+1；若仍然不相等，则再取 $p_{next[next[j]]}$ 与 p_i 进行比较，直至要将 p_{-1} 与 p_i 进行比较为止，此时 next[i+1] = 0。算法 4.11 给出了根据模式 p 的组成求数组 next 的元素的值的过程，其中的字符串选择了顺序存储结构进行存储。

```
/*********************************************************************/
/*   函数功能:根据模式 p 的组成求其对应的数组 next 的元素的值          */
/*   函数参数:p 为 seqstring 类型变量,表示模式                       */
/*            next 为整型数组,用于存放模式 p 对应的数组 next 的元素的值 */
/*   函数返回值:空                                                   */
/*   文件名:pattnext.c,函数名:getnext()                             */
/*********************************************************************/
void getnext(seqstring p,int next[])
{  int i,j;
   next[0]=-1;
   i=0;  j=-1;
   while(i<p.length)
    {
      if(j==-1||p.str[i]==p.str[j])
        {++i;++j;next[i]=j;}
      else
        j=next[j];
    }
  for(i=0;i<p.length;i++)
  printf("%d",next[i]);
}
```

算法 4.11　根据模式 p 的组成求其对应的数组 next 的元素的值

在 KMP 算法中，数组 next 的元素的值的求解是关键。求出数组 next 的元素的值的值后，就可以快速寻找模式 p 在正文 t 中首次出现的起始位置。

KMP 算法的基本思想如下。

假设以 i 和 j 分别指示正文 t 和模式 p 中正待比较的字符，令 i、j 的初值为 0，若在匹配过程中 $t_i = p_j$，

则 i 与 j 分别加 1；否则 i 不变，而 j 退到 next[j] 的位置继续比较（即 $j=$ next[j]）。若相等，则 i、j 各自增加 1；否则 j 再退到下一个 next[j] 的位置继续比较。以此类推，直至下列两种情况之一出现。

① j 退到某个 next[j]（next[…[next[j]]…]）的位置时，t_i 与 p_j 字符比较相等，则 i、j 各自增加 1 后继续进行比较。

② j 退到 -1（即模式 p 的第一个字符"失配"），此时需将 i 向右移动一个位置，即从正文的下一个字符 t_{i+1} 起和模式 p 重新从头开始比较。

KMP 算法的具体实现详见算法 4.12，其中使用了算法 4.11 的输出结果。

```
/*********************************************************/
/*  函数功能:字符串的 KMP 算法的实现                        */
/*  函数参数:t 和 p 均为 seqstring 类型变量,t 表示正文,p 表示模式  */
/*          整型数组 next 用于存放模式 p 对应的数组 next 的元素的值   */
/*  函数返回值:若匹配成功则返回 p 在 t 中首次出现的起始位置      */
/*          若匹配不成功则返回-1                           */
/*  文件名:kmpmatch.c,函数名:kmp()                        */
/*********************************************************/
int kmp(seqstring t,seqstring p,int next[])
{ int i,j;
  i=0; j=0;
  while(i<t.length&&j<p.length)
    {
      if(j==-1||t.str[i]==p.str[j])
        {i++; j++;}
      else  j=next[j];
    }
  if(j==p.length) return (i-p.length);
  else return(-1);
}
```

算法 4.12　字符串的 KMP 算法的实现

4.3　集合

4.3.1　集合的定义和性质

把一组具有相同性质的事物汇集到一起组成一个整体就构成了一个集合。根据所研究的问题不同，事物可以是一个具体的数值、一本书或一个人等；而其中的每个事物被称为这个集合的元素或成员。集合中所包含元素的个数称为集合的长度，长度为 0 的集合称为空集。一个具有 n 个元素的集合 S，可以使用以下方式表示：

$$\{a_1,a_2,\cdots,a_i,\cdots,a_n\}$$

集合具有无序性，即一个集合中每个元素的地位都是等同的，元素之间是无序的。集合上可以定义序关系，定义序关系后，元素之间就可以按照某种序关系进行排列，但就集合本身而言，元素之间不存在任何必然的顺序。在上述集合 S 的表示中，相邻元素 a_i 与 a_{i+1}（$1 \le i < n$）之间并不存在前驱和后继关系，我们只是按照这种顺序把它们罗列出来，元素之间的顺序是可以交换的，仅仅把元素的顺序进行交换所得到的集合与原来的集合是等价的。因此，我们通常使用集合表示一组无序的数据。集合属于非线性结构。

同时，集合具有互异性。一个集合中任何两个元素都应该是互不相同的，即每个元素只能出现一次。如果需要考虑一个元素出现多次的情形，可以使用多重集表示。本书中只讨论元素互异的集合。

4.3.2 集合类的定义

根据集合的特性及其在实际问题中的应用，可以抽象出集合的一些基本操作，它们与集合的逻辑结构一起构成了集合的抽象数据类型。

集合类的定义如下。

```
ADT set {
    数据对象 D:由 0 个或多个相同性质的互异元素构成。
    数据关系 R:元素之间不存在任何关系，即 R 为空。
    集合的基本操作如下。
    （1）initset(s):初始化集合 s，将 s 置为空集。
    （2）lengthofset(s):求集合 s 的长度，即求 s 中所包含元素的个数。
    （3）isempty(s): 判断集合 s 是否为空集。若 s 为空集，则返回 1；否则返回 0。
    （4）display(s): 输出集合 s 中所有元素的值。
    （5）belong(s,x):判断值 x 是否属于集合 s。若 x 属于 s，则返回 1；否则返回 0。
    （6）addelement(s,x): 在集合 s 中添加一个元素 x。在添加之前必须判断 x 是否已属于 s;
如果 x 已属于 s，则不进行添加。
    （7）delelement(s,x): 删除集合 s 中值为 x 的元素。若 x 不属于 s，则不进行删除。
    （8）issubset(s1,s2):判断集合 s1 是否是集合 s2 的子集。若是，则返回 1；否则返回 0。
    （9）propersubset(s1,s2): 判断集合 s1 是否是集合 s2 的真子集。若是，则返回 1；否则
返回 0。
    (10)isequal(s1,s2):判断集合 s1 和集合 s2 是否等价。若等价，则返回 1；否则返回 0。
    (11)setunion(s1,s2):求集合 s1 和集合 s2 的并集。
    (12)intersection(s1,s2):求集合 s1 和集合 s2 的交集。
    (13)difference(s1,s2):求集合 s1 和集合 s2 的差集（相对补集），即 s1-s2 的值。
    (14)complement(E,s):求集合 s 相对于全集 E 的补集（绝对补集）。
    (15)symmetricalSets(s1,s2):求集合 s1 和集合 s2 的对称差集。
    (16)clearset(s):清除集合 s，将其空间回收。
} ADT set
```

4.3.3 集合的存储结构及其实现

集合的元素具有无序性，元素之间是相互独立的，不存在任何关系，集合属于非线性结构，但在具体实现时，集合采用的存储结构和线性表的非常类似，同样具有顺序存储和链式存储两种基本存储结构，只是在使用过程中我们始终必须记住，存储在数组或单链表中的集合，其相邻元素之间并不存在前驱和后继关系，元素之间的顺序是可以交换的。

1. 集合的顺序存储及其部分运算的实现

集合的顺序存储同样使用数组类型来实现，具体类型定义如下。

```
/****************************************/
/*   集合顺序存储的头文件,文件名:seqset.h */
/****************************************/
#define MAXSIZE 100
typedef int datatype;
typedef struct{
  datatype a[MAXSIZE];
  int size;
} sequence_set;
```

其中，数组 a 用来存放集合中的所有元素，size 用来记录数组中实际所包含集合元素的个数。这里主要讨论整型集合，因此将 datatype 定义为 int 类型，使用过程中可以根据问题求解的需要定义 datatype 的具体类型。下面给出集合在顺序存储结构下部分运算的具体实现。

（1）求集合长度运算 lengthofset(s)

由于在集合的顺序存储结构中，size 直接记录了集合中实际所含元素的个数，因此 lengthofset(s) 函数只需直接返回 size 的值即可。具体实现详见算法 4.13。

```
/**********************************************************/
/* 函数功能:求顺序存储方式下集合 s 的长度                  */
/* 函数参数:s 为 sequence_set 类型变量,为顺序存储方式下的集合 */
/* 函数返回值: int 类型,返回集合 s 的长度                  */
/* 文件名:seqlength.c,函数名:lengthofset()                */
/**********************************************************/
int lengthofset(sequence_set s)
  {
  return (s.size);
  }
```

算法 4.13　求集合长度

（2）判断元素是否属于集合的运算 belong(s,x)

该运算用于判断一个给定的元素 x 是否属于给定的集合 s。具体实现时只需要从前往后扫描 s，将 x 依次与 s 中的每个元素进行比较。如果出现相等的情况，则表示 x 属于 s，返回 1；如果一直没有出现相等的情况，则表示 x 不属于 s，返回 0。具体实现详见算法 4.14。

```
/**********************************************************/
/* 函数功能:判断元素 x 是否属于顺序存储方式下的集合 s       */
/* 函数参数:s 为 sequence_set 类型的集合,x 为 datatype 类型的元素 */
/* 函数返回值:int 类型,返回值为 0 或 1                     */
/* 文件名:seqbelong.c,函数名:belong()                     */
/**********************************************************/
int belong(sequence_set s,datatype x)
{ int i;
  for(i=0;i<s.size;i++)
    if(s.a[i]==x) return (1);
  return (0);
}
```

算法 4.14　判断元素是否属于集合

（3）将元素添加到集合的运算 addelement(s,x)

该运算实现将一个给定的元素 x 添加到给定的集合 s 中。由于集合要求元素具有互异性，因此在添加之前必须判断 x 是否已属于集合 s。如果 x 已属于集合 s，则无须添加；如果 x 不属于集合 s，由于集合具有无序性，因此只需将 x 添加到 s 的最后即可。具体实现详见算法 4.15。

```
/**********************************************************/
/* 函数功能:将元素 x 添加到顺序存储方式下的集合 s 中        */
/* 函数参数:s 为 sequence_set 类型的集合,x 为 datatype 类型的元素 */
/* 函数返回值:为 sequence_set 类型,返回进行添加操作后的集合 */
/* 文件名:seqadd.c,函数名:addelement()                    */
/**********************************************************/
sequence_set addelement(sequence_set s,datatype x)
{  int i,isin;
   isin=belong(s,x);
```

```
      if(!isin) { s.a[s.size]=x;
              s.size++;    }
      return (s);
}
```

算法 4.15　将元素添加到集合

（4）删除集合元素运算 delelement(s,x)

　　该运算实现的功能为删除集合 s 中值为 x 的元素。在删除之前必须在 s 中查找值为 x 的元素，如找到，则在 s 中删除该元素后将集合返回；如未找到，则将集合 s 直接返回即可。具体实现详见算法 4.16。

```
/**********************************************************/
/* 函数功能:删除顺序存储方式下的集合 s 中值为 x 的元素      */
/* 函数参数:s 为 sequence_set 类型的集合,x 为 datatype 类型的元素  */
/* 函数返回值:sequence_set 类型,返回进行删除操作后的集合    */
/* 文件名:seqdelete.c,函数名:delelement()                 */
/**********************************************************/
sequence_set delelement(sequence_set s,datatype x)
{ int i,j;
  i=0;
  while(i<s.size&&s.a[i]!=x) i++;
  if(i<s.size) {  for(j=i;j<s.size-1;j++) s.a[j]=s.a[j+1];
                  s.size--;
               }
  return(s);
}
```

算法 4.16　删除集合元素

（5）判断集合子集运算 issubset(s1,s2)

　　该运算实现的功能是判断集合 s1 是否是集合 s2 的子集。具体实现时，可以依次取 s1 中的每个元素，在 s2 中查找它是否出现。如果 s1 中的每个元素均在 s2 中出现，则表示 s1 是 s2 的子集，函数将返回 1；若在此过程中发现 s1 中的某个元素在 s2 中没有出现，函数执行则立刻结束，说明 s1 不是 s2 的子集，函数将返回 0。具体实现详见算法 4.17。

```
/**********************************************************/
/* 函数功能:判断顺序存储方式下的集合 s1 是否是集合 s2 的子集  */
/* 函数参数:s1 和 s2 均为 sequence_set 类型的集合          */
/* 函数返回值:int 类型,返回值为 0 或 1                     */
/* 文件名:seqsubset.c,函数名:issubset()                   */
/**********************************************************/
int issubset(sequence_set s1,sequence_set s2)
{ int i,j,flag;
  i=0; flag=1;
  while(i<s1.size&&flag)
   { j=0;
     while(j<s2.size&&s2.a[j]!=s1.a[i]) j++;
     if(j==s2.size) flag=0;
     else i++;        }
  if(flag) return (1);
  else return (0);
}
```

算法 4.17　判断集合子集

（6）求集合并集运算 setunion(s1,s2)

该运算实现的功能为求集合 s1 和集合 s2 的并集。集合的并集由属于 s1 或 s2 的元素构成，但由于集合元素的互异性，s1 和 s2 中相同的元素只能保留一个。因此，在具体实现过程中，首先将 s1 的所有元素复制到 s3 中；然后针对 s2 中的每个元素，查找它是否在 s1 中出现，如果没有出现，则将它加入 s3 的尾部。s3 的最终结果即所求的并集，将 s3 返回即可。具体实现详见算法 4.18。

```
/***************************************************/
/* 函数功能:求顺序存储方式下集合 s1 和集合 s2 的并集          */
/* 函数参数:s1 和 s2 均为 sequence_set 类型的集合           */
/* 函数返回值:sequence_set 类型,返回 s1 和 s2 的并集        */
/* 文件名:sequnion.c, 函数名:setunion()                 */
/***************************************************/
sequence_set setunion(sequence_set s1,sequence_set s2)
{   int i,j; sequence_set s3;
    for(i=0;i<s1.size;i++)
        s3.a[i]=s1.a[i];
    s3.size=s1.size;
    for(j=0;j<s2.size;j++)
      { i=0;
        while(i<s1.size&&s2.a[j]!=s1.a[i]) i++;
        if(i==s1.size) { s3.a[s3.size]=s2.a[j];
                         s3.size++; }
      }
    return (s3);
}
```

求顺序存储下集合的并集

算法 4.18　求集合并集

（7）求集合交集运算 intersection(s1,s2)

该运算实现的功能为求集合 s1 和 s2 的交集，交集由 s1 和 s2 中共同的元素组成。具体实现时，从前往后依次扫描 s1 中的每个元素，查找它们是否在 s2 中出现。如果 s1 中某个元素在 s2 中出现，则将该元素放入交集 s3 中。最后将存放在 s3 中的交集返回即可。具体实现详见算法 4.19。

```
/***************************************************/
/* 函数功能:求顺序存储方式下集合 s1 和集合 s2 的交集      */
/* 函数参数:s1 和 s2 均为 sequence_set 类型的集合        */
/* 函数返回值:sequence_set 类型,返回 s1 和 s2 的交集     */
/* 文件名:seqintersec.c,函数名:intersection()        */
/***************************************************/
sequence_set intersection(sequence_set s1,sequence_set s2)
{ int i,j; sequence_set s3;
  s3.size=0;
  for(i=0;i<s1.size;i++)
    { j=0;
      while(j<s2.size&&s1.a[i]!=s2.a[j]) j++;
      if(j<s2.size) { s3.a[s3.size]=s1.a[i];
                      s3.size++;}
    }
  return (s3);
}
```

求链式存储下集合的交集

算法 4.19　求集合交集

数据结构（C语言版）（第4版）（微课版）

（8）求集合差集运算 difference(s1,s2)

该运算实现的功能为求集合 s1 和 s2 的差集，即 s2 对 s1 的相对补集，通常记为：s1-s2。集合 s1 和 s2 的差集由属于 s1 但不属于 s2 的元素组成。具体实现时，从前往后依次扫描 s1 中的每个元素，判断它们是否在 s2 中出现。如果 s1 中的某个元素在 s2 中没有出现，则将它放入差集 s3 中。最后将 s1 和 s2 的差集 s3 返回即可。具体实现详见算法 4.20。

```
/**********************************************/
/* 函数功能:求顺序存储方式下集合 s1 和集合 s2 的差集      */
/* 函数参数:s1 和 s2 均为 sequence_set 类型的集合        */
/* 函数返回值:sequence_set 类型,返回 s1 和 s2 的差集     */
/* 文件名:seqdifference.c,函数名:difference()        */
/**********************************************/
sequence_set difference(sequence_set s1,sequence_set s2)
{ int i,j; sequence_set s3;
  s3.size=0;
  for(i=0;i<s1.size;i++)
    { j=0;
      while(j<s2.size&&s1.a[i]!=s2.a[j]) j++;
      if(j==s2.size) { s3.a[s3.size]=s1.a[i];
                       s3.size++;}
    }
  return (s3);
}
```

算法 4.20　求集合差集

2. 集合的链式存储及其部分运算的实现

集合的链式存储可以采用单链表实现，即将集合的每个元素作为一个节点构成一个单链表，具体存储结构定义如下。

```
/**********************************/
/*  集合链式存储的头文件,文件名:linkset.h */
/**********************************/
typedef  int  datatype;
typedef  struct  node
{ datatype data;
  struct node *next;
}listnode;
typedef  listnode  *link_set;
```

这里主要讨论整型集合，因此将 datatype 定义为 int 类型，使用过程中可以根据问题求解的需要定义 datatype 的具体类型。下面给出集合在链式存储结构下部分运算的具体实现。

（1）求集合长度运算 lengthofset(s)

该运算实现的功能为求集合 s 的长度，即统计存放集合 s 的单链表中所包含的元素个数。具体实现详见算法 4.21。

```
/*************************************************/
/* 函数功能:求链式存储方式下集合 s 的长度                  */
/* 函数参数:s 为 link_set 类型指针,为指向集合单链表的头指针  */
/* 函数返回值:int 类型,返回集合中所包含的元素个数           */
/* 文件名: linklength.c, 函数名: lengthofset()          */
/*************************************************/
int lengthofset(link_set s )
```

80

```
{  int i; link_set p;
       if(!s) return (0);
       p=s; i=1;
       while(p->next){p=p->next;i++;}
       return (i);
}
```

算法 4.21　求集合长度

（2）判断元素是否属于集合的运算 belong(s,x)

该运算实现的功能为判断元素 x 是否属于集合 s，集合 s 采用链式存储方式存储时，该运算即在单链表 s 中查找 x 是否存在。如存在，则返回 1；否则返回 0。具体实现详见算法 4.22。

```
/**********************************************************/
/* 函数功能:判断元素 x 是否属于链式存储方式下的集合 s        */
/* 函数参数:s 为 link_set 类型的头指针,x 为 datatype 类型的元素 */
/* 函数返回值:int 类型,返回 0 或 1                          */
/* 文件名:linkbelong.c,函数名:belong()                     */
/**********************************************************/
int belong(link_set s,datatype x)
{       link_set p;
        if(!s) return (0);
        p=s;
        while(p&&p->data!=x) p=p->next;
        if(p) return (1);
        else return (0);
}
```

算法 4.22　判断元素是否属于集合

（3）添加一个元素到集合的运算 addelement(s,x)

该运算实现的功能为将元素 x 添加到集合 s 中。具体实现时，首先要判断 x 是否已经属于集合 s。如果 x 属于 s，则不进行添加；如果 x 不属于 s，由于集合元素具有无序性，考虑操作方便性和实现效率，将 x 插入单链表 s 的最前面即可。具体实现详见算法 4.23。

```
/**********************************************************/
/* 函数功能:将元素 x 添加到链式存储方式下的集合 s 中          */
/* 函数参数:s 为 link_set 类型的头指针,x 为 datatype 类型的元素 */
/* 函数返回值:link_set 类型,返回进行添加操作后的集合         */
/* 文件名:linkadd.c,函数名:addelement()                    */
/**********************************************************/
link_set addelement(link_set s,datatype x)
{  link_set p; int flag;
   flag=belong(s,x);
   if(!flag)
     { p=(link_set)malloc(sizeof(listnode));
       p->data=x;      p->next=NULL;
       if(!s) s=p;
       else { p->next=s; s=p;}
     }
   return (s);
}
```

算法 4.23　添加一个元素到集合

（4）删除集合元素运算 delelement(s,x)

该运算实现的功能为删除集合 s 中值为 x 的元素。具体实现时，首先在链式存储的集合 s 中查找值为 x 的节点，如果找到，则在单链表 s 中删除 x 后将 s 返回；否则直接将 s 返回。具体实现详见算法 4.24。

```
/****************************************************************/
/* 函数功能:删除链式存储方式下集合 s 中值为 x 的元素           */
/* 函数参数:s 为 link_set 类型的头指针,x 为 datatype 类型的元素 */
/* 函数返回值:link_set 类型,返回进行删除操作后的集合           */
/* 文件名:linkdelete.c,函数名:delelement()                     */
/****************************************************************/
link_set delelement(link_set s,datatype x)
{    link_set p,pre;
     if(!s) {   printf("The set is empty,can not delete!");
                 return (NULL);    }
     p=s; pre=NULL;
     while(p&&p->data!=x)
       { pre=p; p=p->next; }
     if(!p) { printf("Can not find the delete element!");
             return (s);     }
     else { if(pre==NULL) s=s->next;
           else pre->next=p->next;
           free(p);  return (s);
          }
}
```

算法 4.24　删除集合元素

（5）判断集合子集运算 issubset(s1,s2)

该运算实现的功能为判断集合 s1 是否是集合 s2 的子集。具体实现时，使用指针 p 从前往后依次扫描 s1 中的元素，判断 p 所指向的元素是否在 s2 中出现。如果 s1 中的每个元素均在 s2 中出现，则表示 s1 是 s2 的子集，函数返回 1；如果在此过程中出现 p 所指向的元素在 s2 中没有出现，则说明 s1 不是 s2 的子集，函数执行立刻结束，返回 0。具体实现详见算法 4.25。

```
/****************************************************/
/* 函数功能:判断链式存储方式下集合 s1 是否是集合 s2 的子集 */
/* 函数参数:s1 和 s2 均为 link_set 类型的头指针        */
/* 函数返回值:int 类型,返回 0 或 1                   */
/* 文件名:linksubset.c,函数名:issubset()            */
/****************************************************/
int issubset(link_set s1,link_set s2)
{     link_set p,q;
      if(!s1) return (1);
      else if(!s2) return (0);
          else { p=s1;
                 while(p)
                 { q=s2;
                   while(q&&q->data!=p->data) q=q->next;
                   if(!q) return (0);
                   p=p->next;
                 }
                 return (1);
               }
}
```

算法 4.25　判断集合子集

（6）求集合并集运算 setunion(s1,s2)

该运算实现的功能为求集合 s1 和 s2 的并集。我们将从前往后依次判断 s2 中的每个元素是否在 s1 中出现，必须将 s2 中所有没有出现在 s1 中的元素添加到 s1 的后面，从而得到 s1 和 s2 的并集。具体实现过程中，如果 s2 的当前元素在 s1 中出现，则只需将该元素的空间回收，继续往后扫描 s2；如果 s2 的当前元素没有在 s1 中出现，则必须将该元素以尾插法插入 s1 的后面，然后继续往后扫描 s2；重复以上过程，直到扫描完 s2 中的所有元素。最终，s1 中存放了集合 s1 和 s2 的并集，将 s1 返回即可。具体实现详见算法 4.26。

```
/*******************************************************/
/* 函数功能:求链式存储方式下集合 s1 和 s2 的并集        */
/* 函数参数:s1 和 s2 均为 link_set 类型的头指针          */
/* 函数返回值:link_set 类型,返回 s1 和 s2 的并集          */
/* 文件名:linkunion.c,函数名:setunion()                */
/*******************************************************/
link_set setunion(link_set s1,link_set s2)
{       link_set p,q,t,r;
        if(!s1) return (s2);
        else if(!s2)  return (s1);
            else {  p=s1;
                    while(p->next) p=p->next;
                    t=p;
                     while(s2)
                       { q=s1;
                         while(s2->data!=q->data&&q!=t)  q=q->next;
                         if(s2->data==q->data)
                             { r=s2;s2=s2->next; free(r); }
                         else { p->next=s2; p=s2;  s2=s2->next; }
                        }
                    if(p) p->next=NULL;
                    return(s1);
                }
}
```

算法 4.26　求集合并集

（7）求集合交集运算 intersection(s1,s2)

该运算实现的功能为求集合 s1 和 s2 的交集。具体实现过程中，使用指针 p 从前往后依次扫描 s1 中的每个元素。如果 p 所指向的元素在 s2 中出现，则利用尾插法将该元素插入 s3 中；如果 p 所指向的元素没有在 s2 中出现，则将其空间回收；重复以上过程，直至扫描完 s1 中的所有元素，然后将 s2 中所有节点的空间回收。最终 s3 中存放了集合 s1 和 s2 的交集，将 s3 返回即可。具体实现详见算法 4.27。

```
/*******************************************************/
/* 函数功能:求链式存储方式下集合 s1 和 s2 的交集        */
/* 函数参数:s1 和 s2 均为 link_set 类型的头指针          */
/* 函数返回值:link_set 类型,返回 s1 和 s2 的交集          */
/* 文件名:linkintersec.c,函数名:intersection() */
/*******************************************************/
link_set intersection(link_set s1,link_set s2)
{    link_set p,s3,t,q,r;
     s3=NULL;t=NULL;
     while(s1)
       { p=s1; s1=s1->next;
```

求链式存储下集合的交集

```
            q=s2;
            while(q&&q->data!=p->data) q=q->next;
            if(q)   { if(s3==NULL) s3=p;
                      else t->next=p;
                      t=p;
                    }
          else free(p);
        }
        if(t) t->next=NULL;
        while(s2)
           { r=s2; s2=s2->next;  free(r);  }
        return (s3);
    }
```

算法 4.27　求集合交集

（8）求集合差集运算 difference(s1,s2)

该运算实现的功能为求集合 s1 和 s2 的差集，即 s1-s2 的值。具体实现过程中，使用指针 p 从前往后依次扫描 s1 中的每个元素。如果 p 所指向的元素没有在 s2 中出现，则利用尾插法将该元素插入 s3 中；如果 p 所指向的元素在 s2 中出现，则只需将该元素的空间回收；重复以上过程，直至扫描完 s1 中的所有元素，然后将 s2 中所有节点的空间回收。最终 s3 中存放了集合 s1 和 s2 的差集，将 s3 返回即可。具体实现详见算法 4.28。

```
/***********************************************/
/* 函数功能:求链式存储方式下集合 s1 和 s2 的差集    */
/* 函数参数:s1 和 s2 均为 link_set 类型的头指针      */
/* 函数返回值:link_set 类型,返回 s1 和 s2 的差集     */
/* 文件名:linkdifference.c,函数名:difference() */
/***********************************************/
link_set difference(link_set s1,link_set s2)
{    link_set p,s3,t,q,r;
     s3=NULL;t=NULL;
     while(s1)
       { p=s1; s1=s1->next;
         q=s2;
         while(q&&q->data!=p->data) q=q->next;
         if(!q)   { if(s3==NULL) s3=p;
                    else t->next=p;
                    t=p;  }
         else free(p);
       }
       if(t) t->next=NULL;
       while(s2)  { r=s2; s2=s2->next;  free(r);  }
       return (s3);
}
```

算法 4.28　求集合差集

4.4　数组

4.4.1　数组和数组元素

数组在高级程序设计语言中是一种常见的数据类型，目前的高级程序设计语言均提供了数组类型的定义方式。从前文介绍可知，线性表的顺序存储可以采用数组类型来实现。其实，数组本身也可以看成线性表的推广，数组的每个元素由一个值和一个（或一组）下标确定，在数组中，对于每个（或每组）有定义的下标都存在一个与之相对应的值。而线性表是有限节点的有序集合，若将其每个节点的序号看成下标，线性表就是一维数组（向量）；多维数组可以看成简单线性表的推广，因为其对应线性表中的每个元素又是一个数据结构。

下面首先研究一个 $m \times n$ 的二维数组 $A[m][n]$：

$$
\begin{pmatrix}
a_{00} & a_{01} & a_{02} & \cdots & a_{0(n-1)} \\
a_{10} & a_{11} & a_{12} & \cdots & a_{1(n-1)} \\
\vdots & \vdots & \vdots & & \vdots \\
a_{(m-1)0} & a_{(m-1)1} & a_{(m-1)2} & \cdots & a_{(m-1)(n-1)}
\end{pmatrix}
$$

当把二维数组看成线性表时，它的每一个节点又是一个向量（一维数组）。例如，上述二维数组 A 可以看成如下的线性表：

$$(A_0, A_1, A_2, \cdots, A_{m-1})$$

即 A 中的每一行成为线性表的一个元素，其中每个 A_i（$0 \leqslant i \leqslant m-1$）都是一个向量：

$$(a_{i0}, a_{i1}, a_{i2}, \cdots, a_{i(n-1)})$$

当然，也可以将上述二维数组 A 看成如下的线性表：

$$(A_0', A_1', A_2', \cdots, A_{n-1}')$$

即 A 中的每一列成为线性表的一个元素，其中每个 A_i'（$0 \leqslant i \leqslant n-1$）都是一个向量：

$$(a_{0i}, a_{1i}, a_{2i}, \cdots, a_{(m-1)i})$$

由以上分析可知，二维数组 A 中的每一个元素 a_{ij} 都同时属于两个向量，即第 $i+1$ 行的行向量和第 $j+1$ 列的列向量，因此，每个元素 a_{ij} 最多有两个前驱节点 $a_{(i-1)j}$ 和 $a_{i(j-1)}$，也最多有两个后继节点 $a_{(i+1)j}$ 和 $a_{i(j+1)}$（只要这些节点存在）。特别地，a_{00} 没有前驱节点，$a_{(m-1)(n-1)}$ 没有后继节点，边界上的节点 a_{0j}（$1 \leqslant j < n$）、$a_{(m-1)j}$（$0 \leqslant j < n-1$）、a_{i0}（$1 \leqslant i < m$）和 $a_{i(n-1)}$（$0 \leqslant i < m-1$）均只有一个后继节点或一个前驱节点。

对于三维数组，也可以将它看成一个线性表。当把三维数组看成线性表时，它的每个元素均由一个二维数组构成。例如，对于三维数组 $A[m][n][l]$，我们可以把它看成一个由 m 个元素构成的线性表，其中的每个元素是一个 $n \times l$ 的矩阵；也可以把它看成一个由 n 个元素构成的线性表，其中的每个元素是一个 $m \times l$ 的矩阵；还可以把它看成一个由 l 个元素构成的线性表，其中的每个元素是一个 $m \times n$ 的矩阵。三维数组 A 中的每个元素 a_{ijk} 都同时属于 3 个向量，这时每个元素最多可以有 3 个前驱节点和 3 个后继节点。

对于 m（$m>3$）维数组，可以依据上述规律类推。

4.4.2　数组类的定义

数组是一个具有固定数量数据元素的有序集合。由于数组本身的大小是固定的，因而对数组本身不能执行删除和添加运算，通常除了数组初始化和销毁数组的操作外，只有访问数组元素和改变数组元素的值这两种运算，因此数组类的定义如下。

```
ADT array {
      数据对象 D:具有相同类型的数据元素构成的有序集合。
      数据关系 R:对于 n 维数组,其每个元素均位于 n 个向量中,每个元素最多具有 n 个前驱节点和 n
个后继节点。
      数组的基本操作如下。
      (1)initarray(A,n,index1,index2,…,indexn):新建立一个 n 维数组 A,其每一维的大
小由 index1,index2,…,indexn 确定。
```

（2）destroyarray(A)：若数组 A 已经存在,则销毁数组 A,并将其占用的空间收回。

（3）value(A,index1,index2,…,indexn,x)：取出 A[index1][index2]…[indexn] 数组元素的值并存入变量 x 中。

（4）assign(A,e,index1,index2,…,indexn)：将表达式 e 的值赋给数组元素 A[index1][index2] … [indexn]。

} ADT array

4.4.3 数组的顺序存储及其实现

由于数组是由有限的元素构成的有序集合，数组的大小和元素之间的关系一经确定，就不再发生变化，因此数组均采用顺序存储结构实现，它要求使用连续的存储空间存储。

然而存储空间中存储单元的分布是一维的结构，这种结构存储一维数组是非常方便的，对于多维数组的存储，必须规定元素的存储次序，以方便将来对数组元素进行存取。

在不同的高级程序设计语言中，二维数组元素的存储顺序有不同的规定，但归纳起来主要分为两大类：按行优先存储和按列优先存储。所谓按行优先存储，其基本思想为从第 1 行的元素开始按顺序存储，第 1 行元素存储完成后，再按顺序存储第 2 行的元素，然后依次存储第 3 行的元素，直到最后一行的所有元素存储完毕为止；相反，按列优先存储即依次按顺序存储第 1 列的元素、第 2 列的元素……直到最后一列的所有元素存储完毕为止。

例如，对于二维数组 $A[m][n]$：

$$\begin{pmatrix} a_{00} & a_{01} & a_{02} & \cdots & a_{0(n-1)} \\ a_{10} & a_{11} & a_{12} & \cdots & a_{1(n-1)} \\ \vdots & \vdots & \vdots & & \vdots \\ a_{(m-1)0} & a_{(m-1)1} & a_{(m-1)2} & \cdots & a_{(m-1)(n-1)} \end{pmatrix}$$

若将 A 按行优先存储，其存储顺序为 $a_{00},a_{01},\cdots,a_{0(n-1)},a_{10},a_{11},\cdots,a_{1(n-1)},\cdots,a_{(m-1)0},a_{(m-1)1},\cdots,a_{(m-1)(n-1)}$；而按列优先存储，其存储顺序为 $a_{00},a_{10},\cdots,a_{(m-1)0},a_{01},a_{11},\cdots,a_{(m-1)1},\cdots,a_{0(n-1)},a_{1(n-1)},\cdots,a_{(m-1)(n-1)}$。

对于数组，一旦确定它的维数和各维的长度，便可以为它分配存储空间；当规定数组元素的存储次序后，便可根据给定的一组下标值求得相应数组元素的存储位置。

现假设数组中每个元素占用 L 个存储单元，若考虑按行优先存储方式，则上述 A 数组中任何一个元素 a_{ij} 的存储地址可以按以下公式确定：

$$\text{address}(a_{ij}) = \text{address}(a_{00}) + (i \times n + j) \times L$$

其中，$\text{address}(a_{ij})$ 表示数组元素 a_{ij} 的存储地址，$\text{address}(a_{00})$ 表示数组 A 的首地址，即其第一个元素 a_{00} 的地址，$i \times n + j$ 表示在元素 a_{ij} 之前已经存放了完整的前 i 行中的所有元素以及第 $i+1$ 行的前 j 个元素。

若考虑按列优先存储方式，数组中任何一个元素 a_{ij} 的存储地址计算公式为：

$$\text{address}(a_{ij}) = \text{address}(a_{00}) + (j \times m + i) \times L$$

其中，$j \times m + i$ 表示在数组元素 a_{ij} 之前已经存放了完整的前 j 列中的所有元素以及第 $j + 1$ 列的前 i 个元素。

多维数组的存储也和二维数组一样，存在两种存储方式：按行优先存储和按列优先存储。由于多维数组中元素间的关系较二维数组复杂，因此元素的地址计算公式也相对复杂些，但两者所采用的原理是相同的。

例如，若有数组说明如下：

```
datatype B[3] [2] [3] [2];
```

其中，datatype 为数组元素的类型。现假设每个数组元素所需的存储单元数为 L，则存储数组 B 总共需要 $3 \times 2 \times 3 \times 2 \times L = 36L$ 个单元。若采用按行优先存储方式存储数组 B，则数组 B 中元素在存储器上的排列顺序为：

$B[0][0][0][0]$	$B[0][0][0][1]$	$B[0][0][1][0]$	$B[0][0][1][1]$
$B[0][0][2][0]$	$B[0][0][2][1]$	$B[0][1][0][0]$	$B[0][1][0][1]$
$B[0][1][1][0]$	$B[0][1][1][1]$	$B[0][1][2][0]$	$B[0][1][2][1]$
$B[1][0][0][0]$	$B[1][0][0][1]$	$B[1][0][1][0]$	$B[1][0][1][1]$
$B[1][0][2][0]$	$B[1][0][2][1]$	$B[1][1][0][0]$	$B[1][1][0][1]$
$B[1][1][1][0]$	$B[1][1][1][1]$	$B[1][1][2][0]$	$B[1][1][2][1]$
$B[2][0][0][0]$	$B[2][0][0][1]$	$B[2][0][1][0]$	$B[2][0][1][1]$
$B[2][0][2][0]$	$B[2][0][2][1]$	$B[2][1][0][0]$	$B[2][1][0][1]$
$B[2][1][1][0]$	$B[2][1][1][1]$	$B[2][1][2][0]$	$B[2][1][2][1]$

从以上四维数组 B 按行优先存储方式下数组元素下标的变化规律可以看出，在按行优先存储方式下，数组元素下标发生变化时，总是优先考虑右边下标的变化，等其所有可能的取值均穷尽后，再考虑其左边下标的变化；相反，在按列优先存储方式下，数组元素下标发生变化时，总是优先考虑左边下标的变化，等其所有可能的取值均穷尽后，再考虑其右边下标的变化。这一结论同样适用于其他多维数组的情形。

根据上述多维数组按行优先存储的规律，可以得到以上四维数组 B 中任意元素 $B[i][j][k][l]$ 在按行优先存储方式下的地址计算公式：

$$address\ (B[i][j][k][l]) = address\ (B[0][0][0][0]) + (i \times 2 \times 3 \times 2 + j \times 3 \times 2 + k \times 2 + l\ ) \times L$$
$$= address\ (B[0][0][0][0]) + (12i + 6j + 2k + l\ ) \times L$$

现在考虑 n 维数组的情形：

$$A[b_1][b_2] \cdots [b_n]$$

其中，$b_1, b_2, \cdots, b_n$ 为数组每一维的长度。仍假设每个元素占用 L 个存储单元，则 n 维数组 A 中任何一个元素 $A[j_1][j_2] \cdots [j_n]$ 在按行优先存储方式下的地址计算公式为：

$$address\ (A[j_1][j_2] \cdots [j_n]) = address\ (A[0][0] \cdots [0]) + (b_2 \times b_3 \times \cdots \times b_n \times j_1 + b_3 \times b_4 \times \cdots \times$$
$$b_n \times j_2 + \cdots + b_n \times j_{n-1} + j_n\ ) \times L$$

上式可以简写为：

$$address\ (A[j_1][j_2] \cdots [j_n]) = address\ (A[0][0] \cdots [0]) + \sum_{i=1}^{n} c_i j_i$$

其中，$c_n = L, c_{i-1} = b_i \times c_i, 1 < i \leqslant n$。

由以上分析可以看出，数组元素的存储地址是其下标的线性函数，因为 c_i（$1 \leqslant i \leqslant n$）只依赖于数组各维的大小和每个元素所占用的存储单元数 L，即对于一个给定的数组，c_i 是一个常量，所以可以考虑预先计算出数组的所有 c_i 值并存储起来，以便将来可以直接使用。

下面以三维数组为例，给出三维数组的顺序存储表示及其部分运算的实现。

```
/**************************************************/
/*   三维数组顺序存储的头文件,文件名:array.h        */
/**************************************************/
typedef int datatype;            /*假设数组元素的值为整型*/
typedef  struct {
         datatype *base;         /*数组存储区的首地址指针*/
         int   index[3];         /*存放三维数组各维的长度*/
         int   c[3]              /*存放三维数组各维的 ci 值*/
     } array;
```

1. 数组初始化运算 initarray(A,b1,b2,b3)

数组初始化运算实现的功能为分别以 b1,b2,b3 作为数组三维的长度新建一个三维数组 A。在该运算的实现过程中，首先根据 b1,b2,b3 的值计算数组 A 所需空间的大小，为 A 分配存储空间，并将 b1,b2,b3 的值写入 index 数组中，同时按上述所介绍的公式求出各维的 c_i 值并存入数组 c 中。若数组初始化成功，则返回 1；否则返回 0。具体实现详见算法 4.29，算法 4.29 中假设数组每个元素占用的存储单元数为 1。

```
/**************************************************************/
/* 函数功能:三维数组的初始化                                    */
/* 函数参数:A 为指向结构类型 array 的指针变量                     */
/*          整型变量 b1,b2,b3 表示三维数组中每维的大小            */
/* 函数返回值:整型,如数组初始化成功则返回 1,否则返回 0            */
/* 文件名:initarr.c,函数名:initarray()                          */
/**************************************************************/
int initarray(array *A,int b1,int b2,int b3)
{
    int elements;
    if(b1<=0||b2<=0||b3<=0)  return (0);         /*处理非法情况*/
    A->index[0]=b1; A->index[1]=b2; A->index[2]=b3;
    elements=b1×b2×b3;                           /*求数组元素的个数*/
    A->base=(datatype *)malloc(elements×sizeof(datatype));
    /*为数组分配空间*/
    if(!(A->base)) return (0);
    A->c[0]=b2×b3;  A->c[1]=b3;  A->c[2]=1;
    return (1);
}
```

算法 4.29　数组初始化运算

2. 访问数组元素值的运算 value(A,i1,i2,i3,x)

访问数组元素值的运算实现的功能是取出下标为 i1,i2,i3 的数组元素的值存入变量 x 中。该运算实现时首先应该检查 i1,i2,i3 的合法性，然后根据 i1,i2,i3 的值计算出相应数组元素的地址，从而将获得的数组元素的值赋给 x。具体实现详见算法 4.30。

```
/**************************************************************/
/* 函数功能:访问数组元素值 */
/* 函数参数:A 为 array 结构类型,x 为 datatype 类型的指针变量      */
/*          整型变量 i1,i2,i3 表示所访问元素的下标               */
/* 函数返回值:整型,如访问成功则返回 1,否则返回 0                 */
/* 文件名:arrayval.c, 函数名:value()                           */
/**************************************************************/
int value(array A,int i1,int i2,int i3,datatype *x)
{
    int off;
    if(i1<0||i1>=A.index[0]||i2<0||i2>=A.index[1]||i3<0||
       i3>=A.index[2])
        return (0);                              /*处理下标非法的情况*/
    off=i1×A.c[0]+i2×A.c[1]+i3×A.c[2];          /*计算数组元素的位移*/
    *x=*(A.base+off);                            /*赋值*/
    return (1);
}
```

算法 4.30　访问数组元素值的运算

3. 数组元素的赋值运算 assign(A,e,i1,i2,i3)

数组元素的赋值运算实现的功能是将表达式 e 的值赋给下标为 i1,i2,i3 的数组元素。同样，该运算实现时首先必须检查 i1,i2,i3 的合法性，然后根据 i1,i2,i3 的值计算出相应数组元素的地址，再将表达式 e 的值赋给上述所确定的数组元素。具体实现详见算法 4.31。

```
/*******************************************************/
/*  函数功能:数组元素的赋值运算                           */
/*  函数参数:A 为指向结构类型 array 的指针变量,e 为 datatype 类型  */
/*          整型变量 i1,i2,i3 表示被赋值的数组元素下标        */
/*  函数返回值:整型,如赋值成功则返回 1,否则返回 0            */
/*  文件名:arrassig.c,函数名:assign()                   */
/*******************************************************/
int assign(array *A,datatype e,int i1,int i2,int i3)
{
  int off;
  if(i1<0||i1>=A->index[0]||i2<0||i2>=A->index[1]||i3<0||
      i3>=A->index[2])
     return (0);            /*处理下标非法的情况*/
  off=i1×A->c[0]+i2×A->c[1]+i3×A->c[2];   /*计算数组元素的位移*/
  *(A->base+off)=e;          /*赋值*/
  return (1);
}
```

算法 4.31　数组元素的赋值运算

4.5　特殊矩阵

矩阵是许多科学和工程计算问题中研究的数学对象。在高级程序设计语言中，矩阵通常使用二维数组表示，用户处理起来十分方便。但在数值分析过程中经常遇到一些特殊的矩阵，它们的阶数很高，同时矩阵中包含许多相同的值或 0，如对称矩阵、三角矩阵、带状矩阵和稀疏矩阵等，如将它们按正常矩阵存储的方法处理，必然浪费许多存储空间，因此，这些特殊矩阵必须进行压缩存储。所谓压缩存储，即多个相同值的节点只分配一个存储空间，值为 0 的节点不分配存储空间。本节主要介绍对称矩阵、三角矩阵和带状矩阵的压缩存储，稀疏矩阵将在 4.6 节集中介绍。

4.5.1　对称矩阵的压缩存储

如果矩阵的行数和列数相等，则称该矩阵为方阵。若 $n \times n$ 阶的矩阵 A 满足：
$$a_{ij} = a_{ji}(0 \leqslant i \leqslant n-1, 0 \leqslant j \leqslant n-1)$$
则称矩阵 A 为对称矩阵。在对称矩阵中，几乎有一半元素的值是对应相等的。如果将 A 中所有元素进行存储，那么将造成空间的浪费，且 n 值越大，浪费将越严重。其实，这种浪费完全可以避免，因为 A 中值相等的元素之间存在对称性，所以只需存储对角线以上或对角线以下的部分，未存储部分的元素可以利用元素之间的对称性来访问。这样既可以完全地访问到原对称矩阵中的每个元素，又可以节省几乎一半的存储空间。

不失一般性，考虑只存储对称矩阵 A 对角线以下的部分（即下标满足 $i \geqslant j$ 的元素 a_{ij}）：

$$A = \begin{pmatrix} a_{00} & & & & \\ a_{10} & a_{11} & & & \\ a_{20} & a_{21} & a_{22} & & \\ \vdots & \vdots & \vdots & & \\ a_{(n-1)0} & a_{(n-1)1} & a_{(n-1)2} & \cdots & a_{(n-1)(n-1)} \end{pmatrix}$$

若采用按行优先存储方式，则上述元素在存储空间中的存储次序为 $a_{00}, a_{10}, a_{11}, a_{20}, a_{21}, a_{22}, \cdots,$

$a_{(n-1)0}$, $a_{(n-1)1}$, $a_{(n-1)2}$, $\cdots$, $a_{(n-1)(n-1)}$，不难得出矩阵 A 对角线以下部分中任何一个元素 a_{ij}（$i \geqslant j$）按以上顺序存储时的地址计算公式为：

$$\text{address}(a_{ij}) = \text{address}(a_{00}) + [(1+2+\cdots+i)+j] \times L$$

$$= \text{address}(a_{00}) + \left[\frac{i \times (i+1)}{2} + j \right] \times L \qquad (i \geqslant j)$$

其中，address(a_{ij})表示元素 a_{ij} 的地址，address(a_{00})表示元素 a_{00} 的地址，即矩阵 A 的首地址，L 为矩阵中每个元素占用存储空间的长度。

现考虑如何访问矩阵 A 中位于对角线以上部分的元素 a_{ij}（$i < j$）。按以上规定，a_{ij} 并没有对应的存储空间，但根据对称矩阵中元素的对称性有 $a_{ij} = a_{ji}$；当 $i < j$ 时，a_{ji} 位于对角线以下，它在存储空间的地址为：

$$\text{address}(a_{ji}) = \text{address}(a_{00}) + \left[\frac{j \times (j+1)}{2} + i \right] \times L \qquad (i < j)$$

由于 $a_{ij} = a_{ji}$，我们可以认为 a_{ij} 和 a_{ji} 共用同一存储空间，于是要访问 a_{ij} 时，可以到 a_{ji} 的存储单元 $\text{address}(a_{00}) + \left[\frac{j \times (j+1)}{2} + i \right] \times L$ 中取相应元素的值进行处理。

综上所述，对称矩阵 A 进行压缩存储后任何一个元素 a_{ij} 的地址计算公式为：

$$\begin{cases} \text{address}(a_{00}) + \left[\dfrac{i \times (i+1)}{2} + j \right] \times L & (i \geqslant j) \\[3mm] \text{address}(a_{00}) + \left[\dfrac{j \times (j+1)}{2} + i \right] \times L & (i < j) \end{cases} \qquad (4\text{-}4)$$

例如，若有以下对称矩阵 $A_{4 \times 4}$：

$$\begin{pmatrix} 1 & 2 & 3 & 5 \\ 2 & 10 & 24 & 6 \\ 3 & 24 & 21 & 37 \\ 5 & 6 & 37 & 75 \end{pmatrix}$$

假设 $L = 1$，address(a_{00}) = 1，则对称矩阵 A 的压缩存储如图 4.3 所示。

地址	1	2	3	4	5	6	7	8	9	10	11	12
元素值	1	2	10	3	24	21	5	6	37	75		

图 4.3　对称矩阵 A 的压缩存储

在此存储方式下，要访问对称矩阵 A 中任何一个元素 a_{ij}，均可根据式（4-4）计算其地址：

$$\text{address}(a_{21}) = \text{address}(a_{00}) + \left[\frac{2 \times (2+1)}{2} + 1 \right] \times 1 = 1 + 4 = 5$$

$$\text{address}(a_{23}) = \text{address}(a_{00}) + \left[\frac{3 \times (3+1)}{2} + 2 \right] \times 1 = 1 + 8 = 9$$

4.5.2　三角矩阵的压缩存储

在矩阵处理中，还常遇到三角矩阵。这类矩阵，其对角线以下（或以上）部分的元素值均为 0，故称为上三角矩阵（或下三角矩阵）。如果将三角矩阵中的所有元素均存储，会导致存储空间中存在大量 0 值，造成存储空间的浪费；同样，n 值越大，浪费将越严重。因此，对于三角矩阵，也应该进行压缩存储，即对值为 0 的元素不分配存储空间。

1．下三角矩阵

设有以下下三角矩阵 $A_{n \times n}$：

$$A = \begin{pmatrix} a_{00} & 0 & 0 & \dots & 0 \\ a_{10} & a_{11} & 0 & \dots & 0 \\ a_{20} & a_{21} & a_{22} & \dots & 0 \\ \vdots & \vdots & \vdots & & \vdots \\ a_{(n-1)0} & a_{(n-1)1} & a_{(n-1)2} & \dots & a_{(n-1)(n-1)} \end{pmatrix}$$

由于 A 为下三角矩阵，根据压缩存储的原则，对 A 只需存储对角线以下的部分。同样考虑采用按行优先存储方式，则 A 中元素存储的顺序应为：$a_{00}, a_{10}, a_{11}, a_{20}, a_{21}, a_{22}, \cdots, a_{(n-1)0}, a_{(n-1)1}, a_{(n-1)2}, \cdots,$ $a_{(n-1)(n-1)}$。显然 A 中下三角部分的任何一个元素 a_{ij}（$i \geqslant j$）压缩存储后的地址计算公式为：

$$\text{address}(a_{ij}) = \text{address}(a_{00}) + \left[\frac{i \times (i+1)}{2} + j \right] \times L \qquad (i \geqslant j) \qquad (4\text{-}5)$$

与对称矩阵不同的是，当 $i < j$ 时，a_{ij} 的值为 0，其没有对应的存储空间。

2．上三角矩阵

设有以下上三角矩阵 $A_{n \times n}$：

$$A = \begin{pmatrix} a_{00} & a_{01} & a_{02} & \dots & a_{0(n-1)} \\ 0 & a_{11} & a_{12} & \dots & a_{1(n-1)} \\ 0 & 0 & a_{22} & \dots & a_{2(n-1)} \\ \vdots & \vdots & \vdots & & \vdots \\ 0 & 0 & 0 & \dots & a_{(n-1)(n-1)} \end{pmatrix}$$

对于上三角矩阵，只需考虑存储对角线以上的部分，对角线以下元素值为 0 的部分无须存储。仍采用按行优先存储方式，矩阵 A 压缩存储时元素的存储顺序为：$a_{00}, a_{01}, a_{02}, \cdots, a_{0(n-1)}, a_{11}, a_{12}, \cdots, a_{1(n-1)},$ $a_{22}, \cdots, a_{2(n-1)}, \cdots, a_{(n-1)(n-1)}$。矩阵 A 中被存储元素 a_{ij}（$i \leqslant j$）在压缩存储方式下的地址计算公式为：

$$\begin{aligned} \text{address}(a_{ij}) &= \text{address}(a_{00}) + [(n + (n-1) + (n-2) + \cdots + (n-(i-1))) + j - i] \times L \\ &= \text{address}(a_{00}) + \left[i \times n - \frac{(i-1) \times i}{2} + j - i \right] \times L \qquad (i \leqslant j) \qquad (4\text{-}6) \end{aligned}$$

而当 $i > j$ 时，a_{ij} 的值为 0，其没有对应的存储空间。

例如，已知上三角矩阵 $A_{4 \times 4}$ 如下：

$$\begin{pmatrix} 20 & 35 & 42 & 0 \\ 0 & 76 & 40 & 15 \\ 0 & 0 & 30 & 12 \\ 0 & 0 & 0 & 10 \end{pmatrix}$$

假设 $L = 1$，$\text{address}(a_{00}) = 1$，则上三角矩阵 A 的压缩存储如图 4.4 所示。

地址	1	2	3	4	5	6	7	8	9	10	11	12
元素值	20	35	42	0	76	40	15	30	12	10		

图 4.4　上三角矩阵 A 的压缩存储

在此存储方式下，要访问 A 中任何一个元素 a_{ij} 的值，可分以下两种情况处理：

（1）若 $i > j$，则 a_{ij} 的值为 0；

（2）若 $i \leqslant j$，则按式（4-6）计算 a_{ij} 的地址，再根据所求出的地址到相应存储单元取出 a_{ij} 的值。

对于上述已知的上三角矩阵 A，要访问 a_{23} 的值或要改变 a_{23} 的值，均需要先计算其地址：

$$\text{address}(a_{23}) = \text{address}(a_{00}) + \left[2 \times 4 - \frac{(2-1) \times 2}{2} + 3 - 2\right] \times 1 = 1 + 8 = 9$$

计算结果表明 a_{23} 的地址为 9，于是可以到第 9 号存储单元取出其值为 12，或到第 9 号存储单元修改 a_{23} 的值。

4.5.3 带状矩阵的压缩存储

对于 $n \times n$ 阶方阵，若它的全部非零元素落在一个以主对角线为中心的带状区域中，这个带状区域包含主对角线下面及上面各 b 条对角线上的元素以及主对角线上的元素，那么称该方阵是半带宽为 b 的带状矩阵。

带状矩阵的特点是：对于矩阵元素 a_{ij}，若 $i - j > b$ 或 $j - i > b$，即 $|i - j| > b$，则 $a_{ij} = 0$。在实际问题中，遇到的矩阵也可能是当 $|i - j| > b$ 时，所有 a_{ij} 具有相同的值；或者由于某种原因，可以忽略离开主对角线距离大于 b 的所有元素。此时矩阵都可以当作带状矩阵来处理。

带状矩阵的一般形式如图 4.5 所示。

在图 4.5 中，主对角线两侧各有 b 条对角线相对称，称 b 为带状矩阵的半带宽，称 $2b+1$ 为带状矩阵的带宽。

图 4.5　带状矩阵的一般形式

带状矩阵进行压缩存储时，只存储带状区域内部的元素，对于带状区域以外的元素，即 $|i-j|>b$ 的 a_{ij}，均不分配存储空间。然而在带状区域内部，并非每行都包含 $2b + 1$ 个元素，前 b 行和最后 b 行所含的元素均不足 $2b + 1$ 个，只有中间若干行每行包含 $2b + 1$ 个元素，这样如按每行实际包含元素个数分配存储空间，会导致元素地址计算比较烦琐。为了方便，我们规定按如下方法进行存储：除第 1 行和最后一行外，每行都分配 $2b + 1$ 个元素的空间，将带状区域中的元素存储于 $[(2b + 1) \times n - 2b] \times L$ 个存储单元中，其中 L 为每个元素占用空间的大小。仍考虑采用按行优先存储方式，于是可以得到带状区域中任何一个元素 a_{ij} 的地址计算公式为：

$$\begin{aligned}\text{address}(a_{ij}) &= \text{address}(a_{00}) + \{[i \times (2b+1) - b] + (j - i + b)\} \times L \\ &= \text{address}(a_{00}) + [i \times (2b + 1) + j - i] \times L \quad (|i-j| \leqslant b)\end{aligned} \quad (4\text{-}7)$$

其中，$[i \times (2b+1) - b] \times L$ 表示 a_{ij} 前面的 i 行所有元素占用的空间总和，$(j - i + b) \times L$ 表示在第 $i+1$ 行（即 a_{ij} 所在行）a_{ij} 前面的元素所占用的空间。

例如，已知带状矩阵 $A_{6 \times 6}$ 如下：

$$\begin{pmatrix} 20 & 3 & 72 & 0 & 0 & 0 \\ 14 & 25 & 30 & 45 & 0 & 0 \\ 11 & 14 & 35 & 42 & 5 & 0 \\ 0 & 16 & 20 & 26 & 10 & 28 \\ 0 & 0 & 7 & 15 & 8 & 3 \\ 0 & 0 & 0 & 29 & 16 & 55 \end{pmatrix}$$

显然该带状矩阵 A 的半带宽 $b=2$。现假设每个元素占用 1 个存储单元，即 $L=1$，address(a_{00})= 1，则 A 的压缩存储如图 4.6 所示，总共需要 26 个存储单元。

在以上规定的压缩存储方式下，如要存取矩阵 A 中带状区域的任何一个元素 $a_{ij}(\,|\,i-j\,|\leqslant b\,)$，只需根据地址计算公式（4-7），首先求出 a_{ij} 的地址，便可找到 a_{ij} 所在的存储单元，从而实现对 a_{ij} 元素的处理。

例如，要将 A 中 a_{34} 元素的值改为-10，可首先计算 address(a_{34})：

$$\text{address }(a_{34}) = 1+[3 \times (2 \times 2 + 1) + 4 - 3]\times 1 = 17$$

计算结果表明元素 a_{34} 的地址为 17，因此只需找到第 17 号存储单元将其值改为-10 即可。

存储单元	元素值	存储单元	元素值	存储单元	元素值
1	20	10	14	19	7
2	3	11	35	20	15
3	72	12	42	21	8
4		13	5	22	3
5	14	14	16	23	
6	25	15	20	24	29
7	30	16	26	25	16
8	45	17	10	26	55
9	11	18	28		

图 4.6　带状矩阵 A 的压缩存储

4.6　稀疏矩阵

如果一个矩阵中很多元素的值为 0，即零元素的个数远远大于非零元素的个数，则称该矩阵为稀疏矩阵。稀疏矩阵在许多工程计算、数值分析等实际问题中经常用到，本节集中介绍它在计算机中的存储和实现。

4.6.1　稀疏矩阵类的定义

根据稀疏矩阵的特性及其在实际问题中应用的需求，我们可以抽象出一些关于稀疏矩阵的基本运算，它们与稀疏矩阵的定义一起构成稀疏矩阵的类，具体如下。

```
ADT spmatrix {
     数据对象 D:具有相同类型的数据元素构成的有限集合。
     数据关系 R:D中的每个元素均位于2个向量中,每个元素最多具有2个前驱节点和2个后继节点,
且 D 中零元素的个数远远大于非零元素的个数。
     稀疏矩阵的基本运算如下。
```

（1）Createspmatrix(A)：创建一个稀疏矩阵 A。

（2）compressmatrix(A,B)：创建稀疏矩阵 A 的压缩存储表示 B。

（3）destroyspmatrix(A)：销毁稀疏矩阵 A。

（4）printspmatrix(A)：将稀疏矩阵 A 输出。

（5）copyspmatrix(A,B)：已知稀疏矩阵 A，将 A 复制到 B 中。

（6）addspmatrix(A,B,C)：已知稀疏矩阵 A 和 B，且两者的行数和列数对应相等，求 A 和 B 相加的结果并放入 C 中。

（7）subspmatrix(A,B,C)：已知稀疏矩阵 A 和 B，且两者的行数和列数对应相等，求 A 和 B 相减的结果并放入 C 中。

（8）multspmatrix(A,B,C)：已知稀疏矩阵 A 和 B，且 A 的列数等于 B 的行数，求 A 和 B 相乘的结果并放入 C 中。

（9）transpmatrix(B,C)：已知稀疏矩阵 B，求 B 的转置矩阵并放入 C 中。

（10）locatespmatrix(A,x,rowx,colx)：在稀疏矩阵 A 中查找值为 x 的节点位置。

```
} ADT spmatrix
```

4.6.2　稀疏矩阵的顺序存储及其实现

由于稀疏矩阵中零元素的个数很多，如按一般的矩阵存储方法存储，必然浪费大量的空间。为了节省存储单元，通常只存储矩阵中的非零元素，但也往往因此失去矩阵随机存取的优势。另外，由于稀疏矩阵中非零元素的分布不像对称矩阵、三角矩阵和带状矩阵那样呈现一定的规律性，因此存储其非零元素时必须增加一些附加信息加以辅助。

根据存储时所附加信息的不同，稀疏矩阵的顺序存储方法包括三元组表示法、带辅助行向量的二元组表示法和伪地址表示法，其中三元组表示法最常用，故在此主要介绍稀疏矩阵的三元组表示法。

众所周知，矩阵中每个元素的位置均可以由它的行号和列号唯一确定，因此，矩阵中的每个非零元素可以采用如下三元组的形式表示：

$$(i,j,value)$$

其中，i 表示非零元素所在的行号，j 表示非零元素所在的列号，value 表示非零元素的值。采用三元组表示法表示一个稀疏矩阵时，首先将它的每一个非零元素表示成上述的三元组形式，然后按行号递增的次序、同一行的非零元素按列号递增的次序将所有非零元素的三元组表示存放到连续的存储单元中。

例如，已知稀疏矩阵 $A_{7\times6}$ 如图 4.7 所示，其对应的三元组表示如图 4.8 所示。

$$A=\begin{bmatrix} 0 & 0 & -5 & 0 & 1 & 0 \\ 0 & 0 & 0 & 2 & 0 & 0 \\ 3 & 0 & 0 & 0 & 0 & 0 \\ 0 & 0 & 0 & 0 & 0 & 0 \\ 12 & 0 & 0 & 0 & 0 & 0 \\ 0 & 0 & 0 & 0 & 0 & 4 \\ 0 & 0 & 21 & 0 & 0 & 0 \end{bmatrix}$$

B	0	1	2
0	7	6	7
1	0	2	-5
2	0	4	1
3	1	3	2
4	2	0	3
5	4	0	12
6	5	5	4
7	6	2	21

图 4.7　稀疏矩阵 *A*　　　　图 4.8　稀疏矩阵 *A* 的三元组表示

在图 4.8 中，矩阵 *B* 的第 1 行体现了稀疏矩阵 *A* 的行数、列数及所含非零元素的总个数，接下来的每一行均代表 *A* 中一个非零元素的三元组表示。显然，非零元素的三元组表示是按行号递增的顺序、相同行号的三元组按列号递增的顺序排列的。

稀疏矩阵 **A** 及其对应的三元组表示矩阵 **B** 的数据类型定义如下。

```
/**********************************/
/* 稀疏矩阵的头文件,文件名:spmatrix.h */
/**********************************/
typedef struct {
    int  data[100][100];      /*存放稀疏矩阵的二维数组*/
    int  m,n;                 /*分别存放稀疏矩阵的行数和列数*/
} matrix;
typedef  int  spmatrix[100],[3];
```

其中，matrix 表示稀疏矩阵的类型，spmatrix 表示稀疏矩阵对应的三元组表示的类型。下面考虑在上述类型定义下如何实现将一个给定的稀疏矩阵转换成其对应的三元组表示。

由于稀疏矩阵的三元组表示要求所有非零元素的三元组表示必须按行号递增的顺序、行号相同的按列号递增的顺序排列，因此在转换过程中必须按顺序逐行扫描稀疏矩阵，遇到非零元素就将它们按顺序写入稀疏矩阵三元组表示的数组中，直到整个稀疏矩阵扫描完毕为止。具体实现详见算法 4.32。

```
/*********************************************************/
/*   函数功能:产生稀疏矩阵的三元组表示                         */
/*   函数参数:A 为 matrix 结构类型,用于存放压缩前的稀疏矩阵        */
/*            B 为 spmatrix 类型,用于存放稀疏矩阵压缩后的三元组表示 */
/*   函数返回值:无                                          */
/*   文件名:matpress.c,函数名:compressmatrix()               */
/*********************************************************/
void  compressmatrix(matrix A,spmatrix B)     /*将稀疏矩阵转换成其三元组表示*/
{
    int i,j,k=1;
    for(i=0;i<A.m;i++)
      for(j=0;j<A.n;j++)
        if(A.data[i][j]!=0)                    /*产生非零元素的三元组表示*/
          { B[k][0]=i;
            B[k][1]=j;
            B[k][2]=A.data[i][j];
            k++;
          }
    B[0][0]=A.m;  /*三元组表示数组中第 1 行存放稀疏矩阵行数、列数和非零元素的个数*/
    B[0][1]=A.n;
    B[0][2]=k-1;
}
```

算法 4.32　产生稀疏矩阵的三元组表示

求矩阵的转置是矩阵的常见运算之一，下面就以矩阵的转置运算为例，说明在三元组表示下如何实现稀疏矩阵的转置运算。

按照矩阵转置的定义，要实现矩阵的转置，只需将矩阵中以主对角线为对称轴的元素 a_{ij} 和 a_{ji} 的值互换。若 a_{ij} 为非零元素，则在原矩阵的三元组表示中存在三元组 (i,j,a_{ij})，转置后其应该变为 (j,i,a_{ij})。因此，在三元组表示下要实现稀疏矩阵的转置，似乎只需将每个非零元素的三元组表示 (i,j,value) 改成 (j,i,value)。但这样做存在一个问题：由于三元组的排列要求采用按行优先存储方式，如果只是简单地将非零元素的行号和列号交换，则新产生的三元组表示将不再满足按行优先的原则。例如，对于图 4.8 中的三元组表示矩阵 **B**，将其对应的每个非零元素的行号和列号交换后得到图 4.9 所示的矩阵 *C*。

显然矩阵 *C* 中非零元素的三元组排列不满足按行优先的原则。要做到转置后非零元素的排列仍然满足按行优先，必须保证每个非零元素的行号和列号交换后能立即确定其在转置后的三元组表示矩阵 *C* 中的最终位置。解决的办法是：首先确定 *B* 中每一列非零元素的个数，也即将来 *C* 中每一行非零元素的个数，从而可计算出 *C* 中每一行非零元素三元组表示的起始位置，这样便可实现将 *B* 中的非零元素交换行号和列号后逐一放到它们在 *C* 中的最终位置上。为了求 *B* 中每一列非零元素的个数和 *C* 中每一行非零元素三元组表示的起始位置，可以设置两个数组 *x* 和 *y* 来实现相应的功能。具体实现详见算法 4.33。

C	0	1	2
0	6	7	7
1	2	0	-5
2	4	0	1
3	3	1	2
4	0	2	3
5	0	4	12
6	5	5	4
7	2	6	21

图 4.9 矩阵 *C*

```
/****************************************************************/
/* 函数功能:在三元组表示下实现稀疏矩阵的转置                      */
/* 函数参数:B 为 spmatrix 类型,用于存放转置前的稀疏矩阵三元组表示  */
/*          C 为 spmatrix 类型,用于存放转置后的稀疏矩阵三元组表示  */
/* 函数返回值:无                                                */
/* 文件名:transmat.c,函数名:transpmatrix()                      */
/****************************************************************/
void transpmatrix(spmatrix B,spmatrix C)   /*实现稀疏矩阵的转置*/
{
    int i,j,t,m,n;
    int x[100];      /*该数组用来存放 B 中每一列非零元素的个数*/
    int y[100];      /*该数组用来存放 C 中每一行非零元素三元组的起始位置*/
    m=B[0][0]; n=B[0][1]; t=B[0][2];
    C[0][0]=n; C[0][1]=m; C[0][2]=t;
    if(t>0)
    {
        for(i=0;i<n;i++) x[i]=0;      /*初始化数组 x*/
        for(i=1;i<=t;i++) x[B[i][1]]=x[B[i][1]]+1;
        /*统计 B 中每一列非零元素的个数*/
        /*求矩阵 C 中每一行非零元素三元组的起始位置*/
        y[0]=1;
        for(i=1;i<n;i++) y[i]=y[i-1]+x[i-1];
        for(i=1;i<=t;i++)
        {   /*将 B 中非零元素交换行号、列号后写入 C 中其最终的位置上*/
            j=y[B[i][1]];
            C[j][0]=B[i][1];
            C[j][1]=B[i][0];
            C[j][2]=B[i][2];
            y[B[i][1]]=j+1;
        }
    }
}
```

算法 4.33 稀疏矩阵三元组表示下转置运算的实现

4.6.3 稀疏矩阵的链式存储及其实现

稀疏矩阵的链式存储方法主要包含带行指针向量的单链表表示法、行列表示法和十字链表表示法，在此主要介绍十字链表表示法。

在稀疏矩阵的十字链表表示中，同一行的所有非零元素构成一个带表头的环形链表，同一列的所有非零元素也构成一个带表头的环形链表，且第 i 行非零元素链表的表头和第 i 列非零元素链表的表头共用一个表头节点，同时所有表头节点构成一个带表头的环形链表。因此，在十字链表表示中有非零元素节点和表头节点两类节点。非零元素节点的结构中包含 5 个域：行域（row）、列域（col）、数据的值域（val）、指向同一列下一个非零元素的指针域（down）和指向同一行下一个非零元素的指针域（right），如图 4.10 所示。

为了程序实现方便，我们将表头节点的结构定义成与非零元素节点的结构相同，只是将其行域和列域的值置为 0。另外，由于所有的表头节点也要构成一个带表头的环形链表，且表头节点本身没有数据值，因此可将非零元素节点中的 val 域改为指向本表头节点的下一个表头节点的指针域 next，即 val 域和 next 域共用同一存储空间，于是得到表头节点的结构如图 4.11 所示。

row	col	val
right		down

row	col	next
right		down

图 4.10　十字链表表示中非零元素节点的结构　　图 4.11　十字链表表示中表头节点的结构

其中，指针 down 指向本列第 1 个非零元素的节点，指针 right 指向本行第 1 个非零元素的节点，指针 next 指向下一个表头节点，row 和 col 的值均为 0。由于第 i 行的非零元素构成的环形链表与第 i 列的非零元素构成的环形链表共用一个表头节点，因此表头节点的个数取决于稀疏矩阵的行数和列数的最大值。

例如，已知稀疏矩阵 $A_{5 \times 4}$ 如下：

$$A = \begin{pmatrix} 5 & 0 & 0 & 0 \\ 0 & 0 & 2 & 0 \\ 0 & 0 & 0 & 0 \\ 1 & 0 & 8 & 0 \\ 0 & 6 & 0 & 0 \end{pmatrix}$$

则 A 的十字链表表示如图 4.12 所示。

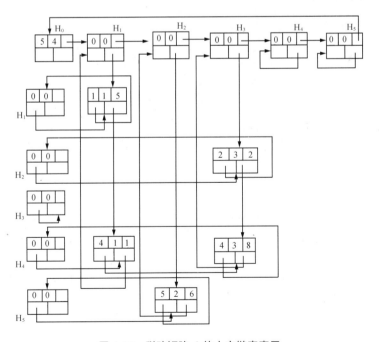

图 4.12　稀疏矩阵 A 的十字链表表示

在图 4.12 所示的十字链表表示中，为了清晰，第 i 行非零元素链表的表头节点和第 i 列非零元素链表的表头节点画成了两个节点，但使用了同一标识符标识，应该把它们理解成同一个表头节点。另外，矩阵 A 的行数为 5，列数为 4，因此表头节点的个数为 5，取决于 A 中行数和列数的最大值。所有的表头节点本身也构成了一个带表头的环形链表，该环形链表的表头节点为 H_0，H_0 中 row 域存放矩阵 A 的行数，col 域存放 A 的列数，next 域指向第 1 个表头节点，down 域和 right 域均为空。此例中矩阵 A 的行下标和列下标均假设从 1 开始算起。

根据以上分析，稀疏矩阵十字链表表示中节点的类型定义如下。

```
/******************************************/
/*  稀疏矩阵十字链表表示的头文件,文件名:matrixlk.h */
/******************************************/
typedef struct matrixnode              /*十字链表表示中节点的结构*/
{
  int  row,col;
  struct matrixnode *right,*down;
  union{ int val;
        struct matrixnode *next;
  } tag;
} matrixnode;
typedef matrixnode *spmatrix;
typedef spmatrix headspmatrix[100]; /*指针数组,每个元素指向一个表头节点*/
```

下面考虑在上述类型定义下如何建立一个给定稀疏矩阵的十字链表表示。为了建立稀疏矩阵的十字链表表示，首先必须读入稀疏矩阵的行数和列数，以便确定表头节点的个数，在此基础上创建所有的表头节点，并将这些表头节点形成一个带表头的环形链表，同时将各行、各列非零元素的环形链表初始化为空；然后依次读入每个非零元素的行号、列号和值，形成相应的非零元素的节点并插入该元素所在的行和列的环形链表中。具体实现详见算法 4.34。

```
/******************************************/
/*  函数功能:创建稀疏矩阵的十字链表表示          */
/*  函数参数:h 为 headspmatrix 类型的指针数组    */
/*  函数返回值:无                           */
/*  文件名:creamalk.c,函数名:Createspmatrix() */
/******************************************/
void Createspmatrix(headspmatrix h)   /*创建稀疏矩阵的十字链表表示*/
{int m,n,t,s,i,r,c,v;
    spmatrix p,q;
    printf("矩阵的行数、列数和非零元素的个数:");
    scanf("%d%d%d",&m,&n,&t);
    p=(spmatrix)malloc(sizeof(matrixnode));
    h[0]=p;                          /*h[0]为表头环形链表的表头节点*/
    p->row=m;  p->col=n;
    s=m>n?m:n;
    for(i=1;i<=s;++i)                 /*初始化表头环形链表及各行、各列的环形链表*/
    {p=(spmatrix)malloc(sizeof(matrixnode));
     h[i]=p;
     h[i-1]->tag.next=p;
     p->row=p->col=0;
     p->down=p->right=p;
    }
    h[s]->tag.next=h[0];
    for(i=1;i<=t;++i)                 /*依次读入非零元素并加入十字链表中*/
```

```
{ printf("输入非零元素的行号、列号和值:");
  scanf("%d%d%d",&r,&c,&v);
  p=(spmatrix)malloc(sizeof(matrixnode));        /*形成非零元素节点*/
  p->row=r; p->col=c; p->tag.val=v;
  q=h[r];          /*将非零元素插入其所在行的环形链表中*/
  while(q->right!=h[r]&&q->right->col<c)
      q=q->right;
  p->right=q->right;
  q->right=p;
  q=h[c];          /*将非零元素插入其所在列的环形链表*/
  while(q->down!=h[c]&&q->down->row<r)
      q=q->down;
  p->down=q->down;
  q->down=p;
  }
}
```

算法 4.34　创建稀疏矩阵的十字链表表示

算法 4.35 给出了在稀疏矩阵的十字链表中查找值为 *x* 的节点的过程。若值为 *x* 的节点存在，则返回其所在的行号和列号。具体实现时，应该从表头节点构成的环形链表的表头出发，依次通过每一行的表头节点进入相应行进行查找，找到则立即返回；否则一直找完所有行再结束，此时以查找失败而告终。

```
/***************************************************************/
/*   函数功能:稀疏矩阵十字链表的查找                            */
/*   函数参数:h 为 headspmatrix 类型的指针数组                  */
/*           整型变量 x 用于存放被查找的值                      */
/*           整型指针变量 rowx 和 colx 用于存放 x 在十字链表中的位置  */
/*   函数返回值:查找成功则返回 1,否则返回 0                     */
/*   文件名:locamalk.c,函数名:locatespmatrix()                 */
/***************************************************************/
int locatespmatrix(headspmatrix h,int x,int *rowx,int *colx)
{ /*在十字链表中查找值为 x 的节点*/
   spmatrix p,q;
   p=h[0]->tag.next;          /*p 指向第 1 行（列）的表头节点*/
   while(p!=h[0])             /*按顺序在每行中查找值为 x 的节点*/
   {
      q=p->right;            /*q 指向本行的第 1 个非零元素的节点*/
      while(p!=q)
      {
        if(q->tag.val==x)   /*找到 x 后将其行号和列号返回*/
          { *rowx=q->row;  *colx=q->col;
            return (1);
          }
        q=q->right;
      }
      p=p->tag.next;        /*准备进入下一行查找*/
   }
   return (0);
}
```

算法 4.35　稀疏矩阵十字链表的查找

本章小结

本章主要知识点的思维导图如图4.13所示。

图 4.13　本章主要知识点的思维导图

习　题

4.1　稀疏矩阵常用的压缩存储方法有（　　）和（　　）两种。

4.2　设有一个 10×10 的对称矩阵 A 采用压缩方式进行存储，存储时以按行优先的顺序存储其下三角元素的值，假设其起始元素 a_{00} 的地址为1，每个元素占2个字节，则 a_{65} 的地址为（　　）。

4.3　若字符串 S ="software"，其子串的数目为（　　）。

4.4　常对数组进行的两种基本操作为（　　）和（　　）。

4.5　要计算一个数组所占空间的大小，必须已知（　　）和（　　）。

4.6　对于半带宽为 b 的带状矩阵，它的特点是：对于矩阵元素 a_{ij}，若它满足（　　），则 $a_{ij} = 0$。

4.7　字符串是一种特殊的线性表，其特殊性体现在（　　）。

4.8　试编写一个函数，实现在顺序存储方式下字符串的 strcompare(S1,S2)运算。

4.9　试编写一个函数，实现在顺序存储方式下字符串的 replace(S,T1,T2)运算。

4.10　试编写一个函数，实现在链式存储方式下字符串的 strcompare(S1,S2)运算。

4.11　试编写一个函数，实现在链式存储方式下字符串的 replace(S,T1,T2)运算。

4.12　已知如下字符串，求它们的 next 数组值。

（1）"bbdcfbbdac"。

（2）"aaaaaaa"。

（3）"babbabab"。

4.13　已知正文 t ="ababbaabaa"，模式 p ="aab"，试使用 KMP 算法寻找 p 在 t 中首次出现的起始位置，给出具体的匹配过程分析。

4.14　已知三维数组 $A[3][2][4]$，数组首地址为 100，每个元素占用 1 个存储单元，分别计算数组元素 $A[0][1][2]$ 在按行优先和按列优先存储方式下的地址。

4.15　已知两个稀疏矩阵 A 和 B，其行数和列数均对应相等，请编写一个函数，计算 A 和 B 之和。假设稀疏矩阵采用三元组表示。

4.16　写出两个稀疏矩阵相乘的算法，计算：

$$C_{p \times n} = A_{p \times m} \times B_{m \times n}$$

其中，A、B 和 C 都采用三元组表示法存储。

5

第 5 章　递归

学习目标
（1）掌握递归程序设计的特征。
（2）了解递归程序的底层执行过程。
（3）了解将简单递归问题和复杂递归问题的递归程序转换成非递归程序的方法。
（4）掌握递归程序设计方法，针对具体问题能进行递归程序设计。

在计算机科学中，许多数据结构，如广义表、树和二叉树等，都是通过递归方式定义的。由于这些数据结构固有的递归性质，关于它们的许多问题的算法均可以采用递归技术实现。采用递归技术设计的算法程序，具有结构清晰、可读性强、便于理解等优点。但由于递归程序在执行过程中伴随着函数自身的多次调用，因此其执行效率较低。在追求执行效率的场合下，人们又往往希望采用非递归方式实现问题的算法程序。本章主要介绍递归程序设计的特点、递归程序的执行过程及递归程序转换成非递归程序的方法。

5.1　递归的基本概念与递归程序设计

在一个函数的定义中出现了对自己本身的调用，这种方式称为直接递归。一个函数 p 的定义中包含对函数 q 的调用，而 q 的实现过程又调用了 p，即函数调用形成了一个环状调用链，这种方式称为间接递归。递归技术在算法和程序设计中是一种十分有用的技术，许多高级程序设计语言均提供了支持递归定义的机制和手段。

为了研究递归程序设计的特点和规律，我们先来看两个简单递归程序设计的实例。

【例 5.1】试编写一个递归函数，以正整数 n 为参数，求 n 的阶乘值 $n!$。

使用 Fact(n) 表示 n 的阶乘值，根据阶乘的数学定义可知：

$$Fact(n) = \begin{cases} 1, & n = 0, \\ n \times Fact(n-1), & n > 0, \end{cases}$$

显然，当 $n>0$ 时，Fact(n)建立在 Fact($n-1$)的基础上。由于求解 Fact($n-1$)的过程与求解 Fact(n)的过程完全相同，只是具体实参不同，因而在进行程序设计时，不必再仔细考虑 Fact($n-1$)的具体实现，只需借助递归机制进行自身调用即可。求 n 的阶乘值 Fact(n)的具体实现详见算法 5.1。

```
/*********************************************/
/*  函数功能:求正整数 n 的阶乘值              */
/*  函数参数:n 为整型变量                     */
/*  函数返回值:整型,返回 n 的阶乘值           */
/*  文件名:factoril.c,函数名:Fact()          */
```

```
/*************************************************/
int Fact(int n)
{ int m;
  if(n==0)  return (1);
  else
    {
      m=n*Fact(n-1);
      return (m);
    }
}
```
算法 5.1　求正整数 n 的阶乘值

【例 5.2】试编写一个递归函数，以一个正整数 n 为参数，求第 n 项 Fibonacci 级数的值。

假设使用 Fibona(n) 表示第 n 项 Fibonacci 级数的值，根据 Fibonacci 级数的计算公式：

$$\text{Fibona}(n) = \begin{cases} 1, & n=1, \\ 1, & n=2, \\ \text{Fibona}(n-1) + \text{Fibona}(n-2), & n>2, \end{cases}$$

可知当 $n>2$ 时，第 n 项 Fibonacci 级数的值等于第 $n-1$ 项和第 $n-2$ 项 Fibonacci 级数的值相加之和，而第 $n-1$ 项和第 $n-2$ 项 Fibonacci 级数值的求解又分别取决于它们各自的前两项之和。总之，Fibona($n-1$) 和 Fibona($n-2$) 的求解过程与 Fibona(n) 的求解过程相同，只是具体实参不同。利用这种性质，我们在进行程序设计时便可以使用递归技术，Fibona($n-1$) 和 Fibona($n-2$) 的求解可通过函数 Fibona() 自身调用来实现。具体实现详见算法 5.2。

```
/*************************************************/
/*  函数功能:求第 n 项 Fibonacci 级数值           */
/*  函数参数:n 为整型变量                         */
/*  函数返回值:整型,返回第 n 项 Fibonacci 级数值   */
/*  文件名:fibonaci.c,函数名:Fibona()            */
/*************************************************/
int Fibona(int  n)
{ int  m;
  if(n==1) return (1);
  else if(n==2) return (1);
      else
        { m=Fibona(n-1)+Fibona(n-2);
          return (m);
        }
}
```
算法 5.2　求第 n 项 Fibonacci 级数值

由以上实例可以看出，要使用递归技术进行程序设计，首先必须将要求解的问题分解成若干子问题，这些子问题的结构与原问题的结构相同，但规模较原问题小。由于子问题与原问题结构相同，因而它们的求解过程相同，在进行程序设计时，不必再仔细考虑子问题的求解，只需借助递归机制进行函数自身调用加以实现，然后利用所得到的子问题的解组合成原问题的解即可。而递归程序在执行过程中，通过不断修改参数进行自身调用，将子问题分解成更小的子问题进行求解，直到最终分解成的子问题可以直接求解为止。因此，递归程序设计时必须有一个终止条件，当程序的执行使终止条件得到满足时，递归过程便结束并返回；否则递归将会无休止地进行下去，导致程序的执行无法正常终止。

综上所述，递归程序设计具有以下两个特点。

（1）具备递归出口。递归出口定义了递归的终止条件，当程序的执行使它得到满足时，递归执行过程便终止。有些问题的递归程序可能存在几个递归出口。

（2）在不满足递归出口的情况下，根据所求解问题的性质，将原问题分解成若干子问题，子问题的求解通过一定的方式修改参数进行函数自身调用加以实现，然后将子问题的解组合成原问题的解。递归调用时，参数的修改最终必须保证递归出口得以满足。

5.2 递归程序执行过程的分析

采用递归方式实现的算法程序结构清晰、思路明了，但递归程序的执行过程有时令人难以理解。由于递归调用是对函数自身的调用，在一次函数调用未终止之前又开始另一次函数调用。按照程序语言关于作用域的规定，函数的执行在终止之前其所占用的空间是不能回收的，必须保留，这意味着函数自身每次不同的调用，需要分配不同的空间。为了对这些空间进行有效的管理，在递归程序的执行过程中，系统内部设立了一个栈，用于存放每次函数调用与返回所需的各种数据，主要包括函数调用执行完成时的返回地址、函数的返回值、每次函数调用的实参和局部变量。

在递归程序的执行过程中，每当执行函数调用时，必须完成以下任务。

（1）计算当前被调用函数每个实参的值。

（2）为当前被调用的函数分配存储空间，用于存放其所需的各种数据，并将该存储空间的首地址压入栈中。

（3）将当前被调用函数的实参、将来当前函数执行完毕后的返回地址等数据存入上述所分配的存储空间中。

（4）控制转到被调用函数的函数体，从其第1个可执行的语句开始执行。

当从被调用的函数返回时，必须完成以下任务。

（1）如果被调用的函数有返回值，则记下该返回值，同时通过栈顶元素到该被调用函数对应的存储空间中取出其返回地址。

（2）把分配给被调用函数的存储空间回收，栈顶元素出栈。

（3）按照被调用函数的返回地址返回到调用点，若有返回值，还必须将返回值传递给调用者，并继续程序的执行。

下面将通过两个实例来介绍递归程序的执行过程。

【例5.3】试编写一个递归函数，以正整数 n 为参数，该函数所实现的功能为：在第1行输出1个1，在第2行输出2个2，在第3行输出3个3……在第 $n-1$ 行输出 $n-1$ 个 $n-1$，在第 n 行输出 n 个 n。例如，当 $n=5$ 时，调用该函数的输出结果如下。

```
1
2 2
3 3 3
4 4 4 4
5 5 5 5 5
```

假设该函数采用 print(n) 表示。显然，print(n) 所实现的功能只需在 print($n-1$) 所实现的功能的基础上，再在第 n 行输出 n 个 n 即可；而实现 print($n-1$) 的过程与实现 print(n) 的过程完全相同，只是参数不同而已，因而可以通过递归方式实现。在递归程序执行过程中，当 $n=0$ 时递归程序应该终止。该函数的具体实现详见算法5.3。

```
/**************************************************/
/*   函数功能:输出数字三角形                      */
/*   函数参数:n 为整型变量                        */
/*   函数返回值:无                                */
/*   文件名:printtri.c,函数名:print()            */
```

```
/************************************************/
void print(int n)
{   int i;
    if(n!=0)
     {
        print(n-1);
        for(i=1;i<=n;i++)
          printf("%d",n);
        printf("\n");
     }
}
```

算法 5.3　输出数字三角形

下面给出当 $n = 5$ 时，print(5)的执行过程。

图 5.1 表示 print(5)的执行由（1）、（2）两部分顺序组成，而（1）中 print(4)的执行又由（3）、（4）两部分顺序组成，（3）中 print(3)的执行又由（5）、（6）两部分顺序组成，直到（9）和（10）。（9）中的 print(0)执行时，由于 $n = 0$ 满足递归的终止条件，递归将不再继续下去，于是接下来执行（10），当（10）完成后，意味着（7）中的 print(1)完成了，于是执行（8），（8）的完成意味着（5）中的 print(2)结束了，于是执行（6），直到（2）完成后 print(5)的执行才结束，函数调用最后的输出结果由（10）、（8）、（6）、（4）、（2）部分的输出结果顺序组成。

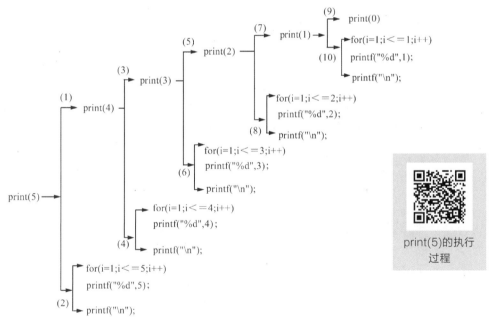

图 5.1　print(5)的执行过程

例 5.3 中实现的递归函数 print(n)没有返回值，因此其执行过程相对比较简单。接下来我们将以例 5.2 中求第 n 项 Fibonacci 级数值的函数 Fibona(n)为例，来说明带返回值的递归函数的执行过程。

【例 5.4】给出例 5.2 中当 n 的输入值为 5 时，函数调用 Fibona(5)的执行过程分析。

函数调用 Fibona(5)的执行过程如图 5.2 所示。

在图 5.2 中，实线表示调用动作，虚线表示返回动作，虚线上所标的值为该次函数调用完成后带回的返回值。无论是实线还是虚线上均标有一个编号，表示递归程序执行过程中，所有动作发生的先后顺序；图中每一个方框均表示一次新的调用，因而执行过程中它们使用的是不同的存储空间。

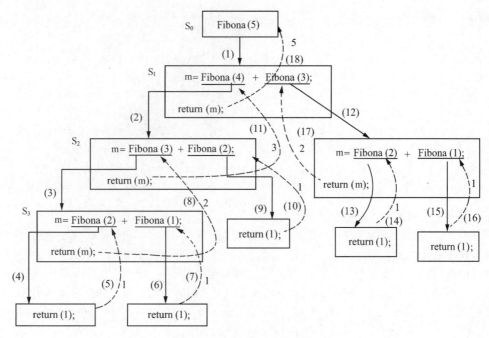

图 5.2　Fibona(5)的执行过程

图 5.2 表示在计算 Fibona(5)时，形参 $n=5$，由于 $n>2$，所以执行

```
m=Fibona(n-1)+Fibona(n-2);
return (m);
```

这一分支，也即相当于执行

```
m=Fibona(4)+Fibona(3);
return (m);
```

本次调用动作在图 5.2 中用标有（1）的这条有向实线段表示，其相应的语句执行序列存放于方框 S_1 中。

为了求得方框 S_1 中 m 的值，必须求出 Fibona(4)和 Fibona(3)的值。程序先求 Fibona(4)的值，这是一次新的调用，必须重新为它的形参 n、局部变量 m 和返回地址分配存储空间，且此时 $n=4$，这次调用仍然满足 $n>2$，所以执行

```
m=Fibona(3)+Fibona(2);
return (m);
```

此次调用动作体现为图 5.2 中的（2）这条有向实线段，其相应的语句执行序列存放于方框 S_2 中。同样，为了求得方框 S_2 中 m 的值，必须求出 Fibona(3)和 Fibona(2)的值。于是又执行 Fibona(3)，一直到某次调用能有一个确切的返回值，如图 5.2 中有向虚线段（5），其返回值为 1。接下来考虑方框 S_3 中 Fibona(1)的调用（体现为有向实线段（6）），此次调用直接返回值 1（体现为有向虚线段（7））。这时，方框 S_3 中赋值语句 "$m=Fibona(2)+Fibona(1);$" 右端的两个函数调用均已分别返回了值 1，于是可以求出 m 的值为 2，然后执行方框 S_3 中的 "return(m);"，将 $m=2$ 的值返回给方框 S_2 中的 Fibona(3)，之后求方框 S_2 中的 Fibona(2)的值，如此反复进行下去，直至最后求出 Fibona(5) 的值为 5。读者可以按照图 5.2 中线段上所标编号的顺序来理解 Fibona(5)的执行过程。

5.3　递归程序到非递归程序的转换

在计算机科学中，许多数据结构都是通过递归方式定义的。由于这些数据结构本身固有的递

归性质，关于它们的许多问题的算法均可以采用递归技术实现。另外，还有一些问题，虽然其本身并没有明显的递归特征，但也可以利用递归技术设计出简单、易懂的算法程序。我们称这些可以利用递归技术求解的问题为递归问题。

递归问题求解采用递归方式实现所得到的递归程序具有结构清晰、可读性好、易于理解等优点，但递归程序较非递归程序无论是空间需求还是时间需求都更高，因此在希望节省存储空间和追求执行效率的情况下，人们更希望使用非递归方式实现问题的算法程序。另外，有些高级程序设计语言没有提供递归的机制和手段，对于某些具有递归性质的问题求解无法使用递归方式实现，必须使用非递归方式实现。因此，本节主要介绍递归程序到非递归程序的转换方法。

一般而言，求解递归问题有两种方式。一种是直接求值，无须回溯，这类递归问题我们称其为简单递归问题；另一类递归问题在求解过程中不能直接求值，必须进行试探和回溯，这类递归问题我们称其为复杂递归问题。两类递归问题的求解在转换成非递归方式实现时所采用的方法是不同的。通常简单递归问题可以采用递推方法直接求解；而复杂递归问题的求解由于要进行回溯，在实现过程中必须使用栈来记忆回溯点，因而复杂递归问题的求解由递归方式实现向非递归方式实现转换时必须借助栈来实现。

5.3.1　简单递归程序到非递归程序的转换

根据前面的讨论可知，要使用递归机制实现问题求解的算法程序，其前提是必须使用分划技术，把需要求解的问题分划成若干和原问题结构相同但规模较小的子问题，这样可以使原问题的解建立在子问题解的基础上，而子问题的解又建立在更小的子问题解的基础上。由于问题的求解是从原问题开始的，我们把递归的这种求解方式称为自顶向下产生计算序列。采用自顶向下方式产生计算序列，必然导致程序执行过程中出现许多重复的函数调用。如在 5.2 节 Fibona(5)的求解过程中，Fibona(5)的求解以 Fibona(4)和 Fibona(3)的求解为基础，而 Fibona(4)的求解过程又包含 Fibona(3)的求解，也即为了获得 Fibona(5)的值，必须求解 Fibona(3)两次，两次求解的值无法相互共用，这是递归程序执行效率较低的主要原因之一。为了提高程序的执行效率，将程序实现所使用的递归方式转换成非递归方式，可以采用算法设计中的递推技术。递推技术同样以分划技术为基础，它也要求将需要求解的问题分划成若干与原问题结构相同但规模较小的子问题；然而与递归方式不同的是，递推方法采用自底向上方式产生计算序列，其首先计算规模最小的子问题的解，然后在此基础上依次计算规模较大的子问题的解，直到最后产生原问题的解。由于求解过程中每一步新产生的结果总是直接以前面已有的计算结果为基础，避免了许多重复的计算，因而使用递推方法产生的算法程序比递归算法具有更高的效率。

递归方法与递推方法共同采用的分划技术，为使用递推技术解决递归问题奠定了基础。由于简单递归问题求解过程中无须回溯，因此要转换成非递归方式实现完全可以使用递推技术。为了使用自底向上的递推方式来解决递归问题，利用子问题已有的解构造规模较大子问题的解，进而构造原问题的解，必须建立原问题与子问题解之间的递推关系，然后定义若干变量用于记录求解过程中递推关系的每个子问题的解；程序的执行便是根据递推关系，不断修改这些变量的值，使之成为更大子问题的解的过程；当得到原问题解时，递推过程便可结束。

【例 5.5】采用非递归方式实现求正整数 n 的阶乘值。

仍使用 Fact(n)表示 n 的阶乘值。要求解 Fact(n)的值，可以考虑 i 从 0 开始，依次取 $1,2,\cdots,n$，分别求 Fact(i)的值，且保证求解 Fact(i)时总是以前面已有的求解结果为基础；当 $i = n$ 时，Fact(i)的值即所求的 Fact(n)的值。

根据阶乘的递归定义，不失一般性，显然有以下递推关系成立。

$$\text{Fact}(i) = \begin{cases} 1, & i = 0, \\ i \times \text{Fact}(i-1), & i > 0. \end{cases}$$

上述递推关系表明 Fact(i)是建立在 Fact($i-1$)的基础上的，在求解 Fact(i)时子问题只有一个 Fact($i-1$)，且整个 Fact(n)的求解过程无须回溯，因此该问题属于简单递归问题，可以使用递推技术实现，实现过程中只需定义一个变量 fac 始终记录子问题 Fact($i-1$)的值。初始时，$i=1$，fac = Fact($i-1$) = Fact(0) = 1，在此基础上根据以上递推关系不断向前递推，使 i 的值增大，直至 $i=n$。具体实现详见算法 5.4。

```
/*********************************************/
/*   函数功能:求正整数 n 的阶乘值            */
/*   函数参数:n 为整型变量                   */
/*   函数返回值:整型,返回 n 的阶乘值          */
/*   文件名:factori2.c,函数名:Fact()        */
/*********************************************/
int Fact(int n)
{
    int i,fac;
    fac=1;       /*将变量 fac 初始化为 Fact(0)的值*/
    for(i=1;i<=n;++i)  fac=i*fac;  /*根据递推关系进行递推*/
    return (fac);
}
```

算法 5.4　求正整数 n 的阶乘值的非递归算法

【例 5.6】已知有顺序表定义如下。

```
#define MAXSIZE 100
typedef int datatype;
typedef struct{
  datatype a[MAXSIZE];
  int size;
}sequence_list;
```

请分别使用递归与非递归方式，实现顺序表中所有元素的逆转。例如，假设顺序表 L 含有 10 个元素，且 L 中元素的值为：

56　21　34　9　12　33　2　98　16　83

逆转后 L 中元素的排列顺序为：

83　16　98　2　33　12　9　34　21　56

假设使用 reverse1(L,left,right)表示将顺序表 L 中从下标为 left 的元素开始到下标为 right 的元素构成的子数组段进行逆转。要实现 reverse1(L,left,right)的功能可以这样考虑：首先将 L 中从下标为 left+1 的元素开始一直到下标为 right−1 的元素构成的子数组段进行逆转，再将下标为 left 的数组元素与下标为 right 的数组元素值进行交换；而将 L 中从下标为 left + 1 的元素开始一直到下标为 right − 1 的元素所构成的子数组段进行逆转的过程与 reverse1(L,left,right)的实现过程完全相同，只是所处理的对象范围不同，因此可以用递归方式实现；当 left ≥ right 时，递归可以终止。具体实现详见算法 5.5。

```
/**********************************************************/
/*   函数功能：将顺序表中的元素进行逆转                    */
/*   函数参数：L 为指向 sequence_list 的指针类型,left 和 right 均为整型变量 */
/*   函数返回值：无                                       */
/*   文件名：listreverse.c,函数名:reverse1()             */
/**********************************************************/
void reverse1(sequence_list *L,int left,int right)
{   /*将顺序表 L 中从下标为 left 的元素开始到下标为 right 的元素构成的子数组段进行逆转*/
    datatype temp;
```

```
        if(left<right)
           {
             reverse1(L,left+1,right-1 );
             temp=L->a[left];        /*将下标为left的元素和下标为right的元素的值进行交换*/
             L->a[left]=L->a[right];
             L->a[right]=temp;
           }
     }
```

算法 5.5　将顺序表中元素进行逆转的递归算法

通过 reverse1(&L,0,L.size−1) 便可实现对顺序表 L 中所有元素的逆转。

现在考虑采用非递归方式实现顺序表逆转的方法。对于非递归方式实现顺序表逆转，我们使用 reverse2(L,left,right)表示，它实现将顺序表 L 中从起点为 left 到终点为 right 的数组段中的元素进行逆转。同时，我们使用 exchange(x,y)表示将 x 和 y 的值互换。根据前面的分析，我们不难得到以下递推关系。

reverse2(L,left,right)
=reverse2(L,left+1,right−1)^exchange (L→a[left],L→a[right])
=reverse2(L,left+2,right−2)^exchange(L→a[left+1],L→a[righ−1])^exchange(L→a[left],L→a[right])
=reverse2(L,left+3,right−3)^exchange(L → a[left+2],L → a[right−2])^exchange(L → a[left+1],L → a[right−1])^exchange(L→a[left],L→a[right])
……

由以上递推式可以看出，随着递推不断深入，所划分的数组段（即子问题）越来越小，直至数组段只剩下一个元素或为空（即数组段起点下标大于或等于终点下标），此时顺序表逆转完成。

根据以上分析可知，顺序表逆转可以采用一个单重循环来实现。用下标变量 left 与 right 分别指示当前待交换的元素，初始时 left 指向顺序表最前面，right 指向顺序表最后面。每次交换 left 和 right 所指示的元素值后，将 left 的值加 1，right 的值减 1，当 left<right 时重复这个过程，直到 left≥right 结束。具体实现详见算法 5.6。

```
/************************************************************************/
/*  函数功能：将顺序表中的元素进行逆转                                    */
/*  函数参数：L 为指向 sequence_list 的指针类型，left 和 right 为整型变量   */
/*  函数返回值：无                                                       */
/*  文件名：listreverse.c,函数名:reverse2()                             */
/************************************************************************/
void reverse2(sequence_list *L,int left,int right)
{  /*将顺序表 L 中从下标为 left 到下标为 right 的元素构成的子数组段进行逆转   */
    datatype temp;
    while(left<right)
       {
          temp=L->a[left];        /*将下标为left的元素和下标为right的元素的值进行交换*/
          L->a[left++]=L->a[right];
          L->a[right--]=temp;
       }
}
```

算法 5.6　将顺序表中元素进行逆转的非递归算法

5.3.2　复杂递归程序到非递归程序的转换

由于简单递归问题在求解过程中，无须进行试探和回溯，因此通过递推技术可以得到高效的非递归算法程序。然而，大多数的递归问题均为复杂递归问题，它们在求解的过程中无法保证求解动作一直向前，往往需要设置一些回溯点，当求解无法进行下去或当前处理的工作已经完成时，必须退回到所设置的回溯点，继续问题的求解。因此，在使用非递归方式实现一个复杂递归问题的求解算法时，经常使用栈来记录和管理所设置的回溯点。

【例 5.7】按中点优先的顺序遍历线性表问题。已知线性表 list 以顺序存储方式存储，要求按以下顺序输出 list 中所有节点的值：首先输出线性表 list 中点位置上的元素值，然后输出中点左部所有元素的值，再输出中点右部所有元素的值；而无论输出中点左部所有元素的值还是输出中点右部所有元素的值，均应遵循以上规律。例如，已知线性表 list 中元素的值为：

$$18 \quad 32 \quad 4 \quad 9 \quad 26 \quad 6 \quad 10 \quad 30 \quad 12 \quad 8 \quad 45$$

则 list 中元素按中点优先顺序遍历的输出结果为：

$$6 \quad 4 \quad 18 \quad 32 \quad 9 \quad 26 \quad 12 \quad 10 \quad 30 \quad 8 \quad 45$$

试采用递归和非递归算法实现以上线性表的遍历。

首先考虑采用递归方式实现按中点优先的顺序遍历线性表。根据按中点优先顺序遍历线性表的特性，输出线性表中点值后，必须按同样的规律输出中点左部所有元素的值和中点右部所有元素的值，显然若这两个部分非空，则其遍历只需通过递归调用实现即可。具体实现详见算法 5.7。

```
/**********************************************************/
/*   函数功能:按中点优先的顺序遍历线性表                  */
/*   函数参数:list 为整型数组,left 和 right 均为整型变量   */
/*   函数返回值:无                                        */
/*   文件名:listorder1.c,函数名:listorder()              */
/**********************************************************/
#define MAXSIZE 20
typedef int listarr[MAXSIZE];
void listorder(listarr list,int left,int right)
{    /*将数组段 list[left..right]中的元素按中点优先的顺序输出*/
     int mid;
     if(left<=right)                                 /*数组段不为空*/
        {
          mid=(left+right)/2;                        /*取中点元素的值并输出*/
          printf("%4d",list[mid]);
          listorder(list,left,mid-1);     /*将中点左部的所有元素按中点优先的顺序输出*/
          listorder(list,mid+1,right);    /*将中点右部的所有元素按中点优先的顺序输出*/
        }
}
```

算法 5.7   按中点优先顺序遍历线性表的递归算法

假设线性表 list 中实际所含元素的个数为 n，要将 list 中所有元素按中点优先顺序输出，只需按如下方式调用算法 5.7 中的函数：

```
listorder(list,0,n-1);
```

下面再考虑使用非递归方式实现按中点优先顺序遍历线性表。

在线性表的遍历过程中，输出中点的值后，中点将线性表分成前半部分和后半部分。根据按中点优先顺序遍历线性表的特性，接下来应该考虑前半部分的遍历，但在进行前半部分的遍历之前，应该将后半部分保存起来，以便访问完前半部分所有元素后，再进行后半部分的访问，即在此设置一个回溯点，该回溯点应该进栈保存，具体实现时，只需将后半部分起点和终点的下标进栈即可，栈中的每个元素均代表一个尚未处理且在等待被访问的数组段。每一个当前正在处理的数组（数组段）均应采用以上相同的方式进行处理，直到当前正在处理的数组（数组段）为空，此时应该进行回溯，而回溯点恰巧位于栈顶。于是只要取出栈顶元素，将它所确定的数组段作为下一步即将遍历的对象，继续线性表的遍历。如果当前正在处理的数组段为空且栈亦为空（表示已无回溯点），则意味着线性表所有的元素均已输出，算法可以结束。具体实现详见算法 5.8。

```
/****************************************************/
/*  函数功能:按中点优先顺序遍历线性表              */
/*  函数参数:list 为整型数组,left 和 right 均为整型变量  */
/*  函数返回值:无                                   */
/*  文件名:listorder2.c,函数名:listorder()          */
/****************************************************/
#define MAXSIZE 20
typedef int listarr[MAXSIZE];
void listorder(listarr list,int left,int right)
{ /*将数组段 list[left..right]中的元素按中点优先顺序输出*/
    typedef struct {
        int l;   /*用于存放等待处理的数组段的起点下标*/
        int r;   /*用于存放等待处理的数组段的终点下标*/
    } stacknode; /*栈中每个元素的类型*/
    stacknode stack[MAXSIZE];      /*用于存放等待处理的数组段(即回溯点)的堆栈*/
    int top,i,j,mid;               /*top 为栈顶指示变量*/
    if(left<=right)          /*数组段不为空*/
    {
        top=0;               /*栈的初始化*/
        i=left; j=right;   /*i、j 分别记录当前正在处理的数组段的起点和终点下标*/
        while(i<=j||top!=0)
        { /*当前正在处理的数组段不为空或栈不为空*/
          if(i<=j)
          { /*当前正在处理的数组段不为空,则遍历它*/
            mid=(i+j)/2;
            printf("%4d",list[mid]);        /*将当前正在处理的数组段中点输出*/
            stack[top].l=mid+1;             /*将当前正在处理的数组段中点的右部进栈*/
            stack[top].r=j;
            ++top;
            j=mid-1;       /*将中点的左部作为当前即将处理的数组段*/
          }
          else
          { /*当前正在处理的数组段为空时通过栈顶元素进行回溯*/
            --top;
            i=stack[top].l;
            j=stack[top].r;
          }
        }
    }
}
```

算法 5.8　按中点优先顺序遍历线性表的非递归算法

假设线性表 list 中实际所含元素的个数为 n，要将 list 中所有元素按中点优先顺序输出，只需按如下方式调用算法 5.8 中的函数：

```
listorder(list,0,n-1);
```

【例 5.8】简单背包问题：设有 m 件物品，重量分别为 $w_1,w_2,\cdots,w_m$，对于一个给定的目标值 s，判断能否在 m 件物品中选出若干件物品，使其重量总和为 s，并将这些物品装入背包中。试编写两个函数，分别采用递归和非递归方式实现上述简单背包问题的求解。

由于各物品重量值之和 s 的值可以是随机的，因此对于一组具体的输入值，简单背包问题可能存在解，也可能不存在解。

首先考虑简单背包问题求解的递归算法实现。为了算法实现方便，我们假设物品的重量按从小到大的顺序存放于数组 w 中，并且选择物品时总是优先考虑重量大的物品。

简单背包问题求解的递归算法的基本思想为：首先考虑选择物品 w_m 的可能性。w_m 能否被选择取决于在 $w_1, w_2, \cdots, w_{m-1}$ 中能否选出若干件物品，这些物品的重量总和为 $s-w[m]$。若能从 $w_1, w_2, \cdots, w_{m-1}$ 中选出重量为 $s-w[m]$ 的若干件物品，则说明 w_m 可被选择，此时可以将 $w[m]$ 的值输出，否则说明应该放弃 w_m 的选择，考虑 w_{m-1} 被选择的可能性；而从 $w_1, w_2, \cdots, w_{m-1}$ 中选出重量为 $s-w[m]$ 的若干件物品的过程与从 $w_1, w_2, \cdots, w_m$ 中选出重量为 s 的若干件物品的过程完全相同，只是所处理的对象不同，于是可以通过递归调用实现。在整个算法的实现过程中，一旦确定某个物品被选择的可能性不存在，则放弃它，下一步将考虑其前一个物品被选择的可能性。不断重复以上过程，直到以下 3 种情况出现。

（1）如果当前需要选择的物品重量总和为 0，则说明搜索已经成功，算法结束。

（2）如果当前需要选择的物品重量总和已经小于 w_1，则说明搜索失败，算法结束。

（3）若当前被考虑选择的物品对象为 w_0（w_0 不存在），则说明搜索失败，算法结束。

简单背包问题求解的递归算法实现详见算法 5.9。

```
/************************************************/
/*   函数功能:简单背包问题求解的递归算法实现            */
/*   函数参数:s 和 m 均为整型变量                    */
/*   函数返回值:整型,若解存在则返回 1,否则返回 0        */
/*   文件名:knapsac1.c,函数名:knapsack1()          */
/************************************************/
#define  MAXSIZE  50
int w[MAXSIZE];   /*按照从小到大的顺序存放各物品的重量值*/
int knapsack1(int s,int m)
{ /*在 w[1],w[2],…,w[m]中选出若干件物品,使其重量和为 s。若解存在则返回 1,否则返回 0*/
  int s1,b;
  if(s==0) return (1);   /*寻找问题的解成功*/
  else if((s<w[1])||(m==0))  return (0);/*寻找问题的解不成功*/
      else{
          do
          {
              s1=w[m]; m--;              /*考虑 w[m]被选择的可能性*/
              b=knapsack1(s-s1,m);
          }
          while((m!=0)&&(!b));
          if(!b) return (0);
          else{   /*选择 w[m]成功,并将其输出*/
                  printf("\n%d",s1);
                  return (1);
              }
          }
      }
}
```

算法 5.9   简单背包问题求解的递归算法实现

下面考虑简单背包问题求解的非递归算法实现。仍然假设物品的重量按从小到大的顺序存放于数组 w 中，并且选择物品时总是优先考虑重量大的物品。

由于简单背包问题的求解明显带有试探性，因此该问题属于复杂递归问题，在实现过程中必须借助栈来记录回溯点。于是我们定义一个栈 stack，每当试着选择一件物品时，就设置一个回溯点，将它的重量和编号压入栈中；而一旦发现它被选择的可能性不存在，则将它出栈，同时通过其编号取它前面的一个物品作为当前考虑的对象；如果求解过程中遇到无法再求解下去需要回溯的情形，但此时栈已空，则说明该简单背包问题无解，算法的执行以失败而告终；若被选择物品的重量总和恰巧与 s 的值相等，则求解成功，算法结束。简单背包问题求解的非递归实现过程详见算法 5.10。

```
/***************************************************/
/*  函数功能:简单背包问题求解的非递归算法实现        */
/*  函数参数:s 和 m 均为整型变量                    */
/*  函数返回值:空                                  */
/*  文件名:knapsac2.c,函数名:knapsack2()           */
/***************************************************/
#define MAXSIZE 50
#define MAXS 25
int w[MAXSIZE];    /*所有物品的重量按从小到大的顺序存储于 w 中*/
void knapsack2(int s,int m)
{ /*在 w[1],w[2],…,w[m]中选出若干件物品,使其重量和为 s*/
    typedef struct {
            int ss;          /*存储被选物品的重量*/
            int mm;          /*存储被选物品的编号*/
    } stackelem;
    stackelem stack[MAXS];         /*用于记录回溯点的栈*/
    int i,t,top,nofail;            /*top 为栈顶指示变量,nofail 为求解成功的标识*/
    t=0; top=0; nofail=1;          /*变量 t 用于记录已被选的物品重量总和*/
    while((s!=t)&&nofail)          /*如尚未找到解且当前无法判断则求解失败*/
    {
        if((s>=t+w[1])&&(m>0))
          { /*表示存在至少还有一个物品被选的可能*/
            stack[top].ss=w[m];    /*选择 w[m]并将它进栈*/
            stack[top].mm=m; top++;
            t=t+w[m]; --m;
          }
        else  /*表示刚才一个选择不合适,需进行回溯*/
          {
            if(m==0) {  --top;
                        t=t-stack[top].ss;
            if(top<1)  nofail=0;   /*栈已空,求解失败*/
             else {  /*表示栈顶元素被选不合适,从其前一个元素开始重新试探*/
                    --top;
                    m=stack[top].mm-1;
                    t=t-stack[top].ss;
                  }
          }
    }
    if(s==t)  /*求解成功,将解输出*/
         for(i=0;i<top;++i)
             printf("\n%d\n",stack[i].ss);
```

```
     else printf("there is no any selection!");  /*求解失败*/
 }
```

算法 5.10　简单背包问题求解的非递归算法实现

以上介绍了将求解简单递归问题和复杂递归问题的递归算法转换成非递归算法的方法。在实际应用过程中，对于一个具体的递归问题，到底属于简单递归问题还是复杂递归问题，这需要根据问题自身的特点确定。本章后续章节中介绍的许多数据结构，如树、二叉树和二叉排序树等，均采用递归方式定义，因此它们的许多算法既可以采用递归方式实现，也可以采用非递归方式实现。读者在学习这些算法时，可以进一步体会本节中介绍的转换方法和思想。

5.4　递归程序设计的应用实例

在 5.1 节已经介绍了递归程序设计的特点：每个递归程序均应该至少具备一个递归的终止条件，以保证递归程序执行的终止；而在不满足递归终止条件的情况下，应该根据问题的特性，按一定的方式修改参数进行函数的自身调用，且参数的修改必须保证递归的终止条件最终能满足。下面以一些实例进一步说明递归程序的设计方法。

【例 5.9】设计一个递归函数，将一个正整数 n 转换成字符串。例如，若 $n = 456$，则函数输出的结果为 "456"。n 的位数不确定，可以为任意位数的整数。

实现该函数的一个基本思想为：从高位到低位分别取出 n 中每一位上的数字，将它们转换成对应的字符后，按其原有的顺序输出；而在此转换过程中，将 n 中前面的若干位（除个位外）对应的整数转换成字符串的过程与将整个整数转换成字符串的过程完全相同，只是处理的对象不同，因此可以通过递归调用实现，然后在此基础上将 n 的个位数字转换成字符输出即可。显然，若 n 中前面的若干位（除个位外）对应的整数为 0 时，递归调用应该终止。本例具体实现详见算法 5.11。

```
/*****************************************************/
/*   函数功能:将正整数 n 转换成字符串              */
/*   函数参数:n 为整型变量                         */
/*   函数返回值:无                                 */
/*   文件名:inttostr.c,函数名:convert()           */
/*****************************************************/
void convert(int n)
 {   int i;
     char ch;
     if((i=n/10)!=0)
         convert(i);
     ch=(n%10)+'0';
     putchar(ch);
 }
```

算法 5.11　将正整数 n 转换成字符串

【例 5.10】试编写一个递归函数，求两个正整数 m 和 n 的最大公约数，其中最大公约数 $gcd(m,n)$ 的求解公式为：

$$gcd(m,n) = \begin{cases} gcd(n,m) & m < n \\ m & n = 0 \\ gcd(n,m\%n) & 其他情况 \end{cases}$$

由于以上最大公约数的定义本身即递归定义，因此采用递归方式实现求 m 和 n 的最大公约数十分方便，将 $n = 0$ 作为递归的终止条件，其他情况只需按公式进行递归调用即可。具体实现详见算法 5.12。

```
/**************************************************/
/*   函数功能:求两个正整数的最大公约数          */
/*   函数参数:m 和 n 均为整型变量               */
/*   函数返回值:整型                            */
/*   文件名:intgcd.c,函数名:gcd()              */
/**************************************************/
int gcd(int m,int n)
{
    int k;
    if(n==0) return (m);
    else if(n>m) return (gcd(n,m));
        else
           {
               k=m%n;
               return (gcd(n,k));
           }
}
```

算法 5.12 求两个正整数的最大公约数

【例 5.11】已知带头节点的单链表存储结构定义如下。

```
typedef int datatype;          /*预定义的数据类型*/
typedef struct node
{
    datatype data;             /*节点数据域*/
    struct node *next;
}linknode;
typedef linknode *linklist;
```

请编写递归函数分别按顺序（从前向后）、倒序（从后向前）输出单链表内容。具体实现详见算法 5.13 和算法 5.14。

```
/******************************************************/
/*   函数功能:从前向后输出带头节点的单链表中所有元素的值  */
/*   函数参数:带头节点的单链表的表头地址                */
/*   函数返回值:无                                    */
/*   文件名:printlinklist.c,函数名:plefttoright()      */
/******************************************************/
void plefttoright(linklist head)
{
    if(head->next)
       {
           printf("%5d",head->next->data);  /*输出单链表中第一个节点的值*/
           plefttoright(head->next);         /*递归输出后序节点的值*/
       }
}
```

算法 5.13 从前向后输出单链表内容

```
/******************************************************/
/*   函数功能:从后向前输出带头节点的单链表中所有元素的值  */
/*   函数参数:带头节点的单链表的表头地址                */
/*   函数返回值:无                                    */
/*   文件名:printlinklist.c,函数名:prighttoleft()      */
/******************************************************/
```

```
void prighttoleft(linklist head)
{
    if(head->next)
      {
        prighttoleft(head->next);         /*递归输出后序节点的值*/
        printf("%5d",head->next->data); /*输出单链表第一个节点的值*/
      }
}
```

算法 5.14 从后向前输出单链表内容

本章小结

本章主要知识点的思维导图如图 5.3 所示。

图 5.3 本章主要知识点的思维导图

习 题

5.1 试简述递归程序设计的特点。

5.2 试简述简单递归程序向非递归程序转换的方法。

5.3 试简述复杂递归程序向非递归程序转换的方法，并说明栈在复杂递归程序转换成非递归程序的过程中所起的作用。

5.4 试给出例 5.1 中 Fact(5)的执行过程分析。

5.5 已知多项式 $p_n(x) = a_0 + a_1x + a_2x^2 + \cdots + a_nx^n$ 的系数按顺序存储在数组 $\boldsymbol{a}$ 中，试完成以下两步。

（1）编写一个递归函数，求 n 阶多项式的值。

（2）编写一个非递归函数，求 n 阶多项式的值。

5.6 已知两个一维整型数组 $\boldsymbol{a}$ 和 $\boldsymbol{b}$，分别采用递归和非递归方式编写函数，求两个数组的内积（数组的内积等于两个数组对应元素相乘后再相加所得到的结果）。

5.7 写出求 Ackerman 函数值的递归函数，假设 Ackerman 函数用 Ack(m,n)表示，其在 $m \geqslant 0$ 和 $n \geqslant 0$ 时的定义为：

Ack(0,n)=n+1;
Ack(m,0)=Ack(m−1,1);
Ack(m,n)=Ack(m−1,Ack(m,n−1))　　（n>0 且 m>0）

5.8 已知多项式 $F_n(x)$ 的定义如下。

$$F_n(x) = \begin{cases} 1, & n = 0, \\ 2x, & n = 1, \\ 2xF_{n-1}(x) - 2(n-1)F_{n-2}(x), & n > 1。 \end{cases}$$

试编写计算 $F_n(x)$ 值的递归函数。

5.9 n 阶汉诺塔问题：设有 3 个分别命名为 X、Y 和 Z 的塔座，在塔座 X 上从上到下放有 n 个直径各不相同且编号依次为 $1,2,3,\cdots,n$ 的圆盘（直径大的圆盘在下面，直径小的圆盘在上面），现要求将塔座 X 上的 n 个圆盘移至塔座 Z 上，并仍然按同样的顺序叠放，且圆盘移动时必须遵循以下规则。

（1）每次只能移动一个圆盘。

（2）圆盘可以放在塔座 X、Y 和 Z 中任何一个塔座上。

（3）任何时候都不能将一个大的圆盘压在一个小的圆盘之上。

试编写一个递归程序求解该问题。

5.10 "8 皇后"问题：在一个 8×8 格的国际象棋棋盘上放上 8 个"皇后"，使其不能相互攻击，即任何两个"皇后"不能处于棋盘的同一行、同一列和同一斜线上。试编写一个函数实现"8 皇后"问题。

6 第 6 章 树状结构

学习目标

（1）掌握树的基本概念。

（2）掌握树的双亲表示法和孩子表示法数据结构的定义。

（3）掌握树创建算法的实现。

（4）掌握树的前序遍历、后序遍历和层次遍历的实现。

（5）了解树的括号表示和层号表示两种线性表示方法。

（6）掌握并查集的定义、并查集的构建算法和基于树状结构的并查集实现。

树状结构是区别于线性结构的另一大类数据结构，它具有分支性和层次性，在计算机科学的许多领域和日常生活中均具有十分广泛的应用，是数据表示、信息组织、程序设计的基础和有力工具。本章主要介绍树的基本概念、树类的定义、树的存储结构及树遍历算法的实现、树的线性表示以及基于树状结构的并查集实现。

6.1 树的基本概念

树是由 n（$n \geqslant 0$）个节点构成的有限集合。$n = 0$ 的树称为空树；当 $n \neq 0$ 时，树中的节点应该满足以下两个条件。

（1）有且仅有一个特定的节点称为根。

（2）其余节点分成 m（$m \geqslant 0$）个互不相交的有限集合 $T_1, T_2, \cdots, T_m$，其中每一个集合又都是一棵树，称 $T_1, T_2, \cdots, T_m$ 为根节点的子树。

以上定义是一个递归定义，它反映了树的固有特性，因为一棵树由根和它的子树构成，而子树又由子树的根和更小的子树构成。图 6.1 所示的树中，A 是根节点，其余节点分成 3 个互不相交的子集，即 $S_1 = \{B,E,F\}$，$S_2 = \{C\}$，$S_3 = \{D,G,H,I,J,K\}$，这 3 个集合分别构成了 A 的 3 棵子树；在 S_3 构成的子树中，D 是根节点，D 又具有 3 棵子树，这 3 棵子树的根节点分别是 G、H 和 I；对于节点 G 和 I，它们的子树均为空。

图 6.1 所示树的表示类似于自然界中一棵倒长的树，"树状结构"由此得名，这种表示方法比较形象、直观，因而容易为人们所接受，是树的一种常用的表示方法。树状结构除了这种表示方法，还有括号表示法、嵌套集合表示法和凹入表示法。图 6.2 给出了图 6.1 中树的这 3 种表示方法。

在图 6.1 所示的树中，我们采用线段连接两个相关联的节点，如 A 和 B、D 和 H 等，其中，

图 6.1 一棵树

A 和 D 是上端节点，B 和 H 是下端节点。称 A、D 分别是 B、H 的双亲（或父母，或前件），B 和 H 分别称为 A 和 D 的子女（或孩子，或后件）。显然，双亲和子女的关系是相对而言的。在图 6.1 中，B 是 A 的子女，但又是 E 和 F 的双亲。由于 E 和 F 的双亲为同一节点，称 E 和 F 互为兄弟。在任何一棵树中，除根节点外，其他任何一个节点有且仅有一个双亲，有 0 个或多个子女，且它的子女恰巧为其子树的根节点。我们将一节点拥有的子女数称为该节点的度，树中所有节点的度的最大值称为树的度。图 6.1 中，A 的度为 3，B 的度为 2，而 C 的度为 0，整棵树的度为 3。称度为 0 的节点为终端节点或叶子节点，称度不为 0 的节点为非终端节点或分支节点。显然，A、B、D、H 均为分支节点，而 E、F、C、G、J、K、I 均为叶子节点。

A(B(E,F),C,D(G,H(J,K),I))
（a）括号表示法

（b）嵌套集合表示法

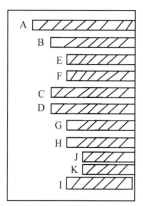

（c）凹入表示法

图 6.2　图 6.1 中树的 3 种表示方法

称树中连接两个节点的线段为树枝。在树中，若从节点 K_i 开始沿着树枝自上而下能到达节点 K_j，则称从 K_i 到 K_j 存在一条路径，路径的长度等于所经过的树枝的条数。在图 6.1 中，从节点 A 到节点 J 存在一条路径，路径的长度为 3；从节点 D 到节点 K 也存在一条路径，路径的长度为 2。仔细观察不难发现，从树的根节点到树中任何一个节点均存在一条路径。

将从树根到某一节点 K_i 的路径中 K_i 前所经过的所有节点称为 K_i 的祖先；反之，以某节点 K_i 为根的子树中的任何一个节点都称为 K_i 的子孙。图 6.1 中，A、D、H 均为 J 和 K 的祖先，而 G、H、I、J 和 K 均为 D 的子孙。

树中节点的层次从树根开始定义，根节点为第 1 层，根的子女节点构成第 2 层，以此类推。若某节点 K_j 位于第 i 层，则其子女就位于第 $i+1$ 层。称树中节点的最大层次数为树的深度或高度。图 6.1 中，节点 A 位于第 1 层，B、C、D 位于第 2 层，E、F、G、H 和 I 位于第 3 层，J、K 位于第 4 层，整棵树的高度为 4。

若树中任意节点的子树均看成从左到右有次序的，不能随意交换，则称该树是有序树；否则称之为无序树。图 6.3 中的两棵树，若看成有序树，它们是不等价的；若看成无序树，则两者相等。

图 6.3　有序树和无序树的比较

由 m（$m \geq 0$）棵互不相交的树构成的集合称为森林。森林和树的概念十分相近，一棵树中每个节点的子树所构成的集合即一个森林；而在森林中的每棵树之上加一个共同的根，森林就成为一棵树。

6.2 树类的定义

根据树状结构在实际问题中应用的需求，可以抽象出一些关于树的基本操作，它们和树的定义一起构成了关于树状结构的抽象数据类型，具体如下。

```
ADT tree {
    数据对象 D:具有相同性质的数据元素构成的有限集合。
    数据关系 R:如果 D 为空或 D 仅含一个元素,则 R 为空;否则,D 中存在一个特殊的节点 root,称为
              根节点,其无前驱节点,其他节点被分成互不相交的 m(m≥0) 个集合,分别构成 root 的
              m 棵子树。若这些子树非空,则它们的根节点 rooti(1≤i≤m)均称为整棵树根节点
              root 的后继节点;而每棵子树也是一棵树,因而它们中数据元素间的关系也同样满
              足数据关系 R。
    树的基本操作如下。
    （1）inittree(T):初始化一棵树 T。
    （2）cleartree(T):若树 T 已存在,则将它置空,使之成为一棵空树。
    （3）emptytree(T):判断一棵已存在的树 T 是否是空树,若是则返回 1,否则返回 0。
    （4）root(T):返回树 T 的根节点。
    （5）child(T,a,i):返回树 T 中节点 a 的第 i 个子女。
    （6）parent(T,a):返回树 T 中节点 a 的双亲。
    （7）degree(T,a):返回树 T 中节点 a 的度数。
    （8）depth(T):返回树 T 的高度（深度）。
    （9）choose(T,C):返回树 T 中满足条件 C 的某一个节点。
    （10）addchild(T,a,i,t1):表示在树 T 中将树 t1 作为节点 a 的第 i 棵子树插入。
    （11）delchild(T,a,i):若树 T 中节点 a 的第 i 棵子树存在,则删除它。
    （12）createtree(a,F):构造一棵新树,该树以 a 为根节点、以森林 F 中的树为子树。
    （13）equaltree(T1,T2):判断两棵树 T1 和 T2 是否相等,若相等则返回 1,否则返回 0。
    （14）numofnode(T):返回树 T 中所含节点的个数。
    （15）preorder(T):输出树 T 前序遍历的结果。
    （16）postorder(T):输出树 T 后序遍历的结果。
    （17）levelorder(T):输出树 T 层次遍历的结果。
    （18）destroytree(T):销毁一棵已存在的树 T,将它的空间回收。
} ADT tree
```

6.3 树的存储结构

选择存储结构时不仅要考虑数据元素如何存储，更重要的是要考虑数据元素之间的关系如何体现。根据数据元素之间关系的不同表示方式，常用的树存储结构主要有 3 种：双亲表示法、孩子表示法和孩子兄弟表示法。本节主要讨论树的这 3 种常用的存储结构。

6.3.1 双亲表示法

在树中，除根节点没有双亲外，其他每个节点的双亲是唯一确定的。因此，根据树的这种性质，存储树中的节点时，应该包含两个信息：节点的值 data 和体现节点之间相互关系的属性——该节点的双亲 parent。借助于每个节点的这两个信息便可唯一地表示任何一棵树。这种表示方

法称为双亲表示法。为了查找方便，可以将树中所有节点存放在一个一维数组中，具体数据结构定义如下。

```
/*****************************************/
/*  树的双亲表示法的头文件,文件名:ptree.h  */
/*****************************************/
#define MAXSIZE 100              /*树中节点个数的最大值*/
typedef char datatype;          /*节点值的类型*/
typedef struct node             /*节点的类型*/
  {
      datatype data;
      int  parent;              /*节点双亲的下标*/
  } node;
typedef struct tree
  {
      node  treelist[MAXSIZE];  /*存放节点的数组*/
      int  length,root;         /*树中实际所含节点的个数及根节点的位置*/
  } tree;                       /*树的类型*/
```

其中，datatype 应根据节点值的具体类型给出定义，在此假设为字符型。值得一提的是，根节点在树中有着与其他节点不同的地位，树根的位置非常关键，正如单链表中找到了表头指针，就掌握了整个单链表，在树中只要知道树根在哪里，便可以访问树中所有的节点，因此在树的存储结构中要特别考虑根节点的存储。

图 6.4 所示为一棵树及其双亲表示法。

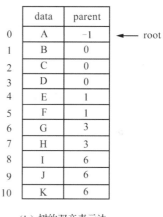

（a）一棵树   （b）树的双亲表示法

图 6.4　一棵树及其双亲表示法

其中，parent 的值为-1，表示该节点没有双亲。本树中 root 域的值为 0，表示树的根节点存放在数组的第一个元素中。

6.3.2　孩子表示法

与双亲表示法不同的是，采用孩子表示法表示一棵树时，树中每个节点除了存储其自身的值，还必须指出其所有子女的位置。为此，每个节点通常包含两个域：一个是元素的值域 data，另一个为指针数组，数组中的每个元素均为一个指向该节点子女的指针。一棵度为 m 的树，其指针数组的大小为 m。具体数据结构的定义如下。

```
/*************************************************************/
/*  树的孩子表示法（指针方式）的头文件,文件名:chtree1.h    */
```

```
/************************************************************/
#define m 3                      /*树的度数*/
typedef char datatype;           /*节点值的类型*/
typedef struct node {            /*节点的类型*/
    datatype data;
    struct node *child[m];       /*指向子女的指针数组*/
} node,*tree;
tree  root;
```

其中，root 表示指向树根节点的指针，整棵树中的节点是通过指向子女节点的指针数组相联系的，称这种孩子表示法为指针方式的孩子表示法。图 6.5 所示为图 6.4 中树的指针方式的孩子表示法。

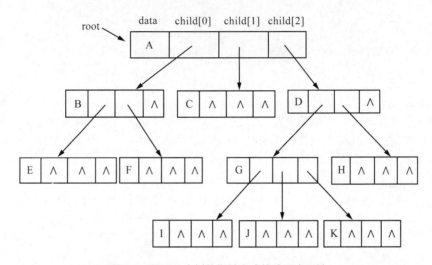

图 6.5　图 6.4 中树的指针方式的孩子表示法

有时为了查找方便，可以将树中的所有节点存储在一个一维数组中，这样每个节点子女的位置便可以通过数组的下标来体现，称这种孩子表示法为数组方式的孩子表示法。具体数据结构的定义如下。

```
/************************************************************/
/*  树的孩子表示法（数组方式）的头文件,文件名:chtree2.h    */
/************************************************************/
#define m 3                      /*树的度数*/
#define MAXSIZE 20               /*存放树节点的数组大小*/
typedef char datatype;           /*树中节点值的类型*/
typedef struct node {            /*树中节点的类型*/
  datatype  data;
  int  child[m];
} treenode;
treenode tree[MAXSIZE];          /*存储树节点的数组*/
 int  root ;                     /*根节点的下标*/
 int  length;                    /*树中实际所含节点的个数*/
```

图 6.6 所示为图 6.4 中树的数组方式的孩子表示法，其中-1 表示节点相应的子女不存在；该树中 root 的值为 0，表示根节点存放在数组的第 1 个元素中。

	data	child[0]	child[1]	child[2]
root → 0	A	1	2	3
1	B	4	5	−1
2	C	−1	−1	−1
3	D	6	7	−1
4	E	−1	−1	−1
5	F	−1	−1	−1
6	G	8	9	10
7	H	−1	−1	−1
8	I	−1	−1	−1
9	J	−1	−1	−1
10	K	−1	−1	−1

图 6.6　图 6.4 中树的数组方式的孩子表示法

以上两种孩子表示法有一个共同的缺点：由于每个节点所含子女数不相同，因此 child 数组的大小均由树的度数 m 来决定。这样如果一个节点子女个数少于 m，就有空间闲置，造成空间浪费。一种改进的办法是：把每个节点的子女排列起来形成一个单链表，这样 n 个节点就形成 n 个单链表，而 n 个单链表的头指针又组成一个线性表，为了查找方便，可以使用数组方式加以存储，称这种孩子表示法为链表方式的孩子表示法。具体数据结构的定义如下。

```
/***************************************************/
/*  树的孩子表示法（链表方式）的头文件,文件名:chtree3.h  */
/***************************************************/
#define MAXSIZE 50
typedef  char  datatype;
typedef  struct  chnode {     /*孩子节点的类型*/
  int child;
  struct chnode *next;
} chnode,*chpoint;
typedef struct {             /*树中每个节点的类型*/
  datatype data;
  chpoint firstchild;        /*指向第 1 个子女节点的指针*/
} node;
typedef struct {             /*树的类型*/
  node treelist [MAXSIZE];
  int  length,root;          /*树中实际所含节点的个数和根节点的位置*/
} tree;
```

图 6.7 所示为图 6.4 中树的链表方式的孩子表示法。

从图 6.7 中可以看出，链表方式的孩子表示法可以根据每个节点子女数目的不同建立长度不同的单链表，但为了将每个节点的子女构成一个单链表，需要额外空间存放指向下一个子女的指针 next，这显然增加了空间的开销。另外，如要获得某节点的某个子女，必须顺序查找其对应的单链表，无法实现随机存取。因此，对于树的 3 种孩子表示法，在具体使用时应该采用哪种方法，应根据实际需求和具体情况进行取舍。

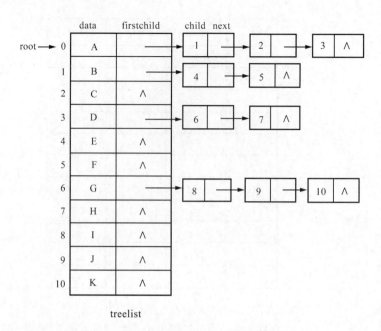

图 6.7　图 6.4 中树的链表方式的孩子表示法

6.3.3　孩子兄弟表示法

所谓孩子兄弟表示法，即在存储树中每个节点时，除了包含该节点值域，还会设置两个指针域 firstchild 和 rightsibling，分别指向该节点的第 1 个子女和其右兄弟，即以二叉链表方式加以存储，因此该方法也常被称为二叉树表示法。图 6.8 所示为图 6.4 中树的孩子兄弟表示法。

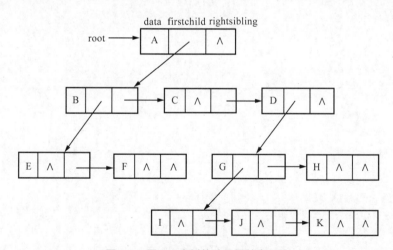

图 6.8　图 6.4 中树的孩子兄弟表示法

其中，root 为指向根节点的指针。树的孩子兄弟表示法的数据结构定义如下。

```
/*********************************************************/
/*  树的孩子兄弟表示法的头文件,文件名:chbrotree.h      */
/*********************************************************/
typedef char datatype;          /*树中节点值的类型*/
typedef struct node {           /*树中每个节点的类型*/
    datatype data;
    struct node *firstchild,*rightsibling;
```

```
} node,*pnode;
pnode  root;                /*指向根节点的指针*/
```

6.4 树的遍历

对于树状结构，在 6.2 节已列举了它的很多基本操作。在这些操作中，树的遍历是最常用的操作，本节主要讨论树的遍历问题。

所谓树的遍历，是指按某种规定的顺序访问树中的每个节点一次，且每个节点仅被访问一次。遍历一棵树的过程实际上是把树的节点排成一个线性序列的过程。按照树的定义，树是由根节点及其子树集构成的，而子树又是由子树的根和更小的子树集构成的。前面已经强调过，在树中根节点有着与其他节点不同的地位。根据根节点的访问位置不同，树的遍历可以分为前序遍历和后序遍历；又由于树具有层次性，遍历树中节点时可以按层次自上而下访问每个节点，因此树的常用遍历方式分为以下 3 种。

（1）树的前序遍历。首先访问根节点，再从左到右依次按前序遍历的方式遍历根节点的每一棵子树。

（2）树的后序遍历。首先从左到右依次按后序遍历的方式遍历根节点的每一棵子树，然后访问根节点。

（3）树的层次遍历。首先访问第 1 层上的根节点，然后从左到右依次访问第 2 层上的所有节点，再以同样的方式访问第 3 层上的所有节点……最后访问树中最低一层上的所有节点。

图 6.9 所示为一棵 3 度树及其进行 3 种遍历的结果。

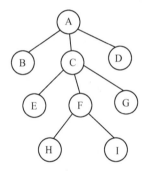

前序遍历的结果：ABCEFHIGD

后序遍历的结果：BEHIFGCDA

层次遍历的结果：ABCDEFGHI

图 6.9 一棵 3 度树及其进行 3 种遍历的结果

显然，树的前序遍历和后序遍历的定义具有递归性，因此采用递归方式实现树的前、后序遍历算法十分方便，只要按照其各自规定的顺序，访问根节点时就输出根节点的值，遍历子树时进行递归调用即可。下面以 6.3 节中介绍的指针方式孩子表示法作为树的存储结构，分别给出树的前序遍历和后序遍历算法的具体实现，详见算法 6.1 和算法 6.2。

```
/***********************************************/
/*  函数功能:实现树的前序遍历                  */
/*  函数参数:p 为指向树根节点的指针变量         */
/*  函数返回值:无                              */
/*  文件名:pretree.c,函数名:preorder()         */
/***********************************************/
void preorder(tree p )         /*p 为指向树根节点的指针*/
 {
   int i;
   if(p!=NULL)                 /*树不为空*/
    {
```

```
        printf("%c",p->data);   /*输出根节点的值*/
        for(i=0;i<m;++i)         /*依次递归实现各子树的前序遍历*/
            preorder(p->child[i]);
    }
}
```

算法 6.1　实现树的前序遍历

```
/*****************************************************/
/*   函数功能:实现树的后序遍历                       */
/*   函数参数:p 为指向树根节点的指针变量             */
/*   函数返回值:无                                   */
/*   文件名:posttree.c,函数名:postorder()           */
/*****************************************************/
void  postorder(tree p)              /*p 为指向树根节点的指针*/
{
   int i;
   if(p!=NULL)                       /*树不为空*/
   {
        for(i=0;i<m;++i)             /*依次递归实现各子树的后序遍历*/
            postorder(p->child[i]);
        printf("%c",p->data);        /*输出根节点的值*/
   }
}
```

算法 6.2　实现树的后序遍历

　　对一棵树实施任何操作的前提是，必须在所选择的存储结构的基础上，建立一棵给定的树。其实，建立一棵任意给定的树完全可以利用该树前序遍历的结果加以实现。下面的算法 6.3 给出了根据树的前序遍历结果建立一棵给定 3 度树的过程。由于在一棵非空树的前序遍历序列中，第 1 个节点一定是该树的根节点，接下来依次是该树的每棵子树前序遍历的结果（如果相应的子树存在），因此在根据树的前序遍历结果建立一棵树时，应该将第 1 个输入的节点作为树的根节点，后续输入的节点序列是该树中第 1 棵子树前序遍历的结果，由它们生成树的第 1 棵子树；接下来输入的节点序列为该树中第 2 棵子树前序遍历的结果，由它们生成树的第 2 棵子树，以此类推，直至生成树的最后一棵子树。因为由每棵子树前序遍历的结果生成子树的过程与由整棵树前序遍历的结果生成该树的过程完全相同，所以完全可以使用递归方式加以实现。但在输入树的前序遍历序列时，为了让程序能正确区分每棵子树之间的分界线，空子树（树）需要使用"#"输入。

```
/*********************************************************/
/*   函数功能:根据树的前序遍历结果建立一棵 3 度树       */
/*   函数返回值:树根地址                                 */
/*   文件名:createtree.c,函数名:createtree()            */
/*********************************************************/
tree  createtree()
{/*按前序遍历结果建立一棵 3 度树的递归算法*/
   int i;
   char ch;
   tree t;
   if((ch=getchar())=='#')  t=NULL;
   else
     {
        t=(tree)malloc(sizeof(node));
        t->data=ch;
```

```
                for(i=0;i<m;++i)
                        t->child[i]=createtree();
        }
        return t;
}
```

算法 6.3　根据树的前序遍历结果建立一棵 3 度树

在使用函数 createtree( )建立一棵给定的 3 度树时，必须按其前序遍历的顺序输入每个节点的值，遍历过程中遇到空子树时，必须使用"#"代替。例如，若要建立图 6.9 所示的 3 度树，输入的节点序列如下：

```
AB###CE###FH###I###G###D###
```

其中"#"代表子树为空。

下面讨论树层次遍历算法的实现。

按照树层次遍历的定义，首先访问第 1 层的根节点，其次按自左向右的顺序遍历第 2 层中的所有节点，而第 2 层中的所有节点恰好为第 1 层根节点的子女；接下来遍历第 3 层中的所有节点，而第 3 层中的所有节点又恰好为第 2 层中所有节点的子女，以此类推，直至完成所有节点的遍历。根据以上性质，在树的层次遍历过程中，某一层上的每个节点被访问后，应立即将其所有子女节点按从左到右的顺序依次保存起来，因为该层上所有节点的子女节点正好构成下一层的所有节点，接下来应该被访问的就是它们。显然，这里用于保存子女节点的数据结构应该选择队列，队列中的每个元素均为在排队等待遍历的节点。

由于树的层次遍历首先访问的是根节点，因此初始时队列中仅包含根节点。只要队列不为空，就意味着还有节点未被访问，遍历就必须继续进行。每当要访问一个节点时只需取出队头元素，访问完成后，若其子女非空，则将其所有子女按顺序依次进队；不断重复以上过程，直到队列为空。根据上述分析，不难得到下面实现树层次遍历的算法 6.4。在算法 6.4 中仍然使用了 6.3 节介绍的指针方式的孩子表示法作为树的存储结构。

```
/***************************************************/
/*  函数功能:实现树的层次遍历                       */
/*  函数参数:t 为指向树根节点的指针变量             */
/*  函数返回值:无                                   */
/*  文件名:leveltree.c,函数名:levelorder()          */
/***************************************************/
void levelorder(tree t)  /*t 为指向树根节点的指针*/
{   tree queue[100];      /*存放等待访问的节点队列*/
    int f,r,i;            /*f、r 分别为队头、队尾指针*/
    tree p;
    if(!t) { printf("The tree is null!"); return; }
    else {   f=0; r=1; queue[0]=t;
            while (f<r)                 /*队列不为空*/
              {
                p=queue[f]; f++; printf("%c",p->data);  /*访问队头元素*/
                for(i=0;i<m;++i)        /*将刚被访问的元素的所有子女节点依次进队*/
                  if(p->child[i])
                    { queue[r]=p->child[i];  ++r; }
              }
         }
}
```

树的遍历层次

算法 6.4　实现树的层次遍历

6.5 树的线性表示

树状结构和线性结构的主要区别在于树状结构具有分支性和层次性。使用 6.4 节介绍的树的遍历操作，可以将树中的节点按照规定的顺序排成一个线性序列；然而仅凭借树的某种遍历序列有时无法唯一地确定一棵树，但只要在遍历序列的基础上增加一些附加信息便可以唯一地确定一棵树，从而得到树的线性表示。树的线性表示便于树的输入、输出，同时在存储时也比较节省存储空间。本节主要介绍树的两种线性表示方法：括号表示法和层号表示法。

6.5.1 树的括号表示

树的括号表示规则如下。

（1）若树 T 为空树，则其括号表示为空。

（2）若树 T 只包含一个节点，则其括号表示即该节点本身。

（3）如果树 T 由根节点 A 和它的 m 棵子树 $T_1, T_2, \cdots, T_m$ 构成，则其括号表示为：

$$A(T_1 \text{ 的括号表示}, T_2 \text{ 的括号表示}, \cdots, T_m \text{ 的括号表示})$$

其中，子树的括号表示同样应该遵循以上规则。

显然，树的括号表示具有递归性。图 6.10 所示为一棵树及其括号表示。

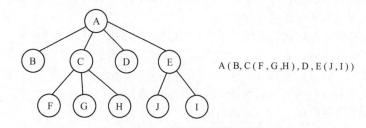

图 6.10 一棵树及其括号表示

根据树括号表示的定义可知，树的括号表示具有以下特点。

（1）"（"前面的元素一定为某棵树或子树的根节点，而其所有子树中的节点一定位于该"（"和与之配对的"）"之间。

（2）任何"（"和与之配对的"）"之间的括号表示序列同样满足（1）中的性质。

现在我们考虑如何将树的括号表示转换成树的孩子表示（数组方式）。由于转换过程希望对树的括号表示进行一次扫描便完成，而每当一个根节点出现时，其所有的子树尚未出现，因此必须设法将该根节点保存起来，等其子树出现后，依次将其子树挂到该根节点上，直至该根节点的所有子树扫描完成为止。根据上述树的括号表示的特点，显然应该使用栈来存储那些等待子树出现的根节点。具体实现方法如下。

① 从左到右扫描树的括号表示。

② 每当遇到左括号时，其前一个节点进栈，并读下一个符号。

③ 每当遇到右括号时，栈顶元素出栈。这说明以栈顶元素为根的树（子树）构造完毕，此时若栈为空，则算法结束；否则读下一个符号。

④ 每当遇到节点时，则它一定为栈顶元素的子女，将其挂到栈顶元素的某子女位置上，并读下一个符号。

⑤ 每当遇到"，"时，则略过该符号，并读下一个符号。

上述转换过程的具体实现详见算法 6.5。

```
/*******************************************************************/
/*   函数功能：将树的括号表示转换成树的孩子表示（数组方式）          */
```

```
/*   函数参数:字符数组 p 用于存放树的括号表示                    */
/*             指针变量 root 用于存放树的孩子表示中根节点的位置      */
/*             指针变量 length 用于存放树的孩子表示中节点的个数      */
/*             数组 tree 用于存放树的孩子表示(数组方式)           */
/*   函数返回值:空                                              */
/*   文件名:bracktotree.c,函数名:bracktotree()                  */
/****************************************************************/
#define m 3                    /*树的度数*/
#define MAXSIZE 20             /*树的孩子表示对应的数组大小*/
#define BMAXSIZE 50            /*树的括号表示对应的数组大小*/
typedef char datatype;        /*树中节点值的类型*/
typedef struct node {         /*树的孩子表示中节点的类型*/
    datatype  data;
    int  child[m];
 } treenode;
treenode tree[MAXSIZE];       /*树孩子表示的存储数组*/
    int  root ;               /*根节点的下标*/
    int  length;              /*树中实际所含节点的个数*/
    char p[BMAXSIZE];         /*存放树括号表示的数组*/
void bracktotree(char p[],int *root,int *length,treenode tree[])
{ /*将树的括号表示转换成树的孩子表示*/
  int stack[MAXSIZE];         /*存储树或子树根节点的栈*/
  int top;                    /*栈顶指示变量*/
  int i,j,k,l,done;           /*done 为程序结束的标识*/
  k=0; j=0; *root=0;
  top=0; done=1;              /*栈和标识的初始化*/
  tree[j].data=p[k];          /*产生孩子表示中的根节点*/
  ++k;
  for(i=0;i<m;++i)
     tree[j].child[i]=-1;
  while(done)
  {
    if(p[k]=='(')             /*遇到左括号,则其前面的元素对应的节点进栈*/
      {   stack[top]=j;
          ++top;
          ++k;
      }
    else if(p[k]==')')        /*遇到右括号,栈顶元素出栈*/
      {  --top;
         if (top==0)          /*栈为空则算法结束*/
            done=0;
         else ++k;
      }
        else if (p[k]==',')
                ++k;
            else{ /*将当前被扫描的元素作为栈顶元素的子女*/
                ++j;
                tree[j].data=p[k];
                for(i=0;i<m;++i)
                     tree[j].child[i]=-1;
```

```
                l=stack[top-1];
                i=0;
                /*寻找栈顶元素当前的第1个空子女*/
                while(tree[l].child[i]!=-1)
                            ++i;
                tree[l].child[i]=j;
                ++k;
            }
    }
  *length=j+1;
}
```

算法6.5　树的括号表示到树的孩子表示的转换

6.5.2　树的层号表示

设 j 为树中的一个节点，若为 j 赋予的一个整数值 lev(j) 满足以下两个条件：

（1）如果节点 i 为 j 的后件，则 lev(i) > lev(j)；

（2）如果节点 i 与 j 为同一节点的后件，则 lev(i) = lev(j)，

则称整数值 lev(j) 为节点 j 的层号。

树的层号表示为：首先根据层号的定义为树中的每个节点规定一个层号，然后按前序遍历的顺序写出树中所有的节点，并在每个节点之前加上其层号即可。

对于树中的节点，满足以上条件的整数值均可以成为其层号，因而一棵树的层号表示并非是唯一的。下面给出了图 6.10 中树的两种层号表示：

① 10A,20B,20C,30F,30G,30H,20D,20E,40J,40I；

② 1A,2B,2C,5F,5G,5H,2D,2E,3J,3I。

下面考虑如何从树的层号表示获得树的孩子表示。

根据树前序遍历的特点，第 1 个节点一定为根节点，接下来应该为第 1 棵子树的根节点，而其恰好为整棵树根节点的第 1 个子女。因此，在树的层号表示中，若节点 i 的层号比其前一个节点 j 的层号大，则说明节点 i 位于节点 j 的下一层，且正好为 j 的第 1 个子女；若节点 i 的层号与其前一个节点 j 的层号相等，则说明两节点位于同一层，它们拥有共同的双亲；若节点 i 的层号比节点 j 的层号小，则说明节点 i 与节点 j 的某个祖先节点互为兄弟，于是应该沿着 j 的双亲向树根方向寻找 i 的兄弟，从而找到它们共同的双亲。在转换过程中，为了便于寻找某个节点的双亲，我们对树的孩子表示法进行扩充，即树中每个节点除了存储其各子女的下标外，再增加一个域来存储该节点双亲的下标。树的层号表示到树的扩充孩子表示的具体转换过程详见算法6.6。

```
/**********************************************************/
/*  函数功能:将树的层号表示转换成树的扩充孩子表示          */
/*  函数参数:整型变量 length 用于存放树中实际所含节点的个数  */
/*          数组 ltree 用于存放树的层号表示                */
/*          指针变量 root 用于存放树的扩充孩子表示中根节点的位置 */
/*          数组 tree 用于存放树的扩充孩子表示             */
/*  函数返回值:无                                          */
/*  文件名:leveltotree.c,函数名:leveltotree()              */
/**********************************************************/
#define m 3              /*树的度数*/
#define MAXSIZE 20       /*数组元素个数的最大值*/
typedef char datatype;   /*树中节点值的类型*/
typedef struct node {    /*树的扩充孩子表示中节点的类型*/
    datatype  data;
```

```
        int  child[m];
        int parent;  ·
} treenode;
typedef struct {                    /*层号表示中节点的类型*/
        datatype data;
        int lev;                    /*存储节点的层号*/
    } levelnode;
treenode tree[MAXSIZE];         /*树的扩充孩子表示的存储数组*/
int  root ;                     /*根节点的下标*/
int  length;                    /*树中实际所含节点的个数*/
levelnode ltree[MAXSIZE];       /*树层号表示的数组*/
void leveltotree(int length,levelnode ltree[],int *root,treenode tree[])
{ /*将树的层号表示转换成树的扩充孩子表示*/
    int i,j,k;
    for(i=0;i<length;++i)
        for(j=0;j<m;++j)
            tree[i].child[j]=-1;
    *root=0;                         /*第 1 个元素为根节点*/
    tree[0].data=ltree[0].data;
    tree[0].parent=-1;               /*根节点的双亲为空*/
    for(i=1;i<length;++i)
    {
        tree[i].data=ltree[i].data;
        j=i-1;
        if(ltree[i].lev>ltree[j].lev)    /*节点 i 为其前一个节点 j 的第 1 个子女*/
            {
                tree[i].parent=j;
                tree[j].child[0]=i;
            }
        else {
                while(ltree[i].lev<ltree[j].lev)    /*寻找节点 i 的兄弟*/
                    j=tree[j].parent;
                tree[i].parent=tree[j].parent;       /*节点 i 和节点 j 的双亲相同*/
                j=tree[j].parent;
                k=0;   /*将节点 i 挂到双亲节点上*/
                while(tree[j].child[k]!=-1)
                    ++k;
                tree[j].child[k]=i;
            }
    }
}
```

算法 6.6　树的层号表示到树的扩充孩子表示的转换

6.6　并查集

6.6.1　并查集的定义

在我们的生活和工作中，通常需要把一些事物划分成若干互不相交的等价类，每一个等价类中的事物构成一个集合。例如，把一组整数按照对 5 求余所得到的余数不同划分成 5 个等价类，分别构成 5 个集合。又如，对于一组给定的人员，可以按照亲戚关系划分成多个等价类，分别构成多个集合，所有在同一个集合中的人相互之间都具有亲戚关系；或者按照居住小区划分成多个等价类，分别构成多个集合，所有在同一个集合中的人都居住在同一个小区。我们把描述这一类问题的数据结构称为并查集，它由若干互不相交的动态集合组成，每一个集合内部的元素之间具有等价关系，即满足自反性、对称性和传递性。假设 S 是一个等价类集合，使用"≡"表示 S 上的等价关系，则对于 S 中的任意元素 x、y 和 z，均满足以下性质。

（1）自反性：$x \equiv x$。

（2）对称性：$x \equiv y$，则 $y \equiv x$。

（3）传递性：$x \equiv y$，$y \equiv z$，则 $x \equiv z$。

针对同一组数据，给出的等价关系不同，划分时将得到不同的等价类，于是就形成了不同的并查集。

6.6.2 并查集的构建

本小节主要讨论针对一组已知的原始数据集合 S 和等价关系（≡）构建其对应的并查集。初始时，我们将 S 中的每一个元素均单独构成一个子集，然后不断将具有等价关系的子集进行合并来完成并查集的构建。

假设 S_i 和 S_j 为划分过程中得到的两个等价类子集，且 $x \in S_i$，$y \in S_j$。在此基础上，又进一步已知等价关系 $x \equiv y$。由于 S_i 中的所有元素均与 x 等价，根据传递性和对称性，则 S_i 中的所有元素也均与 y 等价；同理，S_j 中的所有元素均与 y 等价，根据传递性和对称性，则 S_j 中的所有元素也均与 x 等价；再进一步推导可知，S_i 中的所有元素与 S_j 中的所有元素均具有等价关系。因此，我们可以将 S_i 和 S_j 两个子集进行合并，形成一个更大的等价类子集。

根据以上分析，可以得到如下构建并查集的算法。

（1）对于给定的具有 n 个元素的集合 S，将它划分成 n 个子集 $F = \{S_1, S_2, \cdots, S_n\}$，其中每个子集由 S 中的一个元素单独组成。

（2）如果存在等价关系 $x \equiv y$，则查找 x 和 y 分别属于 F 中的哪个子集。

（3）如果 x 和 y 属于同一个子集，则无须进行任何处理；若 x 和 y 属于不同的子集，即 $x \in S_i$，$y \in S_j$，则将 S_i 和 S_j 从 F 中取出，并将 S_i 和 S_j 进行合并，合并后得到的子集放回 F 中。

（4）重复（2）、（3），直至所有的等价关系处理完成为止，最终 F 中的子集构成并查集。

例如，假设原始数据集为 $S = \{1,2,3,4,5,6,7,8\}$，考虑的等价关系为：对 3 求余值相等。初始时，S 被划分为 8 个子集：$\{1\}$，$\{2\}$，$\{3\}$，$\{4\}$，$\{5\}$，$\{6\}$，$\{7\}$，$\{8\}$。

（1）考虑等价关系 $1 \equiv 4$ 后，集合划分变化为：$\{1,4\}$，$\{2\}$，$\{3\}$，$\{5\}$，$\{6\}$，$\{7\}$，$\{8\}$。

（2）考虑等价关系 $2 \equiv 5$ 后，集合划分变化为：$\{1,4\}$，$\{2,5\}$，$\{3\}$，$\{6\}$，$\{7\}$，$\{8\}$。

（3）考虑等价关系 $1 \equiv 7$ 后，集合划分变化为：$\{1,4,7\}$，$\{2,5\}$，$\{3\}$，$\{6\}$，$\{8\}$。

（4）考虑等价关系 $3 \equiv 6$ 后，集合划分变化为：$\{1,4,7\}$，$\{2,5\}$，$\{3,6\}$，$\{8\}$。

（5）考虑等价关系 $5 \equiv 8$ 后，集合划分变化为：$\{1,4,7\}$，$\{2,5,8\}$，$\{3,6\}$。

后续再输入其他等价关系，集合划分不再发生变化，则并查集的构建结束。在等价关系为对 3 求余值相等的情形下，S 最终被划分为 3 个等价类集合：$\{1,4,7\}$、$\{2,5,8\}$ 和 $\{3,6\}$。

6.6.3 基于树状结构的并查集实现

基于以上介绍的并查集构建算法，我们可以选择数组、链表或树等作为数据结构完成并查集的构建。显然，选择不同数据结构加以实现各有优劣。

在并查集的构建算法中，当 $x \equiv y$ 时，首先必须分别确定 x 和 y 属于哪一个子集，即查找 x 和 y 出现在哪个子集中。通过前面各章对各种数据结构的介绍可知，选择树状结构存储实现过程中出现的等价类子集可以有效提高查找速度。具体实现时，每一个等价类子集使用一棵树进行存储，树中的节点由其对应等价类子集中的所有元素组成，因此一棵树中的所有节点都是相互等价的。

由于根节点在树中具有特殊的地位，树中所有的节点均有路径通向根节点，于是我们使用根节点来标识这棵树及其对应的等价类子集。例如，一个元素 x 沿着树枝向上移动到达的根节点为 A，则表示 x 是根节点为 A 的这棵树的节点，同时也表示 x 属于根节点为 A 的这棵树对应的等价类子集。

当已知 $x \equiv y$ 时，只需分别以 x 和 y 为起点，沿着树枝向上移动。如果它们能到达同一个根节点，则说明它们已经在同一棵树和同一个子集中，无须进行任何处理；若它们所到达的根节点不同，x 向上移动到达根节点 A，y 向上移动到达根节点 B，则说明 x 和 y 属于不同的树和等价类子集，根据并查集的构造算法，此时应该将根节点为 A 的树和根节点为 B 的树进行合并。具体操作时可以将根节点为 A 的这棵树作为根节点 B 的子树插入 B 中，也可以将根节点为 B 的这棵树作为根节点 A 的子树插入 A 中，使根节点为 A 的树和根节点为 B 的树合并成一棵更大的树，即实现子集 A 和子集 B 的合并。

初始化时，将原始集合 S 中的每个元素单独作为一棵树。由于判断一个元素属于哪棵树（子集）需要沿着树枝向上移动寻找根节点，因此，具体实现时树采用双亲表示法进行存储。通常在树的双亲表示法中，由于根节点没有双亲，于是把根节点的双亲设置为-1；但在此处，由于不同子集采用不同树表示，多个子集就对应多棵树。根据前面的分析，我们需要使用根节点来标识整棵树及其对应的子集。为了更方便地区分不同的树和等价类子集，我们让每棵树根节点的双亲指向根节点自己，于是判断一个节点是否是根节点，只需判断该节点的双亲是否是它自己即可，这样我们也可以根据根节点双亲值的不同区分不同的树和等价类子集。

例如，已知原始集合 $S=\{26,33,58,18,8,91,66,72,83,96\}$，等价关系为对 3 求余值相等。下面给出基于树状结构针对集合 S 的并查集构建过程。

（1）初始化等价类子集，即 S 中每个元素均单独构成一棵树，每个元素作为每棵树的根节点，其双亲指向它自己，如图 6.11 所示。

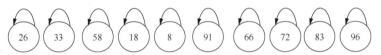

图 6.11　初始化树（等价类子集）

（2）输入等价关系 $33 \equiv 18$ 后，分别从 33 和 18 出发，寻找它们所在树的根节点。此时，这两个节点本身即两棵不同树的根节点，将分别以它们为根的这两棵树进行合并。这里，我们总是将第二棵树作为第一棵树根节点的子树插入，于是得到图 6.12。

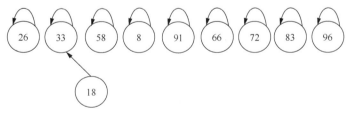

图 6.12　考虑 $33 \equiv 18$ 后的树（子集）

（3）输入等价关系 $58 \equiv 91$，同理，将分别以它们为根的两棵树进行合并，结果如图 6.13 所示。

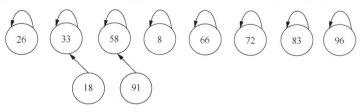

图 6.13　考虑 $58 \equiv 91$ 后的树（子集）

（4）输入等价关系 26≡8，同理，将分别以它们为根的两棵树进行合并，结果如图 6.14 所示。

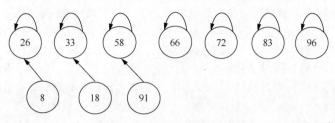

图 6.14　考虑 26≡8 后的树（子集）

（5）输入等价关系 26≡83 后，分别从 26 和 83 出发，寻找它们所在树的根节点。由于这两个节点本身即两棵不同树的根节点，则将以 83 为根的这棵树作为根节点 26 的子树插入，完成两棵树的合并即可，结果如图 6.15 所示。

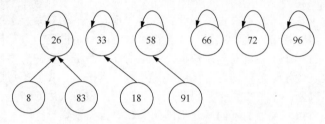

图 6.15　考虑 26≡83 后的树（子集）

（6）输入等价关系 66≡72 后，将分别以它们为根的两棵树进行合并，结果如图 6.16 所示。

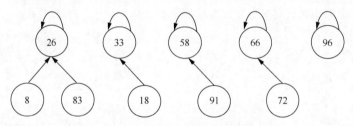

图 6.16　考虑 66≡72 后的树（子集）

（7）输入等价关系 18≡72 后，从 18 出发向上移动到达其树的根节点 33，从 72 出发向上移动到达其树的根节点 66。由于它们所到达的根节点不同，从而断定 18 和 72 不属于同一棵树（子集），于是要将根节点为 33 的树与根节点为 66 的树进行合并。合并时只需将根节点为 66 的树作为根节点 33 的子树插入即可，结果如图 6.17 所示。

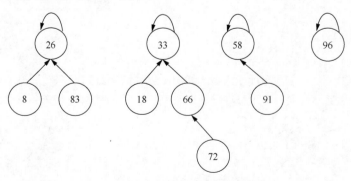

图 6.17　考虑 18≡72 后的树（子集）

（8）输入等价关系 96≡72 后，从 96 和 72 两个节点出发，找到的根节点分别为 96 和 33，于是将这两棵树进行合并，结果如图 6.18 所示。

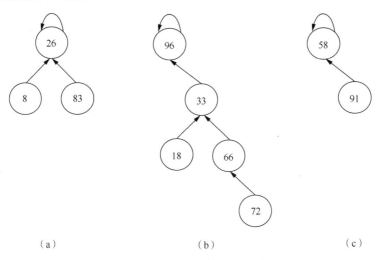

图 6.18 考虑 96≡72 后的树（子集）

后续再输入任何等价关系，树都不再发生变化，于是并查集构建完成。图 6.18 所示结果说明原始数据集合 S 在等价关系为对 3 求余值相等的情形下，被划分成 3 个等价类子集，对应图 6.18 中的 3 棵树。

根据前面的分析，基于树状结构的并查集构建算法中树采用双亲表示法进行存储。实现过程中，主要涉及 3 个函数：init( )、belong(x)和 merge(x,y)。函数 init( )完成树的初始化工作。函数 belong(x)主要求解 x 所在树的根节点下标。为了求解根节点下标，首先必须查找 x 自己在数组中的下标，再通过 x 自己的下标获取其双亲节点的下标，进而不断向上移动查找根节点。函数 merge(x,y)主要针对具有等价关系的两个元素 x 和 y，分别查找它们所在树的根节点，如果它们属于不同的两棵树，则将两棵树进行合并；若它们属于同一棵树，则无须进行任何操作。

基于树状结构的并查集构建算法如下。

```
/*********************************************************/
/*  基于树状结构的并查集构建算法的头文件的文件名：searchset.c    */
/*********************************************************/
#define MAXSIZE 100
typedef int datatype;
typedef struct node
    { datatype data;
       int  parent;
    } node;
node  dset[MAXSIZE];
int length;        /*length 为 dset 数组中实际所含元素的个数*/
/*********************************************************/
/*  函数的功能：初始化树的集合，每棵树只包含一个元素          */
/*  函数参数：无                                          */
/*  函数返回值：无                                         */
/*********************************************************/
void init()
{ int i;
   for(i=0;i<length;i++)
   {  scanf("%d",&dset[i].data);
       dset[i].parent=i;     /*每个元素均为根节点，其双亲指向自己*/
```

```
        }
    }
    /***************************************************************/
    /*  函数的功能: 查找值为 x 的节点所在树的根节点下标              */
    /*  函数参数: x 为 datatype 类型的元素                          */
    /*  函数返回值: 返回 x 所在树的根节点下标                        */
    /***************************************************************/
int belong(datatype x)
{  int i;
    for(i=0;i<length;i++)
      {  if(dset[i].data==x) break;  }        /*查找元素 x 在数组 dset 中的下标*/
    if(i==length) { printf("the value not exit!");return (-2);}
    else {
          while(dset[i].parent!=i)             /*i 不是根节点*/
              i=dset[i].parent;                /*i 沿着树枝向上移动*/
          return (i);                          /*返回根节点的下标*/
         }
}
    /****************************************************************/
    /*  函数的功能: 如果元素 x 和 y 属于两棵不同的树，则将两棵树进行合并 */
    /*  函数参数: x 和 y 均为 datatype 类型的元素，且具有等价关系       */
    /*  函数返回值: 无                                               */
    /****************************************************************/
void merge(datatype x,datatype y)
{   int i,j;
    i=belong(x);  j=belong(y);
    if(i==-2||j==-2||i==j) {printf("do not need merge!\n");return;}
    else dset[j].parent=i;
}
    /****************************************************************/
    /*  基于树状结构的并查集构建算法主函数                            */
    /****************************************************************/
main()
{ int i,stop;    datatype x,y;
    printf("input the length:");  scanf("%d",&length);
    init();
    stop=0;
    while(!stop)
    {  printf("\ninput the x:");  scanf("%d",&x);
       printf("\ninput the y:");  scanf("%d",&y);
       merge(x,y);
       printf("\nstop:?");   scanf("%d",&stop);
    }
    for(i=0;i<length;i++)
       printf("\n%d--%d",dset[i].data,dset[i].parent);
}
```

并查集的构建

　　在并查集的构建算法中，函数 belong(x)主要从元素 x 出发向上移动寻找根节点，x 所在的层数越大，到达根节点需要花费的时间就越长。由于在构建并查集的过程中函数 belong(x)需要被反复调用，为了提高算法的整体效率，在从 x 出发寻找根节点的同时，我们可以进行路径优化，即将从 x 出发到根节点沿途经过的所有节点的双亲改为直接指向树的根节点，这样可以大大缩短后续这些节点到根节点的查找时间。例如，图 6.18（b）所示的树中，在从 72 出发查找根节点的同时，把 72 和 66 两个节点的双亲均改为 96。根据这个路径优化思路，在图 6.19（a）的基础上，输入等价关系 36≡72 后，两棵树合并的结果如图 6.19（b）所示。

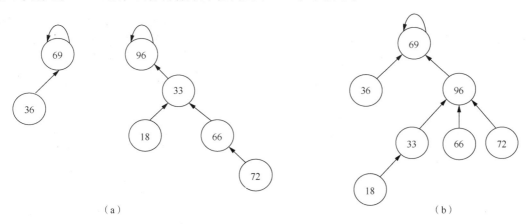

（a） （b）

图 6.19 经过路径优化的两棵树合并

优化后的函数 belong(x)的具体实现如下。

```
/*************************************************************/
/*  函数的功能：查找值为 x 的节点所在树的根节点下标，并进行路径优化      */
/*  函数参数： x 为 datatype 类型的元素                          */
/*  函数返回值：返回 x 所在树的根节点下标                           */
/*************************************************************/
int belong(datatype x)
{ int i,j,jp;
  for(i=0;i<length;i++)
    { if(dset[i].data==x) break;    }
  if(i==length) { printf("the value not exit!");return (-2);}
  else { j=i;
         while(dset[i].parent!=i)  i=dset[i].parent;
         jp=dset[j].parent;
         while(jp!=i)
           { dset[j].parent=i;
             j=jp; jp=dset[j].parent;
           }
         return (i);
       }
}
```

在使用函数 merge(x, y)将两棵树进行合并的过程中，如果通过判断 x 和 y 所在树的高度，始终保证将高度小的树插入高度大的树中，则能有效控制合并后树的高度，也能较好地提高并查集构建算法的效率。

 本章小结

本章主要知识点的思维导图如图 6.20 所示。

图 6.20　本章主要知识点的思维导图

习　题

6.1　树最适合用来表示具有（　　　）性和（　　　）性的数据。

6.2　在选择存储结构时，既要考虑数据值本身的存储，还要考虑（　　　）的存储。

6.3　对于一棵具有 n 个节点的树，该树中所有节点的度数之和为（　　　）。

6.4　已知一棵树如图 6.21 所示，试回答以下问题。

（1）树中哪个节点为根节点？哪些节点为叶子节点？

（2）节点 B 的双亲为哪个节点？其子女为哪些节点？

（3）哪些节点为节点 I 的祖先？哪些节点为节点 B 的子孙？

（4）哪些节点为节点 D 的兄弟？哪些节点为节点 K 的兄弟？

（5）节点 J 的层次为多少？树的高度为多少？

（6）节点 A、C 的度分别为多少？树的度为多少？

（7）以节点 B 为根节点的子树的高度为多少？

（8）试给出该树的括号表示及层号表示形式。

图 6.21　题 6.5 中的树

6.5　试写出图 6.21 所示树的前序遍历、后序遍历和层次遍历的结果。

6.6　试给出图 6.21 所示树的双亲表示法和数组方式孩子表示法的表示。

6.7　已知一棵度为 m 的树中有 n_1 个度为 1 的节点、n_2 个度为 2 的节点、…、n_m 个度为 m 的节点，问：该树中有多少个叶子节点？

7

第7章 二叉树

学习目标
（1）掌握二叉树的概念和性质。
（2）掌握二叉树的存储结构及其部分操作的实现。
（3）掌握二叉树前序遍历、中序遍历和后序遍历的方法及其递归和非递归算法的实现。
（4）掌握线索二叉树的概念，了解线索二叉树的创建及其遍历的实现。
（5）掌握二叉树与树、森林相互转换的方法。

二叉树是不同于一般树状结构的另一种重要的非线性数据结构，它与第6章介绍的树状结构有许多相同之处，树状结构中介绍的大多数术语在二叉树中仍然可以使用，同时一般树状结构与二叉树可以进行相互转换；但二叉树并非一般树状结构的特殊形式，它们是两种不同的数据结构，许多涉及树的算法采用二叉树表示和处理时更加简捷和方便。本章在介绍二叉树的定义和存储结构的基础上，讨论二叉树遍历问题算法的实现、二叉树与一般树状结构的转换以及线索二叉树的定义和实现。

7.1 二叉树的基本概念

二叉树的定义为：二叉树是一个由节点构成的有限集合，这个集合或者为空，或者由一个根节点及两棵互不相交的分别称作这个根节点的左子树和右子树的二叉树组成。

这个定义是一个递归定义，当二叉树的节点集合为空时，称为空二叉树；否则，二叉树中至少包含一个根节点；如果根节点的左、右子树非空，则其左、右子树又分别是一棵二叉树。

根据二叉树的定义，可归纳出图 7.1 所示的二叉树的 5 种基本形态。

（a）空二叉树　　（b）根和空左、右子树　　（c）根和非空左子树、空右子树

（d）根和空左子树、非空右子树　　（e）根和非空左、右子树

图 7.1　二叉树的 5 种基本形态

一般树状结构中使用的术语如双亲（父母或前件）、子女（孩子或后件）、祖先、子孙、兄弟和路径等在二叉树中仍然可以沿用，但值得注意的是，二叉树并非一般树状结构的特殊形式，它们为两种不同的数据结构。二叉树与一般树状结构的主要区别有两点。第一，二叉树中每个非空节点最多只有两个子女，而一般树状结构中每个非空节点可以有 0 到多个子女。第二，二叉树中节点的子树要区分左子树和右子树，即使在节点只有一棵子树的情况下也要明确指出是左子树还是右子树，图 7.1（c）和图 7.1（d）所示的是两棵不同的二叉树；但一般树状结构分为有序树和无序树，如是无序树，图 7.1（c）和图 7.1（d）所示的便是两棵相同的树。

二叉树具有以下重要性质。

性质 1　一棵非空二叉树的第 i 层上至多有 2^{i-1}（$i \geq 1$）个节点。

当 $i = 1$ 时，只有根节点，此时 $2^{1-1} = 2^0 = 1$，显然上述性质成立；又由于在二叉树中每个节点最多只能有两个子女，而第 $i-1$ 层上所有节点的子女节点恰巧构成第 i 层上的所有节点，因此第 i 层上节点的最大个数是第 $i-1$ 层上节点的最大个数的两倍。于是，第 2 层上节点的最大个数为 2，第 3 层上节点的最大个数为 4，…，第 i 层上节点的最大个数为 2^{i-1}。

性质 2　深度为 h 的二叉树至多有 2^h-1（$h \geq 1$）个节点。

根据性质 1，深度为 h 的二叉树最多具有的节点个数为 $2^0+2^1+2^2+\cdots+2^{h-1} = 2^h-1$。

性质 3　对于任何一棵二叉树 T，如果其终端节点数为 n_0，度为 2 的节点数为 n_2，则 $n_0 = n_2 + 1$。

假设二叉树中总的节点个数为 n，度为 1 的节点个数为 n_1，则有 $n = n_0 + n_1 + n_2$ 成立；又由于在二叉树中除根节点外，其他节点均通过一条树枝且仅通过一条树枝与其双亲节点相连，即除根节点外，其他节点与树中的树枝存在一一对应的关系，而二叉树中树枝的总条数为 $n_1 + 2n_2$，因此二叉树总的节点个数为 $n = n_1 + 2n_2 + 1$。于是有：

$$n_0+n_1+n_2 = n_1+2n_2+1$$

显然 $n_0 = n_2 + 1$ 成立。

在关于二叉树的许多实际应用中，经常用到两种特殊的二叉树：满二叉树和完全二叉树。

如果一棵二叉树中所有终端节点均位于同一层次，且其他非终端节点的度数均为 2，则称此二叉树为满二叉树。在满二叉树中，若其深度为 h，则其所包含的节点个数必为 2^h-1。图 7.2（a）所示的二叉树是一棵深度为 3 的满二叉树，其节点的个数为 $2^3-1 = 7$。

如果一棵二叉树扣除其最大层次那层后成为一棵满二叉树，且层次最大那层的所有节点均向左靠齐，则称该二叉树为完全二叉树。若对深度相同的满二叉树和完全二叉树中的所有节点按自上而下、同一层次按自左向右的顺序依次编号，则两者对应位置上的节点编号应该相同。更通俗地说，完全二叉树中只有最下面的两层节点的度数可以小于 2，且最下面一层的节点都集中在该层最左边的若干位置上。图 7.2（b）所示的二叉树是一棵深度为 3 的完全二叉树。

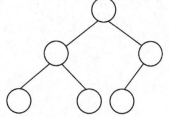

（a）深度为 3 的满二叉树　　　　　　　（b）深度为 3 的完全二叉树

图 7.2　深度为 3 的满二叉树和完全二叉树

满二叉树一定为完全二叉树，但完全二叉树不一定为满二叉树。

对于完全二叉树，具有以下性质。

性质 4 对于具有 n 个节点的完全二叉树，如果按照从上到下、同一层次上的节点按从左到右的顺序对二叉树中的所有节点从 1 开始顺序编号，则对于序号为 i 的节点，有如下结论。

（1）如果 $i > 1$，则序号为 i 的节点其双亲节点的序号为 $\lfloor i/2 \rfloor$（$\lfloor i/2 \rfloor$ 表示不大于 $i/2$ 的最大整数）；如果 $i = 1$，则节点 i 为根节点，没有双亲。

（2）如果 $2i > n$，则节点 i 无左子女（此时节点 i 为终端节点）；否则其左子女为节点 $2i$。

（3）如果 $2i + 1 > n$，则节点 i 无右子女；否则其右子女为节点 $2i + 1$。

7.2　二叉树的基本操作

二叉树是一种十分重要的非线性数据结构，在日常生活和计算机领域中具有广泛的应用。根据实际应用需求，可以抽象出一组关于二叉树的基本操作，这些基本操作和二叉树的定义一起构成二叉树的抽象数据类型，具体如下。

```
ADT bintree {
    数据对象 D:具有相同性质的数据元素构成的有限集合。
    数据关系 R:如果 D 为空或 D 仅含一个元素,则 R 为空;否则 D 中存在一个特殊的节点 root,称为
根节点,其无前驱节点;其他节点被分成互不相交的两个集合,分别构成 root 的左子树 l 和右子树 r;若 l 和
r 非空,则它们的根节点 lroot 和 rroot 分别称为整棵二叉树根节点 root 的后继节点;左子树 l 和右子树
r 也是二叉树,因而它们中数据元素之间的关系也同样满足 R。
    二叉树的基本操作如下。
    (1) createbitree(t): 创建一棵新的二叉树 t。
    (2) destroybitree(t): 销毁一棵已存在的二叉树 t。
    (3) root(t): 返回二叉树 t 的根节点。
    (4) leftchild(t): 返回二叉树 t 的左子树。
    (5) rightchild(t): 返回二叉树 t 的右子树。
    (6) locate(t,x): 返回二叉树 t 中值为 x 的节点的位置。
    (7) parent(t,x): 返回二叉树 t 中节点 x 的双亲节点的位置。
    (8) isempty(t): 判断二叉树 t 是否为空二叉树。
    (9) depth(t): 返回二叉树 t 的深度。
    (10) numofnode(t): 返回二叉树 t 中所含节点的个数。
    (11) addchild(t,x,t1,b): 若 b=0,则将以 t1 为根的二叉树作为二叉树 t 中节点 x 的左子
树插入;若 b=1,则将以 t1 为根的二叉树作为二叉树 t 中节点 x 的右子树插入。
    (12) deletechild(t,x,b): 若 b=0,则删除二叉树 t 中节点 x 的左子树;若 b=1,则删除二叉
树 t 中节点 x 的右子树。
    (13) setnull(t): 置 t 为空的二叉树。
    (14) isequal(t1,t2): 判断两棵二叉树 t1 和 t2 是否等价。
    (15) preorder(t): 输出二叉树前序遍历的结果。
    (16) inorder(t): 输出二叉树中序遍历的结果。
    (17) postorder(t): 输出二叉树后序遍历的结果。
    (18) transform1(F,t): 将森林 F 转换成其对应的二叉树 t。
    (19) transform2(t,F): 将二叉树 t 转换成其对应的森林 F。
} ADT bintree
```

7.3　二叉树的存储结构

存储结构是实现二叉树各种操作的基础，和前面所介绍的各种数据结构一样，在考虑二叉树的具体存储方式时，不仅要包含其每个节点的信息，还应考虑节点之间关系的存储方法。不

同的存储结构在实现不同的操作时执行效率是不同的，在实际使用时，应该根据具体需求进行选择。

二叉树常用的存储结构有两种：顺序存储结构和链式存储结构。

7.3.1　顺序存储结构

顺序存储结构是使用一组连续的空间存储二叉树的数据元素和数据元素之间的关系。因此，采用顺序存储结构时，必须将二叉树中所有的节点排成一个适当的线性序列，在这个线性序列中应采用有效的方式体现节点之间的逻辑关系。

1．完全二叉树的顺序存储

对于一棵具有 n 个节点的完全二叉树，可以按从上到下、同一层次的节点按从左到右的顺序编号，编号后的完全二叉树满足 7.1 节中的性质 4。对于完全二叉树中的任何一个节点 i，根据性质 4，可以很方便地得到其子女节点的编号及其双亲节点的编号。利用这一特性，可以将完全二叉树中的所有节点按其编号的顺序依次存入一个一维数组中，这样无须附加任何其他信息就能根据每个节点的下标找到它的子女节点和双亲节点。图 7.3（a）所示的完全二叉树的顺序存储如图 7.3（b）所示。

（a）完全二叉树　　　　　　　　（b）完全二叉树的顺序存储示意

图 7.3　完全二叉树及其顺序存储示意

为了操作方便，节点存储时从数组下标为 1 的存储单元开始存储，且完全二叉树的根节点一定位于数组下标为 1 的存储单元中。完全二叉树顺序存储的类型说明如下。

```
/***************************************************/
/*  完全二叉树顺序存储的头文件,文件名:compbitr.h     */
/***************************************************/
#define MAXSIZE 20
typedef char datatype;      /*二叉树节点值类型 */
datatype tree[MAXSIZE];
int n;                      /*树中实际所含节点的个数 */
```

在图 7.3 中，节点 c 的数组下标为 3，根据 7.1 节中的性质 4，其双亲节点的数组下标为 $\lfloor 3/2 \rfloor = 1$，即节点 a；其左子女的数组下标为 $2 \times 3 = 6$，即节点 f；由于 $2 \times 3 + 1 = 7 > n$（n 的值为 6），因此节点 c 没有右子女。

2．一般二叉树的顺序存储

显然，完全二叉树采用以上顺序存储结构既节省存储空间又操作方便。然而，对于一般二叉树，由于不具备完全二叉树的性质 4，仅凭借节点的数组下标无法体现各个节点之间的关系，因此在存储时必须通过增加一些附加信息表达节点之间相互的逻辑关系。根据二叉树的定义，二叉树中每个节点最多只有两个子女，于是存储一个节点时，除了包含节点本身的属性值外，另外增加两个域，分别用来指向该节点的两个子女在数组中的下标。图 7.4 给出了一棵一般二叉树及其顺序存储示意。

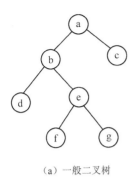

	0	1	2	3	4	5	6
lchild	1	3	-1	-1	5	-1	-1
data	a	b	c	d	e	f	g
rchild	2	4	-1	-1	6	-1	-1

root=0　　*n*=7

（a）一般二叉树　　　　　　　　（b）一般二叉树的顺序存储示意

图 7.4　一般二叉树及其顺序存储示意

在图 7.4 中，当节点的左子树或右子树为空时，规定其 lchild 或 rchild 域用 -1 表示。一般二叉树顺序存储数据结构的定义如下。

```
/**************************************************/
/*  二叉树顺序存储的头文件,文件名:seqbitr1.h        */
/**************************************************/
#define MAXSIZE 20
typedef char datatype;          /*节点值的类型*/
typedef struct {
        datatype data;
        int lchild,rchild;      /*存放左、右子女的数组下标*/
} node;                         /*二叉树节点的类型*/
node  tree[MAXSIZE];
int n;          /*树中实际所含节点的个数*/
int root;       /*存放根节点的数组下标*/
```

在二叉树的某些特殊问题中，除了需要能很方便地获得每个节点的子女，有时还需方便地找到节点的双亲节点，此时只需在以上节点结构体类型的定义中增加一个存放双亲节点数组下标的域即可，具体类型定义如下。

```
/**************************************************/
/*  带双亲指示的二叉树顺序存储的头文件,文件名:seqbitr2.h */
/**************************************************/
#define MAXSIZE 20
typedef char datatype;          /*节点值的类型*/
typedef struct {
        datatype data;
        int lchild,rchild;  /*存放左、右子女的数组下标*/
        int parent;         /*存放双亲节点的数组下标*/
} node;                     /*二叉树节点的类型*/
node  tree[MAXSIZE];
int n;      /*树中实际所含节点的个数*/
int root; /*存放根节点的数组下标*/
```

二叉树顺序存储结构的不足之处在于，必须预先给出数组 tree 的存储空间大小 MAXSIZE 的定义，在某些情况下 MAXSIZE 的值难以确定，而链式存储结构可以避免以上问题。

7.3.2　链式存储结构

二叉树在链式存储方式下每个节点也包含 3 个域，分别用于记录节点的属性值及左、右子树的位置。与顺序存储结构不同的是，其左、右子树的位置不是通过数组的下标，而是通过指针方式体现的，如图 7.5 所示。

图 7.5　链式存储方式下二叉树节点的结构

其中，lchild 为指向该节点左子树的指针，rchild 为指向该节点右子树的指针。图 7.6 给出了图 7.4（a）所示二叉树的链式存储表示。

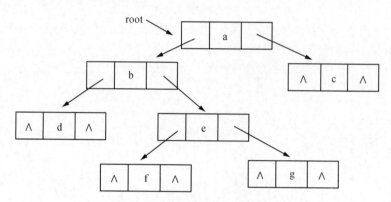

图 7.6　二叉树的链式存储表示

链式存储方式下二叉树节点数据结构的定义如下。

```
/**********************************************************/
/*   二叉树链式存储的头文件,文件名:bilink1.h             */
/**********************************************************/
typedef char datatype;        /*节点属性值的类型 */
typedef struct node{          /*二叉树节点的类型 */
      datatype  data;
      struct node *lchild,*rchild;
 } bintnode;
typedef bintnode *bintree;
bintree root;                 /*指向二叉树根节点的指针*/
```

在需要时，可以在以上节点结构体类型的定义中增加一个指针域，用于指向节点的双亲。

```
/**********************************************************/
/*  带双亲指针的二叉树链式存储的头文件,文件名:bilink2.h */
/**********************************************************/
typedef char datatype;            /*节点属性值的类型*/
typedef struct node{              /*二叉树节点的类型*/
    datatype  data;
    struct node *lchild,*rchild;
    struct node *parent;          /*指向节点双亲的指针*/
 } bintnode;
typedef bintnode *bintree;
bintree  root;                    /*指向二叉树根节点的指针*/
```

7.4　二叉树的遍历

7.4.1　二叉树遍历的定义

　　所谓二叉树的遍历，是指按一定的顺序对二叉树中的每个节点均访问一次，且仅访问一次。在第 6 章中，我们已介绍了一般树状结构前序遍历、后序遍历和层次遍历算法的实现，本小节主要介绍二叉树的遍历方法以及它们的递归和非递归实现。

　　按照根节点访问位置的不同，通常把二叉树的遍历分为 3 种：前序遍历、中序遍历和后序遍历。

　　（1）二叉树的前序遍历

　　首先访问根节点。

　　然后按照前序遍历的方式遍历根节点的左子树。

　　最后按照前序遍历的方式遍历根节点的右子树。

　　（2）二叉树的中序遍历

　　首先按照中序遍历的方式遍历根节点的左子树。

　　然后访问根节点。

　　最后按照中序遍历的方式遍历根节点的右子树。

　　（3）二叉树的后序遍历

　　首先按照后序遍历的方式遍历根节点的左子树。

　　然后按照后序遍历的方式遍历根节点的右子树。

　　最后访问根节点。

　　根据以上二叉树遍历的定义，可得到图 7.7 所示二叉树的前序、中序和后序遍历的结果。

　　前序遍历：abdefgc。

　　中序遍历：debgfac。

　　后序遍历：edgfbca。

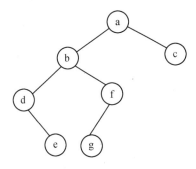

图 7.7　一棵二叉树

7.4.2　二叉树遍历的递归实现

　　由于二叉树的遍历是递归定义的，因此采用递归方式实现二叉树遍历的算法十分方便，只要按照各种遍历规定的次序，访问根节点时就输出根节点的值，遍历左子树和右子树时进行递归调用即可。

　　下面先给出二叉树前序、中序和后序遍历的递归实现算法，如算法 7.1～算法 7.3 所示；然后给出二叉树的创建算法，如算法 7.4 所示。在算法实现时，二叉树采用了 7.3.2 小节中定义的头文件 bilink1.h 所体现的链式存储结构。

1.　前序遍历二叉树的递归算法

```
/**********************************************/
/*  函数功能:前序遍历二叉树递归算法的实现            */
/*  函数参数:指针变量 t 表示指向二叉树根节点的指针     */
/*  函数返回值:无                               */
/*  文件名:prebitr1.c,函数名:preorder()          */
/**********************************************/
void preorder(bintree t)
{
        if(t)  {  printf("%c",t->data);
```

```
                    preorder(t->lchild);
                    preorder(t->rchild);
            }
}
```
算法 7.1　前序遍历二叉树的递归算法

2. 中序遍历二叉树的递归算法

```
/**********************************************************/
/*   函数功能:中序遍历二叉树递归算法的实现                 */
/*   函数参数:指针变量 t 表示指向二叉树根节点的指针         */
/*   函数返回值:无                                        */
/*   文件名:inbitr1.c,函数名:inorder()                    */
/**********************************************************/
void inorder(bintree t)
{
        if(t) {
                    inorder(t->lchild);
                    printf("%c",t->data);
                    inorder(t->rchild);
                }
}
```
算法 7.2　中序遍历二叉树的递归算法

3. 后序遍历二叉树的递归算法

```
/**********************************************************/
/*   函数功能:后序遍历二叉树递归算法的实现                 */
/*   函数参数:指针变量 t 表示指向二叉树根节点的指针         */
/*   函数返回值:无                                        */
/*   文件名:pstbitr1.c,函数名:postorder()                 */
/**********************************************************/
void postorder(bintree t)
    {
        if(t) {
                    postorder(t->lchild);
                    postorder(t->rchild);
                    printf("%c",t->data);
                }
}
```
算法 7.3　后序遍历二叉树的递归算法

4. 二叉树的创建算法

对一棵二叉树实施任何操作的前提是，在所选择的存储结构基础上，创建一棵给定的二叉树。其实，创建任意一棵给定二叉树的算法完全可以模仿二叉树遍历的递归算法加以实现。算法 7.4 给出了根据二叉树前序遍历结果建立一棵给定二叉树的过程。由于一棵非空二叉树的前序遍历序列中，第一个节点一定是该二叉树的根节点，接下来应该是该二叉树左子树中所有节点前序遍历的结果（如果左子树存在），然后应该是该二叉树右子树中所有节点前序遍历的结果（如果右子树存在）。因此，根据前序遍历结果建立二叉树时，应该将第一个输入的节点作为二叉树的根节点，后续输入的节点序列是二叉树左子树前序遍历的结果，由它们生成二叉树的左子树；接下来输入的节点序列为二叉树右子树前序遍历的结果，由它们生成二叉树的右子树；而由二叉树左子树前序遍历的结果生成二叉树的左子树和由二叉树右子树前序遍历的结果生成二叉树的右子树的过程均与由整棵二叉树的前序遍历结果生成该二叉树的过程完全相同，只是所处理的对象范围不同，于是完全可以使用递归方式加以实现。具体实现详见算法 7.4。

```
/**********************************************************/
/*  函数功能:根据前序遍历结果创建一棵给定二叉树            */
/*  函数参数:无                                          */
/*  函数返回值:二叉树树根地址                             */
/*  文件名:creabitr.c,函数名:createbintree()            */
/**********************************************************/
bintree createbintree()
{ /*按照前序遍历结果建立一棵给定的二叉树*/
   char ch;
   bintree t;
   if ((ch=getchar())=='#')
       t=NULL;
   else {
         t=(bintnode *)malloc(sizeof(bintnode));
         t->data=ch;
         t->lchild=createbintree();
         t->rchild=createbintree();
       }
   return t;
}
```

算法 7.4　二叉树的创建

在使用 createbintree( )函数建立一棵给定的二叉树时，必须按其前序遍历的顺序输入节点的值，遍历过程中遇到空子树时，必须使用"#"代替。若要建立图 7.7 所示的二叉树，输入的节点序列如下：

abd#e##fg###c##

其中"#"代表子树为空。

7.4.3　二叉树遍历的非递归实现

二叉树遍历的递归程序思路清晰、易于理解，但执行效率较低。为了提高程序的执行效率，可以采用非递归方式实现二叉树的遍历算法。

在第 5 章中，我们已经介绍了由递归程序转换成非递归程序的两种方法，即简单递归程序的转换和复杂递归程序的转换，二叉树的遍历问题应该属于后者，即在采用非递归方式实现二叉树遍历时，必须使用一个栈记录回溯点，以便将来进行回溯。

因此，我们首先给出一个顺序栈的定义及其部分操作的实现，在此基础上讨论二叉树遍历的非递归实现。

```
/****************************************/
/*  顺序栈的头文件,文件名:seqstack.h  */
/****************************************/
typedef struct stack           /*栈结构定义*/
      { bintree data[100];
        int tag[100];          /*为栈中每个元素设置的标记,用于后序遍历*/
        int top;               /*栈顶指示变量*/
      } seqstack;
/****************************************/
```

```
void push(seqstack *s,bintree t)      /*进栈*/
{ s->data[s->top]=t; s->top++;}
/**************************************************/
bintree pop(seqstack *s)               /*出栈*/
{ if(s->top!=0)
    {s->top--;
     return (s->data[s->top]);}
  else
     return NULL;
}
```

1. 二叉树前序遍历的非递归算法

按照二叉树前序遍历的定义，无论是遍历整棵树还是其子树，均应该遵循先访问根节点，然后遍历根节点左子树，最后遍历根节点右子树的规律。因此，对于一棵树（子树）t，如果 t 非空，访问完 t 的根节点后，就应该进入 t 的左子树进行遍历，但此时必须先将 t 保存起来，以便遍历完其左子树后，通过 t 进入其右子树进行遍历，即应该在 t 处设置一个回溯点，并将该回溯点进栈保存。在整个二叉树前序遍历的过程中，要做的工作始终分成两个部分，即当前正在处理的树（子树）和保存在栈中等待处理的部分（当栈中元素位于栈顶即将出栈时，意味着其根节点和左子树已遍历完成，出栈后应该进入其右子树进行遍历），只有这两部分的工作均完成后，程序方能结束。根据以上分析，得到二叉树前序遍历的非递归算法（见算法 7.5）。在算法实现时，二叉树采用了7.3.2 小节定义的头文件 bilink1.h 中的链式存储结构。

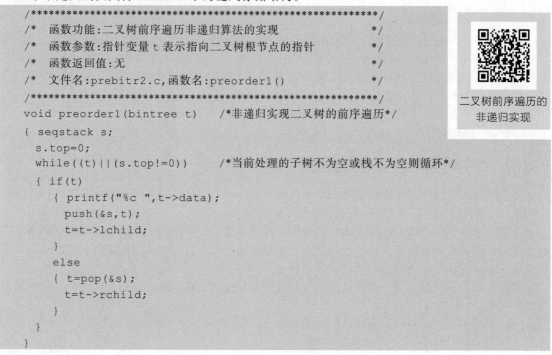

```
/**************************************************/
/*  函数功能:二叉树前序遍历非递归算法的实现         */
/*  函数参数:指针变量 t 表示指向二叉树根节点的指针    */
/*  函数返回值:无                                  */
/*  文件名:prebitr2.c,函数名:preorder1()          */
/**************************************************/
void preorder1(bintree t)     /*非递归实现二叉树的前序遍历*/
{ seqstack s;
  s.top=0;
  while((t)||(s.top!=0))      /*当前处理的子树不为空或栈不为空则循环*/
  { if(t)
    { printf("%c ",t->data);
      push(&s,t);
      t=t->lchild;
    }
    else
    { t=pop(&s);
      t=t->rchild;
    }
  }
}
```

二叉树前序遍历的
非递归实现

算法 7.5　二叉树前序遍历的非递归算法

2. 二叉树中序遍历的非递归算法

按照二叉树中序遍历的定义，无论是遍历整棵树还是其子树，均应该遵循先遍历根节点左子树，然后访问根节点，最后遍历根节点右子树的规律。因此，对于一棵树（子树）t，如果 t 非空，首先应该进入 t 的左子树进行遍历，此时由于 t 的根节点及其右子树尚未遍历，因此必须将 t 保存起来，放入栈中，以便遍历完其左子树后，从栈中取出 t，进行根节点的访问及右子树的遍历。

在整个二叉树中序遍历的过程中，要做的工作始终分成两个部分，即当前正在处理的树（子树）和保存在栈中等待处理的部分（当栈中元素位于栈顶即将出栈时，意味着其左子树已遍历完成，出栈后应该立即访问该根节点，再进入其右子树进行遍历），只有这两部分的工作均完成后，程序方能结束。根据以上分析，得到二叉树中序遍历的非递归算法（见算法 7.6）。在算法实现时，二叉树采用了 7.3.2 小节定义的头文件 bilink1.h 中的链式存储结构。

```
/**********************************************************/
/*   函数功能:二叉树中序遍历非递归算法的实现            */
/*   函数参数:指针变量 t 表示指向二叉树根节点的指针       */
/*   函数返回值:无                                      */
/*   文件名:inbitr2.c,函数名:inorder1()                 */
/**********************************************************/
void inorder1(bintree t)      /*非递归实现二叉树的中序遍历*/
{ seqstack s;
  s.top=0;
  while((t!=NULL)||(s.top!=0))
  { if(t)
    { push(&s,t);
      t=t->lchild;
    }
    else
    { t=pop(&s);
      printf("%c ",t->data);
      t=t->rchild;
    }
  }
}
```

二叉树中序遍历的
非递归实现

算法 7.6   二叉树中序遍历的非递归算法

3. 二叉树后序遍历的非递归算法

按照二叉树后序遍历的定义，无论是遍历整棵树还是其子树，均应该遵循先遍历根节点的左子树，然后遍历根节点的右子树，最后访问根节点的规律。因此，对于一棵树（子树）t，如果 t 非空，首先应该进入 t 的左子树进行遍历，此时由于 t 的右子树及根节点尚未遍历，因此必须将 t 保存起来，放入栈中，以便遍历完其左子树后，通过栈中保存的 t，进入其右子树进行遍历，然后完成根节点的访问。这里值得注意的是，当一个元素位于栈顶即将处理时，其左子树的遍历一定已经完成，如果其右子树不为空，接下来应该进入其右子树进行遍历，而此时该栈顶元素是不能出栈的，因为它作为根节点其本身的值还尚未被访问；只有等到其右子树也遍历完成后，才能访问该栈顶元素，并将它出栈。因此，在二叉树后序遍历的过程中，必须使用本小节前面定义的 seqstack 类型中的标识数组 tag，其每个元素取值为 0 或 1，取值为 0 时表示其对应栈中元素的右子树尚未遍历，取值为 1 时表示其对应栈中元素的右子树已经完成遍历。当一个元素刚进栈时，由于其右子树尚未遍历，对应的 tag 值置为 0；当它第一次位于栈顶即将被处理时，其 tag 值为 0，意味着其右子树尚未遍历，于是接下来应该将其右子树作为当前处理的对象，完成其右子树的遍历，此时该栈顶元素应该继续保留在栈中，但其对应的 tag 值应改为 1；当其右子树遍历完成后，该元素将又一次位于栈顶，而此时其 tag 值为 1，意味着其右子树已遍历完成，接下来应该访问的就是它本身，并将其出栈。在整个二叉树后序遍历的过程中，要做的工作始终分成两个部分，即当前正在处理的树（子树）和保存在栈中等待处理的部分，只有这两部分的工作均完成后，程序方能结束。根据以上分析，得到二叉树后序遍历的非递归算法（见算法 7.7）。在算法实现时，二叉树采用了 7.3.2 小节定义的头文件 bilink1.h 中的链式存储结构。

```
/*****************************************************/
/*  函数功能:二叉树后序遍历非递归算法的实现              */
/*  函数参数:指针变量 t 表示指向二叉树根节点的指针        */
/*  函数返回值:无                                     */
/*  文件名:pstbitr2.c,函数名:postorder1()             */
/*****************************************************/
void postorder1(bintree t)   /*非递归实现二叉树的后序遍历*/
{ seqstack s;
  s.top=0;
  while((t)||(s.top!=0))
  {  if(t)
      {  s.data[s.top]=t;
         s.tag[s.top]=0;
         s.top++;
         t=t->lchild;
      }
     else
      if(s.tag[s.top-1]==1)
      {  s.top--;
         t=s.data[s.top];
         printf("%c ",t->data);
         t=NULL;
      }
      else
      {  t=s.data[s.top-1];
         s.tag[s.top-1]=1;
         t=t->rchild;
      }
  }
}
```

二叉树后序遍历的非递归实现

算法 7.7　二叉树后序遍历的非递归算法

7.5　二叉树其他运算的实现

7.4 节讨论了二叉树的遍历问题,本节主要讨论二叉树其他运算的实现。由于二叉树本身的定义是递归的,因此关于二叉树的许多问题或运算采用递归方式实现非常简单和自然。

1.　二叉树的查找运算 locate (t, x)

该运算返回二叉树 t 中值为 x 的节点的位置。根据二叉树的定义,首先应该将 x 与 t 的根节点的值进行比较,若相等,则返回指向根节点的指针;否则,进入 t 的左子树查找,若查找仍未成功,则进入 t 的右子树查找;查找过程中如找到值为 x 的节点,则返回指向该节点的指针,否则意味着 t 中无值为 x 的节点。在左子树和右子树中查找的过程与在整棵二叉树中查找的过程完全相同,只是处理的对象范围不同,因此可以通过递归方式加以实现。具体实现详见算法 7.8。

```
/*****************************************************/
/*  函数功能:实现二叉树的查找                          */
/*  函数参数:指针变量 t 表示指向二叉树根节点的指针        */
/*          x 为被查找的元素值                        */
```

```
/*   函数返回值:指向二叉树节点的指针类型 bintree          */
/*   文件名:locabitr.c,函数名:locate()                  */
/**************************************************/
bintree locate(bintree t,datatype x)
{    /*在二叉树 t 中查找值为 x 的节点*/
     bintree p;
     if(t==NULL)  return  NULL;
     else
        if(t->data==x) return  t;
        else
          { p=locate(t->lchild,x);
            if(p) return  p;
            else  return  locate(t->rchild,x);
          }
}
```

算法 7.8　二叉树的查找

2. 统计二叉树中节点个数的运算 numofnode(t)

该运算返回二叉树 t 中所含节点的个数。显然，若 t 为空，则 t 中所含节点的个数为 0；否则，t 中所含节点的个数等于左子树中所含节点的个数加上右子树中所含节点的个数再加 1；而求左子树中所含节点的个数和右子树中所含节点的个数的过程与求整棵二叉树中所含节点个数的过程完全相同，只是处理的对象范围不同，因此可以通过递归方式加以实现。具体实现详见算法 7.9。

```
/**************************************************/
/*   函数功能:统计二叉树中节点个数                      */
/*   函数参数:指针变量 t 表示指向二叉树根节点的指针        */
/*   函数返回值:整型,返回二叉树中节点的个数             */
/*   文件名:counbitr.c,函数名:numofnode()            */
/**************************************************/
int numofnode(bintree t)    /*统计二叉树 t 中的节点个数*/
{  if(t==NULL)  return 0;
   else return (numofnode(t->lchild)+numofnode(t->rchild)+1);
}
```

算法 7.9　统计二叉树中节点个数

3. 判断二叉树是否等价的运算 isequal(t1,t2)

该运算判断两棵给定的二叉树 t1 和 t2 是否等价。两棵二叉树等价当且仅当其根节点的值相等且其左、右子树对应等价。若 t1 与 t2 等价，则该运算返回值 1，否则返回值 0。判断两棵二叉树的左子树是否等价及判断两棵二叉树的右子树是否等价的过程与判断两棵二叉树是否等价的过程完全相同，只是处理的对象范围不同，因此可以使用递归方式加以实现。具体实现详见算法 7.10。

```
/**************************************************/
/*   函数功能:判断两棵给定的二叉树是否等价              */
/*   函数参数:指针变量 t1 和 t2 分别是指向两棵二叉树根节点的指针   */
/*   函数返回值:整型,等价则返回 1,否则返回 0            */
/*   文件名:iseqbitr.c,函数名:isequal()             */
/**************************************************/
int isequal(bintree t1,bintree t2)
```

```
{   /*判断二叉树 t1 和 t2 是否等价*/
   int t;
   t=0;
   if(t1==NULL&&t2==NULL) t=1;            /*t1 和 t2 均为空,则二者等价*/
   else
    if(t1!=NULL&&t2!=NULL)                /*处理 t1 和 t2 均不为空的情形*/
       if(t1->data==t2->data)            /*如果根节点的值相等*/
          if(isequal(t1->lchild,t2->lchild))       /*如果 t1 和 t2 的左子树等价*/
             t=isequal(t1->rchild,t2->rchild);      /*返回值取决于 t1 和 t2 的右子树是
否等价的结果*/
   return (t);
}
```

算法 7.10　判断两棵给定的二叉树是否等价

4. 求二叉树高（深）度的运算 depth(t)

该运算返回一棵给定二叉树 t 的高（深）度。根据二叉树的性质及其高度的定义可知，如果 t 为空二叉树，则其高度为 0；否则，其高度应为其左子树的高度和右子树的高度的最大值再加 1；而求其左子树和右子树高度的过程与求整棵二叉树高度的过程完全相同，因此可以通过递归方式加以实现。具体实现详见算法 7.11。

```
/***********************************************************/
/*   函数功能:求给定二叉树的高度                              */
/*   函数参数:指针变量 t 表示指向二叉树根节点的指针              */
/*   函数返回值:整型,返回二叉树的高度                          */
/*   文件名:bitrdept.c,函数名:depth()                        */
/***********************************************************/
int depth(bintree t)    /*返回二叉树的高度*/
{ int h,lh,rh;
  if(t==NULL) h=0;      /*处理空二叉树的情况*/
  else  { lh=depth(t->lchild);  /*求左子树的高度*/
          rh=depth(t->rchild);  /*求右子树的高度*/
          if(lh>=rh) h=lh+1;    /*求二叉树 t 的高度*/
          else  h=rh+1;
        }
  return h;
}
```

算法 7.11　求给定二叉树的高度

7.6　线索二叉树

7.6.1　线索二叉树的定义

在二叉树的链式存储结构中，为了体现节点之间的关系，每个节点除了存储节点的值，还需两个指针，分别指向其左、右子女。若二叉树有 n 个节点，则共有 $2n$ 个指针；对于任何一棵具有 n 个节点的二叉树，其 $2n$ 个指针中其实只有 $n-1$ 个指针被使用，其他 $n+1$ 个指针均为空（证明略），这显然是一种浪费。在二叉树的实际应用中，我们可以根据需求，利用这些空指针来存放一些有用的信息。将这些空指针利用起来的办法之一就是利用它们对二叉树进行穿线，形成一棵线索二叉树（又称穿线二叉树）。

所谓线索二叉树，即在一般二叉树的基础上，对每个节点进行考察。若其左子树非空，则其左指针不变，仍指向左子女；若其左子树为空，则让其左指针指向某种遍历顺序下该节点的前驱节点；若其右子树非空，则其右指针不变，仍指向右子女；若其右子树为空，则让其右指针指向某种遍历顺序下该节点的后继节点。如果规定遍历顺序为前序，则产生的线索二叉树称为前序线索二叉树；如果规定遍历顺序为中序，则产生的线索二叉树称为中序线索二叉树；如果规定遍历顺序为后序，则产生的线索二叉树称为后序线索二叉树。本小节将以中序线索二叉树为例，讨论线索二叉树的存储及其实现。

在中序线索二叉树中，如果节点的左、右指针指向其左、右子女，则称它们为指针；如果节点的左、右指针指向其中序遍历下的前驱、后继节点，则称它们为线索。为了区分节点的左、右指针是指针还是线索，在每个节点中，必须增加 ltag 和 rtag 两个标识位，其含义为：

ltag = 0 表示节点的左指针指向其左子女；

ltag = 1 表示节点的左指针指向其中序遍历下的前驱节点；

rtag = 0 表示节点的右指针指向其右子女；

rtag = 1 表示节点的右指针指向其中序遍历下的后继节点。

因此，在中序线索二叉树中，每个节点的结构如图 7.8（a）所示，图 7.8（c）所示是图 7.8（b）所示二叉树对应的中序线索二叉树，其中，实线表示指针，虚线表示线索。从图 7.8（c）中可以看出，在中序线索二叉树中仍然有两个指针为空，它们是二叉树中序遍历序列中第一个节点的左指针和最后一个节点的右指针。

ltag	lchild	data	rchild	rtag

（a）线索二叉树节点的结构

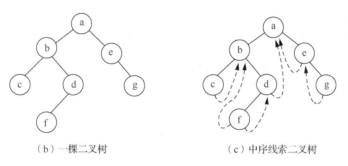

（b）一棵二叉树　　　　　　　　　（c）中序线索二叉树

图 7.8　中序线索二叉树及其节点的存储结构

7.6.2　中序线索二叉树的基本操作

根据中序线索二叉树在实际问题中应用的需求，我们可以抽象出一些关于中序线索二叉树的基本操作，它们与中序线索二叉树的定义一起构成了中序线索二叉树的抽象数据类型，具体如下。

```
ADT binthrtree {
    数据对象 D:具有相同性质的数据元素构成的有限集合。
    数据关系 R:如果 D 为空或 D 仅含一个元素,则 R 为空;否则 D 中存在一个特殊的节点 root,称为
根节点,其无前驱节点;其他节点被分成互不相交的两个集合,分别构成 root 的左子树 l 和右子树 r;若 l
和 r 非空,则它们的根节点 lroot 和 rroot 分别称为整棵二叉树根节点 root 的后继节点;左子树 l 和右
子树 r 也是二叉树,因而它们中数据元素之间也同样满足上述关系。对于二叉树中的任何节点,如其左子树
非空,则其 lchild 指向其左子树,否则指向其中序遍历下的前驱节点;如其右子树非空,则其 rchild 指向
其右子树,否则指向其中序遍历下的后继节点。
```

中序线索二叉树的基本操作如下。

（1）createthrtree(p)：创建一棵中序线索二叉树 p。

（2）inthreading(p)：将二叉树 p 进行中序线索化。

（3）locate(p,x)：在中序线索二叉树 p 中查找值为 x 的节点。

（4）infirstnode(p)：求中序线索二叉树 p 中中序遍历下的第一个节点。

（5）inlastnode(p)：求中序线索二叉树 p 中中序遍历下的最后一个节点。

（6）inprednode(p)：求节点在中序遍历下的前驱节点。

（7）insuccnode(p)：求节点在中序遍历下的后继节点。

（8）preinsert(p,x,y)：将节点 y 插入中序线索二叉树 p 中，使之成为节点 x 中序遍历下的前驱节点。

（9）succinsert(p,x,y)：将节点 y 插入中序线索二叉树 p 中，使之成为节点 x 中序遍历下的后继节点。

（10）delete(p,x)：删除中序线索二叉树 p 中的节点 x。

（11）inthrtree(p)：对中序线索二叉树 p 进行中序遍历。

（12）prethrtree(p)：对中序线索二叉树 p 进行前序遍历。

（13）postthrtree(p)：对中序线索二叉树 p 进行后序遍历。

```
} ADT binthrtree
```

7.6.3 中序线索二叉树的存储结构及其实现

根据前面介绍的线索二叉树的定义，不难给出中序线索二叉树在链式存储方式下数据类型的定义。

```
/***********************************************************/
/*   中序线索二叉树链式存储的头文件,文件名:threadtr.h      */
/***********************************************************/
typedef char datatype;       /*树中节点值的类型*/
typedef struct node          /*线索二叉树节点的类型定义*/
{
   datatype data;
   int ltag,rtag;            /*左、右标识位*/
   struct node *lchild,*rchild;
}binthrnode;
typedef binthrnode *binthrtree;
```

下面考虑中序线索二叉树部分操作的实现。

1. 创建中序线索二叉树 createthrtree(p)

创建一棵中序线索二叉树的办法之一为：首先建立一棵一般的二叉树，然后对其进行中序线索化。实现二叉树中序线索化可以借助于二叉树中序遍历算法，只需将二叉树中序遍历算法中对当前节点的输出操作改为对该节点进行穿线；而为了实现对当前节点的穿线，必须设置一个指针 pre，用于记录当前节点中序遍历下的前驱节点。具体实现详见算法 7.12。

```
/***********************************************************/
/*   函数功能:创建中序线索二叉树                          */
/*   函数参数: 无                                          */
/*   函数返回值:树根地址                                   */
/*   文件名:crethrtr.c,函数名:createthrtree()             */
/***********************************************************/
binthrtree pre=NULL;          /*初始化前驱节点*/
binthrtree createbintree()    /*按前序遍历顺序建立二叉树*/
{ char ch;
```

```
    binthrtree t;
    if((ch=getchar())=='#')       /*所建立的二叉树为空二叉树*/
        t=NULL;
    else{
            t=(binthrnode *)malloc(sizeof(binthrnode));     /*生成根节点*/
            t->data=ch;
            t->lchild=createbintree();      /*创建左子树*/
            t->rchild=createbintree();      /*创建右子树*/
        }
    return t;
}
void inthreading(binthrtree *p)          /*对二叉树进行中序线索化*/
{   if(*p)
    {   inthreading(&((*p)->lchild));        /*中序线索化左子树*/
        (*p)->ltag=((*p)->lchild)?0:1;        /*对当前节点及其前驱节点进行穿线*/
        (*p)->rtag=((*p)->rchild)?0:1;
        if(pre)
            {   if(pre->rtag==1)  pre->rchild=*p;
                if((*p)->ltag==1)  (*p)->lchild=pre;
            }
        pre=*p;
        inthreading(&((*p)->rchild));        /*中序线索化右子树*/
    }
}
void createthrtree(binthrtree  *p)          /*创建中序线索二叉树*/
{   *p=createbintree();
    inthreading(p);
}
int main()
{   binthrtree  root;
    createthrtree(&root);
}
```

算法 7.12　创建中序线索二叉树

2. 中序遍历中序线索二叉树 inthrtree(p)

建立中序线索二叉树的最大收获是：简化了二叉树中序遍历的非递归算法，同时也使寻找树中指定节点在中序遍历下的前驱节点和后继节点变得非常简单。我们前面已介绍过二叉树中序遍历的非递归算法，其实现时必须使用栈记录回溯点，以便将来回溯。而在中序线索二叉树中，由于有了线索的帮助，遍历算法的实现不再使用栈，只需首先找到中序遍历下的第一个节点（从根节点出发，沿着左指针不断往左下走，直到左指针为空，到达最左下的节点即可），访问它后，不断寻找当前节点在中序遍历下的后继节点并输出，直至所有的节点均被输出。而在中序线索二叉树中寻找一个节点在中序遍历下的后继节点也非常方便，只需看其右标识的值，若其右标识的值为 1，说明其右指针正好指向其中序遍历下的后继节点；若其右标识的值为 0，说明它有右子树，则其中序遍历下的后继节点应该为其右子树中中序遍历下的第一个节点，即右子树中最左下的节点。算法 7.13 所示是根据上述分析而实现的中序遍历中序线索二叉树的非递归算法，从中可以看出，其所采用的算法思想非常简单明了，读者可以自行将它与前面所介绍的二叉树中序遍历的非递归算法进行比较。

```
/******************************************************/
/*  函数功能:中序遍历中序线索二叉树                        */
/*  函数参数:指针变量 p 为指向线索二叉树根节点的指针          */
/*  函数返回值:无                                       */
/*  文件名:inthrtr.c,函数名:inthrtree()                */
/******************************************************/
binthrtree insuccnode(binthrtree p)        /*寻找 p 在中序遍历下的后继节点*/
   { binthrtree q;
     if(p->rtag==1)                        /*p 的右指针为线索,恰巧指向 p 的后继节点*/
     return  p->rchild;
     else
        { q=p->rchild;                      /*寻找 p 的右子树中最左下的节点*/
          while(q->ltag==0)  q=q->lchild;
          return  q;
        }
   }
void inthrtree(binthrtree p)                /*中序遍历中序线索二叉树*/
{  if(p)
     { while(p->ltag==0)  p=p->lchild;      /*求 p 中序遍历下的第一个节点*/
       do
       { printf("%c ",p->data);
         p=insuccnode(p);                   /*求 p 中序遍历下的后继节点*/
       }
       while(p);
     }
}
```

算法 7.13　中序遍历中序线索二叉树

7.7　树、森林和二叉树的转换

树和二叉树虽然为两种不同的数据结构，但它们是可以相互转换的。任何一棵树（或森林）都唯一地对应一棵二叉树；反之，任何一棵二叉树也唯一地对应一棵树（或森林）。下面介绍它们的转换方法。

7.7.1　树、森林到二叉树的转换

将树或森林转换成其对应二叉树的方法如下。

（1）在所有兄弟节点之间添加一条线，如果是森林，则在其所有树的树根之间同样也添加一条线。

（2）对于树、森林中的每个节点，除保留其到第一个子女的连线外，撤销其到其他子女的连线。

（3）将以上得到的树按照顺时针方向旋转 45°。

图 7.9（a）所示是一棵 3 度树，用上述方法中的步骤（1）、（2）得到图 7.9（b）所示的结果，再使用步骤（3）得到图 7.9（c）所示的二叉树。从图 7.9 中可以看出，由一棵树转换成的二叉树没有右子树。

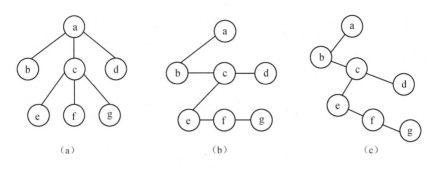

图 7.9　树到二叉树的转换

图 7.10 所示是将森林转换成其对应二叉树的过程。由森林转换成的二叉树，其根节点即森林中第一棵树的根节点，其左子树由森林中第一棵树的所有子树构成的森林转换而成，其右子树由森林中除第一棵树外剩余的树构成的森林转换而成。

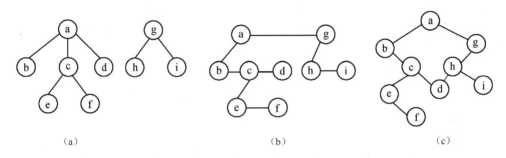

图 7.10　森林到二叉树的转换

7.7.2　二叉树到树、森林的转换

二叉树到树、森林也有一种对应的转换关系，其过程恰巧为上述过程的逆过程，具体方法如下。

（1）将二叉树按照逆时针方向旋转 45°。

（2）若某节点是其双亲的左子女，则把该节点的右子女、右子女的右子女等都与该节点的双亲用线连起来。

（3）去掉原二叉树中所有双亲到其右子女的连线。

图 7.11（a）所示是一棵二叉树，经过以上步骤（1）、步骤（2）得到图 7.11（b）所示的二叉树，再使用步骤（3）得到图 7.11（c）所示的森林。从图 7.11 中可以看出，图 7.11（c）所示的森林的第一棵树是由原二叉树的根节点和其左子树转换得到的，而第二、第三棵树是由原二叉树根节点的右子树转换得到的。如果原二叉树没有右子树，则转换后的结果为一棵树。

图 7.11　二叉树到树、森林的转换

本章小结

本章主要知识点的思维导图如图 7.12 所示。

图 7.12　本章主要知识点的思维导图

习　题

7.1　选择题。

（1）前序遍历和中序遍历结果相同的二叉树为（　　　）；前序遍历和后序遍历结果相同的二叉树为（　　　）。

  A．一般二叉树   B．只有根节点的二叉树

  C．根节点无左孩子的二叉树   D．根节点无右孩子的二叉树

  E．所有节点只有左子树的二叉树   F．所有节点只有右子树的二叉树

（2）以下有关二叉树的说法正确的是（　　　）。

  A．二叉树的度为 2   B．一棵二叉树的度可以小于 2

  C．二叉树中至少有一个节点的度为 2 D．二叉树中任意一个节点的度均为 2

（3）一棵完全二叉树有 1001 个节点，其中叶子节点的个数为（　　　）。

  A．250   B．500   C．254   D．501

（4）一棵完全二叉树有 999 个节点，它的深度为（　　　）。

  A．9   B．10   C．11   D．12

（5）一棵具有 5 层的满二叉树所包含的节点个数为（　　　）。

  A．15   B．31   C．63   D．32

7.2　用一维数组存放完全二叉树 A B C D E F G H I，则后序遍历该二叉树的节点序列为（　　　）。

7.3　有 n 个节点的二叉树，已知叶子节点个数为 n_0，则该树中度为 1 的节点个数为（　　　）；若此树是深度为 k 的完全二叉树，则 n 的最小值为（　　　）。

7.4　设 F 是由 T_1、T_2 和 T_3 这 3 棵树组成的森林，与 F 对应的二叉树为 B。已知 T_1、T_2 和 T_3 的节点数分别是 n_1、n_2 和 n_3，则二叉树 B 的左子树中有（　　　）个节点，二叉树 B 的右子树中有

（　　　）节点。

7.5　高度为 k 的二叉树的最大节点数为（　　　），最小节点数为（　　　）。

7.6　对于一棵具有 n 个节点的二叉树，该二叉树中所有节点的度数之和为（　　　）。

7.7　已知一棵二叉树如图 7.13 所示，试回答下列问题。

（1）写出该二叉树前序、中序和后序遍历的结果。

（2）该二叉树是否是满二叉树？是否是完全二叉树？

（3）将该二叉树转换成对应的树或森林。

（4）该二叉树的深度为多少？

（5）试对该二叉树进行前序线索化。

（6）试对该二叉树进行中序线索化。

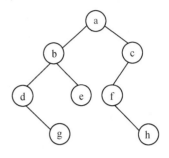

图 7.13　一棵二叉树

7.8　试述树和二叉树的主要区别。

7.9　试分别画出具有 3 个节点的树和具有 3 个节点的二叉树的所有不同形态。

7.10　已知一棵二叉树的中序遍历结果为 ABCEFGHD，后序遍历结果为 ABFHGEDC，试画出此二叉树。

7.11　已知一棵二叉树的前序遍历结果为 ABCDEF，中序遍历结果为 CBAEDF，试画出此二叉树。

7.12　若一棵二叉树的左、右子树均有 3 个节点，其左子树的前序遍历序列与中序遍历序列相同，右子树的中序遍历序列与后序遍历序列相同，试画出该二叉树。

7.13　分别采用递归和非递归方式编写两个函数，求一棵给定二叉树中叶子节点的个数。

7.14　试编写一个函数，返回一棵给定二叉树在中序遍历下的最后一个节点。

7.15　假设二叉树采用链式存储方式存储，root 为其根节点，p 和 q 分别指向二叉树中任意两个节点。试编写一个函数，返回 p 和 q 最近的共同祖先。

8

第 8 章　图

学习目标

（1）了解有向图、无向图、带权图（网络）等基本概念。

（2）掌握邻接矩阵、邻接表的实现方法，了解邻接多重表的存储结构。

（3）掌握图的广度优先、深度优先遍历算法，并能利用两种算法解决简单的应用问题。

（4）掌握 Prim 和 Kruskal 最小生成树算法，能采用程序设计语言实现该算法。

（5）掌握 Dijkstra 单源最短路径和 Floyd 所有顶点对的最短路径算法及其实现方法。

（6）掌握拓扑排序算法的基本思想，并能采用程序设计语言实现该算法。

（7）掌握关键路径算法的基本思想，并能基于 AOE 网正确求解关键路径。

图（Graph）是一种复杂的非线性结构，在人工智能、互联网、工业设计和社会计算等领域中，图结构有广泛的应用。在图结构中，顶点之间的关联是任意的，图中每个顶点都可以和其他顶点相关联，即数据元素之间存在多对多的关系。相应地，图的存储及其运算也较为复杂。本章先介绍图的概念，再介绍图的存储结构及其应用。

8.1　图的基本概念

现实世界中许多问题可以用图来描述，如高速公路网络、城市轨道交通系统、互联网、移动通信网络等。在数据结构中，图是由一个非空的顶点集合和一个描述顶点之间多对多关系的边（或弧）集合组成的一种数据结构，它可以形式化地表示为：

$$图 = (V, E)$$

其中，$V = \{x | x \in$ 某个数据对象集$\}$，它是顶点的有穷非空集合，叫作顶点集；$E = \{(x, y) | x, y \in V\}$ 或 $E = \{<x, y> | x, y \in V$ 且 $P(x, y)\}$，它是顶点之间关系的有穷集合，叫作边集，其中 $P(x, y)$ 表示从 x 到 y 的一条单向通路。

通常，也将图 G 的顶点集和边集分别记为 $V(G)$ 和 $E(G)$。$E(G)$ 可以是空集，若 $E(G)$ 为空，则图 G 只有顶点而没有边。

若图 G 中的每条边都是有方向的，则称 G 为有向图。在有向图中，一条有向边是由两个顶点组成的有序对，有序对通常用尖括号表示。例如，有序对 $<v_i, v_j>$ 表示一条由 v_i 到 v_j 的有向边。有向边又称为弧，弧的始点称为弧尾，弧的终点称为弧头。若图 G 中的每条边都是没有方向的，则称 G 为无向图。无向图中的边均是顶点的无序对，无序对通常用圆括号表示。

图 8.1（a）所示的是有向图 G_1，该图的顶点集和边集分别为：

$V(G_1) = \{v_1, v_2, v_3, v_4\}$

$E(G_1) = \{<v_1, v_2>, <v_1, v_3>, <v_2, v_4>, <v_3, v_2>\}$

其中，<v_1,v_2>是图中的一条有向边，v_1 是该边的始点（弧尾），v_2 是该边的终点（弧头），图中边的方向是用从始点指向终点的箭头表示的。

图 8.1（b）所示的是无向图 G_2，该图的顶点集和边集分别为：

$V(G_2) = \{v_1,v_2,v_3,v_4,v_5\}$

$E(G_2) = \{(v_1,v_2),(v_1,v_3),(v_1,v_4),(v_2,v_3),(v_2,v_5),(v_4,v_5)\}$

其中，(v_1,v_2)是图中的一条无向边，它可以等价地用(v_2,v_1)表示。

（a）有向图 G_1　　　　　　　　（b）无向图 G_2

图 8.1　图示例

在以后的讨论中，我们约定如下。

（1）一条边中涉及的两个顶点必须不相同，即若(v_i,v_j)或<v_i,v_j>是 $E(G)$中的一条边，则要求 $v_i \neq v_j$。

（2）一对顶点间不能有相同方向的两条有向边。

（3）一对顶点间不能有两条无向边，即只讨论简单的图。

若用 n 表示图中顶点的数目，用 e 表示图中边的数目，按照上述约定，容易得到下述结论：对于一个具有 n 个顶点的无向图，其边数 e 小于等于 $n(n-1)/2$，边数恰好等于 $n(n-1)/2$ 的无向图称为无向完全图；对于一个具有 n 个顶点的有向图，其边数 e 小于等于 $n(n-1)$，边数恰好等于 $n(n-1)$的有向图称为有向完全图。也就是说，完全图具有最多的边数，任意一对顶点间均有边相连。例如，图 8.2 所示的 G_3 与 G_4 分别是具有 4 个顶点的无向完全图和有向完全图。图 G_3 共有 4 个顶点、6 条边，图 G_4 共有 4 个顶点、12 条边。

若(v_i,v_j)是一条无向边，则称顶点 v_i 和 v_j 互为邻接点（或称 v_i 与 v_j 相邻接），并称边(v_i,v_j)关联于顶点 v_i 和 v_j（或称边(v_i,v_j)与顶点 v_i 和 v_j 相关联）。在图 G_3 中与顶点 v_1 相邻接的顶点是 v_2、v_3 和 v_4；关联于顶点 v_3 的边是(v_1,v_3)、(v_2,v_3)和(v_3,v_4)。

若<v_i,v_j>是一条有向边，则称 v_i 邻接到 v_j（或称 v_j 邻接于 v_i），并称有向边<v_i,v_j>关联于顶点 v_i 与 v_j（或称有向边<v_i,v_j>与顶点 v_i 和 v_j 相关联）。在图 G_1 中，关联于顶点 v_1 的弧是<v_1,v_2>和<v_1,v_3>。

在图中，一个顶点的度就是与该顶点相关联的边的数目，顶点 v 的度记为 $D(v)$。例如，在图 8.2（a）所示的无向完全图 G_3 中，各顶点的度均为 3。若 G 为有向图，则把以顶点 v 为终点的边的数目称为顶点 v 的入度，记为 $ID(v)$；把以顶点 v 为始点的边的数目称为 v 的出度，记为 $OD(v)$，有向图中顶点的度数等于顶点的入度与出度之和，即 $D(v) = ID(v) + OD(v)$。例如，在图 8.2（b）所示的有向完全图 G_4 中顶点 v_1 的入度为 3，出度为 3，度数为 6。

 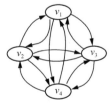

（a）无向完全图 G_3　　　　（b）有向完全图 G_4

图 8.2　完全图示例

无论有向图还是无向图，图中的每条边均关联于两个顶点，因此，顶点数 n、边数 e 和度数之间有如下关系：

$$e = \frac{1}{2}\sum_{i=1}^{n} D(v_i) \qquad (8\text{-}1)$$

给定两个图 G_i 和 G_j，其中，$G_i = (V_i,E_i)$，$G_j = (V_j,E_j)$，若满足 $V_i \subseteq V_j$，$E_i \subseteq E_j$，则称 G_i 是 G_j

的子图。图 8.3（a）列出了无向完全图 G_3 的部分子图，图 8.3（b）列出了有向完全图 G_4 的部分子图。

无向图 G 中若存在一个顶点序列 $v,v_1',v_2',\cdots,v_m',u$，且 $(v,v_1'),(v_1',v_2'),\cdots,(v_m',u)$ 均属于 $E(G)$，则称该顶点序列为顶点 v 到顶点 u 的一条路径；相应地，顶点序列 $u,v_m',v_{m-1}',\cdots,v_1',v$ 是顶点 u 到顶点 v 的一条路径。如果 G 是有向图，路径也是有向的，它由 $E(G)$ 中的有向边 $<v,v_1'>,<v_1',v_2'>,\cdots,<v_m',u>$ 组成。路径长度是该路径上边或弧的数目。

如果一条路径上除了起点 v 和终点 u 外，其余顶点均不相同，则称此路径为一条简单路径。起点和终点相同（$v=u$）的简单路径称为简单回路或简单环。例如，在无向完全图 G_3 中顶点序列 v_1,v_2,v_3,v_4 是一条从顶点 v_1 到顶点 v_4 的长度为 3 的简单路径；顶点序列 v_1,v_2,v_4,v_1,v_3 是一条从顶点 v_1 到顶点 v_3 的长度为 4 的路径，但不是简单路径，它两次经过了顶点 v_1；顶点序列 v_1,v_2,v_4,v_1 是一个长度为 3 的简单回路。在有向完全图 G_4 中，顶点序列 v_1,v_2,v_3,v_1 是一个长度为 3 的有向简单环。

（a）无向完全图 G_3 的部分子图

（b）有向完全图 G_4 的部分子图

图 8.3　子图示例

在无向图 G 中，若从顶点 v_i 到顶点 v_j 有路径，则称 v_i 与 v_j 是连通的。若 $V(G)$ 中任意两个不同的顶点 v_i 和 v_j 都连通（即有路径），则称 G 为连通图。例如，图 8.1（b）所示的无向图 G_2、图 8.2（a）所示的无向完全图 G_3 都是连通图。无向图 G 的极大连通子图称为 G 的连通分量。根据连通图的定义，可知任何连通图的连通分量是其自身，非连通的无向图有多个连通分量。例如，图 8.4（a）所示的无向图 G_5 是一个非连通图，它的两个连通分量 H_1 和 H_2 如图 8.4（b）所示。

（a）非连通图 G_5

（b）G_5 的两个连通分量 H_1 和 H_2

图 8.4　非连通图及其连通分量示例

在有向图 G 中，若对于 $V(G)$ 中任意两个不同的顶点 v_i 和 v_j，都存在从 v_i 到 v_j 以及从 v_j 到 v_i 的路径，则称 G 是强连通图。有向图的极大强连通子图称为 G 的强连通分量。根据强连通图的定义，可知强连通图的唯一强连通分量是其自身，而非强连通的有向图有多个强连通分量。例如，图 8.2（b）所示的有向完全图 G_4 是一个具有 4 个顶点的强连通图；图 8.5（a）所示的有向图 G_6 不是强连通图（v_2、v_3、v_4 没有到达 v_1 的路径），它的两个强连通分量 H_3 与 H_4 如图 8.5（b）所示。

有时在图的每条边上附上相关的数值，这种与图的边相关的数值叫作权。权可以表示两个顶点之间的距离、耗费等具有某种意义的数。若将图的每条边都赋上一个权，则称这种带权图为网络（Network）。例如，图 8.6（a）给出了一个包含 4 个顶点的无向网络 G_7，图 8.6（b）给出了一个包含 3 个顶点的有向网络 G_8。

与图有关的具体应用问题需要通过抽象的方法建立其相应的图模型，再基于这个模型来设计求解算法。例如，著名的柯尼斯堡七桥问题提出，对于图 8.7 所示的 7 座桥，能否从某个地方出发，穿过所有的桥仅一次后再回到出发点？在这个问题中，可以将 7 座桥表示为连接各点的边，则柯尼斯堡七桥就可以转换为图 8.8 所示的图模型。

（a）非强连通图 G_6 （b）G_6 的两个强连通分量 H_3 和 H_4

图 8.5　非强连通图及其强连通分量示例

（a）无向网络 G_7 （b）有向网络 G_8

图 8.6　无向网络和有向网络示例

图 8.7　柯尼斯堡七桥示意　　　　　图 8.8　柯尼斯堡七桥转换的模型

再如，互联网中各网站之间的关系可以抽象成一个有向图，具体的网站的 URL（Uniform Resource Locator，统一资源定位符）可以抽象为有向图中的顶点，一个网站链接到另一个网站的超链接可以抽象为连接两个不同顶点的有向边。这样，顶点入度越大，表示指向该网站的超链接越多，说明其影响力在同类网站中也是较大的，在网络搜索时，搜索引擎可以用该顶点的入度作为搜索结果排序的重要依据，甚至优先将该网站推荐给用户。

8.2　图的基本操作

图是一种复杂的数据结构，由图的定义及图的一组基本操作就构成了图的抽象数据类型，具体如下。

```
ADT Graph{
    数据对象 V:V 是具有相同特性的数据元素的集合,称为顶点集。
    数据关系 R:R={<v,w>|v,w∈V 且 P(v,w),P(v,w)定义了边(v,w)的信息}。
    图的基本操作如下。
    (1) Creat(n): 创建一个具有 n 个顶点、没有边的图。
    (2) Exist(i,j): 如果存在边(i,j)则返回 1,否则返回 0。
    (3) Edges(): 返回图中边的数目。
    (4) Vertices(): 返回图中顶点的数目。
    (5) Add(i,j): 向图中添加边(i,j)。
    (6) Delete(i,j): 删除边(i,j)。
    (7) Degree(i): 返回顶点 i 的度。
    (8) InDegree(i): 返回顶点 i 的入度。
    (9) OutDegree(i): 返回顶点 i 的出度。
} ADT Graph
```

上述抽象数据类型 Graph 中所列的抽象数据类型描述只给出了图操作的一小部分，在后面的讲述中，将不断增加相应的操作。

8.3 图的基本存储结构

图的存储表示既要存储图的顶点信息，又要存储顶点之间的关系。而图中顶点与顶点之间存在的多对多的关系无法简单地通过顺序存储结构的位置关系直接表示出来，即图没有顺序映像的存储结构，但可以用多重链表表示图，即以一个由一个数据域和多个指针域组成的节点表示图中的一个顶点，其中数据域用于存储该顶点的信息，指针域用于存储指向其邻接点的指针。但是，由于图中各个顶点的度数各不相同，最大度数和最小度数可能相差很多，若按度数最大的顶点设计节点结构，不仅会造成较大的存储空间浪费，还会给运算带来不便，因此在实际应用中不宜采用这种结构，而应根据具体的应用和运算的需求，设计恰当的节点结构和表结构。本节介绍 3 种常用的图的存储结构：邻接矩阵、邻接表和邻接多重表。

为了适合用 C 语言描述，以下假定顶点序号从 0 开始，即图 G 的 n 个顶点集的一般形式是 $V(G)=\{v_0,\cdots,v_i,\cdots,v_{n-1}\}$。

8.3.1 邻接矩阵及其实现

设 G=(V,E)是有 n（n≥1）个顶点的图，在图的邻接矩阵表示法中，可用两个表格分别存储数据元素（顶点）的信息和数据元素之间的关联（边）信息。通常用一维数组（顺序表）存储数据元素的信息，用二维数组（邻接矩阵）存储数据元素之间的关系。

给定图 G = (V,E)，其中，$V(G)=\{v_0,\cdots,v_i,\cdots,v_{n-1}\}$，G 的邻接矩阵是具有如下性质的 n 阶方阵：

$$A[i,j]=\begin{cases} 1 & (v_i,v_j)\text{或}<v_i,v_j>\in E(G) \\ 0 & (v_i,v_j)\text{或}<v_i,v_j>\notin E(G) \end{cases}$$

例如，图 8.9 所示的无向图 G_9、有向图 G_{10} 的邻接矩阵可分别表示为 $\boldsymbol{A}_1$ 和 $\boldsymbol{A}_2$。

无向图的邻接矩阵是对称的，因为若 $(v_i,v_j)\in E$，则必有 $(v_j,v_i)\in E$；但有向图的邻接矩阵不一定对称，因为若 $<v_i,v_j>\in E$，不一定有 $<v_j,v_i>\in E$。因此，无向图的邻接矩阵可采用上三角矩阵或下三角矩阵进行压缩存储，其只需 $n(n+1)/2$ 个存储单元；而有向图的邻接矩阵所需存储单元数为 n^2 个。

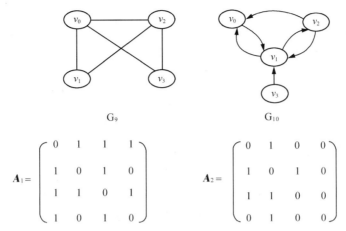

$$G_9 \qquad\qquad G_{10}$$

$$A_1 = \begin{pmatrix} 0 & 1 & 1 & 1 \\ 1 & 0 & 1 & 0 \\ 1 & 1 & 0 & 1 \\ 1 & 0 & 1 & 0 \end{pmatrix} \qquad A_2 = \begin{pmatrix} 0 & 1 & 0 & 0 \\ 1 & 0 & 1 & 0 \\ 1 & 1 & 0 & 0 \\ 0 & 1 & 0 & 0 \end{pmatrix}$$

图 8.9 无向图 G_9 及有向图 G_{10} 的邻接矩阵表示

用邻接矩阵表示图，能够很容易判定任意两个顶点之间是否有边相连，并求得各个顶点的度数。对于无向图，顶点 v_i 的度数是邻接矩阵中第 i 行或第 i 列值为 1 的元素个数，即：

$$D(v_i) = \sum_{j=0}^{n-1} A[i,j] = \sum_{j=0}^{n-1} A[j,i] \tag{8-2}$$

对于有向图，邻接矩阵中第 i 行值为 1 的元素个数为顶点 v_i 的出度，第 i 列值为 1 的元素个数为顶点 v_i 的入度，即：

$$OD(v_i) = \sum_{j=0}^{n-1} A[i,j]; ID(v_i) = \sum_{j=0}^{n-1} A[j,i] \tag{8-3}$$

当 $G=(V,E)$ 是一个网络时，G 的邻接矩阵是具有如下性质的 n 阶方阵：

$$A[i,j] = \begin{cases} W_{ij} & (v_i, v_j) 或 <v_i, v_j> \in E(G) \\ 0 & (v_i, v_j) 或 <v_i, v_j> \notin E(G) 且 i=j \\ \infty & (v_i, v_j) 或 <v_i, v_j> \notin E(G) 且 i \neq j \end{cases}$$

其中，W_{ij} 表示边上的权值；∞ 表示一个计算机允许的、大于所有边上权值的数。例如，图 8.6（a）所示的无向网络 G_7 的邻接矩阵如图 8.10（a）所示；图 8.6（b）所示的有向网络 G_8 的邻接矩阵如图 8.10（b）所示。

$$A_3 = \begin{pmatrix} 0 & 56 & 34 & 78 \\ 56 & 0 & \infty & \infty \\ 34 & \infty & 0 & 25 \\ 78 & \infty & 25 & 0 \end{pmatrix} \qquad A_4 = \begin{pmatrix} 0 & \infty & 50 \\ \infty & 0 & 45 \\ 64 & \infty & 0 \end{pmatrix}$$

（a）无向网络 G_7 的邻接矩阵　　　　（b）有向网络 G_8 的邻接矩阵

图 8.10 无向网络和有向网络的邻接矩阵示例

用邻接矩阵表示法存储图，除了用邻接矩阵存储顶点间的相邻关系，还需要用一个顺序表（数组）存储顶点信息。另外，可将图中顶点数及边的总数一起存储。当邻接矩阵中的元素仅表示相应的边是否存在时，边权值类型可定义为值为 0 和 1 的枚举类型。

邻接矩阵的数据类型定义如下。

```
/**************************************************/
/*   邻接矩阵的数据类型定义,文件名:ljjz.h          */
/**************************************************/
#include <stdio.h>
```

```
#define FINITY 5000            /*此处用5000代表无穷大*/
#define M 20                   /*最大顶点数*/
typedef char vertextype;       /*顶点值类型*/
typedef int edgetype;          /*权值类型*/
typedef struct{
    vertextype vexs[M];        /*顶点信息域*/
    edgetype edges[M][M];      /*邻接矩阵*/
    int n,e;                   /*图中顶点总数与边数*/
} Mgraph;
```

下面给出建立网络的邻接矩阵算法，建立非网络的邻接矩阵只需稍加修改即可实现，详见算法 8.1。

```
/****************************************************** /
/*   函数功能:建立图的邻接矩阵存储结构                 */
/*   函数参数:邻接矩阵的指针变量 g                     */
/*           存放图信息的文件名 s                      */
/*           图的类型参数 c                            */
/*   函数返回值:无                                     */
/*   文件名:ljjz.h,函数名: creat()                     */
/****************************************************** /
void creat(Mgraph *g,char *s,int c)    /*c=0 表示建立无向图,否则表示建立有向图*/
{  int i,j,k,w;
   FILE *rf ;
   rf=fopen(s,"r") ;  /*从文件中读取图的边信息*/
   if(rf)
   {       fscanf(rf,"%d%d",&g->n,&g->e);            /*读入图的顶点数与边数*/
           for(i=0;i<g->n;i++)                       /*读入图中的顶点值*/
                   fscanf(rf,"%1s",&g->vexs[i]);
           for(i=0;i<g->n;i++)                       /*初始化邻接矩阵*/
                   for(j=0;j<g->n;j++)
                       if(i==j) g->edges[i][j]=0;
                       else g->edges[i][j]=FINITY;
           for(k=0;k<g->e;k++)                       /*读入网络中的边*/
           {       fscanf(rf,"%d%d%d",&i,&j,&w);
                   g->edges[i][j]=w;
                   if(c==0) g->edges[j][i]=w;        /*建立无向图邻接矩阵*/
           }
           fclose(rf);                               /*关闭文件*/
   }
   else g->n=0;
}
```

算法 8.1   建立网络的邻接矩阵

需要说明的是，由于图包含的顶点数与边数较多，从键盘输入图的相关信息较为烦琐，不利于图算法的调试。所以算法 8.1 将图的全部信息事先存储在文本文件中，文件内依次存放图的顶点数、边数、顶点信息和所有的边信息。采用 C 语言从文件内读信息，首先需要定义 FILE 类型的文件指针，通过 fopen( )函数打开指定的文件，然后采用文件格式输入函数 fscanf( )从文件指针指向的文件中读取数据，文件全部读写完成后，需要用 fclose( )函数关闭相应的文件（有关文件操作的具体函数请查阅 C 语言相关资料）。若从键盘输入图的相关信息，只需对算法 8.1 稍作修改，删除打开与关闭文件的相关操作，将文件输入语句改为键盘输入语句即可。

当建立网络存储结构时，边信息以三元组(i,j,w)的形式输入，i 和 j 分别表示两顶点的序号，w 表示边上的权。例如，对于图 8.6（a）所示的无向网络 G_7，设其对应的输入文件名为 g7.txt，其内容是：

邻接矩阵存储结构

```
4      4
0123
0      1      56
0      2      34
0      3      78
2      3      25
```

首行的"4 4"表示该图包括 4 个顶点、4 条边，字符 0123 表示顶点 v_0,v_1,v_2,v_3 的节点信息，其他的 4 个三元组代表 4 条边信息。通过函数调用 creat(&g,"g7.txt",0)便可建立无向网络 G_7 的邻接矩阵。当参数 c=1 时，将建立有向图的存储结构。

当建立非网络的存储结构时，所有的边信息只需按二元组(i,j)的形式输入，边的权值取值为 0 或 1。

8.3.2　邻接表及其实现

用邻接矩阵表示法存储图，占用的存储单元个数只与图中顶点的个数有关，而与边的数目无关。一个含有 n 个顶点的图，如果其边数比 n^2 少得多，那么它的邻接矩阵就会有很多空元素，会浪费存储空间。这时可以采用图的另一种存储结构——邻接表。

图的邻接表表示法类似于树的链表方式孩子表示法。对于图 G 中的每个顶点 v_i，该方法把所有邻接于 v_i 的顶点 v_j 链接成一个带头节点的单链表，这个单链表就称为顶点 v_i 的邻接表。单链表中的每个节点至少包含两个域，一个为邻接点域（adjvex），它指示与顶点 v_i 邻接的顶点在图中的位序；另一个为链域（next），它指示与顶点 v_i 邻接的下一个节点。如果是网络，可以在单链表的节点中增加一个数据域用于存储与边（弧）相关的信息，如权值等。在每个单链表上需附设一个头节点，在头节点中，除了设有头指针域（firstedge）指向单链表中第一个节点，还设有存储顶点 v_i 的数据域（vertex）或其他有关信息的数据域。头节点与链表节点的结构可表示为：

头节点　　　　　　　　　　　　链表节点

vertex	firstedge

adjvex	next

为了便于随机访问任意顶点的邻接表，可将所有头节点顺序存储在一个向量中，这样就构成了图的邻接表存储。最后将图的顶点数及边数等信息与邻接表放在一起来描述图的存储结构。

对于无向图，v_i 的邻接表中每个链表节点都对应与 v_i 相关联的一条边。对于有向图，如果每一顶点 v_i 的邻接表中每个链表节点都对应以 v_i 为始点射出的一条边，则称这种表为有向图的出边表（有向图的邻接表）；反之，若每一顶点 v_i 的邻接表中每个链表节点都对应以 v_i 为终点的边（即射入 v_i 的边），则称这种表为有向图的入边表（又称逆邻接表）。

例如，图 8.9 所示的无向图 G_9 的邻接表如图 8.11 所示，图 8.9 所示的有向图 G_{10} 的出边表与入边表如图 8.12 所示。

若无向图中有 n 个顶点、e 条边，则它的邻接表存储结构需要 n 个头节点和 $2e$ 个边节点，在边稀疏（e 远小于 $n(n-1)/2$）的情况下，用邻接表存储图比用邻接矩阵存储图节省存储空间。

在无向图的邻接表中，顶点 v_i 的度为第 i 个单链表

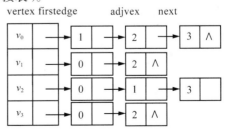

图 8.11　无向图 G_9 的邻接表

中节点的个数。而在有向图的出边表中，第 i 个单链表中的节点个数是顶点 v_i 的出度；为了求入度，必须对整个邻接表扫描一遍，所有单链表中其邻接点域的值为 i 的节点的个数是顶点 v_i 的入度。

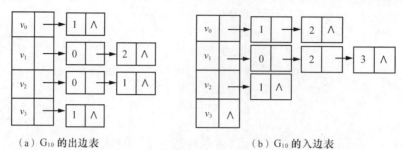

（a）G_{10} 的出边表　　　　　　　　　　（b）G_{10} 的入边表

图 8.12　有向图 G_{10} 的出边表与入边表

建立图的邻接表存储结构的方法是：首先读入图中的顶点个数 n 与边数 e，然后将邻接表表头数组初始化，依次读入 n 个顶点信息，循环 e 次，读入表示边的顶点对 (I,j)。若为无向图，则先生成一个以 j 为邻接点值的边节点插入第 i 个边表中（一般插入表头），再生成一个以 i 为邻接点值的边节点插入第 j 个边表中。对于有向图的出边表，输入的有序对 $<i,j>$ 仅表示由 i 到 j 的有向边，因此只需要在第 i 个边表上插入以 j 为节点值的边节点即可。建立网络的邻接表时，需要在边表的每个节点中增加一个存储边上权的数据域，且以三元组 (i,j,w) 的方式输入，这里 w 表示边 (i,j) 上的权。

在给出创建图的邻接表算法之前，先定义邻接表存储结构，具体如下。

```
/*******************************************************/
/*    邻接表存储结构,文件名:ljb.h                      */
/*******************************************************/
#include <stdio.h>
#include <stdlib.h>
#define M 20                        /*预定义图的最大顶点数*/
typedef char DataType;              /*顶点信息数据类型*/
typedef struct node{               /*边表节点*/
    int adjvex;                     /*邻接点*/
    struct node *next;
}EdgeNode;
typedef struct vnode{              /*头节点类型*/
    DataType vertex;               /*顶点信息*/
    EdgeNode *FirstEdge;           /*邻接表头指针*/
}VertexNode;
typedef struct{                    /*邻接表类型*/
    VertexNode adjlist[M];         /*存放头节点的顺序表*/
    int n,e;                       /*图的顶点数与边数*/
}LinkedGraph;
```

邻接表存储结构

算法 8.2 描述了建立图的邻接表的方法。

```
/*********************************************************/
/*    函数功能:建立图的邻接表                            */
/*    函数参数:邻接表指针变量 g;存放图信息的文件名 filename;图的类型参数 c  */
/*    函数返回值:无  */
/*********************************************************/
void creat(LinkedGraph *g,char *filename,int c)
{       /*c=0 表示建立无向图,否则表示建立有向图*/
```

```
        int i,j,k;
        EdgeNode *s;
        FILE *fp;
        fp=fopen(filename,"r");
        if(fp)
        { fscanf(fp,"%d%d",&g->n,&g->e);                    /*读入顶点数与边数*/
            for(i=0;i<g->n;i++)
                {   fscanf(fp,"%1s",&g->adjlist[i].vertex);  /*读入顶点信息*/
                    g->adjlist[i].FirstEdge=NULL;           /*边表置为空表*/
                }
            for(k=0;k<g->e;k++)                             /*循环 e 次建立边表*/
            {   fscanf(fp,"%d%d",&i,&j);                    /*输入无序对(i,j)*/
                s=(EdgeNode *)malloc(sizeof(EdgeNode));
                s->adjvex=j;                                /*邻接点序号为j*/
                s->next=g->adjlist[i].FirstEdge;
                g->adjlist[i].FirstEdge=s;              /*将新节点 s 插入顶点 vi 的边表头部*/
                if(c==0)                                /*无向图*/
                { s=(EdgeNode *)malloc(sizeof(EdgeNode));
                  s->adjvex=i;                              /*邻接点序号为i*/
                  s->next=g->adjlist[j].FirstEdge;
                  g->adjlist[j].FirstEdge=s;            /*将新节点 s 插入顶点 vj 的边表头部*/
                }
            }
        fclose(fp);
        }
        else
            g->n=0;                                     /*文件打开失败*/
}
```

算法 8.2　建立图的邻接表

值得注意的是，一个图的邻接矩阵表示是唯一的，但其邻接表表示不唯一，这是因为在邻接表结构中，各边表节点的链接次序取决于建立邻接表的算法以及边的输入次序。一般而言，邻接矩阵适合存储稠密图，邻接表适合存储稀疏图。

8.3.3　邻接多重表

在无向图的邻接表表示法中，每条边(v_i,v_j)由两个节点表示，一个在v_i的边表中，另一个在v_j的边表中。在某些应用中，这种表示法会带来不便。例如，若要从图中删除一条边(v_i,v_j)，需要找到表示这条边的两个节点，分别在这两个节点的边表中对其进行删除。邻接多重表克服了这一缺陷，在邻接多重表中，每条边(v_i,v_j)只用一个边节点表示，它可以被多个单链表共享。

在邻接多重表中，每个边表节点一般由以下 5 个域组成：

mark	vex_i	$link_i$	vex_j	$link_j$

其中，mark 为标识域，在图的遍历等算法中可用于标识该条边是否被搜索过；vex_i和vex_j为该边的两个顶点在图中的位序；$link_i$与$link_j$为两个边节点指针，其中，$link_i$指向关联于顶点vex_i的下一条边，$link_j$指向关联于顶点vex_j的下一条边。

用邻接多重表方法存储图时，每个顶点也用一个头节点表示，其结构可表示为：

vertex	firstedge

其中，vertex 域存储与该顶点相关的信息，firstedge 域指向第一条关联于 vertex 顶点的边。例如，图 8.13 给出了图 8.6（a）所示的无向网络 G_7 的邻接多重表。其中的边表节点增加了一个存储权值的数据域。

在邻接多重表中，单链表的个数等于图中顶点的个数，所有与某顶点相关联的边节点都链接同一个单链表，每个边节点靠它的两个指针域同时链接两个单链表。邻接多重表的数据结构定义及其建立算法作为练习由读者自行完成。

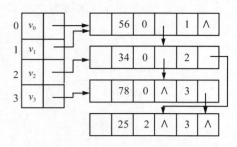

图 8.13　无向网络 G_7 的邻接多重表

8.4　图的遍历

给定图 G=(V,E) 和 V(G) 中的某一顶点 v，从 v 出发访问 G 中其余顶点，且使每个顶点位置仅被访问一次，这一过程称为图的遍历。

图的遍历是许多图算法的基础，它比树的遍历要复杂得多。由于图中的任一顶点都可能和其他顶点相邻接，即在图中可能存在回路，因此在访问某个顶点之后，可能顺着某条边又访问到已被访问过的顶点，所以，在遍历图的过程中，必须记下每个已访问过的顶点。具体做法：可以设置一个数组 visited[n]，visited[i] 对应顶点 v_i，若 v_i 未被访问，则 visited[i]=0；否则 visited[i]=1。

深度优先遍历和广度优先遍历是非常重要的两种遍历图的方法，它们对无向图和有向图均适用。

8.4.1　深度优先遍历

用深度优先搜索（Depth-First Search，DFS）方法遍历一个图类似于树的前序遍历，它是树的前序遍历方法的推广。深度优先搜索的基本思想如下：对于给定的图 G=(V,E)，首先将 V 中每一个顶点都标记为未被访问，然后选取一个源点 $v \in V$，将 v 标记为已被访问，再递归地用深度优先搜索方法，依次搜索 v 的所有邻接点 w。若 w 未被访问过，则以 w 为新的出发点继续进行深度优先遍历，如果从 v 出发有路的顶点都已被访问过，则从 v 的搜索过程结束。此时，如果图中还有未被访问过的顶点（该图有多个连通分量或强连通分量），则再任选一个未被访问过的顶点，并从这个顶点开始进行新的搜索。上述过程一直进行到 V 中所有顶点都已被访问过为止。

用深度优先搜索方法遍历图称为图的深度优先遍历。

以图 8.14（a）所示的无向图 G_{11} 为例，从 C_0 出发深度优先遍历该图的过程如图 8.14（c）所示。在访问了源点 C_0 之后，选择了 C_0 的第 1 个邻接点 C_1，因为 C_1 未被访问，所以接着从 C_1 出发进行搜索。从 G_{11} 的邻接表（见图 8.14（b））可知，C_1 的第 1 个邻接点 C_0 已被访问，因此下一步将搜索到 C_1 的第 2 个邻接点 C_3，C_3 未被访问，因此访问完 C_3 后，再从 C_3 出发进行搜索，以此类推，最终访问完 C_2 后，图中的所有顶点已访问完成。由此得到的深度优先遍历序列（简称 DFS 序列）为：

$$C_0 \rightarrow C_1 \rightarrow C_3 \rightarrow C_4 \rightarrow C_5 \rightarrow C_2$$

需要说明的是，深度优先遍历的访问顺序与图的邻接表存储状态有关，由于图的邻接表存储不是唯一的，因此对于同一个图，其深度优先遍历输出的结果也可能是不同的。但采用邻接矩阵或邻接表存储结构，内容已确定的图的 DFS 序列将是确定的。

（a）无向图 G_{11}　　　　　　（b）G_{11} 的邻接表　　　　　（c）深度优先遍历的过程

图 8.14　图的深度优先遍历示例

假设无向图采用邻接表存储结构（图的邻接表的创建可通过算法 8.2 实现），则图的深度优先遍历算法如算法 8.3 所示。

```
/**********************************************/
/*  图的深度优先遍历算法,文件名:dfs.c          */
/**********************************************/
#include "ljb.h"
int visited[M];


/**********************************************/
/*  函数功能:从顶点 i 开始深度优先遍历图的连通分量  */
/*  函数参数:图的邻接表 g,遍历起点 i             */
/*  函数返回值:无                             */
/**********************************************/
void dfs(LinkedGraph g,int i)
{ EdgeNode *p;
  printf("visit vertex: %c \n",g.adjlist[i].vertex);   /*访问顶点i*/
  visited[i]=1;
  p=g.adjlist[i].FirstEdge;
  while (p)                    /*从 p 的邻接点出发进行深度优先遍历*/
    { if(!visited[p->adjvex])
          dfs(g,p->adjvex);
      p=p->next;
    }
}
/**********************************************/
/*  函数功能:深度优先遍历图                     */
/*  函数参数:图的邻接表 g                       */
/*  函数返回值:无                             */
/**********************************************/
void DfsTraverse(LinkedGraph g)
{  int i;
   for(i=0;i<g.n;i++)
      visited[i]=0;             /*初始化标识数组*/
   for(i=0;i<g.n;i++)
      if(!visited[i])           /*v₁ 未被访问过*/
        dfs(g,i);
}
```

算法 8.3　图的深度优先遍历（邻接表表示法）

对于具有 n 个顶点和 e 条边的无向图或有向图，DfsTraverse( )函数对图中每个顶点至多调用一次 dfs( )函数。从 DfsTraverse( )函数中调用 dfs( )函数或 dfs( )函数内部递归调用自己的最大次数

为 n。当访问某顶点 v_i 时，dfs( )函数的时间主要耗费在从该顶点出发搜索它的所有邻接点上。用邻接表表示图时，需要搜索第 i 个边表上的所有节点，因此，访问所有 n 个顶点时，在邻接表上需要将边表中所有 $O(e)$ 个节点检查一遍。所以，DfsTraverse( )函数的时间复杂度为 $O(n+e)$。

8.4.2　广度优先遍历

图的广度优先遍历类似于树的层次遍历，采用的搜索方法的特点是尽可能先对横向节点进行搜索，故称其为广度优先搜索（Breadth-First Search，BFS）。其基本思想如下：给定图 $G=(V,E)$，从图中某个源点 v 出发，在访问源点 v 之后，尽可能先横向搜索 v 的所有邻接点。在依次访问 v 的各个未被访问过的邻接点 $w_1,w_2,\cdots,w_k$ 之后，分别从这些邻接点出发依次访问与 $w_1,w_2,\cdots,w_k$ 邻接的所有未被访问过的顶点。以此类推，直至图中所有与源点 v 有路径相通的顶点都已被访问过为止，此时从 v 开始的搜索过程结束。若 G 是连通图，则遍历完成；否则，在图 G 中另选一个尚未被访问的顶点作为新源点继续上述的搜索过程，直至图 G 中所有顶点均已被访问为止。

采用广度优先搜索方法遍历图称为图的广度优先遍历。

对图 8.14（a）所示的无向图 G_{11} 进行广度优先遍历的过程为：首先访问起点，假设从 C_0 出发，接着访问与 C_0 邻接的顶点 C_1 与 C_2，然后依次访问与 C_1 邻接的未被访问的顶点 C_3 和 C_4，最后访问与 C_2 邻接的顶点 C_5。至此，这些顶点的邻接点均已被访问过，并且图中的所有顶点都被访问过，图的遍历结束，得到该图的广度优先遍历序列（简称 BFS 序列）为：

$$C_0 \rightarrow C_1 \rightarrow C_2 \rightarrow C_3 \rightarrow C_4 \rightarrow C_5$$

为确保先访问的顶点其邻接点亦先被访问，在搜索过程中可使用队列来保存已访问过的顶点。当访问 v 和 u 时，这两个顶点相继进队，此后，当 v 和 u 相继出队时，分别从 v 和 u 出发搜索其邻接点 $v_1,v_2,\cdots,v_s$ 和 $u_1,u_2,\cdots,u_t$，对其中未被访问者进行访问并将其进队。这种方法是将每个已被访问的顶点进队，可保证每个顶点至多只有一次进队。

若图采用邻接表存储结构，则图的广度优先遍历算法如算法 8.4 所示。

```
/******************************************************/
/*   图的广度优先遍历算法,文件名:bfs.c               */
/******************************************************/
#include "ljb.h"
int visited[M];                    /*全局标识数组*/
/******************************************************/
/*   函数功能:从顶点 i 出发广度优先遍历图的连通分量   */
/*   函数参数:图的邻接表 g,遍历起点 i                 */
/*   函数返回值:无                                    */
/******************************************************/
void bfs(LinkedGraph g,int i)
{ int j;
  EdgeNode *p;
  int queue[M],front,rear;         /*FIFO 队列*/
  front=rear=0;                     /*初始化空队列*/
  printf("%c ",g.adjlist[i].vertex);/*访问源点 v*/
  visited[i]=1;
  queue[rear++]=i;                  /*被访问节点进队*/
  while(rear>front)                 /*当队列非空时,执行下列循环体*/
     { j=queue[front++];            /*出队*/
       p=g.adjlist[j].FirstEdge;
       while(p)                      /*广度优先遍历邻接表*/
          { if(visited[p->adjvex]==0)
```

图的广度优先遍历算法

```
            {  printf("%c ",g.adjlist[p->adjvex].vertex);
               queue[rear++]=p->adjvex;
               visited[p->adjvex]=1;
            }
            p=p->next;
        }
    }
}
/********************************************************/
/*  函数功能:广度优先遍历图                              */
/*  函数参数:图的邻接表 g                                */
/*  函数返回值:返回连通分量的个数                        */
/********************************************************/
int BfsTraverse(LinkedGraph g)
{  int i,count=0;
   for(i=0;i<g.n;i++)
        visited[i]=0;          /*初始化标识数组*/
   for(i=0;i<g.n;i++)
        if(!visited[i])        /*vᵢ未被访问过*/
        {  printf("\n");
           count++;            /*连通分量个数加 1*/
           bfs(g,i);
        }
   return count;
}
int main()
{  LinkedGraph g;
   int count;
   creat(&g,"g11.txt",0);            /*假设 G₁₁的图信息存储在 g11.txt 文件中*/
   printf("\n The graph is:\n");     /*输出图的邻接表*/
   print(&g);
   count=BfsTraverse(g);             /*从顶点 0 出发广度优先遍历图 g*/
   printf("\n 该图共有%d 个连通分量。\n",count);
   return 0;
}
```

算法 8.4 图的广度优先遍历（邻接表表示法）

对于具有 n 个顶点和 e 条边的无向图或有向图，每个顶点均进队一次。广度优先遍历图的时间复杂度和 DfsTraverse( )函数的相同。另外，广度优先遍历无向图的过程中调用 bfs( )函数的次数就是该图连通分量的个数，当图是连通图（强连通图）时，只需从一个源点出发就可以遍历完图中所有的顶点，BfsTraverse( )函数借助广度优先遍历图的过程返回无向图的连通分量个数。

8.5 生成树与最小生成树

对于一个无向的连通图 $G=(V,E)$，设 G'是它的一个子图，如果 G'包含 G 中所有的顶点（即 $V(G')=V(G)$），且 G'是无回路的连通图，则称 G'为 G 的一棵生成树。

设图 $G=(V,E)$ 是一个具有 n 个顶点的连通图，则从 G 的任一顶点（源点）出发，进行一次深度优先搜索或广度优先搜索，搜索到的 n 个顶点和搜索过程中所经过的边集（共 $n-1$ 条）组成的极小连通子图就是一棵生成树（源点是生成树的根）。生成树是连通图的包含图中所有顶点的极小连通子图。

图的生成树不唯一，从不同的顶点出发进行遍历或采用不同的遍历方法，可以得到不同的生成树。通常，由深度优先搜索得到的生成树称为深度优先搜索生成树，简称为 DFS 生成树；由广度优先搜索得到的生成树称为广度优先搜索生成树，简称为 BFS 生成树。例如，从图 8.14（a）所示的无向图 G_{11} 中的顶点 C_0 出发所得到的 DFS 生成树如图 8.15（a）所示，BFS 生成树如图 8.15（b）所示。

（a）DFS 生成树　　　　　　　（b）BFS 生成树

图 8.15　无向图 G_{11} 的生成树

上述概念是针对连通的无向图而言的，实际上，对于有向图同样适用。如果 G 是强连通的有向图，则从其中任一顶点 v 出发，都可以遍历完 G 中的所有顶点，从而得到以 v 为根的生成树。若图 G 不是强连通的，但存在一个顶点 v_s，从 v_s 出发可以到达图中的所有其他顶点，则同样可以按深度优先搜索或广度优先搜索得到以 v_s 为根的生成树。图 8.16 给出了一个有向图及其生成树。

（a）以 C_0 为根的有向图　　　（b）DFS 生成树　　　（c）BFS 生成树

图 8.16　有向图及其生成树示例

若 G 是非连通的无向图，则要若干次从外部调用 DFS（或 BFS）算法，才能完成对 G 的遍历。每一次外部调用，只能访问到 G 的一个连通分量的顶点集，这些顶点和遍历时所经过的边构成了该连通分量的一棵生成树。G 的各个连通分量的生成树组成了 G 的生成森林。若 G 是非强连通的有向图，且源点又不是有向图的根，则遍历时一般也只能得到该有向图的生成森林。

图 8.17（a）所示是一个不连通的无向图 G_{12}，图 8.17（b）、（c）所示分别是图 G_{12} 的一个 DFS 和 BFS 生成森林。

（a）不连通的无向图 G_{12}　　　　　　（b）图 G_{12} 的一个 DFS 生成森林

（c）图 G_{12} 的一个 BFS 生成森林

图 8.17　不连通的无向图生成森林示例

图 8.18 所示是对图 8.16（a）所示的有向图按深度优先搜索（首先从 C_1 开始搜索，然后从 C_0 开始搜索）得到的生成森林。

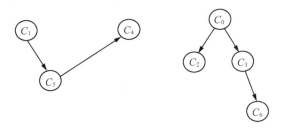

图 8.18　对图 8.16（a）所示的有向图按深度优先搜索得到的生成森林

8.5.1　最小生成树的定义

了解最小生成树的概念，可以从两个具体的案例出发。

案例一：假设要在 n 个城市之间建立通信网，每两个城市之间都可以设置一条线路，n 个城市之间最多可以设置 $n(n-1)/2$ 条线路，但连通 n 个城市只需要 $n-1$ 条线路，问题的关键在于如何选择 $n-1$ 条线路，使它的总成本最小，或者线路的总长度最短，即如何在最节省经费的情况下建立这个通信网。

案例二：在汽车、飞机等设备的电路设计中，需要尽可能地减少设备本身的自重，在增加有效载重的基础上还要兼顾减少燃油消耗的需求。假设所有需要供电的电路部件总数为 n，图 8.19 所示为某品牌汽车的电路结构透视图，根据电路设计的基本原理，可以在这 n 个电路部件中并联 $n-1$ 条线路，使每一个电路部件都得到供电。为达到节能的目的，要求所设计的 $n-1$ 条线路重量之和是所有可行设计方案中最轻的。

图 8.19　某品牌汽车的电路结构透视图

这类案例均可转换为数据结构图的问题。可以用连通网来表示 n 个城市以及 n 个城市间可能设置的通信线路，其中，顶点表示城市，边表示两城市之间的线路，边上的权值表示相应的代价。同理，也可以用连通网来表示汽车、飞机等设备的电路设计问题。对于 n 个顶点的连通网，可以建立许多不同的生成树，每一棵生成树都可以是一个通信网。上述问题实际上是要选择一棵边的权值之和最小的生成树。

不失一般性，对于连通的带权图（连通网）G，其生成树也是带权的。生成树 T 各边的权值总和称为该树的权，记作：

$$W(T) = \sum_{(u,v) \in E} w_{uv}$$

其中，E 表示 T 的边集，w_{uv} 表示边(u,v)的权。总权值 $W(T)$最小的生成树称为 G 的最小生成树（Minimum Spanning Tree，MST）。

构造最小生成树的方法有多种，一般来说，构造最小生成树要满足以下准则。

（1）必须只使用该网络中的边来构造最小生成树。

（2）必须使用且仅使用 $n-1$ 条边来连接网络中的 n 个顶点。

（3）不能使用产生回路的边。

实际上，构造最小生成树可以利用最小生成树的一种简称为 MST 的性质：假设 $G = (V,E)$是一个连通网，U 是顶点集 V 的一个非空真子集，若(u,v)是满足 $u \in U, v \in V-U$ 的边（称这种边为两栖边），且(u,v)在所有的两栖边中具有最小的权值（此时，称(u,v)为最小两栖边），则必存在一棵包含边(u,v)的最小生成树。

可以用反证法证明 MST 性质。假设 G 中任何一棵最小生成树都不含最小两栖边(u,v)。设 T 是 G 的一棵最小生成树，根据假设，它不含此最小两栖边。由于 T 是包含 G 中所有顶点的连通图，所以 T 中必有一条从 u 到 v 的路径 P，且 P 上必有一条两栖边(u',v')连接 U 和 $V-U$，否则 u 和 v 不连通。当把最小两栖边(u,v)加入树 T 时，该边和 P 必构成一个回路（见图 8.20），删去两栖边(u',v')后回路亦消除，由此可得另一生成树 T'。T'和 T 的差别仅在于 T'用最小两栖边(u,v)取代了 T 中权值更大的两栖边(u',v')。显然，T'比 T 具有更小的权值，这与 T 是 G 的最小生成树的假设相矛盾。所以，MST 性质得证。

图 8.20　包含最小两栖边(u,v)的回路

以下介绍的普里姆（Prim）算法和克鲁斯卡尔（Kruskal）算法是两个利用 MST 性质构造最小生成树的算法。

8.5.2　最小生成树的 Prim 算法

假设 $G=(V,E)$是一个网络，其中，V 为网络中所有顶点的集合，E 为网络中所有带权边的集合。为构造最小生成树 T，需设置两个新的集合 U 和 tree，其中，U 为 T 中的顶点集，tree 为 T 中的边集。初始时 $U=\{u_0\}$（假设构造最小生成树时，选定 u_0 作为最小生成树的根）；tree=$\{\}$。Prim 算法的基本思想是：从所有 $u \in U, v \in V-U$ 的边中，选取一条最小两栖边(u,v)，将顶点 v 加入集合 U 中，并将边(u,v)并入边集 tree 中，如此不断重复，直到 $U=V$ 时，最小生成树构造完成，这时集合 tree 中包含最小生成树的所有边。

Prim 算法的基本步骤如下。

（1）初始化：$U=\{u_0\}$，tree=$\{\}$。

（2）如果 $U=V(G)$，则输出最小生成树 T，并结束算法。

（3）在所有两栖边中找一条权最小的边(u,v)（若候选两栖边中的最小边不止一条，可任选其中的一条），将边(u,v)加入边集 tree 中，并将顶点 v 并入顶点集 U 中。

（4）由于新顶点的加入，U 的状态发生变化，需要对 U 与 $V-U$ 之间的两栖边进行调整。

（5）转至步骤（2）。

经分析可知，如果图 G 的顶点个数为 n，则 Prim 算法需要循环 $n-1$ 次以求出 $n-1$ 条生成树的边。对于 $V-U$ 中的任意顶点，若存在多条两栖边到达 U，只需保留其中最短的一条，因此每次供候选的两栖边的数量最多为集合 $V-U$ 中当前顶点的个数。下面以图 8.21 所示的用 Prim 算法构造最小生成树的过程来进一步说明算法思想。

给定一无向网如图 8.21（a）所示，该无向网共有 6 个顶点，需要逐条选出 5 条生成树中的边。初始状态如图 8.21（b）所示，集合 U 包含一个源点 A。此时，U 与集合 $V-U$ 之间共有 3 条两

栖边，即 $(A,B)_{10}$、$(A,C)_{12}$ 和 $(A,E)_{15}$，按照 MST 性质，当前最短两栖边 (A,B) 必出现在最小生成树中，由此确定本次入选边为 (A,B)，将其加入 tree 中（在图 8.21（c）中用实线表示），并将顶点 B 并入集合 U。由于顶点 B 的加入，集合 U 与集合 $V-U$ 之间的两栖边状态将发生变化，如图 8.21（c）所示，此时 $V-U$ 中共剩 4 个顶点 C、D、E、F。其中，两栖边 (A,C) 的权值为 12，由于新顶点 B 加入集合 U，边 (B,C) 成为一条新的两栖边，且其权值 7 小于 (A,C) 的权值 12，因此对于顶点 C 只需保留较短的两栖边 (B,C) 供候选。同时，顶点 D、顶点 F 与集合 U 之间将产生两条新的两栖边 (B,D) 与 (B,F)，它们的权值分别为 5 和 6；对于顶点 E，新顶点 B 的加入不会对它产生影响（因为 (B,E) 的权值为 ∞）。经过上述调整，顶点 B 加入 U 后，最终形成 4 条两栖边，即 $(A,E)_{15}$、$(B,C)_7$、$(B,F)_6$ 和 $(B,D)_5$ 供候选。

当两个集合间的两栖边调整完成后，又在剩余的 4 条两栖边中选取一条权值为 5 的最短两栖边 (B,D)，按照上述同样的方法，将其加入 tree，并将顶点 D 加入集合 U 中，同时对当前两栖边进行调整，得到图 8.21（d）所示的结果。以此类推，上述工作一共要做 5 次，当将所有的 5 条边选出后便生成一棵最小生成树。本例最终构造的最小生成树如图 8.21（g）所示。

（a）无向网　　　（b）初始状态　　　（c）选取 (A,B)　　　（d）选取 (B,D)

（e）选取 (B,F)　　　　（f）选取 (B,C)　　　　（g）选取 (E,F)

图 8.21　用 Prim 算法构造无向网的最小生成树的过程

这个例子说明，Prim 算法的核心步骤在于选取本次最小两栖边并做必要的调整工作，其中两栖边的调整成为理解算法的关键。不失一般性，假设本次入选边为 (u,v)，其中，$u \in U$，$v \in V-U$，两栖边的调整方法可概括如下：当新的顶点 v 加入集合 U 之后，对于任意顶点 v_j（$v_j \in V-U$），假设当前集合 U 与顶点 v_j 关联的两栖边为 (v_i, v_j)（$v_i \in U$），如果新顶点 v 与 v_j 之间的权值（代价）小于原来的两栖边 (v_i, v_j) 的权值，则用新的两栖边 (v, v_j) 代替原来的两栖边 (v_i, v_j)。

若无向网采用邻接矩阵存储结构，则用 Prim 算法构造最小生成树的 C 语言实现详见算法 8.5。

```
/***************************************************/
/*  用 Prim 算法构造最小生成树,文件名:prim.c          */
/***************************************************/
#include "ljjz.h"
typedef struct edgedata       /*用于保存最小生成树的边类型定义*/
        { int beg,en;         /*beg、en 是边顶点序号*/
          int length;         /*边长*/
        }edge;
/***************************************************/
/*  函数功能:用 Prim 算法构造最小生成树              */
/*  函数参数:图的邻接矩阵 g;边向量 tree              */
```

Prim 算法

```
/*   函数返回值:无                                          */
/**************************************************/
void prim(Mgraph g,edge tree[M-1])
{    edge x;
    int d,min,j,k,s,v;
    for(v=1;v<=g.n-1;v++)                  /*建立初始入选点,并初始化生成树边集 tree*/
        {        tree[v-1].beg=0;     /*此处从顶点 v₀开始求最小生成树*/
                tree[v-1].en=v;
                tree[v-1].length=g.edges[0][v];
        }
    for(k=0;k<=g.n-3;k++)                  /*依次求当前(第 k 条)最小两栖边,并加入 tree*/
        {min=tree[k].length;
        s=k;
        for(j=k+1;j<=g.n-2;j++)
            if(tree[j].length<min)
                { min=tree[j].length;
                 s=j;
                }
        v=tree[s].en;                      /*入选顶点为 v*/
        /*通过交换,将当前最小边加入 tree 中*/
        x=tree[s];  tree[s]=tree[k]; tree[k]=x;
        for(j=k+1;j<=g.n-2;j++)            /*由于新顶点 v 的加入,修改两栖边的基本信息*/
            { d=g.edges[v][tree[j].en];
             if(d<tree[j].length)
             { tree[j].length=d; tree[j].beg=v;  }
            }
        }
    printf("\n The minimum cost spanning tree is:\n");   /*输出最小生成树*/
    for(j=0;j<=g.n-2;j++)
        printf("\n%c---%c %d\n",g.vexs[tree[j].beg],g.vexs[tree[j].en],tree[j].
length);
    printf("\nThe root of it is %c\n",g.vexs[0]);
}
int main()
{Mgraph g;
  edge  tree[M-1];                /*用于存放最小生成树的M-1 条边*/
  char filename[20];
  printf("Please input filename of Graph:\n");   /*输入图信息的文件名*/
  gets(filename);
  creat(&g,filename,0);          /*创建无向图的邻接矩阵*/
  prim(g,tree);                  /*构造图的最小生成树*/
  return 0;
}
```

算法 8.5　用 Prim 算法构造最小生成树

图 8.22 给出了算法 8.5 在构造图 8.21（g）所示的最小生成树的过程中边集 tree 的变化过程，读者通过对程序执行过程进行分析，可以进一步加深对 Prim 算法的理解。

Prim 算法的时间复杂度为 $O(n^2)$，其中 n 为顶点的个数。当 n 比较大时，这个算法是不够理想的。

178

tree	0	1	2	3	4
beg	0	0	0	0	0
en	1	2	3	4	5
length	10	12	∞	15	∞

（a）初始状态

tree	0	1	2	3	4
beg	0	0	0	0	0
en	1	2	3	4	5
length	**10**	12	∞	15	∞

（b）最小两栖边为(0,1)，$k=0$

tree	0	1	2	3	4
beg	0	1	1	0	1
en	1	2	3	4	5
length	10	7	**5**	15	6

（c）最小两栖边为(1,3)，$k=1$

tree	0	1	2	3	4
beg	0	1	1	0	1
en	1	3	2	4	5
length	10	5	7	15	**6**

（d）最小两栖边为(1,5)，$k=2$

tree	0	1	2	3	4
beg	0	1	1	5	1
en	1	3	5	4	2
length	10	5		10	**7**

（e）最小两栖边为(1,2)，$k=3$

tree	0	1	2	3	4
beg	0	1	1	1	5
en	1	3	5	2	4
length	10	5	6	7	10

（f）tree中存储了最小生成树的边

图 8.22　用 Prim 算法构造最小生成树过程中边集 tree 的变化过程

8.5.3　最小生成树的 Kruskal 算法

Kruskal 算法是一种按照网络中边的权值递增的顺序构造最小生成树的算法。其基本思想如下：给定无向连通网 $G=(V,E)$，顶点 $V(G)=\{v_0,v_1,\cdots,v_n\}$，令 G 的最小生成树为 $T=(TV,TE)$，其初始状态为 $T=(V,\{\})$，即开始时，最小生成树 T 中仅包含图中的所有顶点，而没有边。此时，T 中的每个顶点各自构成一个连通分量。为按照权值递增的顺序构造最小生成树，需把 $E(G)$ 中的边按权值非递减的顺序排列，并按这一顺序选取某条边，若它关联的两个顶点分别在两个连通分量中，则将该边添加到最小生成树 T 中，合并两个连通分量为一个连通分量；如果选取的一条边所关联的两个顶点在同一个连通分量中，则放弃这条边（若将此边加入则将使生成树产生回路），顺序取下一条边。重复这个过程，直到在 T 中添加了 $n-1$ 条边为止，此时 T 便是无向连通网的一棵最小生成树。

用 Kruskal 算法构造图 8.21（a）所示的无向网的最小生成树的过程如图 8.23 所示。该图各边按权值非递减排列的次序为：$(B,D)_5$,$(B,F)_6$,$(D,F)_6$,$(B,C)_7$,$(C,F)_8$,$(A,B)_{10}$,$(E,F)_{10}$,$(A,C)_{12}$,$(C,E)_{12}$,$(A,E)_{15}$。初始时，$TV=\{A,B,C,D,E,F\}$，$TE=\{\}$。为了使最小生成树的各边权值总和最小，应该优先选取权值最小的边。本例中前两条边 $(B,D)_5$、$(B,F)_6$ 的权值分别为 5 和 6，它们所关联的顶点都分布在不同的连通分量中，故依次将它们加入 T 中，如图 8.23（a）、（b）所示；当选取到第三条边 $(D,F)_6$ 时，该边所关联的两个顶点 D、F 同属于一个连通分量，它的加入将使生成树中出现回路，因此舍弃该边；接着选取的边是 $(B,C)_7$，该边关联的顶点分布在两个不同的连通分量中，故将它加入 T 中，如图 8.23（c）所示；与 $(D,F)_6$ 情况相似，$(C,F)_8$ 的加入也将使生成树产生回路，因此舍弃该边；接下来连续两条边 $(A,B)_{10}$、$(E,F)_{10}$ 都连接了两个不同的连通分量，故将它们都加入 T 中。到此，T 中已包含 5 条边，算法终止，得到一棵图 8.23（e）所示的最小生成树。

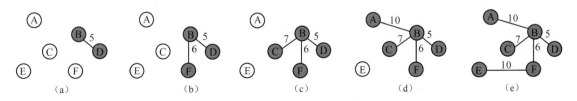

图 8.23　用 Kruskal 算法构造无向网的最小生成树的过程

假设 G = (V,E)是无向连通网，且其边集 E 已按权值非递减排序，利用 Kruskal 算法构造最小生成树的步骤可概括如下。

（1）初始化：$TV = \{v_0,v_1,\cdots,v_{n-1}\}$，$TE = \{\}$。

（2）如果 TE 具有 n-1 条边，则输出最小生成树 T，并结束算法。

（3）在有序的 E(G)边表序列中，从当前位置向后寻找满足下面条件的一条边(u,v)：使 u 在一个连通分量上，v 在另一个连通分量上，即(u,v)是满足此条件权值最小的边。将其加入 T 中，合并 u 与 v 所在的两个连通分量为一个连通分量。

（4）转至步骤（2）。

算法 8.6 给出了 Kruskal 算法的 C 语言描述，辅助函数 GetEdge( )用来从图中读取所有的边信息，函数 QuickSort( )用来对所有的边进行升序排列。

```
/**********************************************************/
/*  用 Kruskal 算法构造最小生成树,文件名:kruskal.c        */
/**********************************************************/
#include "ljjz.h"
typedef struct edgedata        /*用于保存最小生成树的边类型定义*/
        { int beg,en;          /*beg、en 是边顶点序号*/
          int length;          /*边长*/
        }edge;
/**********************************************************/
/*   函数功能:对边向量进行快速排序,算法思想可参见第 10 章  */
/*   函数参数:边向量 edges;边向量左右顶点下标 left、right  */
/*   函数返回值:无                                        */
/**********************************************************/
void QuickSort(edge edges[],int left,int right)
{ edge x;
  int i,j,flag=1;
  if(left<right)
  {   i=left; j=right; x=edges[i];
      while(i<j)
      {  while(i<j&&x.length<edges[j].length) j--;
             if(i<j)  edges[i++]=edges[j];
         while(i<j&&x.length>edges[i].length) i++;
             if(i<j)  edges[j--]=edges[i];
      }
      edges[i]=x;
      QuickSort(edges,left,i-1);
      QuickSort(edges,i+1,right);
  }
}
/**********************************************************/
/*   函数功能:从图的邻接矩阵读取图的所有边信息            */
/*   函数参数:图的邻接矩阵 g;边向量 edges                 */
/*   函数返回值:无                                        */
/**********************************************************/
void  GetEdge(Mgraph g,edge edges[])
{   int i,j,k=0;
    for(i=0;i<g.n;i++)
    for(j=0;j<i;j++)
    if(g.edges[i][j]!=0&&g.edges[i][j]<FINITY)
```

Kruskal 算法

```
            {   edges[k].beg=i;
                edges[k].en=j;
                edges[k++].length=g.edges[i][j];
            }
    }
    /******************************************************/
    /*  函数功能:用 Kruskal 算法构造最小生成树              */
    /*  函数参数:图的邻接矩阵 g                             */
    /*  函数返回值:无                                       */
    /******************************************************/
    void kruskal(Mgraph g)
    {   int i,j,k=0,ltfl;
        int cnvx[M];
        edge edges[M*M];            /*用于存放图的所有边*/
        edge tree[M];               /*用于存放最小生成树的边信息*/
        GetEdge(g,edges);           /*读取所有的边*/
        QuickSort(edges,0,g.e-1);   /*对边进行升序排列*/
        for(i=0;i<g.n;i++)
            cnvx[i]=i;              /*设置每一个顶点的连通分量为其顶点编号*/
        for(i=0;i<g.n-1;i++)        /*树中共有 g.n-1 条边*/
        {   while(cnvx[edges[k].beg]==cnvx[edges[k].en])
                k++;                /*找到属于两个连通分量的权值最小的边*/
            tree[i]=edges[k];       /*将边 k 加入生成树中*/
            ltfl=cnvx[edges[k].en]; /*记录选中边的终点的连通分量编号*/
            for(j=0;j<g.n;j++)      /*将两个连通分量合并为一个连通分量*/
                if(cnvx[j]==ltfl)
                    cnvx[j]=cnvx[edges[k].beg];
            k++;
        }
        printf("最小生成树是:\n");
        for(j=0;j<g.n-1;j++)
          printf("%c---%c%6d\n",g.vexs[tree[j].beg],g.vexs[tree[j].en],tree[j].
    length);
    }
    int main()
    {   Mgraph g;
        char filename[20];
        printf("Please input filename of Graph:\n");
        gets(filename);             /*读入图的输入文件名*/
        creat(&g,filename,0);       /*创建图的邻接矩阵*/
        kruskal(g);                 /*用 Kruskal 算法构造最小生成树*/
        return 0;
    }
```

算法 8.6　用 Kruskal 算法构造最小生成树

kruskal( )函数中的 cnvx 向量用于保存每一个顶点所在的连通分量的编号,tree 向量用于保存最小生成树的所有边。由于该算法要求对图中边的权值按非递减顺序排列,整个算法的时间复杂度取决于边排序的时间性能,当采用快速排序算法对边进行排序时 Kruskal 算法的时间复杂度是 $O(e\log_2 e)$。

Prim 与 Kruskal 这两种构造最小生成树的算法都是基于"避圈"思想的,即在构造过程中不能在生成树中出现环。"破圈法"也是一种构造最小生成树的有效方法,该方法每次从图中找出一个环（回路），然后删除该环中最大权值的边，如此进行下去，直到图中无环，所得子图即一棵最小生成树。有兴趣的读者可以查阅相关文献进一步了解。

8.6 最短路径

在交通网络中经常遇到这样的问题：从 A 城市到 B 城市有若干条通路，哪条通路的距离最短？互联网中多个站点之间有若干条通路，邮件传输时选择哪条路径可使从起点到终点的距离最近？类似的问题还有很多。交通网络中的各城市间的最短路径，概念虽然简单，算法也不复杂，但计算量很大，因此可以用计算机解决这类问题。具体实现时，可用图结构描述交通网络，顶点表示城市，边的权值表示城市之间的距离，这样上述问题就变成在网络中寻找一条从一个源点到达一个终点经过的路径上各边权值累加和最小的路径。在图论中，这类问题称为最短路径问题。

由于在一些最短路径问题中，路径具有方向性，因此本节仅讨论有向网的最短路径问题。并且规定网络中边的权值均是正的。本节介绍如下求最短路径的两个算法。

（1）求从某个源点到其他各顶点的最短路径（单源最短路径）。

（2）求每一对顶点之间的最短路径。

8.6.1 单源最短路径

单源最短路径问题是指：对于给定的有向网 $G = (V,E)$，求源点 v_0 到其他顶点的最短路径。

例如，图 8.24（a）所示的有向网 G_{13} 中从 A 到其余各顶点的最短路径如图 8.24（b）所示。

从图 8.24 中可见，从 A 到 D 的简单路径有 4 条，如(A,D)的长度为 28；(A,C,F,D)的长度为 25；(A,C,F,E,D)的长度 34；(A,C,B,E,D)的长度为 33。其中，长度为 25 的路径(A,C,F,D)为 A 到 D 的最短路径。

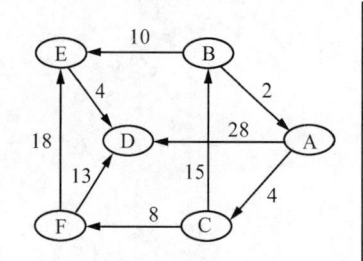

始点	终点	最短路径	路径长度
A	B	(A,C,B)	19
	C	(A,C)	4
	D	(A,C,F,D)	25
	E	(A,C,B,E)	29
	F	(A,C,F)	12

（a）有向网G_{13}　　　　　　（b）有向网G_{13}中从A到其余各顶点的最短路径

图 8.24　有向网 G_{13} 从 A 到其余各顶点的最短路径示例

现讨论一般情形，对于有向网 $G = (V,E)$，v_0 为源点，如何求得 v_0 到其他顶点的最短路径？迪杰斯特拉（Dijkstra）提出了一个按路径长度递增的顺序逐步产生最短路径的方法，称为 Dijkstra 算法。该算法的基本思想如下：把图中所有顶点分成两组，第一组包括已确定最短路径的顶点，初始时只含有一个源点，记为集合 S；第二组包括尚未确定最短路径的顶点，记为 $V - S$。按最短路径长度递增的顺序逐个把 $V - S$ 中的顶点加入 S 中，直至从 v_0 出发可以到达的所有顶点都包括到 S 中。在这个过程中，总保持从 v_0 到第一组 S 各顶点的最短路径都不大于从 v_0 到第二组 $V - S$ 的任何顶点的最短路径长度，第二组的顶点对应的距离值是从 v_0 到此顶点的只包括第一组 S 的顶点为中间顶点的最短路径长度。对于 S 中任意一点 j，v_0 到 j 的路径长度皆小于 v_0 到 $V - S$ 中任意一点的路径长度。

Dijkstra 算法的正确性可以用反证法加以证明。假设下一条最短路径的终点为 t，那么该路径要么是弧(v_0,t)，要么是中间只经过集合 S 中的顶点而到达顶点 t 的路径。因为假设此路径上除 t 外有一个或一个以上的顶点不在集合 S 中，那么必然存在另外的终点不在 S 中而路径长度比此路径还短的路径，这与已知 t 为 v_0 到集合 $V-S$ 中最近的顶点相矛盾。所以此假设不成立。

为实现 Dijkstra 算法需设置一个用于保存源点可途经 S 中的顶点到达 $V-S$ 中顶点的距离向量 $d[]$ 以及用于保存路径的向量 $p[]$，$p[i]$ 用于保存最短路径上第 i 个顶点的前驱顶点序号。该算法的具体步骤可描述如下。

（1）初始化：包括对第一组（集合 S）的初始化与对距离向量 d 的初始化。初始时第一组 S 中只包含顶点 v_0，即 $S=\{v_0\}$，第二组中任意一个顶点 v_i 对应的距离值 $d[i]$ 等于邻接矩阵中顶点 v_0 与 v_i 的权值（当不存在有向边 $<v_0,v_i>$ 时，权值为 ∞）。

（2）从第二组 $V-S$ 的顶点中选取一个距离值最小的顶点 v 加入 S，如图 8.25（a）所示。接着对 $V-S$ 中所有顶点的距离值进行修改，修改的方法是，对于 $V-S$ 中任意一个顶点 k，若图中有边 $<v,k>$，且 v_0 到 v 的距离值加上 $<v,k>$ 边上的权值之和小于 v_0 到 k 的距离值，则用 v_0 到 v 的距离值加上 $<v,k>$ 边上的权值代替顶点 k 原来的距离值，即 v 已经作为 v_0 到 k 路径上的中间点；反之，v_0 到 k 的当前最短距离保持不变，即 $d[k]=\min\{d[k],\ \mathbf{edges}[v][k]+d[v]\}$，如图 8.25（b）所示。

（3）若集合 $V-S$ 已空，则结束算法，距离向量中的值即源点 v_0 到达各顶点的最短距离。若 $V-S$ 不空，则转至步骤（2）。

（a）选择最短边

（b）调整剩余边距离

图 8.25 单源最短路径算法示意

设有向网 G 采用邻接矩阵存储结构（其建立方法参见算法 8.1），算法 8.7 给出了 Dijkstra 算法的 C 语言描述。

```
/************************************************/
/*  单源最短路径算法,文件名:dijkstra.c          */
/************************************************/
#include "ljjz.h"                /*引入邻接矩阵创建程序*/
typedef enum{FALSE,TRUE} boolean; /*FALSE 为 0,TRUE 为 1*/
typedef int dist[M];             /*距离向量类型*/
typedef int path[M];             /*路径类型*/
/************************************************/
/*  函数功能:用 Dijkstra 算法求解单源最短路径     */
/*  函数参数:图的邻接矩阵 g;源点 v0;             */
/*          路径向量 p;距离向量 d               */
/*  函数返回值:无                               */
/************************************************/
void dijkstra(Mgraph g,int v0,path p,dist d)
{ boolean final[M]; /*表示当前元素是否已求出最短路径*/
   int i,k,j,v,min,x;
   /*第1步,初始化集合 S 与距离向量 d*/
   for(v=0;v<g.n;v++)
   {    final[v]=FALSE;
        d[v]=g.edges[v0][v];
        if(d[v]<FINITY&&d[v]!=0)
            p[v]=v0;  else  p[v]=-1; /*v 无前驱节点*/
   }
   final[v0]=TRUE; d[v0]=0;          /*初始时 S 中只有 v0 一个节点*/
   /*第2步,依次找出 n-1 个节点加入 S 中*/
```

```
        for(i=1;i<g.n;i++)
        { min=FINITY;
          for(k=0;k<g.n;++k)                    /*找最小边加入节点*/
          if(!final[k]&&d[k]<min)               /*!final[k]表示 k 还在 V-S 中*/
             {v=k;min=d[k];}
          printf("\n%c---%d\n",g.vexs[v],min);   /*输出本次入选的顶点距离*/
          if(min==FINITY)  return;
                final[v]=TRUE;                   /*v 加入 S*/
          /*第 3 步，修改 S 与 V-S 中各节点的距离*/
          for(k=0;k<g.n;++k)
             if(!final[k]&&(min+g.edges[v][k]<d[k]))
               { d[k]=min+g.edges[v][k];
                 p[k]=v;
               }
        }
}
/********************************************************/
/*   函数功能:输出有向图的最短路径                          */
/*   函数参数:邻接矩阵 g;路径向量 p;距离向量 d               */
/*   函数返回值: 无                                        */
/*   文件名:dijkstra.c,函数名: print_gpd                   */
/********************************************************/
void print_gpd(Mgraph g,path p,dist d)
{   int st[M],i,pre,top;                   /*定义栈 st 并初始化空栈*/
    for(i=0;i<g.n;i++)
    { top=-1;
      printf("\nDistancd: %7d,path:",d[i]);
      st[++top]=i;
      pre=p[i];
      while(pre!=-1)                        /*从第 i 个顶点开始向前搜索最短路径上的顶点*/
        { st[++top]=pre;
          pre=p[pre];
        }
        while(top>=0)
           printf("%2d",st[top--]);
    }
}
int main()
{ Mgraph g;                     /*有向图邻接矩阵*/
  path p;                       /*路径向量*/
  dist d;                       /*距离向量*/
  int v0;
  creat(&g,"g13.txt",1);        /*假设图 8.24(a)所示的有向网 G₁₃的输入文件为 g13.txt */
  printf("please input the source point v0:");
  scanf("%d",&v0);              /*输入源点*/
  dijkstra(g,v0,p,d);           /*求 v0 到其他各顶点的最短距离*/
  print_gpd(g,p,d);             /*输出 v0 到其他各顶点的路径信息及距离*/
  return 0;
}
```

算法 8.7   求有向网中一个顶点到其他各顶点的最短路径

对有向网 G_{13} 实施上述算法，若源点为 A，则算法执行过程中各主要变量的状态变化情况如表 8.1 所示（设图中顶点集按 A、B、C、D、E、F 的顺序存储在邻接矩阵顶点向量中）。

表 8.1 Dijkstra 算法的动态执行情况

循环	集合 S	v	距离向量 d						路径向量 p					
			0	1	2	3	4	5	0	1	2	3	4	5
初始化	{A}	–	0	∞	4	28	∞	∞	−1	−1	0	0	−1	−1
1	{A,C}	2	0	19	4	28	∞	12	−1	2	0	0	−1	2
2	{A,C,F}	5	0	19	4	25	30	12	−1	2	0	5	5	2
3	{A,C,F,B}	1	0	19	4	25	29	12	−1	2	0	5	1	2
4	{A,C,F,B,D}	3	0	19	4	25	29	12	−1	2	0	5	1	2
5	{A,C,F,B,D,E}	4	0	19	4	25	29	12	−1	2	0	5	1	2

当程序执行完成时，向量 $d[i]$（$0 \leqslant i \leqslant n-1$）中记录了从源点到顶点 v_i 的最短距离，向量 $p[i]$ 中记录了从源点到顶点 v_i 的最短路径上顶点 v_i 的前一个顶点的编号。例如，顶点 A 到顶点 D 的最短距离为 $d[3] = 25$，根据 $p[3] = 5, p[5] = 2, p[2] = 0$，可知这条最短路径是 A→C→F→D。函数 print_gpd( ) 中采用了栈结构来输出各顶点最短路径上的顶点编号。

对于一个具有 n 个顶点和 e 条边的带权有向图，采用邻接矩阵存储结构时，Dijkstra 单源最短路径算法的时间复杂度为 $O(n^2)$。

8.6.2 所有顶点对的最短路径

所有顶点对的最短路径问题是指：对于给定的有向网 $G = (V, E)$，求图中任意一对顶点之间的最短路径。

解决这个问题显然可以利用单源最短路径算法，具体做法是依次把有向网 G 中的每个顶点作为源点，重复执行 Dijkstra 算法 n 次，即执行循环体：

```
for(v=0;v<g.n;v++)
{  dijkstra(g,v,p,d);
   print_gpd(g,p,d);
}
```

就可求出每一对顶点之间的最短路径及其长度，该方法的时间复杂度为 $O(n^3)$。

本小节介绍弗洛伊德（Floyd）提出的另一种求所有顶点对最短路径的算法 Floyd 算法，虽然该算法的时间复杂度仍为 $O(n^3)$，但该算法在解决这个问题的形式上更简单。

Floyd 算法的基本思想如下：递推产生一个矩阵序列 $A_{-1}, A_0, \cdots, A_k, \cdots, A_{n-1}$，其中 $A_k[i][j]$ 表示从顶点 v_i 到顶点 v_j 的路径上所经过的顶点序号不大于 k 的最短路径长度。初始时，有 $A_{-1}[i][j] =$ **g.edges**$[i][j]$，当已知矩阵 A_k，求矩阵 A_{k+1}，即求从顶点 v_i 到顶点 v_j 的路径上所经过的顶点序号不大于 $k+1$ 的最短路径长度时，要分以下两种情况考虑。

（1）一种情况是 v_i 到 v_j 的最短路径上不经过顶点 v_{k+1}（顶点序号为 $k+1$），此时顶点 v_i 到顶点 v_j 的路径上所经过的顶点序号不大于 $k+1$ 的最短路径就是 $A_k[i][j]$，即 $A_{k+1}[i][j] = A_k[i][j]$。

（2）另一种情况是从顶点 v_i 到顶点 v_j 的最短路径上经过序号为 $k+1$ 的顶点（v_{k+1}），此时若 v_i 到 v_{k+1} 的距离（$A_k[i][k+1]$）加上 v_{k+1} 到 v_j 的距离（$A_k[k+1][j]$）之和小于 v_i 到 v_j 的距离（$A_k[i][j]$），则顶点 v_i 与顶点 v_j 途经顶点序号不大于 $k+1$ 的最短距离用前两者之和代替，否则保持原来的距离不变，即 $A_{k+1}[i][j] = \min\{A_k[i][j], A_k[i][k+1] + A_k[k+1][j]\}$。

综上所述，可以得到求解 $A_{k+1}[i][j]$ 的递推公式：

$$\begin{cases} A_{-1}[i][j] = \text{g.edges}[i][j] \\ A_{k+1}[i][j] = \min\{A_k[i][j], A_k[i][k+1] + A_k[k+1][j]\} \end{cases} \tag{8-4}$$

通过递推公式可计算出最终矩阵 A_{n-1}，$A_{n-1}[i][j]$ 表示顶点 v_i 可途经所有顶点序号不大于 $n-1$ 的顶点到达顶点 v_j 的最短距离，也就是顶点 v_i 与顶点 v_j 最终的最短距离。

Floyd 算法的具体实现详见算法 8.8。

Floyd 算法

```c
/********************************************************/
/*   所有顶点对最短路径算法,文件名:floyd.c              */
/********************************************************/
#include "ljjz.h"              /*引入邻接矩阵创建程序*/
typedef int dist[M][M];        /*距离向量类型*/
typedef int path[M][M];        /*路径类型*/
/********************************************************/
/*   函数功能:用 Floyd 算法求所有顶点对的最短路径       */
/*   函数参数:邻接矩阵 g;路径向量 p;距离向量 a          */
/*   函数返回值:无                                       */
/*   文件名:floyd.c,函数名: floyd()                     */
/********************************************************/
void floyd(Mgraph g,path p,dist a)
{ int i,j,k;
  /*初始化*/
  for(i=0;i<g.n;i++)
    for(j=0;j<g.n;j++)
        { a[i][j]=g.edges[i][j];
          if(i!=j&&a[i][j]<FINITY) p[i][j]=i;
          else p[i][j]=-1;
        }
  for(k=0;k<g.n;k++)     /*递推求解每一对顶点间的最短距离*/
    {
        for(i=0;i<g.n;i++)
            for(j=0;j<g.n;j++)
                if(a[i][j]>(a[i][k]+a[k][j]))
                    { a[i][j]=a[i][k]+a[k][j];
                      p[i][j]=p[k][j]; /*修改最短路径*/
                    }
    }
}
void outputPath(Mgraph g,path p,dist a)
{
    int i,j,k,v;
    int s[M],top;        /*s用于存放最短路径顶点序列（反向）*/
    for(i=0;i<g.n;i++)
        for(j=0;j<g.n;j++)
        {
            if(a[i][j]!=FINITY&&i!=j)
            {
                printf("%d到%d的路径长度为：%d",i,j,a[i][j]);
                printf("\t路径为：");
                k=p[i][j];
                top=0;
                s[top]=j;                /*最短路径的终点*/
                while(k!=-1&&k!=i)       /*寻找路径的中间顶点*/
                {
```

```
            top++;
            s[top]=k;
            k=p[i][k];
        }
        s[++top]=i;          /*最短路径的起点*/
        while(top>0)          /*输出最短路径*/
            printf("%d,",s[top--]);
        printf("%d",s[top]);
        printf("\n");
        }
    }
}
```

算法 8.8　求网络中每一对顶点之间的最短路径

图 8.26 所示是一个有向网及其邻接矩阵。利用 Floyd 算法求解该网络的任意顶点对之间的最短路径及长度，程序运行时距离向量与路径向量的变化过程如表 8.2 所示，各矩阵值通过递推的方法从上一个矩阵求得。以顶点 2 和顶点 1 的最短路径求解为例，初始时，$A_{-1}[2][1] = 5$，当根据矩阵 A_{-1} 求矩阵 A_0 时（此时图中任意两个顶点可将顶点 0 作为中间点），因为 $A_{-1}[2][0] = 3$、$A_{-1}[0][1] = 1$，它们的和为 4，小于 $A_{-1}[2][1]$，因此修改 $A_0[2][1]$ 为 4，$P_0[2][1] = P_{-1}[0][1] = 0$；使用同样的方法可以求得矩阵中其他元素的值。当矩阵 A_0 求解完成后，根据 A_0 可以以同样方法递推求解 A_1，如此继续，直至最终求得的矩阵 A_3 中存储了图 8.26（a）所示的各顶点间的最短距离，P_3 中存储了任意两个顶点的最短路径信息。例如，顶点 1 到顶点 2 的最短距离为 $A_3[1][2] = 8$，根据路径向量 $P_3[1][2] = 3$、$P_3[1][3] = 1$，可知由顶点 1 到顶点 2 的最短路径是<1,3>、<3,2>。又如 $A_3[1][0] = 11$，表明顶点 1 与顶点 0 的最短距离是 11，根据 $P_3[1][0] = 2$、$P_3[1][2] = 3$、$P_3[1][3] = 1$，可知从顶点 1 到顶点 0 的最短路径是<1,3>、<3,2>、<2,0>。

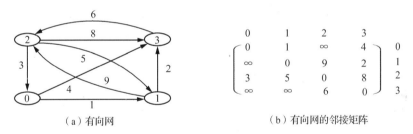

（a）有向网　　　　　　　　　　　　（b）有向网的邻接矩阵

图 8.26　有向网及其邻接矩阵

表 8.2　图 8.26 所示有向网的各对顶点间的最短距离及其路径

A	A_{-1}				A_0				A_1				A_2				A_3			
	0	1	2	3	0	1	2	3	0	1	2	3	0	1	2	3	0	1	2	3
0	0	1	∞	4	0	1	∞	4	0	1	10	3	0	1	10	3	0	1	9	3
1	∞	0	9	2	∞	0	9	2	∞	0	9	2	12	0	9	2	11	0	8	2
2	3	5	0	8	3	4	0	7	3	4	0	6	3	4	0	6	3	4	0	6
3	∞	∞	6	0	∞	∞	6	0	∞	∞	6	0	9	10	6	0	9	10	6	0
P	P_{-1}				P_0				P_1				P_2				P_3			
	0	1	2	3	0	1	2	3	0	1	2	3	0	1	2	3	0	1	2	3
0	-1	0	-1	0	-1	0	-1	0	-1	0	1	1	-1	0	1	1	-1	0	3	1
1	-1	-1	1	1	-1	-1	1	1	-1	-1	1	1	2	-1	1	1	2	-1	3	1
2	2	2	-1	2	2	0	-1	0	2	0	-1	1	2	0	-1	1	2	0	-1	1
3	-1	-1	3	-1	-1	-1	3	-1	-1	-1	3	-1	2	0	3	-1	2	0	3	-1

函数 outputPath( )用于输出所有顶点对之间的最短路径，对图 8.26 所示的有向网采用算法 8.8 求解所有顶点对之间的最短路径，输出结果如下。

```
0 到 1 的路径长度为：1       路径为：0,1
0 到 2 的路径长度为：9       路径为：0,1,3,2
0 到 3 的路径长度为：3       路径为：0,1,3
1 到 0 的路径长度为：11      路径为：1,3,2,0
1 到 2 的路径长度为：8       路径为：1,3,2
1 到 3 的路径长度为：2       路径为：1,3
2 到 0 的路径长度为：3       路径为：2,0
2 到 1 的路径长度为：4       路径为：2,0,1
2 到 3 的路径长度为：6       路径为：2,0,1,3
3 到 0 的路径长度为：9       路径为：3,2,0
3 到 1 的路径长度为：10      路径为：3,2,0,1
3 到 2 的路径长度为：6       路径为：3,2
```

8.7　拓扑排序

如果一个有向图中没有包含简单回路，则称这样的图为有向无环图。有向无环图的一个应用是可以用它来表示工程中各事件的进程，如用于表示工程的施工图、产品的生产流程、学生的课程安排等。图中的顶点代表事件（活动），图中的有向边（弧）说明了事件之间的先后关系。这种用顶点表示活动，用弧表示活动间的优先关系的有向图称为顶点表示活动的网，简称 AOV 网（Activity On Vertex Network）。在 AOV 网中，若顶点 u 与顶点 v 之间存在一条有向边 $<u,v>$，则说明事件 u 必须先于事件 v 完成。此处将 u 称为 v 的直接前驱，v 称为 u 的直接后继。若 AOV 网中顶点 u 与顶点 v 之间存在一条路径 $<u,v_1',\cdots,v_i',\cdots,v>$，则 u 称为 v 的前驱，v 称为 u 的后继。

给定具有 n 个顶点的有向图 $G=(V,E)$ 和 $V(G)$ 的一个所有顶点序列 $(v_1',v_2',\cdots,v_i',\cdots,v_n')$，如果图中任意的顶点 v_i 到任意的顶点 v_j 有一条路径，且在序列中顶点 v_i 排在顶点 v_j 之前，则称序列 $(v_1',v_2',\cdots,v_i',\cdots,v_n')$ 为 AOV 网的一个拓扑序列。即在 AOV 网中，若顶点 u 与顶点 v 存在前驱与后继的关系，则在该图的拓扑序列中顶点 u 必须排在顶点 v 的前面。给出 AOV 网的拓扑序列的过程称为拓扑排序，拓扑排序是确定事件进程（如制订学生学习计划、安排施工进程）的有效手段。

例如，一个计算机专业的学生必须学习一系列的课程（见表 8.3），其中有些课程是基础课程，它独立于其他课程，如"高等数学"与"信息技术基础"课程，而另一些课程必须在修完其先修课程后才能学习，如"编译原理"课程必须在修完"程序设计语言"和"数据结构"课程之后开设。这些课程开设的先后关系可以用一个 AOV 网表示出来，如图 8.27 所示。图中顶点表示课程，有向边表示课程开设的先后关系。若课程 u 是课程 v 的先修课程，则图中有弧 $<u,v>$。

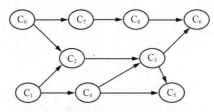

图 8.27　表示课程依赖关系的 AOV 网

对图 8.27 进行拓扑排序可以得到计算机专业各门课程的合理安排顺序。一般情况下，一个有向无环图的拓扑序列不止一个。例如，对图 8.27 进行拓扑排序，至少可以得到如下两个拓扑序列

（当然还可以有其他的拓扑序列）：

$$C_0 \rightarrow C_1 \rightarrow C_2 \rightarrow C_4 \rightarrow C_7 \rightarrow C_8 \rightarrow C_3 \rightarrow C_6 \rightarrow C_5$$
$$C_1 \rightarrow C_0 \rightarrow C_7 \rightarrow C_8 \rightarrow C_2 \rightarrow C_4 \rightarrow C_3 \rightarrow C_5 \rightarrow C_6$$

表 8.3　计算机专业的必修课示例

课程代号	课程名称	先修课程
C_0	高等数学	无
C_1	信息技术基础	无
C_2	离散数学	C_0,C_1
C_3	数据结构	C_2,C_4
C_4	程序设计语言	C_1
C_5	编译原理	C_3,C_4
C_6	操作系统	C_3,C_8
C_7	电子线路基础	C_0
C_8	计算机组成原理	C_7

学生按照这些拓扑序列安排学习进程可以完成学习计划。

当有向图中存在环时，无法找到该图的一个拓扑序列，因为如果存在一个拓扑序列的话，则说明处于环中的顶点间接地以自身作为前驱（前提条件），而这是与事实相矛盾的。

对 AOV 网进行拓扑排序的方法和步骤如下。

（1）在有向图中找一个没有前驱（入度为 0）的顶点并输出。

（2）在图中删除该顶点以及所有从该顶点出发的有向边（即以该顶点为尾的弧）。

（3）反复执行步骤（1）和步骤（2），直到所有顶点均被输出，或者 AOV 网中再也没有入度为 0 的顶点存在为止。

该算法有两种结束的情况，一种情况是所有顶点全部输出，表明对该图拓扑排序成功；另一种情况是图中尚有顶点未输出，但已不存在入度为 0 的顶点，说明此 AOV 网中存在环，无法完成拓扑排序。

为了有效地实现上述拓扑排序算法，关键是要知道图中每个顶点是否存在前驱顶点，即必须存储每一个顶点的入度。这里可以采用邻接表存储 AOV 网，在邻接表中的头节点域增加用于存储顶点入度的信息域。相应地，在建立邻接表的存储结构时，每输入一条有向边 $<v_i,v_j>$，应将顶点 v_j 的入度加 1。

在拓扑排序过程中，当某顶点的入度为 0 时，将该顶点输出，同时将该顶点指向的边表（出边表）中的所有顶点的入度减 1。为了避免重复检测入度为 0 的顶点，可设立一个队列或一个栈，用于存放入度为 0 的顶点。综上所述，采用邻接表作为存储结构的拓扑排序步骤可归纳如下。

（1）建立带入度的 AOV 网的邻接表存储结构。

（2）查找邻接表中入度为 0 的顶点，将所有入度为 0 的顶点进队（栈）。

（3）当队列（栈）不为空时：

① 取出队首元素（栈顶元素）v_i，并输出；

② 在邻接表中，将顶点 v_i 边表中的所有顶点 v_j 的入度减 1，若 v_j 的入度变为 0，则将 v_j 进队（栈）；

③ 转至步骤（3）。

（4）当队列（栈）为空时，若 AOV 网的所有顶点都已输出，则拓扑排序正常结束；否则表明 AOV 网中存在环。

图 8.27 所示的 AOV 网采用带入度的邻接表的存储情况如图 8.28 所示。

图 8.28　图 8.27 的 AOV 网采用带入度的邻接表的存储

这种带入度的邻接表存储结构定义如下。

```
/**********************************************/
/*  拓扑排序算法,文件名:topsort.c              */
/**********************************************/
#define M 20
typedef char vertextype;
typedef struct node{              /*边节点类型定义*/
        int adjvex;
        struct node *next;
}edgenode;
typedef struct de                 /*带顶点入度的头节点定义*/
{ edgenode *FirstEdge;
  vertextype vertex;
  int id;                         /*顶点的入度域*/
}vertexnode;
typedef struct{                   /*AOV 网的邻接表结构*/
        vertexnode adjlist[M];
        int n,e;
}AovGraph;
```

基于这种存储结构,拓扑排序算法可描述为算法 8.9。

```
/**********************************************/
/*  函数功能:拓扑排序                         */
/*  函数参数:AOV 网的邻接表存储结构变量 g      */
/*  函数返回值:拓扑排序输出的顶点个数          */
/*  文件名:topsort.c,函数名: TopSort()         */
/**********************************************/
int TopSort(AovGraph g)
{
    int k=0,i,j,v;
    int queue[M];           /*队列*/
    int front,rear;
```

```
    edgenode *p;
    front=rear=0;              /*初始化空队列*/
    for(i=0;i<g.n;i++)         /*先将所有入度为 0 的节点进队*/
        if(g.adjlist[i].id==0)
            queue[rear++]=i;

    printf("\n 该 AOV 网的拓扑序列是: \n");
    while(front<rear)          /*当队列不为空时*/
      {
        v=queue[front++];      /*队首元素出队*/
        printf("%c ",g.adjlist[v].vertex);
        k++;                             /*计数器加 1*/
        p=g.adjlist[v].FirstEdge;
        while(p)                         /*将所有与 v 邻接的顶点的入度减 1*/
          {   j=p->adjvex;
              if(--g.adjlist[j].id==0)   /*若入度为 0 则进队*/
                  queue[rear++]=j;
              p=p->next;
          }
      }
    return k;          /*返回输出的节点个数*/
}
```

算法 8.9　拓扑排序

分析上述算法，如果 AOV 网中有 n 个顶点、e 条边，则建立邻接表需要的时间复杂度为 $O(n + e)$。在拓扑排序过程中，查找入度为 0 的顶点需要的时间复杂度为 $O(n)$，顶点进队及输出共执行 n 次，入度减 1 操作及判定入度为 0 操作共执行 e 次，所以总的时间复杂度为 $O(n + e)$。

8.8　关键路径

在有向网中，如果用顶点表示事件，弧表示活动，弧上的权值表示活动持续的时间，这样的有向网称为边表示活动的网，简称 AOE 网（Activity On Edge Network）。通常可以用 AOE 网来估算工程的完成时间，它不仅可以表达工程中各事件的先后关系，更可以说明整个工程至少需要多少时间完成以及哪些活动是影响工程进度的关键活动。在 AOE 网中，有一个入度为 0 的事件，称为源点，它表示整个工程的开始；同时有一个出度为 0 的事件，称为汇点，它表示整个工程的结束。例如，图 8.29 所示是一个具有 15 个活动（$a_0,a_1,\cdots,a_{14}$）的 AOE 网，图中有 10 个顶点，它们分别代表事件 v_0 到 v_9。其中，v_0 表示"工程开始"，是此 AOE 网中的源点；v_9 表示"工程结束"，是此 AOE 网中的汇点。边上的权表示完成该活动所需要的时间，例如，活动 a_0 需要 8 天（此处假设以天为时间单位）、a_1 需要 6 天等。

AOE 网同样描述了各事件的先后关系，当工程开始之后，活动 a_0,a_1,a_2 可以同时执行，而在事件 v_1,v_2,v_4 开始后，活动 a_3,a_4,a_5,a_6,a_7 才可以分别开始，当事件 v_3,v_6 开始后，活动 a_8,a_9,a_{10},a_{11} 可以分别开始，当活动 a_7 与 a_{11} 均已完成后，活动 a_{12} 才可以开始，同理，只有当 a_9,a_{10},a_{12} 完成后 a_{14} 才可以开始，当活动 a_{13} 和 a_{14} 完成后整个工程结束。

现在讨论整个工程最少花多少时间可以完成，耽误哪些活动将导致整个工程延期，即哪些活动是关键活动。对于非关键活动，它们的最早开工时间及最晚开工时间是多少？由于一个 AOE 网中的某些活动可以并行进行，所以完成工程的最短时间是从源点到汇点最长路径的长度。相应地，从源点到汇点的最长路径称为 AOE 网的关键路径。

例如，在图 8.29 所示的 AOE 网中，(v_0,v_2,v_3,v_8,v_9) 就是一条关键路径，这条路径的长度是 45，就是说整个工程至少要 45 天才能完成。当然，一个 AOE 网中可能有多个关键路径。

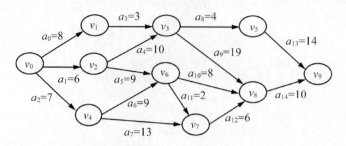

图 8.29　一个 AOE 网

在 AOE 网中从源点 v_0 到事件 v_i 的最长路径长度是事件 v_i 的最早发生时间。这个时间决定了所有以 v_i 为尾的弧表示的活动的最早开始时间。以下用 $e(i)$ 表示活动 a_i 的最早开始时间，为了判断哪些活动是关键活动，还需定义一个表示活动最晚开始时间的量 $l(i)$，这是在不推迟整个工程完成的前提下，活动 a_i 最晚必须开始进行的时间。若某一活动 a_i 的最早开始时间 $e(i)$ 等于这个活动的最晚开始时间 $l(i)$，则说明活动 a_i 是一个关键活动，提高关键活动的完成速度可缩短整个工程的完成时间。而对于那些非关键活动 a_j，$l(j)-e(j)$ 的值表示完成活动 a_j 的时间余量，提前完成非关键活动并不能提高整个工程的进度。例如，图 8.29 中活动 a_3 的最早开始时间是 8，最晚开始时间是 13，这表示，如果 a_3 推迟 5 天开始或者延迟 5 天完成，都不会影响整个工程的完成工期。但关键路径上的 4 个活动 a_1,a_4,a_9,a_{14} 必须按时开始并按时结束，否则将影响整个工程的完成工期。因此，分析关键路径可以帮助指导工程安排，以便提高关键活动的工效，从而争取整个工程的提前完成。

为了求得 AOE 网中每个活动的 $e(i)$ 和 $l(i)$，必须知道代表活动的有向边所关联的两个事件 v_j 和 v_k 的最早发生时间与最晚发生时间。因此，还需定义以下两个与求关键路径有关的量。

（1）事件可能的最早发生时间 $v_e(i)$：对于某一事件 v_i，它可能的最早发生时间 $v_e(i)$ 是从源点到顶点 v_i 的最大路径长度。

（2）事件允许的最晚发生时间 $v_l(i)$：对于某一事件 v_i，它允许的最晚发生时间是在保证按时完成整个工程的前提下，该事件最晚必须发生的时间。

经观察可以按式（8-5）递推出各个事件的最早发生时间：

$$\begin{cases} v_e(0)=0, \\ v_e(i)=\max\{v_e(j)+\text{活动}<v_j,v_i>\text{持续的时间}\}, \quad 1\leqslant i\leqslant n-1, j\in p(i), \end{cases} \quad (8-5)$$

其中，$p(i)$ 是以顶点 v_i 为头的所有弧的尾顶点的集合，其含义如图 8.30 所示。从图 8.30 中可以看出，仅当集合 $p(i)$ 中所有事件 v_j 的 $v_e(j)$ 全部求出后，才能递推出事件 v_i 的 $v_e(i)$ 值。因此，求解 $v_e(i)$ 的过程必须按 AOE 网的拓扑序列进行。

对于图 8.29 所示的 AOE 网，可按其中的一个拓扑序列 $(v_0,v_1,v_2,v_4,v_3,v_6,v_7,v_5,v_8,v_9)$ 求解每个事件的最早发生时间，具体如下：

$v_e(0) = 0$；

$v_e(1) = 8, v_e(2) = 6, v_e(4) = 7$；

$v_e(3) = \max\{v_e(1) + \text{len}(a_3), v_e(2) + \text{len}(a_4)\} = 16$；

$v_e(6) = \max\{v_e(2) + \text{len}(a_5), v_e(4) + \text{len}(a_6)\} = 16$；

$v_e(7) = \max\{v_e(6) + \text{len}(a_{11}), v_e(4) + \text{len}(a_7)\} = 20$；

$v_e(5) = v_e(3) + \text{len}(a_8) = 20$；

$v_e(8) = \max\{v_e(3) + \text{len}(a_9), v_e(6) + \text{len}(a_{10}), v_e(7) + \text{len}(a_{12})\} = 35$；

$v_e(9) = \max\{v_e(5) + \text{len}(a_{13}), v_e(8) + \text{len}(a_{14})\} = 45$。

上式中的 $\text{len}(a_i)$ 表示的是活动 a_i 持续的时间。设活动 a_k 对应的弧为 $<v_i, v_j>$，则 v_i 称为活动 a_k 的尾事件，v_j 称为活动 a_k 的头事件。活动 a_k 持续的时间也可记为 $\text{len}(<v_i, v_j>)$，根据 $e(k)$ 及 $l(k)$ 的意义可知：

$$\begin{cases} e(k) = v_e(i) \\ l(k) = v_l(j) - \text{len}(<v_i, v_j>) \end{cases} \tag{8-6}$$

因此，求活动 a_k 的 $e(k)$ 和 $l(k)$ 就变成了求该活动的尾事件 v_i 的最早发生时间和头事件 v_j 所允许的最晚发生时间。

求每一个顶点 v_i 允许的最晚发生时间 $v_l(i)$ 可以沿网络中的汇点开始，按网络中的逆拓扑序列逐个递推出每个顶点的 $v_l(i)$。

$$\begin{cases} v_l(n-1) = v_e(n-1), \\ v_l = \min\{v_l(j) - \text{len}(<v_i, v_j>)\}, \qquad 0 \leqslant i \leqslant n-2, j \in s(i), \end{cases} \tag{8-7}$$

其中，$s(i)$ 是以顶点 v_i 为尾的所有弧的头顶点的集合，其含义如图 8.31 所示。从图 8.31 中可以看出，计算 $v_l(i)$ 的值要按网络中所有顶点的逆拓扑序列进行，也就是说，必须在求出事件 v_i 的所有后继事件的最晚发生时间之后，才能计算事件 v_i 本身的最晚发生时间。

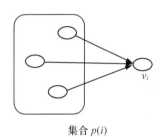

集合 $p(i)$

图 8.30　集合 $p(i)$ 示例

集合 $s(i)$

图 8.31　集合 $s(i)$ 示例

对于图 8.29 所示的 AOE 网，按照式（8-7）求得的各个事件允许的最晚发生时间如下：

$v_l(9) = v_e(9) = 45$；

$v_l(8) = v_l(9) - \text{len}(<v_8, v_9>) = 45 - 10 = 35$；

$v_l(5) = v_l(9) - \text{len}(<v_5, v_9>) = 45 - 14 = 31$；

$v_l(7) = v_l(8) - \text{len}(<v_7, v_8>) = 35 - 6 = 29$；

$v_l(6) = \min\{v_l(7) - \text{len}(<v_6, v_7>), v_l(8) - \text{len}(<v_6, v_8>)\} = \min\{27, 27\} = 27$；

$v_l(3) = \min\{v_l(5) - \text{len}(<v_3, v_5>), v_l(8) - \text{len}(<v_3, v_8>)\} = \min\{27, 16\} = 16$；

$v_l(4) = \min\{v_l(6) - \text{len}(<v_4, v_6>), v_l(7) - \text{len}(<v_4, v_7>)\} = \min\{18, 16\} = 16$；

$v_l(2) = \min\{v_l(3) - \text{len}(<v_2, v_3>), v_l(6) - \text{len}(<v_2, v_6>)\} = \min\{6, 18\} = 6$；

$v_l(1) = v_l(3) - \text{len}(<v_1, v_3>) = 13$；

$v_l(0) = \min\{v_l(1) - 8, v_l(2) - 6, v_l(4) - 7\} = \min\{5, 0, 9\} = 0$。

求出网络中各个事件的 v_e 和 v_l 之后，再根据式（8-6），求出各活动的最早可能开始时间 $e(i)$ 及允许的最晚开始时间 $l(i)$，如表 8.4 所示，其中满足条件 $e(i) = l(i)$ 的活动就是 AOE 网中的关键活动。

表 8.4　图 8.29 所示 AOE 网中事件的发生时间和活动的最早与最晚开始时间

顶点	v_e	v_l	活动	e	l	$l - e$	关键活动
v_0	0	0	a_0	0	5	5	
v_1	8	13	a_1	0	0	0	√
v_2	6	6	a_2	0	9	9	

顶点	v_e	v_l	活动	e	l	$l-e$	关键活动
v_3	16	16	a_3	8	13	5	
v_4	7	16	a_4	6	6	0	√
v_5	20	31	a_5	6	18	12	
v_6	16	27	a_6	7	18	11	
v_7	20	29	a_7	7	16	9	
v_8	35	35	a_8	16	27	11	
v_9	45	45	a_9	16	16	0	√
			a_{10}	16	27	11	
			a_{11}	16	27	11	
			a_{12}	20	29	9	
			a_{13}	20	31	11	
			a_{14}	35	35	0	√

计算结果表明，图 8.29 所示的 AOE 网中，关键活动为 a_1,a_4,a_9,a_{14}，关键路径如图 8.32 所示。

求解关键路径的关键在于求解每个事件的最早发生时间与允许的最晚发生时间。下面讨论求解 $v_e(i)$ 与 $v_l(i)$ 的具体实现方法。假设图的存储结构采用邻接表，由于求解每个顶点的最早发生时间及

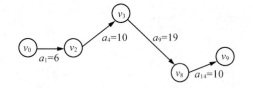

图 8.32　图 8.29 所示 AOE 网的关键活动的关键路径

最晚发生时间分别要在拓扑序列与逆拓扑序列下求解，因此，为运算方便，需同时提供 AOE 网的入边表与出边表的存储。我们可以定义如下的存储结构。

```
/**************************************************/
/*    关键路径求解算法,文件名:keyway.c          */
/**************************************************/
#define M 20
typedef char vertextype;
typedef struct node{           /*边节点类型定义*/
  int adjvex;
  int len;                     /*边的权值*/
  struct node *next;
}EdgeNode;
typedef struct de              /*带顶点入度的头节点定义*/
{
  EdgeNode *FirstEdge;
  vertextype vertex;
  int id;                      /*顶点的入度域*/
}vertexnode;
typedef struct{                /*AOE 网的邻接表结构*/
  vertexnode adjlist[M];
  int n,e;
}AoeGraph;
```

关键路径算法

基于这种存储结构，算法 8.10 给出了求解关键路径的两个主要函数，其中 EarlistTime( ) 函数的功能是求 AOE 网中每个事件的最早发生时间，LateTime( ) 函数的功能是求解 AOE 网中每个事件允许的最晚发生时间。

```
/*****************************************************************/
/*  函数功能:求 AOE 网中各事件的最早发生时间                          */
/*  函数参数:AOE 网的出边表 gout;事件最早发生时间向量 ve;AOE 网的拓扑序列向量 seq */
/*  函数返回值:返回输出的顶点的个数                                   */
/*  文件名:keyway.c,函数名: EarlistTime()                         */
/*****************************************************************/
int EarlistTime(AoeGraph gout,int ve[],int seq[])
{  int count=0,i,j,v,flag[M];
   int queue[M];                        /*队列*/
   int front=0,rear=0;
   EdgeNode *p;
   for(i=0;i<gout.n;i++)                 /*初始化每个顶点的最早发生时间 ve[i]为 0*/
       ve[i]=0;
   for(i=0;i<gout.n;i++)  flag[i]=0;      /*访问标识初始化*/
   for(i=0;i<gout.n;i++)                  /*先将所有入度为 0 的节点进队*/
     if(gout.adjlist[i].id==0&&flag[i]==0)
        {  queue[rear++]=i;flag[i]=1; }
   while(front<rear)              /*当队列不为空时*/
     {  v=queue[front++];       /*队首元素出队*/
        printf("%c----->",gout.adjlist[v].vertex);
        seq[count]=v;            /*记录拓扑排序当前元素*/
        count++;                 /*计数器加 1*/
        p=gout.adjlist[v].FirstEdge;
        while(p)                 /*将所有与 v 邻接的顶点的入度减 1*/
          { j=p->adjvex;
            if(--gout.adjlist[j].id==0&&flag[j]==0)    /*若入度为 0 则进队*/
                 {queue[rear++]=j; flag[j]=1;}
            if(ve[v]+p->len>ve[j])
                 ve[j]=ve[v]+p->len;    /*ve[j]的值是从源点到顶点 vj 的最长距离*/
            p=p->next;
          }
     }
   return count;
}
/*****************************************************************/
/*  函数功能:求 AOE 网中各事件允许的最晚发生时间                       */
/*  函数参数:AOE 网的入边表 gin;事件最早发生时间向量 ve;               */
/*  事件允许的最晚发生时间向量 vl;拓扑序列向量 seq                      */
/*  函数返回值:无                                                  */
/*  文件名:keyway.c, 函数名: LateTime()                           */
/*****************************************************************/
void LateTime(AoeGraph gin,int ve[],int vl[],int seq[])
{ int k=gin.n-1,i,j,v;
  EdgeNode *p;
  for(i=0;i<gin.n;i++)     /*初始化 AOE 网中每个顶点允许的最晚发生时间为关键路径长度*/
      vl[i]=ve[seq[gin.n-1]];
  while(k>-1)              /*按照逆拓扑序列求各事件允许的最晚发生时间*/
  {   v=seq[k];
      p=gin.adjlist[v].FirstEdge;
      while(p)
```

```
    {   j=p->adjvex;
        if(vl[v]-p->len<vl[j])  vl[j]=vl[v]-p->len;
        p=p->next;
    }
    k--;
  }
}
```

算法 8.10　求 AOE 网中各事件的最早发生时间和允许的最晚发生时间

函数 EarlistTime( )借助拓扑排序的过程求解每个顶点的最早发生时间，在每输出一个顶点时用 "if(ve[v]+p->len>ve[j])ve[j] = ve[v] + p->len;" 语句保证所有以 v 为尾的弧所连接的顶点的最早发生时间是从源点到该顶点的最长距离，且利用 seq[]记录拓扑序列。该算法的时间复杂度为 $O(n+e)$。函数 LateTime( )利用 seq[]中记录的拓扑序列按逆拓扑序列求解每个事件允许的最晚发生时间，该算法的时间复杂度也是 $O(n+e)$。

本章小结

本章主要知识点的思维导图如图 8.33 所示。

图 8.33　本章主要知识点的思维导图

习　题

8.1　选择题。

（1）【2010 年统考真题】若无向图 G(V,E)中含有 7 个顶点，要保证图 G 在任何情况下都是连通的，则需要的边数最少是（　　）。

　　A．6　　　　　　　B．15　　　　　　C．16　　　　　　D．21

（2）已知无向图 G 含有 16 条边，其中度为 4 的顶点个数为 3，度为 3 的顶点个数为 4，其他顶点的度均小于 3，则图 G 含有的顶点个数至少是（　　）。

　　A．10　　　　　　B．11　　　　　　C．13　　　　　　D．15

（3）下列关于无向连通图特性的叙述中正确的是（　　）。

　　Ⅰ．所有顶点的度之和为偶数

Ⅱ．边数大于顶点个数减 1

Ⅲ．至少有一个顶点的度为 1

  A．只有Ⅰ   B．只有Ⅱ   C．Ⅰ和Ⅱ   D．Ⅰ和Ⅲ

（4）假设一个有 n 个顶点和 e 条边的有向图用邻接表表示，则删除与某个顶点 v_i 相关的所有边的时间复杂度是（ ）。

  A．$O(n)$ B．$O(e)$ C．$O(n+e)$ D．$O(ne)$

（5）已知一个有向图如图 8.34 所示，则从顶点 a 出发进行深度优先遍历，不可能得到的 DFS 序列为（ ）。

  A．a,d,b,e,f,c   B．a,d,c,e,f,b   C．a,d,c,e,b,f   D．a,d,e,f,b,c

（6）无向图 G =(V,E)，其中 V = {a,b,c,d,e,f}，E = {(a,b),(a,e),(a,c),(b,e),(c,f),(f,d),(e,d)}，对该图进行深度优先遍历，得到的顶点序列正确的是（ ）。

  A．a,b,e,c,d,f   B．a,c,f,e,b,d   C．a,e,b,c,f,d   D．a,e,d,f,c,b

（7）下列不是图 8.35 所示 AOV 网的拓扑排序结果的是（ ）。

  A．AFBCDE   B．FABCDE   C．FACBDE   D．FADBCE

图 8.34 有向图

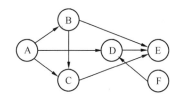
图 8.35 AOV 网

（8）判断一个有向图是否存在回路，除了可以利用拓扑排序方法，还可以利用（ ）。

  A．单源最短路径 Dijkstra 算法   B．所有顶点对最短路径 Floyd 算法

  C．广度优先遍历算法   D．深度优先遍历算法

（9）在一个带权连通图 G 中，权值最小的边一定包含在 G 的（ ）。

  A．最小生成树中   B．深度优先生成树中

  C．广度优先生成树中   D．深度优先生成森林中

（10）【2012 年统考真题】对于图 8.36 所示的有向带权图，若采用 Dijkstra 算法求从源点 a 到其他各顶点的最短路径，则得到的第一条最短路径的目标顶点是 b，第二条最短路径的目标顶点是 c，后续得到的其余各最短路径的目标顶点依次是（ ）。

  A．d,e,f   B．e,d,f   C．f,d,e   D．f,e,d

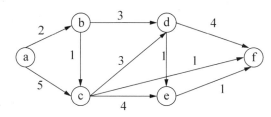
图 8.36 有向带权图

（11）以下叙述正确的是（ ）。

  A．最短路径一定是简单路径

  B．Dijkstra 算法不适合有回路的带权图求最短路径

  C．Dijkstra 算法不适合求任意两个顶点的最短路径

D．用 Floyd 算法求两个顶点的最短路径时，path$_{k-1}$ 一定是 path$_k$ 的子集

（12）对于 AOE 网的关键路径，以下叙述中（　　）是正确的。

　　A．任何一个关键活动提前完成，则整个工程也会提前完成

　　B．完成工程的最短时间是从源点到汇点的最短路径长度

　　C．一个 AOE 网的关键路径是唯一的

　　D．任何一个活动持续时间的改变可能会影响关键路径的改变

8.2　对于图 8.37 所示的无向图，试给出：

（1）图中每个顶点的度；

（2）该图的邻接矩阵；

（3）该图的邻接表与邻接多重表；

（4）该图的连通分量。

8.3　对于图 8.38 所示的有向图，试给出：

（1）顶点 D 的入度与出度；

（2）该图的出边表与入边表；

（3）该图的强连通分量。

图 8.37　无向图

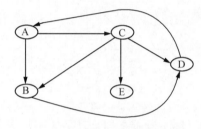

图 8.38　有向图

8.4　试回答下列关于图的一些问题。

（1）有 n 个顶点的有向强连通图最多有多少条边？最少有多少条边？

（2）一个有 500 个顶点、500 条边的有向图的邻接矩阵有多少个非零元素？

（3）G 是一个非连通的无向图，共有 28 条边，则该图至少有多少个顶点？

8.5　对于有 n 个顶点的无向图和有向图，分别采用邻接矩阵和邻接表表示时，试回答下列问题。

（1）如何判别图中有多少条边？

（2）如何判别任意两个顶点 v_i 和 v_j 是否有边相连？

（3）任意一个顶点的度是多少？

8.6　图 8.39 所示是某个无向图的邻接表，试完成以下题目。

（1）画出此图。

（2）写出从顶点 A 开始的 DFS 遍历结果。

（3）写出从顶点 A 开始的 BFS 遍历结果。

8.7　证明：用 Prim 算法能正确地生成一棵最小生成树。

8.8　证明：用 Kruskal 算法能正确地生成一棵最小生成树。

8.9　对图 8.40 所示的无向连通图，分别用 Prim 算法和 Kruskal 算法构造其最小生成树。

8.10　对于图 8.41 所示的有向网，用 Dijkstra 算

0	A		1		2		3	^
1	B		0		2		3	^
2	C		0		1		5	^
3	D		0		1	^		
4	E		5		6	^		
5	F		2		4		6	^
6	G		4		5	^		

图 8.39　邻接表

法求从顶点 A 到图中其他顶点的最短路径，并写出算法执行过程中距离向量 d 与路径向量 p 的状

态变化情况。

图 8.40　无向连通图

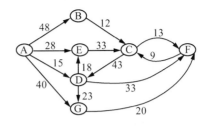

图 8.41　有向网

8.11 【2009 年统考真题】带权图（权值非负，表示边连接的两个顶点间的距离）的最短路径问题是找出从初始顶点到目标顶点之间的一条最短路径。假设从初始顶点到目标顶点之间存在路径，现有一种解决该问题的方法：

（1）设最短路径初始时仅包含初始顶点，令当前顶点 u 为初始顶点；

（2）选择离 u 最近且尚未在最短路径中的一个顶点 v 加入最短路径中，修改当前顶点 $u=v$；

（3）重复步骤（2），直到 u 是目标顶点为止。

请问上述方法能否求得最短路径？若该方法可行，请证明；否则，请举例说明。

8.12 试写出图 8.42 所示的 AOV 网的 4 个不同的拓扑序列。

8.13 计算图 8.43 所示的 AOE 网中各顶点所表示的事件的发生时间 $v_e(j)$、$v_l(j)$，以及各边所表示的活动的开始时间 $e(i)$、$l(i)$，并找出其关键路径。

图 8.42　AOV 网

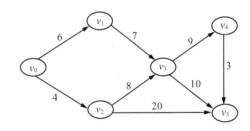

图 8.43　AOE 网

8.14 【2011 年统考真题】已知有 6 个顶点（顶点编号为 0～5）的有向带权图 G，其邻接矩阵 A 为上三角矩阵，按行为主序（行优先）保存在如下的一维数组中。

4	6	∞	∞	∞	5	∞	∞	∞	4	3	∞	∞	3	3

要求：

（1）写出图 G 的邻接矩阵 A；

（2）画出有向带权图 G；

（3）求图 G 的关键路径，并计算该关键路径的长度。

9

第9章 查找

学习目标

（1）掌握顺序查找、二分查找、分块查找的基本思想、算法实现和效率分析。

（2）掌握二叉排序树的节点插入、删除和查找算法。

（3）理解丰满树和平衡树的基本概念，掌握平衡二叉树因节点插入和删除而失去平衡的调整方法。

（4）理解红黑树的基本概念和性质，掌握红黑树因节点插入和删除而失去平衡的调整方法。

（5）掌握 Huffman 树的构造方法及 Huffman 编码、解码方法，理解 Huffman 树的应用。

（6）理解 B-、B+树的概念及基于 B-、B+树的节点查找、插入和删除方法。

（7）了解散列函数的选取原则及产生冲突的原因，掌握常用的散列函数及解决冲突方法。

（8）掌握采用线性探测再散列法和拉链法解决冲突时，散列表的建表方法、查找过程以及算法实现和时间分析。

查找又称为检索，就是从一个数据元素集合中找出某个特定的数据元素或者找出满足某类特征的数据元素的过程。查找运算的使用频率很高，几乎在任何一个软件系统中都会涉及，如英汉电子词典的单词查找、电子商务中的商品信息查找和搜索引擎信息查找等。当查找所涉及的数据量很大时，查找算法的优劣对整个软件系统的效率影响很大，在一些实时查询系统中尤其如此。本章将系统地讨论各种查找方法，主要包括线性表的查找、树表的查找和散列表的查找等。

9.1 查找的基本概念

查找是确定数据元素集合中是否存在数据元素等于特定元素或是否存在数据元素满足某种给定特征的过程。

要进行查找，必须知道待查找对象的特征。一般地，假定待查找对象是由 n 个节点组成的表（称为查找表），每个节点由若干个数据项组成，并假设每个节点都有一个能唯一标识该节点的关键字。此时，一种常见的操作是，给定一个值 key，在表中找出关键字等于给定值 key 的节点，若找到，则查找成功，返回该节点的信息或该节点在表中的位置；否则查找失败，返回相关的提示信息。这类操作在查找的前后不会改变查找表的内容，因此对应的查找表称为静态查找表。另一种查找通常伴随数据元素的增添、删除或移动，对应的查找表称为动态查找表，如商品销售系统中的售货过程经常在查找到某种商品的同时需要删除相应的商品，这种数据适合组织成动态查找表。根据运算的需求，静态查找表与动态查找表可采用不同的数据结构。

衡量查找算法效率的标准是平均查找长度（Average Search Length，ASL），也就是为确定某一节点在数据集合中的位置，给定值与集合中的节点关键字所需进行的比较次数。对于具有 n 个数据元素的集合，查找某元素成功的平均查找长度为：

$$ASL = \sum_{i=1}^{n} P_i \cdot C_i \qquad\qquad (9\text{-}1)$$

其中，n 是查找表中节点的个数；C_i 为查找第 i 个元素所需进行的比较次数；P_i 是查找第 i 个节点的概率且 $\sum_{i=1}^{n} P_i = 1$。在分析查找算法的复杂性时，若未特别说明，则认为每个节点具有相同的查找概率，即 $P_1 = P_2 = \cdots = P_n = 1/n$。

9.2　线性表的查找

　　线性结构是数据元素间常见的数据结构，基于线性表的查找运算在各类程序中应用非常广泛，本节介绍 3 种在线性表上进行查找的方法，它们分别是顺序查找、二分查找与分块查找。为简化问题，本节所介绍的查找方法均视为基于静态查找表的操作。

9.2.1　顺序查找

　　顺序查找是一种非常简单的查找方法。它的基本思想是：从表的一端开始，顺序（逐个）扫描线性表，依次将扫描到的节点关键字和给定值 key 相比较，若当前扫描到的节点关键字与 key 相等，则查找成功；若扫描结束后，仍未找到关键字等于 key 的节点，则查找失败。

　　无论线性表采用顺序存储还是链式存储均可以采用顺序查找方法。若线性表的顺序存储结构如下：

```
/*********************************/
/*文件名:seqlist.h            */
/*********************************/
#include <stdio.h>
#define maxsize 1000          /*预定义最大的数据域空间*/
typedef  int datatype;        /*假设数据类型为整型*/
typedef struct {
  datatype data[maxsize];     /*此处假设数据元素只包含一个整型的关键字域*/
  int len;                    /*线性表长度*/
}seqlist;                     /*预定义的顺序表类型*/
```

则基于顺序表的顺序查找方法如算法 9.1 所示。

```
/***********************************************/
/* 函数功能:顺序查找非递归算法,文件名:seqSearch.c      */
/* 函数参数:顺序表 l;待查找关键字 key              */
/* 函数返回值:待查找结构在顺序表中的位置,若查找失败则返回-1  */
/* 文件名:seqsearch.c,函数名:seqSearch()          */
/***********************************************/
int seqSearch(seqlist l,datatype key)
{    int k=l.len-1;
     while(k>=0&&l.data[k]!=key)  k--;
     return (k);
}
```

算法 9.1　线性表的顺序查找（顺序存储）

　　查找从后往前不断将待查找元素 key 和当前表元素进行比较，每当发现 key 和当前表元素不相等，就向前移动，直到找到指定元素或找完所有表元素为止。算法结束后根据函数的返回值（-1 或非-1）可判断待查找节点是否在线性表中。需要说明的是，每次在将当前元素与待查找元素进行比较前需要判断是否已经查找完成（$k \geq 0$），一种改进的做法是，可以在线性表的最前面设置一个与待查找关键字等值的数据元素，作为监视查找是否完成的"哨兵"，这样在循环查找的过程中不需要每次判断是否查找完成。

若线性表采用带头节点的单链表存储方式，则基于带头节点的单链表的顺序查找方法如算法 9.2 所示。

```c
/**********************************/
/*文件名:linklist.h              */
/**********************************/
#include <stdlib.h>
#include <stdio.h>
typedef int datatype;                    /*预定义的数据类型*/
typedef struct node
{
    datatype data;                       /*节点数据域*/
    struct node *next;
}linknode;
typedef linknode *linklist;


/*********************************************************************/
/*  函数功能:基于带头节点的单链表的顺序查找,文件名:linkSearch.c          */
/*  函数参数:带头节点的单链表 head;待查找关键字 key                      */
/*  函数返回值:若查找成功则返回待查找数据在单链表中的地址,若查找失败则返回 NULL */
/*  文件名:linkSearch.c,函数名:linkSearch()                           */
/*********************************************************************/
linklist linkSearch(linklist  head,datatype  key)
{
    linklist p=head->next;       /*p 指向带头节点的单链表的第一个节点*/
    while( p && p->data!=key )
         p=p->next;
    return p;
}
```

算法 9.2 线性表的顺序查找（链式存储）

基于带头节点的单链表的顺序查找算法从单链表的第一个节点开始由前向后依次进行查找，若查找成功则返回待查找数据在单链表中的地址，若查找失败则返回 NULL。

顺序查找的缺点是查找时间长。假设顺序表中每个记录的查找概率相同，即 $P_i = 1/n$（$i = 0,1,\cdots,n-1$），我们很容易计算出，顺序查找算法查找成功时的平均查找长度为：

$$\text{ASL}_{\text{seq}} = \sum_{i=0}^{n-1} \frac{1}{n} \cdot (n-i) = (n+1)/2 \tag{9-2}$$

在查找失败时，算法的平均查找长度为：

$$\text{ASL}_{\text{seq}} = \sum_{i=0}^{n-1} \frac{1}{n} \cdot n = n \tag{9-3}$$

有时，表中各个记录的查找概率并不相等，若能事先知道每个节点的查找概率，并按查找概率升序排列（若从前向后查找则按查找概率降序排列）线性表中的节点，则式（9-2）的 ASL_{seq} 取极小值。但是，在一般的情况下，节点的查找概率往往无法预先测定，为了提高查找效率，可以在每个节点中附设一个访问频度域，并使线性表中的记录始终保持按访问频度升序排列，使查找概率大的节点在查找过程中不断往后移动，以便在以后的查找中减少比较次数。由于涉及节点的移动，因此，这种动态查找表宜采用链式存储。

9.2.2　二分查找

二分查找又称为折半查找，采用二分查找可以大大提高查找效率，它要求线性表节点按其关键字从小到大（或从大到小）排列并采用顺序存储结构。二分查找的基本思想是：设 L[low..high] 是当前的查找区间，首先让待查找的数据元素与线性表中间节点 $mid = \lfloor (low + high)/2 \rfloor$ 的关键字相比较，若相等，则查找成功并结束二分查找；若待查找的数据元素比中间节点的关键字要小，则在线性表的前半部分 L[low..mid −1] 进行二分查找；反之，则在线性表的后半部分 L[mid + 1..high] 进行二分查找，直到找到满足条件的节点或者确定表中没有这样的节点。

例如，已知含有 10 个数据元素的有序表为（仅列出元素项的关键字）：

$$(10,14,20,32,45,50,68,90,100,120)$$

现要在其中查找关键字为 20 和 95 的数据元素。

按照二分查找的基本思想，可用指针 low 和 high 分别指示待查找元素所在范围的下界和上界，指针 mid 指示区间的中间位置。在此例中，low 和 high 的初值分别为 0 和 9，即[0..9]为待查范围。

图 9.1（a）列出了查找 20 的过程。第 1 次查找的区间是 L[0..9]，此时 $mid = \lfloor (0 + 9)/2 \rfloor = 4$，故第 1 次将 key 和 L[4]进行比较。因为 20 < 45，所以第 2 次查找的区间是有序查找表的前半部分 L[0..3]。类似地，将 key 与 L[1]（ $mid = \lfloor (0 + 3)/2 \rfloor = 1$ ）比较后得知 key 较大，故第 3 次查找的范围是当前区间 L[0..3]的后半部分 L[2..3]，此时 $mid = \lfloor (2 + 3)/2 \rfloor = 2$，经比较 key 和 L[2]，二者相等，查找成功并返回位置 2。

图 9.1（b）列出了查找 95 的过程。第 3 次查找的区间是 L[8..9]，$mid = \lfloor (8 + 9)/2 \rfloor = 8$，而 key 为 95，小于 L[8]的关键字 100，因此下一次查找的区间是 L[low..mid − 1] = L[8..7]，该区间为空，故查找失败。

二分查找的非递归与递归实现算法详见算法 9.3，算法 9.3 中使用了 seqlist.h 中定义的顺序查找表。

```
#include "seqlist.h"
/***********************************************/
/* 二分查找算法,文件名:b_search.c              */
/* 函数功能:二分查找的非递归实现算法           */
/* 函数参数:顺序表 1;待查找关键字 key          */
/* 函数返回值:查找成功则返回所在位置,否则返回-1 */
/* 文件名:b_search,函数名:binsearch1()         */
/***********************************************/
int binsearch1(seqlist l,datatype key)
{    int low=0,high=l.len-1,mid;
     while(low<=high)
        {    mid=(low+high)/2;                     /*二分*/
             if(l.data[mid]==key) return mid;      /*查找成功则返回*/
             if(l.data[mid]>key)
                 high=mid-1;                        /*继续在前半部分进行二分查找*/
             else  low=mid+1;                       /*继续在后半部分进行二分查找*/
        }
     return  -1;   /* 当 low>high 时表示查找区间为空,查找失败 */
}
/***********************************************/
/* 函数功能:二分查找的递归实现算法                      */
/* 函数参数:顺序表 1;待查找关键字 key;顺序表起点 low;顺序表终点 high   */
/* 函数返回值:查找成功则返回所在位置,否则返回-1              */
/* 文件名:b_search,函数名:binsearch2()                  */
```

```
/**************************************************************/
int binsearch2(seqlist l,datatype key,int low,int high)
{    int mid,k;
     if(low>high) return -1;                      /*查找不成功的出口条件*/
     else
       { mid=(low+high)/2;                         /*二分*/
       if (l.data[mid]==key) return mid;           /*查找成功则返回*/
       if (l.data[mid]>key)
           return binsearch2(l,key,low,mid-1);     /*递归地在前半部分查找*/
       else return binsearch2(l,key,mid+1,high);   /*递归地在后半部分查找*/
       }
}
```

算法 9.3　顺序表的二分查找

下标: | 0 | 1 | 2 | 3 | 4 | 5 | 6 | 7 | 8 | 9

| 10 | 14 | 20 | 32 | 45 | 50 | 68 | 90 | 100 | 120 |

low=0　　　　　　mid=4　　　　　　high=9

第 1 次比较，20<45，调整到左半区：high=mid-1。

下标: | 0 | 1 | 2 | 3 | 4 | 5 | 6 | 7 | 8 | 9

| 10 | 14 | 20 | 32 | 45 | 50 | 68 | 90 | 100 | 120 |

low=0　mid=1　　high=3

第 2 次比较，14<20，调整到右半区：low=mid+1。

下标: | 0 | 1 | 2 | 3 | 4 | 5 | 6 | 7 | 8 | 9

| 10 | 14 | 20 | 32 | 45 | 50 | 68 | 90 | 100 | 120 |

low=2 mid=2 high=3

第 3 次比较，20=20，查找成功，返回位置 2。

（a）查找 key=20 的过程（3 次比较后查找成功）

下标: | 0 | 1 | 2 | 3 | 4 | 5 | 6 | 7 | 8 | 9

| 10 | 14 | 20 | 32 | 45 | 50 | 68 | 90 | 100 | 120 |

low=0　　　　　　mid=4　　　　　　high=9

第 1 次比较，45<95，调整到右半区：low=mid-1。

下标: | 0 | 1 | 2 | 3 | 4 | 5 | 6 | 7 | 8 | 9

| 10 | 14 | 20 | 32 | 45 | 50 | 68 | 90 | 100 | 120 |

low=5　　　mid=7　　　high=9

第 2 次比较，90<95，调整到左半区：low=mid+1。

下标: | 0 | 1 | 2 | 3 | 4 | 5 | 6 | 7 | 8 | 9

| 10 | 14 | 20 | 32 | 45 | 50 | 68 | 90 | 100 | 120 |

low=8 mid=8 high=9

第 3 次比较，100>95，调整到左半区：high=mid-1。

下标: | 0 | 1 | 2 | 3 | 4 | 5 | 6 | 7 | 8 | 9

| 10 | 14 | 20 | 32 | 45 | 50 | 68 | 90 | 100 | 120 |

high=7 low=8

此时，high<low，即查找区间为空，说明查找失败，返回查找失败信息。

（b）查找 key=95 的过程（3 次比较后查找失败）

图 9.1　二分查找的过程示例

从上述例子可以看出，二分查找每经过一次比较就将查找范围缩小一半，因此比较次数是 $\log_2 n$ 这个量级的。不妨设 $n = 2^k - 1$，容易看出，线性表至多被平分 k 次即可完成查找。也即，在最坏情况下，算法查找 $k = \log_2(n+1)$ 次即可结束。又由于在 $n = 2^k - 1$ 个节点中，通过一次查找即可找到的节点有 1 个（2^0），通过两次查找即可找到的节点有 2 个（2^1），以此类推，通过 i 次查找即可找到的节点有 2^{i-1} 个。因此，在假定每个节点的查找概率相同的情况下，二分查找的平均查找长度为：

$$\text{ASL}_{\text{bins}} = \frac{1}{n}(1 \cdot 2^0 + 2 \cdot 2^1 + 3 \cdot 2^2 + \cdots + i \cdot 2^{i-1} + \cdots + k \cdot 2^{k-1}) = \frac{1}{n}\sum_{i=1}^{k}(i \cdot 2^{i-1}) \quad (9\text{-}4)$$

用数学归纳法容易证明：
$$\sum_{i=1}^{k}(i \cdot 2^{i-1}) = 2^k(k-1) + 1 \quad (9\text{-}5)$$

将式（9-5）代入式（9-4）有：

$$\text{ASL}_{\text{bins}} = \frac{1}{n}\left[2^k(k-1) + 1\right] = \frac{1}{n}\left\{(n+1)\left[\log_2(n+1) - 1\right] + 1\right\}$$

$$= \log_2(n+1) - 1 + \frac{1}{n}\log_2(n+1)$$

$$\approx \log_2(n+1) - 1 \quad (9\text{-}6)$$

例如，在有序表(10,14,20,32,45,50,68,90,100,120)中进行二分查找的过程可用图 9.2 所示的搜索树描述。该树的第 1 层有 1 个节点，搜索该节点只需比较 1 次；第 2 层有 2 个节点，搜索这 2 个节点需要比较 2 次；第 3 层有 4 个节点，搜索这 4 个节点需要比较 3 次；第 4 层有 3 个节点，搜索这 3 个节点需要比较 4 次。因此，在等概率情况下，查找成功的平均查找次数为：$(1\times1+2\times2+3\times4+4\times3)/10=29/10$。从树中还可知，查找失败的区间有 11 个，在等概率情况下，查找失败的平均查找次数为：$(3\times5+4\times6)/11=39/11$。

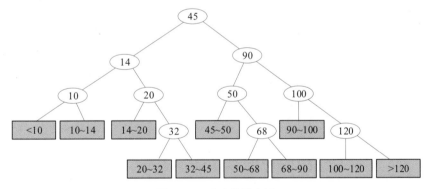

图 9.2　二分查找搜索树

无论是查找成功还是查找失败，二分查找比顺序查找要快得多，但是，它要求线性表必须按关键字进行排序，而排序的最佳时间复杂度是 $n\log_2 n$。另外，线性表的二分查找仅适合顺序存储结构，而对于动态查找表，顺序存储的插入、删除等运算都不方便，因此二分查找一般适用于一经建立就很少需要进行改动而又经常需要查找的静态查找表。

9.2.3　分块查找

分块查找又称为索引顺序查找，它是顺序查找与二分查找的一种结合，其基本思想是：首先把线性表分成若干块，在每一块中，节点的存放不一定有序，但块与块之间必须是有序的，即假定按节点的关键字递增有序，则第一块中节点的关键字都小于第二块中任意节点的关键字，第二块中节点的关键字都小于第三块中任意节点的关键字，以此类推，最后一块中所有节点的关键字都大于前面所有块中节点的关键字。为实现分块查找，还需建立一个索引表，将每一块中最大的关键字按块的顺序存放在一个索引表中，显然这个索引表是按关键字的递增次序排列好的。查找时首先在索引表中采用二分查找或顺序查找法确定待查找对象可能的所在块的起始地址，然后在所在块内去顺序查找待查找的数据元素，便可得到查找结果。

　　例如，图 9.3 所示就是一个带索引的分块有序线性表。其中线性表共有 20 个节点，被分成 3 块，第一块中最大关键字 25 小于第二块中的最小关键字 27，第二块中最大关键字 55 小于第三块中的最小关键字 60。

图 9.3　一个带索引的分块有序线性表

　　在图 9.3 所示的存储结构中查找 key = 27 的节点可按如下步骤进行：首先采用顺序查找或二分查找法确定 27 所在块的地址，由于 25 < 27 < 55，因此可以确定关键字为 27 的节点只可能出现在 L[7..12]中。下一步，从线性表的第 12 个位置开始采用顺序查找法在指定块中从后向前查找待查找节点（也可以从第 7 个位置开始由前往后找），直到遇到 L[9] = 27 为止。

　　分块查找时，会出现两种结果，一是查找成功，返回待查找节点在线性表中的位序；二是查询完整个块后仍未找到待查找节点，这时表明整个线性表中不存在这个节点，返回查找失败标记。

　　分块查找算法的具体实现详见算法 9.4，算法 9.4 中除了使用 seqlist.h 中定义的顺序查找表，还定义了一个存储索引表的数据结构。

```
/*************************************/
/*   分块查找算法,文件名:i_search.c      */
/*************************************/
#include "seqlist.h"
typedef struct          /*索引表节点类型*/
{    datatype key;
     int address;
}    indexnode;
/*********************************************************/
/*   函数功能:分块查找算法                                */
/*   函数参数:顺序表1;索引表index;索引表长度m;待查找关键字key  */
/*   函数返回值:查找成功则返回其所在位置,否则返回-1           */
/*********************************************************/
int IndexSeqSearch(seqlist l,indexnode index[],int m,datatype key)
{    /* 索引表为 index[0..m-1]*/
     int i=0,j,last;
     while(i<m&&key>index[i].key) i++;
     if(i>=m)  return -1;
     else
     { /*在顺序表中顺序查找*/
        if(i==m-1) j=l.len-1;
        else j=index[i+1].address-1;        /*j初始时指向本块的最后一个节点*/
        while(j>=index[i].address&&key!=l.data[j])
            j--;                            /*从后向前逐个查找*/
```

```
        if(j<index[i].address) return -1;
        else return j;
    }
}
```

算法 9.4 分块查找

分块查找法通过将查找缩小在某个块中从而提高了查找的效率,其查找的效率由两部分组成,一是为确定待查找元素所在块而对索引表查找的平均查找长度 E_1,二是块内查找所需的平均查找长度 E_b。假若线性表中共有 n 个元素,且被均分成 b 块,则每块中的元素个数 $s = n/b$,分块查找的最大查找长度为 $b + n/b$。

若以顺序查找来确定块,则分块查找成功时的平均查找长度为:

$$\text{ASL}_{ids}=E_1+E_b=\frac{b+1}{2}+\frac{s+1}{2}=\frac{n/s+s}{2}+1=\frac{n+s^2}{2s}+1 \tag{9-7}$$

当 $s=\sqrt{n}$ 时,ASL_{ids} 取最小值 $\sqrt{n}+1$。

若以二分查找来确定块,则分块查找成功时的平均查找长度为:

$$\text{ASL}'_{ids}=E_1+E_b\approx\log_2(b+1)-1+\frac{s+1}{2}\approx\log_2\left(\frac{n}{s}+1\right)+\frac{s}{2} \tag{9-8}$$

由此可见,分块查找比顺序查找快,但比二分查找慢。另外,在实际的应用中,分块查找还可根据数据的特征进行分块,而不一定要将线性表分成大小相等的若干块,随着数据的插入、删除等操作的执行,块中的数据个数也会发生变化。

由于分块查找的块内元素是无序的,因此在动态的分块查找表中,数据的增添、删除都比较易于实现。

9.3 二叉排序树

在线性表的 3 种查找方法中,二分查找法具有最高的查找效率,但是它只适合顺序存储结构且要求数据有序,这给查找表中数据的增添、删除操作带来不便。本节讨论的二叉排序树不仅具有二分查找法的效率,同时又便于在查找表中进行数据的增添与删除操作。

二叉排序树又称为二叉查找树,它或者是空树,或者是满足如下性质的二叉树。

(1)若它的左子树非空,则左子树上所有节点的值均小于根节点的值。

(2)若它的右子树非空,则右子树上所有节点的值均大于根节点的值。

(3)它的左、右子树本身又各是一棵二叉排序树。

对二叉排序树进行中序遍历可以得到按节点值递增排序的节点序列。例如,图 9.4 所示为两棵二叉排序树。对图 9.4(a)所示的二叉排序树进行中序遍历得到的结果是 30,36,40,50,60,68,80,98;对图 9.4(b)所示的二叉排序树进行中序遍历的结果为 30,40,50,60。

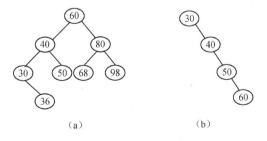

图 9.4 两棵二叉排序树示例

从图 9.4(b)还可以看出,当二叉排序树中只有左子树或只有右子树时,二叉排序树已退化成单链表，此时的二叉排序树具有较低的查找效率。

下面介绍二叉排序树的创建及在给定的二叉排序树中进行查找、插入、删除节点的算法。在讨论具体的运算之前，先定义其存储结构，如下所示。

```
/*****************************************/
/*  二叉排序树的头文件,文件名:bstree.h        */
/*****************************************/
#include <stdio.h>
#include <stdlib.h>
typedef int datatype;
typedef struct node                    /*二叉排序树节点定义*/
{    datatype key;                     /*节点值*/
        struct node *lchild,*rchild;   /*左、右孩子指针*/
  }bsnode;
typedef bsnode *bstree;
```

二叉排序树

对于一棵给定的二叉排序树，树中的查找运算很容易实现，其算法可以描述如下。

（1）如果二叉排序树为空树，则查找失败。

（2）如果二叉排序树根节点的关键字等于待查找的关键字，则查找成功。

（3）如果二叉排序树根节点的关键字小于待查找的关键字，则用相同的方法继续在根节点的右子树中查找。

（4）如果二叉排序树根节点的关键字大于待查找的关键字，则用相同的方法继续在根节点的左子树中查找。

查找运算可以方便地用递归或非递归方法加以实现，算法9.5中给出了这两种实现算法。

```
/***********************************************************/
/*  函数功能:二叉排序树的非递归查找算法                          */
/*  入口参数:二叉排序树 t;待查找关键字 x                         */
/*  出口参数:二叉排序树节点二级指针 f,二叉排序树节点二级指针 p        */
/*  函数返回值:无                                            */
/*  文件名: t_searoh.c,函数名: bssearch1()                   */
/***********************************************************/
void bssearch1(bstree t,datatype x,bstree *f,bstree *p)
  { /*p 返回待查节点 x 在二叉排序树中的地址,f 返回待查节点 x 的父节点地址*/
   *f=NULL;
   *p=t;
   while(*p)
   {if(x==(*p)->key) return;
    *f=*p;
    *p=(x<(*p)->key)?(*p)->lchild:(*p)->rchild;
   }
   return;
  }
/***********************************************************/
/*  函数功能:二叉排序树的递归查找算法                          */
/*  函数参数:二叉排序树 t;待查找关键字 x                         */
/*  函数返回值:若查找成功则返回关键字 x 在二叉排序树中的节点地址,否则返回 NULL */
/*  文件名: t_search.c,函数名: bssearch2()                   */
/***********************************************************/
bstree bssearch2(bstree t,datatype x)
  { if(t==NULL||x==t->key)
```

```
        return t;
    if(x<t->key)
        return bssearch2(t->lchild,x);          /*递归地在左子树中查找*/
    else
        return bssearch2(t->rchild,x);          /*递归地在右子树中查找*/
}
```

算法 9.5　基于二叉排序树的查找

显然，在二叉排序树上进行查找的方法与二分查找相似，和关键字的比较次数不会超过树的深度。因此，在二叉排序树上进行查找的效率与树的形状有密切的关系。在最坏的情况下，含有 n 个节点的二叉排序树退化成一棵深度为 n 的单支树（类似于单链表），它的平均查找长度与单链表上的顺序查找相同，即 ASL $= (n+1)/2$。在最好的情况下，二叉排序树状态比较匀称，对于含有 n 个节点的二叉排序树，其深度不超过 $\log_2 n$，此时的平均查找长度为 $O(\log_2 n)$。

例如，对于图 9.5 所示的两棵二叉排序树，其深度分别是 4 和 10，在查找失败的情况下，在这两棵树上的最大比较次数分别为 4 和 10；在查找成功的情况下，若查找每个节点的概率相等，则对于图 9.5（a）所示的二叉排序树，其平均查找长度为：

$$\text{ASL}_a = \sum_{i=1}^{10} p_i c_i = (1 + 2 \times 2 + 3 \times 4 + 4 \times 3)/10 = 2.9$$

对于图 9.5（b）所示的二叉排序树，其平均查找长度为：

$$\text{ASL}_b = (1 + 2 + 3 + 4 + 5 + 6 + 7 + 8 + 9 + 10)/10 = 5.5$$

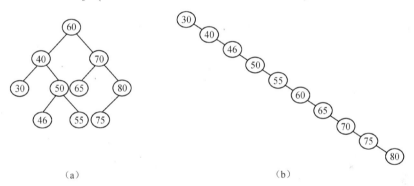

（a）　　　　　　　　　　　　　　　　（b）

图 9.5　两棵具有不同查找效率的二叉排序树

二叉排序树的查找效率与顺序表的二分查找效率相似，但二分查找仅适用于静态查找表，表中数据的有序性较难维护，而二叉排序树适用于动态查找表，树上元素的增添、删除均比较方便。下面讨论基于二叉排序树的节点的插入算法。

假设待插入的数据元素为 x，则二叉排序树的插入算法可以描述为：若二叉排序树为空，则生成一个关键字为 x 的新节点，并令其为二叉排序树的根节点；否则，将待插入的关键字 x 与根节点的关键字进行比较，若二者相等，则说明树中已有关键字 x，无须插入；若 x 小于根节点的关键字，则将 x 插入该树的左子树中，否则将 x 插入该树的右子树中。将 x 插入子树的方法与在整个树中进行插入的方法是相同的，如此进行下去，直到 x 作为一个新的叶子节点的关键字插入二叉排序树中，或者直到发现树中已有此关键字为止。这一过程可以方便地用递归方式加以实现，但经分析可知，新节点的插入过程实际上与节点的查找过程是密切相关的，节点的插入位置就是查找失败的最终叶子节点位置。因此，基于二叉排序树的节点的插入算法亦可简单地用非递归方式加以实现。算法 9.6 给出了非递归的实现方法。

```
/************************************************************/
/*   函数功能:在二叉排序树中插入节点值为 x 的节点            */
```

```
/*    函数参数:二叉排序树节点二级指针 t;待插入节点值 x          */
/*    函数返回值:无                                            */
/*    文件名:t_insert.c,函数名:InsertBstree()                 */
/***************************************************************/
void InsertBstree(bstree *t,datatype x)
{  bstree f=NULL,p;
   p=*t;
   while(p)                                     /*查找插入位置*/
   { if(x==p->key) return;                       /*若二叉排序树 t 中已有 key,则无须插入*/
     f=p;                                        /*f 用于保存新节点的最终插入位置*/
     p=(x<p->key)?p->lchild:p->rchild;
   }
   p=(bstree)malloc(sizeof(bsnode));             /*生成待插入的新节点*/
   p->key=x;
   p->lchild=p->rchild=NULL;
   if(*t==NULL)    *t=p;                         /*原树为空*/
   else
    if(x<f->key)
        f->lchild=p;
    else    f->rchild=p;
}
```

算法 9.6 二叉排序树的节点插入

二叉排序树节点的插入

利用二叉排序树的插入算法，可以由空树开始创建一棵二叉排序树。具体做法是，从空的二叉排序树开始，每输入一个节点数据，就调用一次插入算法将它插入当前已生成的二叉排序树中。

建立二叉排序树的算法如算法 9.7 所示。

```
/***************************************************************/
/*    函数功能:建立二叉排序树算法                              */
/*    函数参数:无                                              */
/*    函数返回值:所建立的二叉排序树的根节点地址                 */
/*    文件名:t_insert.c,函数名:CreatBstree()                  */
/***************************************************************/
bstree  CreatBstree(void)
  {   bstree t=NULL;
      datatype key;
      printf("\n 请输入一个以-1 为结束标记的节点序列;\n");
      scanf("%d",&key);                /*输入一个关键字*/
      while(key!=-1)
         { InsertBstree(&t,key);       /*将 key 插入二叉排序树 t*/
           scanf("%d",&key);
         }
      return t;                        /*返回建立的二叉排序树的根节点地址*/
  }
```

算法 9.7 建立一棵二叉排序树

对于输入实例(30,20,40,10,25,45)，算法 9.7 执行时生成二叉排序树的过程如图 9.6 所示。当然，按照(30,20,10,25,40,45)或(30,40,45,20,10,25)的输入次序同样可生成图 9.6（g）所示的二叉排序树。但若按照(10,20,25,30,40,45)或(45,40,30,25,20,10)的输入次序，将分别生成只具有单个右分支和单个左分支的两棵二叉排序树。因此，二叉排序树的生成与节点的输入次序相关。

图 9.6　二叉排序树的生成过程示例

对于创建好的二叉排序树，对其进行中序遍历可以得到一个有序的序列。由此，创建二叉排序树并对其进行中序遍历的过程实际上是对一个无序的关键字序列进行排序的过程，这种排序方法称为树排序。

下面讨论如何从二叉排序树中删除一个节点。与在二叉排序树上进行插入操作的要求一样，从二叉排序树中删除一个节点，要保证删除后的二叉树仍然是一棵二叉排序树。根据二叉排序树的结构特征，删除算法可以分 4 种情况来考虑。

（1）待删除节点为叶子节点，则直接删除该节点即可。若该节点同时也是根节点，则删除后二叉排序树变为空树。图 9.7（a）所示为一个删除叶子节点的例子。

（2）待删除节点只有左子树，而无右子树。根据二叉排序树的特点，可以直接将其左子树的根节点替代被删除节点的位置，即如果被删除节点为其双亲节点的左孩子，则将被删除节点的唯一左孩子收为其双亲节点的左孩子，否则收为其双亲节点的右孩子。图 9.7（b）所示值为 50 的节点就是符合这种情况的例子。

（3）待删除节点只有右子树，而无左子树。与情况（2）类似，可以直接将其右子树的根节点替代被删除节点的位置，即如果被删除节点为其双亲节点的左孩子，则将被删除节点的唯一右孩子收为其双亲节点的左孩子，否则收为其双亲节点的右孩子。图 9.7（c）所示值为 70 的节点就是符合这种情况的例子。

（4）待删除节点既有左子树又有右子树。根据二叉排序树的特点，可以用被删除节点中序下的前驱节点（或其中序下的后继节点）代替被删除节点，同时删除其中序下的前驱节点（或中序下的后继节点）。而被删除节点的中序前驱节点无右子树，被删除节点的中序后继节点无左子树，因而问题转换为（2）中情况或（3）中情况。除此之外，还可以直接将被删除节点的右子树代替被删除节点，同时将被删除节点的左子树收为被删除节点右子树中序首节点的左孩子。也可以直接将被删除节点的左子树代替被删除节点，同时将被删除节点的右子树收为被删除节点左子树中序尾节点的右孩子。图 9.7（d）所示是直接用被删除节点的右子树代替被删除节点。

（a）在二叉排序树中删除叶子节点20和75

图 9.7　二叉排序树中节点的删除

（b）在二叉排序树中删除只有左子树的单孩子节点50

（c）在二叉排序树中删除只有右子树的单孩子节点70

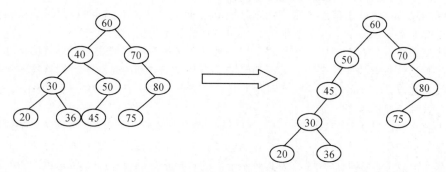

（d）在二叉排序树中删除具有两颗子树的节点40

图 9.7　二叉排序树中节点的删除（续）

综上所述，二叉排序树的节点删除算法详见算法 9.8。

```
/***********************************************/
/* 函数功能:在二叉排序树 t 中删除节点值为 x 的节点    */
/* 函数参数:二叉排序树 t;待删除节点值 x             */
/* 函数返回值:删除节点后的二叉排序树根节点地址          */
/* 文件名：t_dele.c,函数名:DelBstree()           */
/***********************************************/
bstree DelBstree(bstree t,datatype x)
{   bstree p,q,child;
    bssearch1(t,x,&p,&q);                        /*查找被删除节点*/
    if(q)                                        /*找到了待删除节点*/
    {if(q->lchild==NULL&&q->rchild==NULL)        /*情况 1,被删节点为叶子节点*/
        {   if(p)                                /*待删除节点有双亲*/
            { if(p->lchild==q) p->lchild=NULL; else p->rchild=NULL;}
            else t=NULL;                         /*被删节点为树根节点*/
            free (q);
        }
```

二叉排序树节点的
删除

```
            else if(q->rchild==NULL)
   /*情况 2,被删节点的右子树为空,用被删节点的左子树替代该节点*/
             { if(p)                              /*被删节点的双亲节点不为空*/
                  { if(p->lchild==q)
                     p->lchild=q->lchild;          /*q 是其双亲节点的左孩子*/
                    else p->rchild=q->lchild;       /*q 是其双亲节点的右孩子*/
                  }
               else t=q->lchild;
               free(q);
             }
            else if(q->lchild==NULL)
   /*情况 3,被删节点的左子树为空,用被删节点的右子树替代该节点*/

             { if(p)                              /*被删节点的双亲节点不为空*/
                  { if(p->lchild==q)
                     p->lchild=q->rchild;          /*q 是其双亲节点的左孩子*/
                    else p->rchild=q->rchild;       /*q 是其双亲节点的右孩子*/
                  }
               else t=q->rchild;
               free(q);
             }
            else    /*情况 4,被删节点的左、右子树均不为空,用右子树代替被删节
                        点的左子树收为右子树中序首节点的左孩子*/
             { child=q->rchild;
               while(child->lchild)       /*找被删节点右子树中的中序首节点*/
                    child=child->lchild;
               child->lchild=q->lchild;  /*将被删节点的左子树收为 child 的左孩子*/
               if(p)                       /*被删节点不是树根节点*/
                  { if(p->lchild==q)
                       p->lchild=q->rchild;
                    else p->rchild=q->rchild;
                  }
               else t=q->rchild;              /*被删节点为树根节点*/
               free(q);
             }
      }
   return t;
}
```

算法 9.8   二叉排序树的节点删除

二叉排序树中节点的删除操作,时间主要花费在查找被删除节点及查找被删除节点的右子树的中序首节点上,而这个操作的时间花费与树的深度密切相关。因此,删除操作的时间复杂度也为 $O(\log_2 n)$。

9.4   丰满树和平衡树

二叉排序树上实现的插入、删除和查找等基本操作的时间复杂度虽然为 $O(\log_2 n)$,但在最坏情况下,二叉排序树退化成一个具有单个分支的单链表,此时树高增至 n,这将使这些操作的时间复杂度相应地增至 $O(n)$。为了避免这种情况发生,人们研究了许多动态平衡的方法,包括如何建立一棵“好”的二叉排序树;如何保证在树中插入或删除节点时保持树的“平衡”,使之既保持二叉排序树的性质,又保证树的高度尽可能地为 $O(\log_2 n)$。本节将介绍两种特殊的二叉树:丰满树和平衡树。

9.4.1 丰满树

设 T 是一棵二叉树，若定义 λk 是节点 k 到树根的路径长度，若 k_i 和 k_j 是 T 中孩子节点个数少于 2 的任意两个节点，且满足：

$$|\lambda k_i - \lambda k_j| \leq 1$$

则称 T 是一棵丰满树。

从上述概念可知，在丰满树中，任意两个非双孩子节点的高度之差的绝对值要小于等于 1，由于树的最下面一层为叶子节点，因此，在丰满树中，子女节点个数少于 2 的节点只出现在树的最低两层之中。图 9.8 给出了一棵丰满树和一棵非丰满树。

（a）一棵丰满树　　　　　　（b）一棵非丰满树

图 9.8　丰满树与非丰满树示例

对于 n 个节点的任意序列，用平分法构造节点序列的丰满树的步骤如下。

（1）如果节点序列为空，则得到一棵空的二叉树。

（2）如果序列中有 $n \geq 1$ 个节点 $k_1, k_2, \cdots, k_n$，那么令 $m = \lfloor (n+1)/2 \rfloor$，所求的树是由根 k_m、左子树 T_l 和右子树 T_r 组成的。其中，T_l 和 T_r 分别是用平分法由 $k_1, k_2, \cdots, k_{m-1}$ 和 $k_{m+1}, k_{m+2}, \cdots, k_n$ 创建的丰满树。

要用平分法构造丰满的二叉排序树，需要保证 n 个序列 $k_1, k_2, \cdots, k_n$ 是按升序排列的。根据有序数组创建丰满二叉排序树的具体实现详见算法 9.9。

```
/*************************************************/
/* 丰满树构造算法,文件名:creatfulltree.c        */
/*************************************************/
#include <stdio.h>
#include <stdlib.h>
typedef int datatype;
typedef struct node                 /*二叉树节点定义*/
{   datatype data;
    struct node *lchild,*rchild;
}bintnode;
typedef bintnode *bintree;
/*****************************************************/
/*  函数功能:用平分法创建一棵丰满树                   */
/*  函数参数:存放节点的向量 node;向量起点 low;向量终点 high  */
/*  函数返回值:所建立的丰满树的根节点地址              */
/*  文件名:creatfulltree.c,函数名: creatfulltree()   */
/*****************************************************/
bintree creatfulltree(int node[],int low,int high)
{  int mid;
   bintree s;
   if(low<=high)
       { mid=(low+high)/2;
         s=(bintree)malloc(sizeof(bintnode));        /*生成一个新节点*/
         s->data=node[mid];
         s->lchild=creatfulltree(node,low,mid-1);    /*用平分法创建左子树*/
         s->rchild=creatfulltree(node,mid+1,high);   /*用平分法创建右子树*/
```

```
            return s;
        }
    else
        return NULL;
}
```

算法 9.9　创建丰满树

对于具有 n 个节点的丰满二叉排序树，如果树中所有节点都具有相同的使用概率，那么其平均查找长度为：

$$\text{ASL} \approx \log_2 n$$

但对动态的丰满二叉排序树进行插入和删除等操作后，其很容易变为非丰满二叉排序树，并且将非丰满二叉排序树改造成丰满二叉排序树非常困难。因此，实际应用中经常使用一种称为"平衡树"的特殊二叉排序树。

9.4.2　平衡二叉排序树

平衡二叉树又称为 AVL 树，AVL 树得名于它的发明者 G.M.安德森·威尔斯基（G.M. Adelson-Velsky）和 E.M.兰迪斯（E.M. Landis）。它或是一棵空树，或是具有下列性质的二叉树：它的左子树和右子树都是平衡二叉树，且左子树和右子树高度之差的绝对值不超过 1。

为描述方便,将二叉树中某个节点的左子树高度与右子树高度之差称为该节点的平衡因子（或平衡度）。由此可知，平衡二叉树也就是树中任意节点的平衡度的绝对值小于等于 1 的二叉树。在 AVL 树中节点的平衡度可能有 3 种取值，即-1、0 和 1。如果一棵二叉排序树满足平衡二叉树的定义便是一棵平衡二叉排序树，平衡二叉排序树又称为平衡查找树。

在 AVL 树上进行查找的过程与在二叉排序树上进行查找的过程相同。因此，在查找过程中，与给定值进行比较的关键字个数不超过树的深度。假设 T_h 是一棵深度为 h 的 AVL 树，若定义 N_h 表示 T_h 中含有的最少节点数。根据 AVL 树的定义，容易知道 $N_0=0, N_1=1, N_2=2, N_3=4, N_4=7$，即 $N_h = N_{h-1} + N_{h-2} + 1$，如图 9.9 所示。

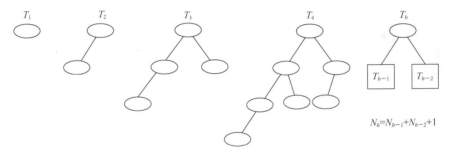

图 9.9　节点个数最少的平衡二叉排序树示例

同时，还可以证明，含有 n 个节点的 AVL 树的最大深度为 $O(\log_2 n)$，因此平衡二叉排序树的平均查找长度为 $O(\log_2 n)$。上述结论可以帮助我们求解在给定节点数的 AVL 树上查找节点所需的最多比较次数。例如，读者可以思考：具有 15 个节点的 AVL 树的最大深度是多少？在其中查找某个节点的最多比较次数是多少？

由丰满树和平衡二叉树的定义可知，丰满树一定是平衡二叉树，但平衡二叉树不一定是丰满树。例如，图 9.8（a）所示的二叉树是一棵丰满树，同时也是一棵平衡二叉树。图 9.10（a）所示的二叉树为一棵平衡二叉树，但它不是一棵丰满树。图 9.10（b）所示的二叉树为一棵不平衡的二叉树（节点旁边的值为该节点的平衡度）。

（a）一棵非丰满平衡二叉树　　　　（b）一棵不平衡的二叉树

图 9.10　平衡与不平衡的二叉树示例

在平衡二叉树上插入或删除节点后，可能会使二叉树失去平衡，因此，需要对失去平衡的二叉树进行调整，以保持平衡二叉树的性质。下面介绍如何动态地使一棵二叉排序树保持平衡，从而使它具有较高的查找效率。

1. AVL 树的插入

G.M. 安德森·威尔斯基和 E.M. 兰迪斯在 1962 年提出了动态保持二叉排序树平衡的一个有效办法（详见他们在 1962 年发表的论文 *An algorithm for the organization of information*），后称为 Adelson 方法。下面介绍 Adelson 方法如何将一个新节点 k 插入一棵平衡二叉排序树 T 中。

Adelson 方法由 3 个依次执行的过程——插入、调整平衡度和改组所组成。

（1）插入：不考虑节点的平衡度，使用在二叉排序树中插入新节点的方法，把节点 k 插入树中，同时置新节点的平衡度为 0。

（2）调整平衡度：假设 $k_0,k_1,\cdots,k_m(k)$ 是从根 k_0 到插入点 k 路径上的节点，由于插入了节点 k，就需要对这条路径上的节点的平衡度进行调整，如图 9.11（a）所示。调整方法是：从节点 k 开始，沿着树根的方向进行扫描，当首次发现某个节点 k_j 的平衡度不为 0，或者 k_j 为根节点时，便对 k_j 与 k_{m-1} 之间的节点进行调整，如图 9.11（b）所示。令调整的节点为 k_i（$j\leqslant i<m$），若 k 在 k_i 的左子树中，则 k_i 的平衡度加 1；若 k 在 k_i 的右子树中，则 k_i 的平衡度减 1。此时，$k_{j+1},k_{j+2},\cdots,k_{m-1}$ 节点不会失去平衡，唯一可能失去平衡的节点是 k_j。若 k_j 失去平衡，即 k_j 的平衡度不是-1、0 和 1，便对以 k_j 为根的子树进行改组，且保证改组以后以 k_j 为根的子树与未插入节点 k 之前的子树高度相同，这样 $k_0,k_1,\cdots,k_{j-1}$ 的平衡度将保持不变，这就是不需要对这些节点进行平衡度调整的原因。反之，若 k_j 不失去平衡，则说明新节点 k 的加入并未改变以 k_j 为根的子树的高度，整棵树无须进行改组。

（a）新插入节点后平衡度可能改变的节点序列　　　（b）实际调整路径示意

图 9.11　调整平衡度示意

（3）改组：改组以 k_j 为根的子树，除了满足新子树高度要和原来以 k_j 为根的子树高度相同，还需使改组后的子树是一棵平衡二叉排序树。

下面具体讨论 AVL 树因插入新节点而导致失去平衡的调整方法。

为叙述方便，假设在 AVL 树上因插入新节点而失去平衡的最小子树的根节点为 A（即 A 为距离插入节点最近的，平衡度不是-1、0 和 1 的节点）。失去平衡后的调整操作可依据失去平衡的原因归纳为下列 4 种情况分别进行。

（1）LL 型平衡旋转。由于在 A 的左孩子的左子树上插入新节点，使 A 的平衡度由 1 增至 2，致使以 A 为根的子树失去平衡，如图 9.12（a）所示。此时应进行一次顺时针旋转，"提升" B（即 A 的左孩子）为新子树的根节点，A "下降" 为 B 的右孩子，同时将 B 原来的右子树 B_r 调整为 A 的左子树。

（2）RR 型平衡旋转。由于在 A 的右孩子的右子树上插入新节点，使 A 的平衡度由 −1 变为 −2，致使以 A 为根的子树失去平衡，如图 9.12（b）所示。此时应进行一次逆时针旋转，提升 B（即 A 的右孩子）为新子树的根节点，A 下降为 B 的左孩子，同时将 B 原来的左子树 B_l 调整为 A 的右子树。

（3）LR 型平衡旋转。由于在 A 的左孩子的右子树上插入新节点，使 A 的平衡度由 1 变成 2，致使以 A 为根的子树失去平衡，如图 9.12（c）所示。此时应进行两次旋转操作（先逆时针旋转，后顺时针旋转），即提升 C（即 A 的左孩子的右孩子）为新子树的根节点；A 下降为 C 的右孩子；B 变为 C 的左孩子；C 原来的左子树 C_l 调整为 B 现在的右子树；C 原来的右子树 C_r 调整为 A 现在的左子树。

（4）RL 型平衡旋转。由于在 A 的右孩子的左子树上插入新节点，使 A 的平衡度由 −1 变成 −2，致使以 A 为根的子树失去平衡，如图 9.12（d）所示。此时应进行两次旋转操作（先顺时针旋转，后逆时针旋转），即提升 C（即 A 的右孩子的左孩子）为新子树的根节点；A 下降为 C 的左孩子；B 变为 C 的右孩子；C 原来的左子树 C_l 调整为 A 现在的右子树；C 原来的右子树 C_r 调整为 B 现在的左子树。

（a）LL 型平衡旋转

（b）RR 型平衡旋转

（c）LR 型平衡旋转

（d）RL 型平衡旋转

图 9.12　AVL 树平衡旋转（图中阴影部分为新插入的节点）

综上所述，在平衡二叉排序树 t 上插入一个新的数据元素 x 的算法可以描述如下。

（1）若 AVL 树 t 为空树，则插入一个数据元素为 x 的新节点作为 t 的根节点，树的深度增加 1。

（2）若 x 的关键字和 AVL 树 t 的根节点的关键字相等，则不进行插入。

（3）若 x 的关键字小于 AVL 树 t 的根节点的关键字，则将 x 插入该树的左子树上，并且当插入之后的左子树深度增加 1 时，分别就下列不同情况进行处理。

① 若 AVL 树的根节点的平衡度为–1（右子树的深度大于左子树的深度），则将根节点的平衡度调整为 0，并且树的深度不变。

② 若 AVL 树的根节点的平衡度为 0（左、右子树的深度相等），则将根节点的平衡度调整为 1，树的深度同时增加 1。

③ 若 AVL 树的根节点的平衡度为 1（左子树的深度大于右子树的深度），则当该树的左子树的根节点的平衡度为 1 时需进行 LL 型平衡旋转；当该树的左子树的根节点的平衡度为–1 时需进行 LR 型平衡旋转。

（4）若 x 的关键字大于 AVL 树 t 的根节点的关键字，则将 x 插入该树的右子树上，并且当插入之后的右子树深度增加 1 时，需要分别就不同情况进行处理。其处理操作和（3）中所述相对称，读者可以自行分析。

为实现 Adelson 方法，先定义 AVL 树的存储结构如下。

```
/********************************************/
/*  AVL 树的头文件,文件名:AVL.H            */
/********************************************/
typedef int datatype;
typedef struct node
{    datatype key;
     struct node *lchild,*rchild;
     int bal;                  /*节点的平衡度*/
}bsnode;
typedef bsnode *bstree;
```

AVL 树的节点插入算法详见算法 9.10。

```
/********************************************/
/*  AVL 树相关算法,文件名:AVL.C            */
/********************************************/
#include <stdio.h>
#include <stdlib.h>
#include "AVL.H"
/********************************************/
/*  函数功能:对 AVL 树进行左改组            */
/*  函数参数:AVL 树二级指针变量 t           */
/*  函数返回值: 无                          */
/*  文件名:AVL.c,函数名:lchange（）         */
/********************************************/
void lchange(bstree *t)
{   bstree p1,p2;
    p1=(*t)->lchild;
    if(p1->bal==1)              /*LL 型改组*/
    {(*t)->lchild=p1->rchild;
      p1->rchild=*t;
       (*t)->bal=0;
```

```
      (*t)=p1;
    }
    else    /*LR 型改组*/
    { p2=p1->rchild;
      p1->rchild=p2->lchild;
      p2->lchild=p1;
      (*t)->lchild=p2->rchild;
      p2->rchild=*t;
      if(p2->bal==1)  {(*t)->bal=-1;  p1->bal=0;}    /*调整平衡度*/
      else   { (*t)->bal=0;  p1->bal=1;  }
      (*t)=p2;
    }
      (*t)->bal=0;
}
/*************************************/
/*  函数功能:对 AVL 树进行右改组      */
/*  函数参数:AVL 树二级指针变量 t      */
/*  函数返回值: 无                    */
/*  文件名:AVL.c,函数名:rchange()     */
/*************************************/
void rchange(bstree *t)
{   bstree p1,p2;
    p1=(*t)->rchild;
    if(p1->bal==-1)    /*RR 型改组*/
    {(*t)->rchild=p1->lchild;
      p1->lchild=*t;
      (*t)->bal=0;
      (*t)=p1;
    }
    else              /*RL 型改组*/
    {  p2=p1->lchild;
      p1->lchild=p2->rchild;
      p2->rchild=p1;
      (*t)->rchild=p2->lchild;
      p2->lchild=(*t);
      if(p2->bal==-1)  {(*t)->bal=1; p1->bal=0;}    /*调整平衡度*/
      else       { (*t)->bal=0;  p1->bal=-1;}
      (*t)=p2;
    }
    (*t)->bal=0;
}


/*******************************************************************/
/*  函数功能:AVL 树的插入算法                                      */
/*  函数参数:AVL 树二级指针变量 t;待插入节点值 x;AVL 树高度指针变量 h   */
/*  函数返回值: 无                                                 */
/*  文件名:AVL.c,函数名:InsertAvlTree()                            */
/*******************************************************************/
void InsertAvlTree(bstree *t,datatype x,int *h)
```

```
{ if(*t==NULL)
    { *t=(bstree)malloc(sizeof(bsnode));      /*生成根节点*/
      (*t)->key=x;
      (*t)->bal=0;
      *h=1;
      (*t)->lchild=(*t)->rchild=NULL;
    }
    else if(x<(*t)->key)                        /*在左子树中插入新节点*/
    { InsertAvlTree(x,&(*t)->lchild,h);
      if(*h)                                     /*左子树中插入了新节点*/
      switch((*t)->bal)
      {  case -1:  {(*t)->bal=0;  *h=0;  break;}
         case 0:   {(*t)->bal=1;  break;}
         case 1: { /*进行左改组*/
                    lchange(t);
                    *h=0;
                    break;
                  }
      }
    }
    else if(x>(*t)->key)                          /*在右子树中插入新节点*/
    { InsertAvlTree(x,&(*t)->rchild,h);
      if (*h)                                       /*右子树中插入了新节点*/
      switch((*t)->bal)
      { case 1:    { (*t)->bal=0;*h=0;break;}
        case 0:    { (*t)->bal=-1;break;}
        case -1:   {   /*进行右改组*/
                       rchange(t);
                       *h=0;
                       break;
                   }
      }
    }
    else *h=0;
}
```

算法 9.10　AVL 树的节点插入

假设节点的输入序列是（120,80,30,90,45,60），初始的空树和具有一个节点 120 的二叉树显然都是平衡二叉树，如图 9.13（a）与图 9.13（b）所示。在插入 80 之后仍是平衡的，只是根节点的平衡度由 0 变为 1，如图 9.13（c）所示。在继续插入 30 之后，由于节点 120 的平衡度由 1 变为 2，因此出现了不平衡现象，如图 9.13（d）所示。此时应该进行 LL 型改组，提升 80 为根节点，120 下降为 80 的右孩子，结果如图 9.13（e）所示。继续插入 90、45 和 60 以后，节点 30 的平衡度由 0 变为−2，如图 9.13（h）所示。此时应进行 RR 型改组，最终的结果如图 9.13（i）所示。

2．AVL 树的删除

假设待删除的节点为 x，首先采用二叉排序树中删除节点的方法，对节点 x 执行删除操作，接下来需要进行平衡调整。

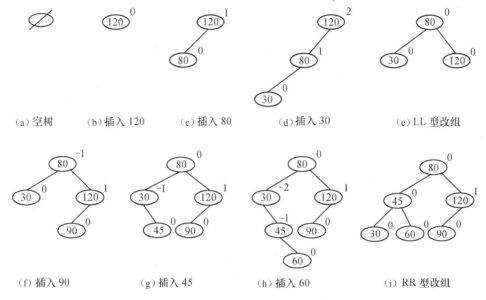

图 9.13 AVL 树的节点插入过程

（1）从节点 x 开始，沿着树根方向向上查找，找到第一个失去平衡的节点，记为 A，同时把节点 A 的最高子树的孩子节点记为 B，把 B 的高度最高的孩子节点记为 C。

（2）对以 A 为根的子树进行平衡调整，根据 A、B、C 的位置关系，可以分为以下 4 种情况。

情况 1：LL 型平衡旋转，B 是 A 的左孩子，C 是 B 的左孩子。

情况 2：RR 型平衡旋转，B 是 A 的右孩子，C 是 B 的右孩子。

情况 3：LR 型平衡旋转，B 是 A 的左孩子，C 是 B 的右孩子。

情况 4：RL 型平衡旋转，B 是 A 的右孩子，C 是 B 的左孩子。

平衡二叉排序树
节点的删除

这 4 种情况与插入操作的调整方式一样，但需要注意的是，插入操作仅需要对以 A 为根的子树进行平衡调整；而删除操作，在对以 A 为根的子树进行平衡调整后，如果子树的高度减 1，就可能需要对 A 的祖先节点进行平衡调整，这个过程可能一直持续到根节点。

以删除图 9.14（a）中的节点 10 为例，由于 10 是叶子节点，可以直接删除，删除后各节点的平衡度调整结果如图 9.14（b）所示。此时沿着 10 向根节点方向找到的第一个失去平衡的节点为 30（记为 A），该节点的高度最高的孩子节点为 60（记为 B），B 节点的高度最高的孩子节点为 50（记为 C），根据 A、B、C 的位置关系，符合 RL 型情况，进行 RL 型平衡旋转，调整后的结果如图 9.14（c）所示。

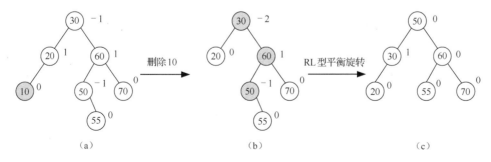

图 9.14 AVL 树中删除叶子节点后平衡旋转示例

再以删除图 9.15（a）中的节点 25 为例，由于 25 是单孩子节点，删除 25 后，该节点的唯一左孩子 28 代替其位置，此时树中各节点的平衡度调整结果如图 9.15（b）所示（根节点 30 未调整）。

沿着 25 向根节点方向找到的第一个失去平衡的节点为 20（记为 A），该节点的高度最高的孩子节点为 10（记为 B），B 节点的高度最高的孩子节点为 15（记为 C），根据 A、B、C 的位置关系，符合 LR 型情况，进行 LR 型平衡旋转，调整后的结果如图 9.15（c）所示。

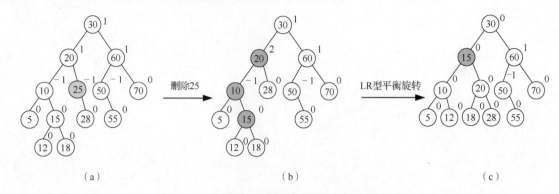

图 9.15　AVL 树中删除单孩子节点后平衡旋转示例

　　若删除图 9.16（a）中的双孩子节点 60，根据删除方法，可用该节点的中序前驱节点或中序后继节点 70 代替该节点位置，然后在树中删除 55 或 70。这里我们以中序前驱节点替代方法为例，节点删除后，失去平衡的最小子树的根为 30（即 A 节点），如图 9.16（b）所示，显然，此时的 B 节点为 20，C 节点为 10，根据三者的位置关系，符合 LL 型情况，需要进行 LL 型平衡旋转，调整后的结果如图 9.16（c）所示。

图 9.16　AVL 树中删除双孩子节点后平衡旋转示例

9.4.3　扩充二叉树

　　给定一棵二叉树，对树中不足两个孩子的节点（包括叶子节点）都添上附加节点，使每个节点都有两个孩子节点，所得的二叉树称为原二叉树的扩充二叉树，称那些附加的节点为外部节点，称树中原来的节点为内部节点。对于具有 n 个内部节点的二叉树，其外部节点数为 $n+1$。

　　图 9.17 给出了一棵二叉树及其对应的扩充二叉树，图中圆圈表示内部节点，方框表示外部节点。

　　根据扩充二叉树的定义，对一棵二叉排序树进行扩充后便可得到一棵扩充的二叉排序树（又称为扩充查找树）。对扩充查找树进行中序遍历，最左外部节点代表键值小于内部节点最小键值的可能节点集；最右外部节点代表键值大于内部节点最大键值的可能节点集；而其余外部节点代表键值处于原二叉排序树在中序序列下相邻节点键值之间的可能节点集。

　　在对扩充查找树进行查找的过程中，若查找到达外部节点，则表明相应键值的节点不在原二叉排序树中，故也称外部节点为失败节点。

222

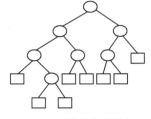

（a）一棵二叉树 t   （b）t 的扩充二叉树

图 9.17 二叉树及其扩充二叉树

若一棵扩充查找树中所有内部节点的路径长度之和记为 I，所有外部节点的路径长度之和记为 E，则对于一个具有 n 个内部节点的扩充二叉树，其内部路径长度 I_n 与外部路径长度 E_n 存在下列关系：

$$E_n = I_n + 2n \qquad (9\text{-}9)$$

式（9-9）可以用归纳法证明，当 $n=1$ 时，$I=0$ 且 $E=2$，此时等式显然成立。假设对于有 n 个内部节点的扩充二叉树此等式成立，即 $E_n = I_n + 2n$，现在考虑有 $n+1$ 个内部节点的扩充二叉树，如果将树中一个路径长度为 K 的外部节点换成一个内部节点，同时在此节点的下面附加两个路径长度为 $K+1$ 的外部节点，经过这样处理后，原来的扩充二叉树就变成了一棵具有 $n+1$ 个内部节点的扩充二叉树，且满足：

$$I_{n+1} = I_n + K \qquad (9\text{-}10)$$
$$E_{n+1} = E_n - K + 2(K+1) \qquad (9\text{-}11)$$

由式（9-10）可得：

$$I_n = I_{n+1} - K \qquad (9\text{-}12)$$

由式（9-11）可得：

$$E_{n+1} = E_n + K + 2 \qquad (9\text{-}13)$$

综合式（9-9）、式（9-12）和式（9-13）可得：

$$
\begin{aligned}
E_{n+1} &= I_n + 2n + K + 2 \\
&= I_{n+1} - K + 2n + K + 2 \\
&= I_{n+1} + 2(n+1)
\end{aligned}
$$

等式 $E_n = I_n + 2n$ 成立得证。

根据式（9-9）可知，在具有 n 个节点的所有二叉树中，具有最大（或最小）内部路径长度的二叉树也一定是具有最大（或最小）外部路径长度的二叉树；同理，具有最大（最小）外部路径长度的二叉树也一定是具有最大（最小）内部路径长度的二叉树。

当二叉树退化为线性表时，其内部路径长度最大，其值为 $I_n = 0 + 1 + 2 + \cdots + (n-1) = n(n-1)/2$。为了得到具有最小 I_n 的二叉树，必须使内部节点尽量靠近根节点。由二叉树结构可知，根节点只有一个，路径长度为 1 的节点至多有两个，路径长度为 2 的节点至多有 4 个，路径长度为 k 的节点至多有 2^k 个，所以 I_n 的最小值为：

$$I_n = 1 \times 0 + 2 \times 1 + 4 \times 2 + 8 \times 3 + \cdots = \sum_{i=1}^{n} \lfloor \log_2 i \rfloor$$

9.4.1 小节介绍的用平分法构造的丰满树具有最小内部路径长度。

9.5 红黑树

为了保持 AVL 树的平衡性，在进行插入和删除操作后，频繁调整全树结构仍需要付出较大的代价，为此在 AVL 树的平衡标准上进一步放宽条件，引入红黑树的概念。

红黑树的应用比较广泛，C++ STL 中的 map 和 set，Java 中的 TreeMap 和 TreeSet，就是用红黑树实现的。

9.5.1 红黑树的定义

为了便于理解红黑树，我们对二叉排序树进行扩充，有 n 个节点的二叉排序树，扩充 $n+1$ 个外部节点。一棵红黑树是满足下面红黑性质的扩充二叉排序树：

（1）每个节点或是红色的，或是黑色的；

（2）根节点是黑色的；

（3）外部节点都是黑色的；

（4）如果一个节点是红色的，那么它的孩子节点必须是黑色的；

（5）对于每个节点，从该节点到其任一子孙叶子节点的路径上，所含的黑节点的数目相同。

从红黑树的定义可知，红黑树是比 AVL 树平衡性更弱的平衡树。图 9.18 给出了一棵红黑树（白色节点表示红节点），该树满足二叉排序树的有序性以及红黑树的 5 个红黑性质。

由性质（5），如果从根节点到任一叶子节点的简单路径最短，这条路径必然全由黑节点构成，图 9.18 中的 30、20、25 就是这样一条路径。由性质（4），当某条路径最长时，这条路径必然是由黑节点和红节点相间构成的，此时红节点的个数和黑节点的个数相同，图 9.18 中的 30、60、50、40、45、48 就是这样一条路径。由此可知，从根节点到叶子节点的最长路径最多是最短路径的两倍，任一节点左、右子树的高度相差不超过 1/2。

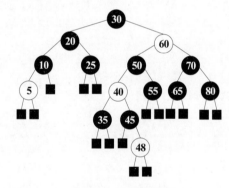

图 9.18　红黑树示例

易于证明，包含 n 个内部节点的红黑树的高度 $h \leqslant 2\log_2(n+1)$。

9.5.2 红黑树的插入

红黑树的插入

红黑树的插入过程和二叉排序树的插入过程基本类似，不同之处在于，红黑树中插入新节点后可能需要进行调整（主要通过旋转或重新着色操作进行），以满足红黑树的性质。

为降低调整的复杂性，规定新插入的节点的着色为红色，此时节点插入可分为以下几种情况。

① 如果原树为空，则新插入节点为根节点，将其着色为黑色后结束插入过程。

② 如果原树非空，且新插入的节点的父节点是黑色的，则平衡没有被破坏，整个插入过程结束。

③ 如果原树非空，且新插入的节点的父节点是红色的（根据性质（4）可知，此时新插入节点必有祖先节点，且祖先节点为黑节点），就出现了连续的红节点。此时，需要进行调整，以保证红黑树的性质不变。

设新插入的节点为 X，其父节点为 P（红节点），那么红黑树的调整可以分为两种情况。

情况一：父节点 P 的兄弟节点（记为 B）是黑色的（或兄弟节点为空）。

这种情况只需要单旋转或双旋转就能解决，具体旋转过程需要考虑被插入节点以及它的父节点 P 和祖先节点（记为 G）的位置关系，具体分为以下 4 种情况。

① 如果 P 是 G 的左孩子且 X 是 P 的左孩子，则执行 LLb 型旋转（单右旋及重新着色），如图 9.19（a）所示。

② 如果 P 是 G 的右孩子且 X 是 P 的右孩子，则执行 RRb 型旋转（单左旋及重新着色），如图 9.19（b）所示。

③ 如果 P 是 G 的左孩子且 X 是 P 的右孩子，则执行 LRb 型旋转（先右旋再左旋及重新着色），如图 9.19（c）所示。

④ 如果 P 是 G 的右孩子且 X 是 P 的左孩子，则执行 RLb 型旋转（先左旋再右旋及重新着色），如图 9.19（d）所示。

（a）LLb型情况

（b）RRb型情况

（c）LRb型情况

（d）RLb型情况

图 9.19 父节点 P 的兄弟节点 B 是黑色节点时旋转操作示意

经过旋转，树中已经没有两个连续的红色节点，每条路径上的黑节点个数也没有变化，调整可以结束。

例如，在图 9.18 所示的红黑树中插入值为 1 的节点，它的父节点是 5，节点 5 是红节点且其兄弟（本例中为外部节点）是黑色的，符合情况一 LLb 型调整，调整过程如图 9.20 所示。

图 9.20　红黑树节点插入 LLb 型调整示例

若在该树中插入值为 8 的节点，则符合情况一 LRb 型调整，调整过程如图 9.21 所示。

图 9.21　红黑树节点插入 LRb 型调整示例

情况二：父节点 P 的兄弟节点 B 是红色的。

这种情况可以通过重新着色来解决连续红节点问题，具体方法为把祖先节点 G 变成红色，父节点 P 和父节点的兄弟节点 B 变成黑色，这样连续的红节点就不存在了，而且路径上的黑节点数也没有变化，如图 9.22 所示。

（a）着色前 P 是 G 的左孩子，X 是 P 的左孩子

（b）着色前 P 是 G 的右孩子，X 是 P 的右孩子

图 9.22　父节点 P 的兄弟节点 B 是红色节点时的重新着色操作示意

（c）着色前 P 是 G 的左孩子，X 是 P 的右孩子

（d）着色前 P 是 G 的右孩子，X 是 P 的左孩子

图 9.22　父节点 P 的兄弟节点 B 是红色节点时的重新着色示意（续）

重新着色解决了这棵子树中的连续红节点问题，但并没有彻底解决问题。着色前，子树的祖先节点 G 是黑色的，经过重新着色以后，该节点变成了红色，如果原来 X 的曾祖先节点就是红色的，那么又出现了连续红节点问题。于是，需要继续往上调整。最坏的情况下可能要调整到根节点，如果根节点变成了红色，就违反了红黑树的性质（2），这时需要将根节点重新变成黑色。

需要说明的是，新插入的节点 X 的左、右子树为空，因此在图中我们用外部节点表示。但对于情况二，着色调整将向根的方向回溯，这时图 9.22 中 X 的外部节点可视为其左、右子树。

9.5.3　红黑树的删除

删除过程也是先执行二叉排序树的删除方法，根据二叉排序树的特点，若待删除节点有两个孩子，可用该节点的中序后继节点（或中序前驱节点）代替待删除节点，然后在树中删除该中序后继节点（或中序前驱节点），由于中序后继节点（或中序前驱节点）至多只有一个孩子，于是删除度为 2 的节点就可转换为删除叶子节点或仅有一个孩子的节点。

红黑树的删除

红黑树删除过程如下。

（1）当待删除节点度为 1 时，根据红黑树的性质（5），该节点的唯一的孩子节点一定是红色的，此时只要在删除该节点后，将该孩子节点的颜色改为黑色就可恢复红黑树的所有性质，如图 9.23 所示。

图 9.23　待删除节点只有右子树或左子树的删除情况

（2）当待删除节点度为 0 且为红节点时，可直接删除该节点，删除后不会影响任何路径上的黑节点的个数。

（3）当待删除节点度为 0 且为黑节点时，删除节点后，将导致先前包含该节点的任何路径上的黑节点数减 1，因此该节点的任何祖先节点都不再满足性质（5），此时需要分情况进行调整。

为描述方便，我们把删除后的空节点称为被调整节点，记为 X。具体的调整方法与被调整节

点的兄弟节点的颜色有关。

情况一：被调整节点的兄弟节点（记为 B）是黑节点或空节点。此时，根据该节点的孩子节点的情况有 4 种不同的调整方法。

① L0：兄弟节点 B 没有红孩子节点。此时可以通过重新着色进行调整，调整过程如图 9.24 所示。父节点 P（可能为红节点，也可能为黑节点）着色为黑色，兄弟节点 B 重新着色为红色。

如果父节点 P 原来为红色，着色成黑色后，到被调整节点 X 的路径上的黑节点数就多了一个，其他路径上的黑节点数不变，待 X 删除后，红黑树保持平衡，调整结束，如图 9.24（a）所示。

如果父节点 P 原来是黑色的，现在经过父节点的所有路径都少了一个黑节点，此时需要将父节点 P 设置为被调整节点，继续调整，如图 9.24（b）所示。

（a）兄弟节点B没有红孩子节点，父节点P为红节点

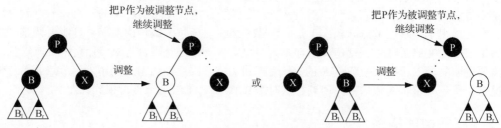

（b）兄弟节点B没有红孩子节点，父节点P为黑节点

图 9.24　L0 情况的调整

② L1L 和 R1R：兄弟节点 B 只有一个红孩子节点，且是外侧的孩子节点。这种情况需要通过单旋转和重新着色来解决，调整过程如图 9.25 所示。调整后，新的子树根节点继承了旧的子树根节点的颜色。这样，到节点 X 的路径上多了一个黑节点，而其他路径上的黑节点的个数保持不变。由于新的子树根节点的颜色与旧的子树根节点的颜色相同，不可能和祖先节点形成连续的红节点的情况，因此调整结束。

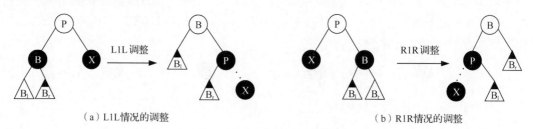

（a）L1L情况的调整　　　　　　　　　　（b）R1R情况的调整

图 9.25　L1L 和 R1R 情况的调整

③ L1R 和 R1L：兄弟节点 B 只有一个红孩子节点，且是内侧的孩子节点。这种情况需要通过旋转和重新着色来解决，调整过程如图 9.26 所示。调整后，新的子树根节点继承了旧的子树根节点的颜色。这样，到节点 X 的路径上多了一个黑节点，而其他路径上黑节点的个数保持不变。由于新的子树根节点的颜色与旧的子树根节点的颜色相同，也不会和祖先节点形成连续的红节点的情况，因此调整结束。

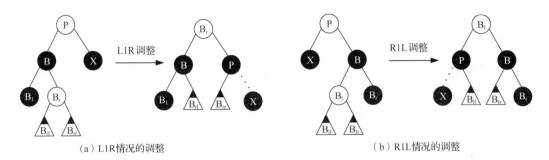

图 9.26 L1R 和 R1L 情况的调整

④ L2 和 R2：兄弟节点有两个红孩子节点。这种情况的调整与 L1R 和 R1L 的相同，调整过程如图 9.27 所示。

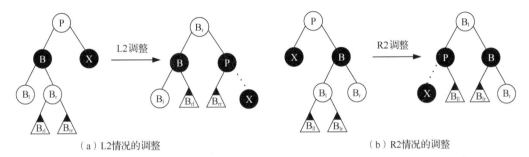

图 9.27 L2 和 R2 情况的调整

情况二：被调整节点的兄弟节点 B 是红色的。如果 B 是红色的，那么父节点 P 一定是黑色的，兄弟节点的孩子节点也一定是黑色的。兄弟节点 B 是 P 的左孩子时，调整情况如图 9.28 所示，改变 B 和 P 的颜色，并对 P 进行单旋转。调整后，被调整节点的兄弟节点变成了黑色，这样将这种情况转换成了情况一，接下来利用情况一提供的方法继续调整。

图 9.28 兄弟节点是红色且为父节点的左孩子，转化成兄弟节点是黑色的情况

同理，当兄弟节点 B 是 P 的右孩子时，调整情况如图 9.29 所示，同样也转换成了情况一，利用情况一提供的方法即可完成调整。

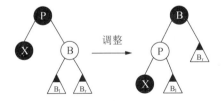

图 9.29 兄弟节点是红色且为父节点的右孩子，转化成兄弟节点是黑色的情况

以图 9.30（a）中的红黑树为例，依次删除 20 和 70 的过程如图 9.30 所示。删除 20 时，由于兄弟节点 60 为红色，此时参照图 9.29，改变 30 和 60 的颜色，并进行一次单旋转，得到图 9.30（b）所示的结果。转换后待删除节点 20 的兄弟节点 50 为黑节点，且该节点没有红孩子节点，满足 L0 调整规则，互换父节点 30 与 50 的颜色。删除 20 后的结果如图 9.30（d）所示。当删除 70 时，其

兄弟节点 30 只有一个内侧的红孩子节点，满足 L1R 调整规则，进行 L1R 调整。当 50 升为根节点后，需要将其颜色改为黑色。删除 70 后的红黑树如图 9.30（f）所示。

图 9.30　红黑树节点删除过程示例

9.6　最佳二叉排序树和 Huffman 树

对于具有 n 个节点的二叉排序树，在考虑每个节点查找概率的情况下，如何使整棵树的平均查找效率最高，即使比较的平均次数最少、代价最小，这与二叉排序树的形状密切相关。假定 n 个节点的关键字序列为 $k_1, k_2, \cdots, k_n, k_i$ 对应的使用概率为 $p(k_i)$，路径长度为 λk_i，则对于 n 个节点构成的二叉排序树，其查找成功的平均比较次数为：

$$\text{ASL} = \sum_{i=1}^{n} p(k_i)(1 + \lambda k_i) \tag{9-14}$$

当每个节点具有相同的使用概率，即 $p(k_i) = \dfrac{1}{n}$ 时，有：

$$\text{ASL} = \sum_{i=1}^{n} \frac{1}{n}(1 + \lambda k_i) = \frac{1}{n}\sum_{i=1}^{n}(1 + \lambda k_i) \tag{9-15}$$

下面讨论如何构造 ASL 最小的二叉排序树。

9.6.1　最佳二叉排序树

在一棵扩充的二叉排序树中，假设内部节点由序列 $(a_1, a_2, a_3, \cdots, a_i, \cdots, a_n)$ 构成，且有 $a_1 < a_2 < a_3 < \cdots < a_i < \cdots < a_n$；外部节点由 $(b_0, b_1, b_2, \cdots, b_i, \cdots, b_n)$ 构成，且有 $b_0 < b_1 < b_2 < \cdots < b_i < \cdots < b_n$。这里将内部节点 a_i 的查找概率记为 $p(a_i)$，简记为 p_i（$1 \leq i \leq n$），外部节点 b_i 的查找概率记为 q_i（$0 \leq i \leq n$），它们对应的路径长度分别记为 λa_i 和 λb_i，则查找成功所需的平均比较次数为：

$$\sum_{i=1}^{n} p_i(a_i\text{的路径长度} + 1) = \sum_{i=1}^{n} p_i(\lambda a_i + 1) \tag{9-16}$$

而查找失败所需的平均比较次数为：

$$\sum_{i=0}^{n} q_i(b_i\text{的路径长度}) = \sum_{i=0}^{n} q_i(\lambda b_i) \tag{9-17}$$

不失一般性，一棵二叉排序树的平均查找长度（代价）为：

$$\text{ASL} = \sum_{i=1}^{n} [p_i(\lambda a_i + 1)] + \sum_{j=0}^{n} [q_j(\lambda b_j)] \tag{9-18}$$

对于由 n 个有序序列 $(a_1,a_2,a_3,\cdots,a_i,\cdots,a_n)$ 作为内部节点和 $n+1$ 个有序序列 $(b_0,b_1,b_2,\cdots,b_i,\cdots,b_n)$ 作为外部节点构成的所有可能的扩充二叉排序树中，具有最少平均比较次数，即式（9-18）取值最小的扩充二叉排序树，称为最佳二叉排序树或最优查找树。

当查找成功与查找失败具有相等概率，即 $p_1=p_2=\cdots=p_n=q_0=q_1=\cdots=1/(2n+1)$ 时，平均查找长度为：

$$\begin{aligned}
\mathrm{ASL} &= \sum_{i=1}^{n}\left[p_i(\lambda a_i+1)\right]+\sum_{j=0}^{n}\left[q_j(\lambda b_j)\right]\\
&= \frac{1}{2n+1}\left[\sum_{i=1}^{n}(\lambda a_i+1)+\sum_{j=0}^{n}(\lambda b_j)\right]\\
&= \frac{1}{2n+1}(I_n+n+E_n)\\
&= \frac{1}{2n+1}(I_n+n+I_n+2n)\\
&= \frac{1}{2n+1}(2I_n+3n)
\end{aligned}$$

（9-19）

由式（9-19）可知，只要 I_n 取最小值，ASL 就达到最小。

而用平分法构造的丰满树具有最小内部路径长度：

$$I_n=\sum_{i=1}^{n}\left\lfloor \log_2 i \right\rfloor \le n(\log_2 n)=O(n\log_2 n)$$

此时，$\mathrm{ASL}=\dfrac{1}{2n+1}(2I_n+3n)=O(n\log_2 n)$。

所以，在查找成功和查找失败具有相等概率的情况下，用平分法构造出来的丰满二叉排序树是最佳二叉排序树。

现考虑查找概率不相等的情况下如何构造最佳二叉排序树。也就是对于给定的 n 个内部节点 $a_1,a_2,a_3,\cdots,a_i,\cdots,a_n$ 和 $n+1$ 个外部节点 $b_0,b_1,b_2,\cdots,b_i,\cdots,b_n$，它们对应的查找概率分别是 $p_1,p_2,p_3,\cdots,p_i,\cdots,p_n$ 及 $q_0,q_1,\cdots,q_n$，找使 $\mathrm{ASL}=\sum_{i=1}^{n}\left[p_i(\lambda a_i+1)\right]+\sum_{j=0}^{n}\left[q_j(\lambda b_j)\right]$ 为最小的二叉排序树（以下我们又称 ASL 为二叉排序树的代价或花费）。

通过对最佳二叉排序树的特点分析可知，构造最佳二叉排序树时要满足以下两个要求：同一序列构造的不同二叉排序树应具有相同的中序遍历结果；一棵最佳二叉排序树的任何子树都是最佳二叉排序树。因此，构造一棵最佳二叉排序树可以先构造包括一个节点的最佳二叉排序树，再根据包括一个节点的最佳二叉排序树构造包括两个节点的最佳二叉排序树，如此进行下去，直到把所有的节点都包括进去。

为描述构造最佳二叉排序树的算法，这里用 $T[i,j]$ 表示由节点 $a_{i+1},\cdots,a_j$（$i<j$）组成的一棵最佳二叉排序树，规定当 $0\le i\le n$ 且 $i=j$ 时，$T[i,j]$ 为空树（即内部节点为空）；当 $i>j$ 时，表示 $T[i,j]$ 无定义；用 $C[i,j]$ 表示查找树 $T[i,j]$ 的代价；用 r_{ij} 表示 $T[i,j]$ 的根；用 $W[i,j]$ 表示 $T[i,j]$ 的权值，它的值是 $T[i,j]$ 中内部节点和外部节点查找概率之和，即：

$$W[i,j]=q_i+\sum_{k=i+1}^{j}(p_k+q_k)$$

根据最佳二叉排序树的构造要求，其构造过程可以按以下步骤进行。

（1）构造包括一个节点的最佳二叉排序树，也就是 $T[0,1],T[1,2],\cdots,T[n-1,n]$。

（2）构造包括两个节点的最佳二叉排序树，也就是 $T[0,2],T[1,3],\cdots,T[n-2,n]$。

（3）构造包括 $3,4,\cdots,n-1$ 个节点的最佳二叉排序树，直到最后构造 $T[0,n]$。

用$(a_{i+1},a_{i+2},\cdots,a_j)$作为内部节点构造最佳二叉排序树 $T[i,j]$可按如下步骤进行：分别以 $a_{i+1},a_{i+2},\cdots,a_j$ 为根，共考虑 $j-i$ 棵二叉排序树，以 a_k 为根的二叉排序树其左子树包括 $a_{i+1},\cdots,a_{k-1}$，以这些关键码为内部节点的最佳二叉排序树 $T[i,k-1]$已由前面的步骤确定，$C[i,k-1]$已求出；而以 a_k 为根的二叉排序树其右子树包括 $a_{k+1},a_{k+2},\cdots,a_j$，以这些关键码为内部节点的最佳二叉排序树 $T[k,j]$也已由前面的步骤确定，$C[k,j]$已求出。对于 $i<k\leq j$，找出使 $C[i,k-1]+C[k,j]$最小的那个 k'，以 $a_{k'}$为根、$T[i,k'-1]$为左子树、$T[k',j]$为右子树的那棵二叉排序树就是所求的 $T[i,j]$，其代价 $C[i,j]$等于其根的左子树代价 $C[i,k'-1]$加上右子树代价 $C[k',j]$，再加上节点总的权 $W[i,j]$，即 $C[i,j]=W[i,j]+C[i,k'-1]+C[k',j]$。

综上所述，$T[i,j]$是最优二叉排序树必须满足条件：

$$C[i,j]=W[i,j]+\min_{i<k\leq j}(C[i,k-1]+C[k,j]) \qquad (9\text{-}20)$$

下面通过一个例子来说明构造最佳二叉排序树的过程。假设 $n=4$，且 $(a_1,a_2,a_3,a_4)=(10,18,26,50),(p_1,p_2,p_3,p_4)=(1,4,3,2),(q_0,q_1,q_2,q_3,q_4)=(1,2,3,3,1)$。此处，$p$ 和 q 均为相对使用概率，为了计算方便，p 和 q 都已乘20。初始时，$r_{ii}=0$，$C[i,i]=0$（$1\leq i\leq 4$），$W[i,i]=q_i$（$0\leq i\leq 4$）。首先根据式（9-20）构造包括一个内部节点的最佳二叉排序树，其代价分别是 $C[0,1]=4,C[1,2]=9,C[2,3]=9,C[3,4]=6$，如图 9.31（a）所示。

之后构造包括两个内部节点的最佳二叉排序树，其最小代价分别为 $C[0,2]=15,C[1,3]=24,C[2,4]=18$，如图 9.31（b）所示。接下来构造包括 3 个内部节点的最佳二叉排序树，其最小代价分别为 $C[0,3]=30,C[1,4]=33$，如图 9.31（c）所示。最后构造包括 4 个内部节点的最佳二叉排序树，其最小代价为 $C[0,4]=41$，如图 9.31（d）所示。至此，构造包括 4 个内部节点的最佳二叉排序树过程结束。整个构造过程充分体现了一棵最佳二叉排序树其子树也应是最佳二叉排序树的特点。

（a）包括一个内部节点的最佳二叉排序树

（b）包括两个内部节点的最佳二叉排序树

图 9.31　构造最佳二叉排序树的过程（带下画线的代价值所在的树为最优查找子树）

代价　41　　　　　　$C[0,3]=C[0,1]+C[2,3]+17=\underline{30}$　　　　　32
总权　17　　　　　　　　　　　　17　　　　　　　　　　　　17

代价　36　　　　　　$C[1,4]=C[1,2]+C[3,4]+18=\underline{33}$　　　　　42
总权　18　　　　　　　　　　　　18　　　　　　　　　　　　18

（c）包括3个内部节点的最佳二叉排序树

代价　53　　　　　　　　　　　　42
总权　20　　　　　　　　　　　　20

代价　$C[0,4]=C[0,2]+C[3,4]+20=41$　　　　　50
总权　20　　　　　　　　　　　　　　　　20

（d）包括4个内部节点的最佳二叉排序树

图 9.31　构造最佳二叉排序树的过程（带下画线的代价值所在的树为最优查找子树）（续）

算法 9.11 描述了构造最佳二叉排序树的方法，数组 p、q 分别用于存放内部节点和外部节点的查找概率。

```
/**************************************************************/
/*  函数功能:用动态规划法构造最佳二叉排序树                  */
/*  函数参数:代价矩阵 c;权值矩阵 w;子树根矩阵 r;内部节点个数 n0  */
/*  函数返回值:无                                            */
/*  文件名:BestTree.C,函数名:ConBestTree()                  */
```

```
/*************************************************************/
#define n 20                    /*n 为内部节点最大个数*/
int p[n],q[n+1];                /*p、q 分别用于存放内部节点与外部节点的查找概率*/
void ConBestTree(int c[n+1][n+1],int w[n+1][n+1],int r[n+1][n+1],int n0)
{ int i,j,k0,k,d,m;
  for(i=0;i<=n0;i++)            /*初始化,3 个矩阵下三角元素赋值为 0*/
      for(j=0;j<=i;j++)
            {    c[i][j]=0;
                 r[i][j]=0;
                 w[i][j]=0;
            }
  for(i=0;i<=n0;i++)            /*构造初始 w[i,j]矩阵*/
      {   w[i][i]=q[i];
          for(j=i+1;j<=n0;j++)
                w[i][j]=w[i][j-1]+p[j]+q[j];
      }
  for(j=1;j<=n0;j++)      /*构造包括一个内部节点的最佳二叉排序树*/
      { c[j-1][j]=w[j-1][j];
        r[j-1][j]=j;
      }
  for(d=2;d<=n0;d++)           /*构造包括 d 个内部节点的最佳二叉排序树*/
      for(j=d;j<=n0;j++)
      { i=j-d;
        m=c[i+1][j];          /*根为 i+1,右子树代价为 c[i+1,j]*/
        k0=i+1;
        for(k=i+2;k<=j;k++)
            if(c[i][k-1]+c[k][j]<m)
                  {   m=c[i][k-1]+c[k][j];
                      k0=k;
                  }
        c[i][j]=w[i][j]+m;
        r[i][j]=k0;
      }
}
```

算法 9.11　构造具有不同查找概率的最佳二叉排序树

上述算法在执行过程中若输入的 $n0 = 4$，$(p_1,p_2,p_3,p_4) = (1,4,3,2)$，$(q_0,q_1,q_2,q_3,q_4)= (1,2,3,3,1)$，则计算的结果如下。

代价矩阵：

```
0  4  15  30  41
   0   9  24  33
       0   9  18
           0   6
               0
```

权值矩阵 $(W[i,j])$：

```
1  4  11  17  20
   2   9  15  18
       3   9  12
           3   6
               1
```

子树根矩阵 $(r[i,j])$：

```
0  1  2  2  3
   0  2  2  3
      0  3  3
         0  4
            0
```

对于包括 n 个关键码的集合，构造最佳二叉排序树过程中需要进行 $C[i,j]$（$0 \leqslant i < j \leqslant n$）的计算次数为：

$$\sum_{j=1}^{n}\sum_{i=0}^{j-1}(j-i+1)\approx \frac{n^3}{6}=O(n^3)$$

因此，构造最佳二叉排序树的代价非常高。

9.6.2 Huffman 树

本小节讨论另一个与扩充二叉树及其外部路径长度有关的问题。

给定 n 个节点 $k_1, k_2, \cdots, k_n$，它们的权分别是 W_{k_i}（$1 \leqslant i \leqslant n$），现要利用这 n 个节点作为外部节点（叶子节点）去构造一棵扩充二叉树，使带权外部路径长度

$$\text{WPL} = \sum_{i=1}^{n} \left[W_{k_i} \cdot (\lambda k_i) \right]$$

取到最小值。其中，W_{k_i} 为外部节点 k_i 的权值，λk_i 是从根节点到达外部节点 k_i 的路径长度。具有最小带权外部路径长度的二叉树称为 Huffman（哈夫曼）树。

例如，4 个节点 k_1, k_2, k_3, k_4，分别带权 10,16,20,6，利用它们作为外部节点分别构造了 3 棵扩充二叉树（还有其他形式的扩充二叉树），如图 9.32 所示。其带权路径长度分别为：

（a）WPL = 52 × 2=104；

（b）WPL = (16 + 20) × 3 + 10 × 2 + 6 × 1 = 134；

（c）WPL = (10 + 6) × 3 + 16 × 2 + 20 × 1 = 100。

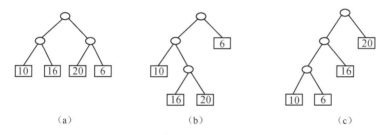

图 9.32　具有不同带权路径长度的扩充二叉树

图 9.32（c）所示的扩充二叉树带权外部路径长度最小，可以验证，它恰为 Huffman 树。一般情况下，权越大的叶子节点离根节点越近，那么二叉树的带权外部路径长度就越小。在实际的应用中，分支程序的判断流程可用一棵 Huffman 树来表示，如果出现概率越大的分支（条件语句）离根节点越近，那么所需执行的判断语句就越少，这样便可提高程序的执行效率。

Huffman 给出了求具有最小带权外部路径长度的扩充二叉树的方法，通常称为 Huffman 算法，该算法可以描述如下。

（1）根据给定的 n 个权值 $\{w_1, w_2, \cdots, w_n\}$ 构造 n 棵二叉树的集合 $F = \{T_1, T_2, \cdots, T_n\}$，其中，每棵二叉树 T_i 中只有一个带权为 w_i 的根节点，其左、右子树均为空。

（2）在 F 中选取两棵根节点的权值最小的树作为左、右子树构造一棵新的二叉树，且置新的二叉树的根节点权值为其左、右子树根节点的权值之和。

（3）在 F 中用新得到的二叉树代替这两棵树。

（4）重复步骤（2）、（3），直到 F 中只含有一棵树为止。

具体在实现 Huffman 算法时，可以采用有序链表存放集合 F 中各子树根节点的权值。以后每循环一次就在链表的表头取下连续两棵子树（即最小和次最小权值的二叉子树）作为左、右子树去构造一棵新的子树，再将新生成的子树按其根节点的权值插入有序链表中，一旦链表中只有一棵树，该树即所求的 Huffman 树。算法 9.12 给出了 Huffman 树的数据结构及其算法实现。其中，函数 insert(root,s) 的功能是把节点 s 按其权值大小插入有序链表 root 中，函数 creathuffman(root) 的功能是根据有序链表 root 建立 Huffman 树。

```
/***********************************************/
/*  Huffman 算法,文件名:huffman.c          */
```

```
/****************************************/
#include <stdio.h>
#include <stdlib.h>
typedef struct node                 /*Huffman 树存储结构*/
{    int data;                      /*权值*/
     struct node *lchild,*rchild,*next;
}hufnode;
typedef hufnode *linkhuf;
/*****************************************************************/
/*  函数功能:将新节点 s 插入有序链表 root 中,并保持链表的有序性    */
/*  函数参数:链表头节点指针 root;节点指针 s                       */
/*  函数返回值:链表头节点指针 root                               */
/*  文件名:huffman.c,函数名:insert()                            */
/*****************************************************************/
linkhuf insert(linkhuf root,linkhuf s)
{  linkhuf p1,p2;
   if(root==NULL) root=s;
   else
     {        p1=NULL;
              p2=root;
              while(p2&&p2->data<s->data)   /*查找插入位置*/
                {    p1=p2;
                     p2=p2->next;
                }
              s->next=p2;
              if(p1==NULL) root=s; else p1->next=s;
     }
   return root;
}
/**************************************************/
/*  函数功能:根据有序链表 root 建立 Huffman 树    */
/*  函数参数:链表头节点二级指针变量 root          */
/*  函数返回值:无                                 */
/*  文件名:huffman.c,函数名:creathuffman()        */
/**************************************************/
void creathuffman(linkhuf *root)
{  linkhuf s,rl,rr;
   while(*root&&(*root)->next)
     {  rl=*root;                    /*每次从链表头部取下两个节点作为新生成节点的左、右子树*/
        rr=(*root)->next;
        *root=rr->next;
        s=(linkhuf)malloc(sizeof(hufnode));  /*生成新节点*/
        s->next=NULL;
        s->data=rl->data+rr->data;
        s->lchild=rl;
        s->rchild=rr;
        rl->next=rr->next=NULL;
        *root=insert(*root,s);                /*将新节点插入有序链表 root 中*/
     }
}
```

算法 9.12　建立 Huffman 树

算法执行时若输入的权值序列为(10,16,20,6,30,24)，则算法的执行过程分析如下。

（1）先建立有序链表：

root→ 6 → 10 → 16 → 20 → 24 → 30

（2）从链表中截取前面两棵根节点权值最小的树作为左、右子树，生成一棵新的子树，并将新子树按其根节点的权值插入有序链表中，如此循环，直到只剩一棵树为止，如图9.33所示。

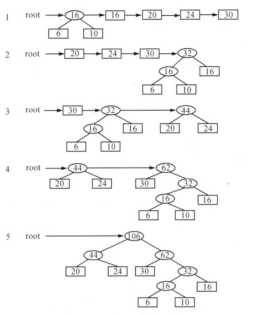

Huffman 树的构造

图 9.33　Huffman 树的构造过程

Huffman 算法的一个重要应用是数据通信的二进制编码。设 $D = \{d_1,d_2,\cdots,d_n\}$ 为具有 n 个数据的字符集合，$W = \{w_1,w_2,\cdots,w_n\}$ 为 D 中各字符出现的频率。现要求对 D 中的字符进行二进制编码，使：（1）通信编码的总长度最短（即平均码长最短）；（2）若 $d_i \neq d_j$，则 d_i 的编码不能是 d_j 的编码的开始部分（前缀），且 d_j 的编码不能是 d_i 的编码的开始部分（前缀）。这样就使译码可以一个字符一个字符地进行，不需要在字符与字符之间添加分隔符。

利用 Huffman 算法可以这样编码，将 D 中的待编码字符作为外部节点，$w_1,w_2,\cdots,w_n$ 作为外部节点的权，构造具有最小带权外部路径长度的扩充二叉树，然后把从每个节点引向其左子树的边标上编码 0，把从每个节点引向其右子树的边标上编码 1。将从根节点到每个叶子节点的路径上的号码连接起来所得到的号码就是这个叶子节点代表的字符的编码。

例如，有字符集 $D = \{a,b,c,d,e,f\}$，各字符出现的相对频率分别是{6,10,16,20,24,30}。若采用等长编码对该字符集中的字符进行编码，则每个字符需要占用 3 个二进制位，其中的一种编码如下。

a：000　　b：001　　c：010　　d：011　　e：100　　f：101

现利用 Huffman 算法构造出该集合的编码树，如图 9.34 所示。

图 9.34　用 Huffman 算法构造的编码树

各字符的二进制编码如下。

a：1100   b：1101   c：111   d：00   e：01   f：10

显然，出现频率越大的字符其编码越短。这些字符的平均编码长度是[(6 + 10) × 4 + 16 × 3+ (20 + 24 + 30) × 2]/106 ≈ 2.45。

用 Huffman 算法构造出来的扩充二叉树不仅可以给字符编码，还可以用来译码。从二叉树的根节点开始，用需要译码的二进制位串中的若干个相邻位与二叉树边上标的 0、1 相匹配，确定一条到达树叶子节点的路径，一旦到达树叶子节点，则译出一个字符，再回到树根节点，从二进制位串的下一位开始继续译码。

9.7　B 树

前面所讨论的查找算法都是在内存中进行的，它们适用于较小的文件，而对于较大的、存放在外存储器上的文件就不适用了。

1972 年 R.拜耳（R.Bayer）和 E.麦克雷特（E.McCreight）提出了一种称为 B 树（也称为"B-树"，其中的"-"是连字符）的多路平衡查找树，它适合在磁盘等直接存取设备上组织动态的索引表，动态索引结构在文件创建、初始装入记录时生成，在系统运行过程中插入或删除记录时，索引结构本身也可能发生改变，以保持较好的查找性能。

9.7.1　B-树的定义

B-树是一种平衡的多路查找树，在文件系统中，其已经成为索引文件的一种有效结构，并得到广泛的应用。在此先介绍这种树的结构及其基本运算。

一棵 m 阶（$m \geq 3$）B-树，或为空树，或为满足下列性质的 m 叉树。

（1）树中每个节点至多有 m 棵子树。

（2）若根节点不是叶子节点，则至少有两棵子树。

（3）所有的非终端节点中包含下列信息：

$$(n, p_0, k_1, p_1, k_2, p_2, \cdots, k_n, p_n)$$

其中，k_i（$1 \leq i \leq n$）为关键字，且 $k_i < k_{i+1}$；p_j（$0 \leq j \leq n$）为指向子树根节点的指针，且 p_j 所指子树中所有节点的关键字均小于 k_{j+1}，p_n 所指子树中所有节点的关键字均大于 k_n，n（$\lceil m/2 \rceil - 1 \leq n \leq m - 1$）为关键字的个数（$n + 1$ 为子树个数）。

（4）除根节点之外所有的非终端节点至少有 $\lceil m/2 \rceil$ 棵子树，也即每个非根节点至少应有 $\lceil m/2 \rceil - 1$ 个关键字。

（5）所有的叶子节点都出现在同一层上，并且不带信息（可以看作外部节点或查找失败的节点，实际上这些节点不存在，指向这些节点的指针为空）。

例如，图 9.35 所示是一棵 3 阶 B-树，除根节点和叶子节点外，每个节点有 $\lceil 3/2 \rceil$ 到 3 棵子树，有 1～2 个关键字。

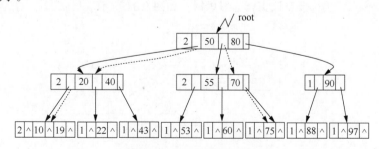

图 9.35　一棵 3 阶 B-树

9.7.2　B-树的基本操作

下面介绍在 B-树上进行查找、插入和删除等基本操作的算法。

1. 基于 B-树的查找运算

在 B-树中查找给定关键字的方法类似于在二叉排序树上的查找，不同的是在每个节点上确定向下查找的路径不一定是二路的，而是 $n+1$（n 为当前节点关键字的个数）路的。假设查找一个给定关键字为 k 的元素，首先在根节点的关键字序列 $k_1,k_2,\cdots,k_j$ 中查找 k，由于这个关键字序列是有序向量，因此既可采用顺序查找法，又可采用二分查找法。若在当前节点找到了关键字为 k 的数据，则可返回该节点的地址及 k 在节点中的位置；若当前节点中不存在 k，不妨设 $k_i < k < k_{i+1}$，此时应沿着 p_i 指针所指的节点继续在相应子树中查找。这一查找过程直至在某节点中查找成功，或者直至找到叶子节点且叶子节点中的查找仍不成功时，查找失败。图 9.35 所示的 B-树左边的虚线表示查找关键字 15 的过程，它失败于叶子节点 10 和 19 之间的空指针上；右边的虚线表示查找关键字 75 的过程，并成功地返回 75 所在节点的地址和 75 在节点中的位置 1。

算法 9.13 给出了 B-树的存储结构及在其中查找关键字 k 的算法程序，假设 B-树已创建，t 指向 m 阶 B-树的根节点。

```
/****************************************************/
/*  B-树头文件,文件名:B.h                        */
/****************************************************/
#define m 20
typedef int datatype;
typedef struct node{
        int keynum;             /*节点中当前拥有的关键字的个数*/
        datatype key[m];        /*关键字向量为 key[1..keynum],key[0]不用*/
        struct node *parent;    /*双亲指针*/
        struct node *son[m];    /*孩子指针向量*/
}Btreenode;
typedef Btreenode *Btree;
/****************************************************/
/*  基于 B-树的查找算法,文件名:B_TREE.c        */
/****************************************************/
#include "B.h"
#include <stdio.h>
#include <stdlib.h>
/********************************************************/
/*  函数功能:在 B-树 t 中非递归查找关键字 k                */
/*  函数参数:t 为 B-树根节点,pos 返回 k 在其中的位置        */
/*          若查找成功,则 p 返回查找失败的叶子节点          */
/*  函数返回值:查找成功时返回找到的节点的地址,不成功时返回 NULL  */
/*  文件名:B_TREE.c,函数名:btree_search()                */
/********************************************************/
Btree btree_search(Btree t,datatype k,int *pos,Btree *p)
{ Btree q;
  int i;
  *p=NULL; q=t;                 /*从树根开始向下查找*/
  while(q)
  { q->key[0]=k;                /*设置顺序查找用的哨兵*/
    for(i=q->keynum;k<q->key[i];i--)    /*从后向前找第 1 个小于等于 k 的关键字*/
```

B-树的基本操作

```
        if(i>0&&q->key[i]==k)              /*查找成功,返回 q 及 i*/
          { *pos=i;return q; }
        *p=q;                              /*p 为 q 的双亲节点*/
        q=q->son[i];                       /*继续在第 i 棵子树上查找*/
    }
    return NULL;                           /*查找失败,返回 NULL*/
}
```

算法 9.13　基于 B-树的查找

需要说明的是，B-树经常应用于外部文件的查找，在查找的过程中，某些子树并未常驻内存，因此需要从外存读入内存，读盘的次数与待查找的节点在树中的层次有关，但不会超过树的高度，而在内存查找所需的时间与节点中关键字的数目密切相关。

假设含有 n 个关键字的 m 阶 B-树的叶子节点在第 $L+1$ 层上，那么存取节点的个数就是 L。在最坏的情况下，在第 1 层上只有 1 个根节点，在第 2 层上至少有 2 个节点，在第 3 层上至少有 $2\lceil m/2\rceil$ 个节点，在第 4 层上至少有 $2\lceil m/2\rceil^2$ 个节点，$\cdots$，在第 $L+1$ 层上至少有 $2\lceil m/2\rceil^{L-1}$ 个节点。在含有 n 个关键字的 B-树中，叶子节点的总数是 $n+1$，它们都在第 $L+1$ 层上，因此有：

$$n+1\geqslant 2\lceil m/2\rceil^{L-1}$$

即：

$$L\leqslant \log_{\lceil m/2\rceil}\frac{n+1}{2}+1$$

上式说明含有 n 个关键字的 m 阶 B-树的最大深度不超过 $\log_{\lceil m/2\rceil}\frac{n+1}{2}+1$。

2．基于 B-树的插入运算

在 B-树中插入关键字 k 的方法是：首先在树中查找 k，若找到则直接返回（假设不处理相同关键字的插入）；否则查找操作必失败于某个叶子节点上，利用函数 btree_search( )的返回值 p 及 pos 可以确定关键字 k 的插入位置，即将 k 插入 p 所指的叶子节点的第 pos 个位置上。若该叶子节点原来是非满（节点中原有的关键字总数小于 $m-1$）的，则插入 k 并不会破坏 B-树的性质，故插入 k 后即完成了插入操作。例如，在图 9.36（a）所示的 5 阶 B-树的某节点（假设为 p 节点）中插入新的关键字 150 时，可直接得到图 9.36（b）所示的结果。

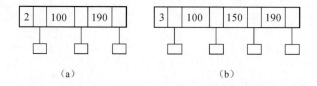

（a）　　　　　　　　　　　　（b）

图 9.36　在关键字个数不满的节点中插入关键字

若 p 所指的叶子节点原为满，则 k 插入后 keynum = m，破坏了 B-树的性质（1），故需调整使其维持 B-树的性质不变。调整的方法是将违反性质（1）的节点以中间位置的关键字 key[$\lceil m/2\rceil$] 为划分点，将该节点（即 p）

$$(m,p_0,k_1,p_1,\cdots,k_m,p_m)$$

分裂为两个节点，左边节点为($\lceil m/2\rceil-1,p_0,k_1,\cdots,k_{\lceil m/2\rceil-1},p_{\lceil m/2\rceil-1}$)，右边节点为($m-\lceil m/2\rceil,p_{\lceil m/2\rceil},k_{\lceil m/2\rceil+1},\cdots,k_m,p_m$)，同时把中间关键字 $k_{\lceil m/2\rceil}$ 插入双亲节点中。于是双亲节点中指向被插入节点的指针 pre 变成 pre、$k_{\lceil m/2\rceil}$、pre′这 3 个部分。指针 pre 指向分裂后的左边节点，指针 pre′指向分裂后的右边节点。由于将 $k_{\lceil m/2\rceil}$ 插入双亲节点时，双亲节点亦可能原本为满，若如此，则需对双亲节点进行分裂操作。分裂过程的例子如图 9.37 所示。

如果插入过程中的分裂操作一直向上传播到根节点，当根节点分裂时，需把根节点原来的中

间关键字 $k_{\lceil m/2 \rceil}$ 往上推，作为一个新的根节点，此时 B-树增加了一层。

　　如果初始时 B-树为空树，通过逐个向 B-树中插入新节点，可生成一棵 B-树。图 9.38 所示为一棵 5 阶 B-树的生长过程。

　　当 5 阶 B-树处于图 9.38（g）所示的状态时，再插入一个节点 38，第一次分裂的节点是(22 26 32 36 38)，中间的关键字 32 插入根节点(9 15 20 40)中，因为该节点已满，所以插入 32 后又引起它的分裂，其中间的关键字 20 插入新申请的根节点中。

（a）插入 100 以前　　　　　　　　　　　　　　（b）插入 100 以后

图 9.37　插入关键字 100 到 5 阶 B-树中

（a）插入6、8、15、16　　　　　（b）插入22　　　　　（c）插入10、18、32

（d）插入20　　　　　（e）插入12、19、40、50　　　　　（f）插入56

（g）插入9、26、36、52、55　　　　　　　　　　　（h）插入38

图 9.38　一棵 5 阶 B-树的生长过程

3. 基于 B-树的删除运算

　　在 B-树上删除一个关键字，首先找到该关键字所在节点及其在节点中的位置。具体可分为以下两种情况。

　　（1）若被删除节点 k_i 在最下层的非终端节点（即叶子节点的上一层）里，则应删除 k_i 及它右边的指针 p_i。删除后若节点中关键字数目不少于 $\lceil m/2 \rceil - 1$，则删除完成，否则要进行"合并"节点的操作。

　　（2）假若待删除节点 k_i 是最下层的非终端节点以上某层的节点，根据 B-树的性质可知，可以用 k_i 右边指针 p_i 所指子树中最小关键字 y 代替 k_i，然后在相应的节点中删除 y，或用 k_i 左边指针 p_{i-1} 所指子树中最大关键字 x 代替 k_i，然后在相应的节点中删除 x。例如，删除图 9.39（a）所示的 3 阶 B-树中的关键字 50，可以用它右边指针所指子树中最小关键字 60 代替 50，然后转化为删除叶子节点上面一层节点中的 60，删除后得到的 B-树如图 9.39（b）所示。

（a）一颗3阶B-树

（b）删除关键字50后的状态

图 9.39　3 阶 B-树中删除 50，以 60 代替 50

因此，下面主要讨论删除 B-树叶子节点上面一层节点中的关键字的方法，具体分以下 3 种情形。

（1）被删除关键字所在叶子节点上面一层节点中的关键字数目不小于$\lceil m/2\rceil$，则只需要从该节点中删除关键字 k_i 和相应的指针 p_i，树的其他部分不变。例如，从图 9.40（a）所示的 3 阶 B-树中删除关键字 60 和 115 所得的结果如图 9.40（b）所示。

（2）被删除关键字所在叶子节点上面一层节点中的关键字数目等于$\lceil m/2\rceil-1$，而与该节点相邻的右兄弟节点（或左兄弟节点）中的关键字数目大于$\lceil m/2\rceil-1$，则需要将其右兄弟节点的最小关键字（或其左兄弟节点的最大关键字）移至双亲节点中，而将双亲节点中小于（或大于）该上移关键字的关键字下移至被删除关键字所在的节点中。例如，从图 9.40（b）所示的 3 阶 B-树中删除关键字 90，结果如图 9.40（c）所示。

（3）被删除关键字所在叶子节点上面一层节点中的关键字数目和其相邻的兄弟节点中的关键字数目均等于$\lceil m/2\rceil-1$，则第（2）种情况中采用的移动方法将不会奏效，此时需将被删除关键字的所有节点与其左或右兄弟节点合并。不妨设该节点有右兄弟节点，但其右兄弟节点地址由双亲节点指针 p_i 所指，则在删除关键字之后，它所在节点中剩余的关键字和指针加上双亲节点中的关键字 k_i 一起合并到 p_i 所指兄弟节点中（若没有右兄弟节点，则合并至左兄弟节点中）。

例如，从图 9.40（c）所示的 3 阶 B-树中删除关键字 120，则应删除 120 所在节点，并将双亲节点中的 150 与 200 合并成一个节点，删除后的结果如图 9.40（d）所示。如果这一操作使双亲节点中的关键字数目小于$\lceil m/2\rceil-1$，则以同样方法进行调整，最坏的情况下，合并操作会向上传播至根节点，当根节点中只有一个关键字时，合并操作将会使根节点及其两个孩子节点合并成一个新的根节点，从而使整棵树的高度减少一层。

例如，在图 9.40（d）所示的 3 阶 B-树中删除关键字 8，此关键字所在节点无左兄弟节点，只检查其右兄弟节点，然而右兄弟节点的关键字数目等于$\lceil m/2\rceil-1$，此时应检查其双亲节点的关键字数目是否大于等于$\lceil m/2\rceil-1$，但此处其双亲节点的关键字数目等于$\lceil m/2\rceil-1$，从而进一步检查双亲节点与兄弟节点的关键字数目是否均等于$\lceil m/2\rceil-1$，这里关键字 28 所在的节点的右兄弟节点关键字数目正好等于$\lceil m/2\rceil-1$，因此将 28 和 40 结合成一个节点，50 和 85 结合成一个节点，使树变矮。删除关键字 8 后的结果如图 9.40（e）所示。

在 B-树中删除节点的算法程序由读者作为课后练习自己写出。

（a）一棵 3 阶 B-树　　　　　　　　　　（b）删除关键字 60 和 115 后的状态

（c）删除关键字 90 后的状态　　　　　　　（d）删除关键字 120 后的状态

（e）删除关键字 8 后的状态

图 9.40　3 阶 B-树上节点的删除

9.7.3　B+树

B+树

1. m 阶 B+树的定义

m 阶 B+树可以看作 m 阶 B-树的一种变形。m 阶 B+树的结构定义如下。

（1）树中每个节点至多有 m 棵子树。

（2）除根节点之外的每个节点至少有 $\lceil m/2 \rceil$ 棵子树。

（3）若根节点不是叶子节点且非空，则至少有两棵子树。

（4）所有的叶子节点包含全部关键字及指向相应记录的指针，而且叶子节点按关键字大小顺序链接（可以把每个叶子节点看成一个基本索引块，它的指针不再指向另一级索引块，而直接指向数据文件中的记录）。

（5）有 k 个子树的节点（分支节点）必有 k 个关键码。

图 9.41 所示为一个 4 阶（m=4）B+树的例子，其所有的关键码均出现在叶子节点上，上面各层节点中的关键码均是下一层相应节点中最大关键码的复写（当然，也可采用"最小关键码复写"原则）。由图 9.41 中可以看出，B+树的构造是由下而上的，m 限定了节点的大小，自底向上地把每个节点的最大关键码（或最小关键码）复写到上一层节点中。

通常在 B+树中有两个头指针，一个指向根节点，这里为 root；另一个指向关键字最小的叶子节点，这里为 sqt。

m 阶 B+树和 m 阶 B-树的主要差异如下。

① 在 B+树中，具有 n 个关键字的节点含有 n 棵子树，即每个关键字对应一棵子树；而在 B-

树中，具有 n 个关键字的节点包含 $n+1$ 棵子树。

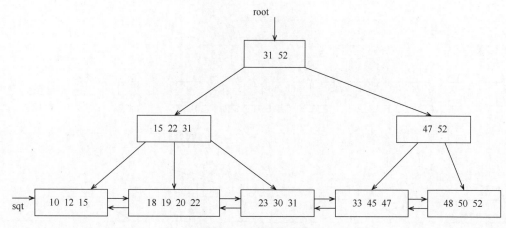

图 9.41　一棵 4 阶 B+树

② 在 B+树中，每个节点（除根节点外）中的关键字个数 n 的取值范围是 $\lceil m/2 \rceil \leq n \leq m$，根节点 n 的取值范围是 $2 \leq n \leq m$；而在 B-树中，除根节点外，其他非叶子节点的关键字个数 n 要满足 $\lceil m/2 \rceil - 1 \leq n \leq m-1$，根节点 n 的取值范围是 $1 \leq n \leq m-1$。

③ B+树中的所有叶子节点包含全部关键字，即其他非叶子节点中的关键字包含在叶子节点中；而在 B-树中，关键字是不重复的。

④ B+树中的所有非叶子节点仅起到索引的作用，即节点中的每个索引项只含有对应子树的最大关键字和指向该子树的指针，不含有该关键字对应记录的存储地址；而在 B-树中，每个关键字对应一个记录的存储地址。

⑤ 通常在 B+树上有两个头指针，一个指向根节点，另一个指向由所有叶子节点链接成一个不定长的线性链表的表头节点。

2．B+树的查找

在 B+树中可以采用两种查找方法，一种是直接从由叶子节点链接成的链表表头开始进行顺序查找，另一种是从 B+树的根节点开始进行查找。B+树的查找与查找方法与 B-树的查找方法相似，只是在分支节点上的关键字与查找值相等时，查找并不结束，要继续查到叶子节点为止。此时若查找成功，则按所给指针取出对应记录即可。因此，在 B+树中，不管查找成功与否，每次查找都会经过一条从根节点到叶子节点的路径。

3．B+树的插入

B+树的插入仅在叶子节点中插入关键字。先找到插入的节点，当插入后节点中的关键字个数大于 m 时要分裂成两个节点，它们所含关键字个数分别为 $\lceil (m+1)/2 \rceil$ 和 $\lfloor (m+1)/2 \rfloor$，同时要使它们的双亲节点中包含这两个节点的最大关键字和指向它们的指针。若双亲节点的关键字个数大于 m，应继续分裂，以此类推。

4．B+树的删除

B+树的删除也仅在叶子节点中进行，当叶子节点中最大关键字被删除时，分支节点中的值可以作为"分界关键字"存在。若因删除操作而使节点中关键字个数少于 $\lceil m/2 \rceil$，则从兄弟节点中调剂关键字或与兄弟节点合并，其过程和 B-树的相似。

需要进一步了解 B+树相关知识的读者可以查阅相关文献。

9.8 散列表查找

在已经介绍过的线性表、树等数据结构中，相应的查找是通过若干次的比较来寻找指定的记录的，比较的次数与数据的规模直接相关。虽然二分查找与基于二叉排序树的查找算法具有较高的查询性能，但对于某些对查询速度要求高、数据量大且难以维护数据有序性的应用问题，二分查找也无能为力。以 QQ 用户验证为例，2014 年 QQ 在线用户数已突破 2 亿，且 QQ 用户增、删操作频繁，导致 QQ 用户信息表难以维护其有序性。如何在用户登录时实现快速身份认证？这就需要设计新的查找算法来提高数据查找性能。本节将介绍一种新的存储结构——散列存储，它既是一种存储方式，又是一种常见的查找方法。

9.8.1 散列存储

散列存储的基本思想是以关键码的值为自变量，通过一定的函数关系（称为散列函数，或称 Hash 函数）计算出对应的函数值，以这个值作为节点的存储地址，将节点存入计算得到的存储单元里。查找时再根据要查找的关键码用同样的函数计算地址，然后到相应的存储单元里取要找的节点。用散列法存储的线性表称为"散列表"，显然，散列表的查找时间与散列表中元素的个数无关。

设 U 是所有可能出现的关键字集合（即全集），S 是实际发生（即实际存储）的关键字集合（$S \subset U$），$T[0..m-1]$ 是一个存放 U 中关键字的数组，$H(key)$ 是一个从 U 到 $T[0..m-1]$ 上的函数。散列方法是使用函数 H 将 U 映射到 $T[0..m-1]$ 的下标上，对于 S 中的任意一个关键字 x，首先计算出 $H(x)$ 的值，然后把 x 存放到 $T[H(x)]$ 中。为了从 T 中查找给定的关键字 y，只要计算出 $H(y)$ 的值，达到在 $O(1)$ 时间内就可完成查找。利用散列法存储数据和查找数据的过程如图 9.42 所示。

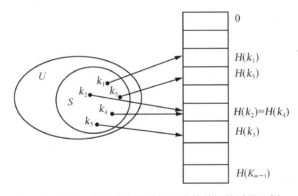

图 9.42 利用散列法存储数据和查找数据的过程示例

散列存储中经常会出现对于两个不同关键字 $x_i, x_j \in S$，却有 $H(x_i) = H(x_j)$，即不同的关键字具有相同的存放地址，这种现象称为**冲突**或**碰撞**。碰撞的两个（或多个）关键字称为同义词（相对散列函数 H 而言）。图 9.42 所示的 k_2 与 k_4 相对散列函数 H 而言便是同义词。碰撞的发生不仅与散列函数有关，还与散列表的"负载因子"（也称为"装填因子"）密切相关。负载因子 α 反映了散列表的装填程度，其定义为：

$$\alpha = \frac{\text{散列表中节点的数目}}{\text{基本区域能容纳的节点数}}$$

当 $\alpha > 1$ 时，冲突是不可避免的。因此，散列存储必须考虑解决冲突的办法。

综上所述，对于散列方法，需要研究下面两个主要问题。

（1）选择一个计算简单并且产生冲突的机会尽可能少的散列函数。

（2）确定解决冲突的方法。

9.8.2　散列函数的构造

构造散列函数的方法很多，但总的原则是尽可能地将关键字集合空间均匀地映射到地址集合空间中，同时尽可能地降低冲突发生的概率。适用的散列函数很多，在此不一一列举，仅介绍几种常用的散列函数构造方法。

散列函数的构造

1. 除余法

该方法是十分简单、常用的一种方法。它是以一个略小于散列地址集合中地址个数 m 的质数 p 来除关键字，取其余数作为散列地址，即：

$$H(key)=key\%p$$

这个方法的关键是选取适当的 p，若选取的 p 是关键字的基数的幂次，则相当于选择关键字的最后若干位数字作为地址，而与高位无关。于是高位不同而低位相同的关键字均互为同义词。一般 p 为接近 m 的质数为好，若选择不当，容易产生同义词。

例如，$S = \{5,21,65,22,69\}$，若 $m =7$，且 $H(x) = x\%7$，则可以得到图 9.43 所示的散列表。

0	1	2	3	4	5	6
21	22	65			5	69

图 9.43　散列表示例

2. 平方取中法

平方取中法，即取关键字平方后的中间几位作为散列地址，所取的位数和散列地址位数相同。这是一种较常用的构造散列函数的方法。因为通常在选定散列函数时不一定能知道关键字的全部情况，难以决定取其中哪几位比较合适，而一个数平方后的中间几位数和数的每一位都相关，由此使随机分布的关键字得到的散列地址也是随机的。

3. 折叠法

将关键字分割成位数相同的几部分（最后一部分的位数可以不同），然后取这几部分的叠加和（舍去进位）作为散列地址，称为折叠法。关键字位数很多且关键字中每一位上数字分布大致均匀时，可以采用折叠法得到散列地址。

在折叠法中数位叠加可以有移位叠加和间界叠加两种方法。移位叠加是将分割后的每一部分的最低位对齐，然后相加；间界叠加是从一端向另一端沿分割界来回折叠，然后对齐相加。如关键码为 07302038006，若散列地址取 4 位，则此关键字的散列地址采用折叠法得到图 9.44 所示的结果。

```
        8006              8006
        0203              3020
     +)  073           +)  073
        8282             11099
     H(key)=8282       H(key)=1099
     （a）移位叠加      （b）间界叠加
```

图 9.44　由折叠法求得散列地址

4. 数字分析法

对于关键字的位数比存储区域的地址码位数多的情况，可以对关键字的各位进行分析，丢掉分布不均匀的位而留下分布均匀的位作为散列地址，这种方法称为数字分析法。

例如，对下列 6 个关键字进行关键码到地址的转换，关键码是 8 位的，地址是 3 位的，需要经过数字分析丢掉 5 位。

			key					H(key)
0	1	9	<u>4</u>	2	8	<u>3</u>	2	432
0	1	5	<u>7</u>	9	8	<u>8</u>	5	785
0	1	9	<u>5</u>	9	0	<u>1</u>	3	513
0	1	2	<u>8</u>	1	5	<u>3</u>	8	838
0	1	9	<u>2</u>	1	8	<u>2</u>	7	227
0	1	7	<u>1</u>	1	8	<u>4</u>	6	146

分析这 6 个关键字，最高位都是 01，第 6 位是 3 个 9，第 4 位是 3 个 1，第 4 位是 4 个 8，都分布不太均匀，因此丢掉，于是留下第 1、第 2、第 5 位作为地址。这种方法的特点是散列函数依赖于关键码集合，对于不同的关键码集合，所保留的地址可能不相同。

5．直接地址法

取关键字或关键字的某个线性函数值作为散列地址，即：

$$H(key) = key \text{ 或 } H(key) = a \cdot key + b$$

其中，a 和 b 为常数。在使用时，为了使散列地址与存储空间吻合，可以调整 b。例如，有一人口调查表，表中每个记录包括年龄、人数、民族等情况，若取年龄作为关键字，则可利用直接地址法确定各记录的散列存储地址。

直接地址法的特点是散列函数简单，并且对于不同的关键字，不会产生冲突。但在实际问题中，关键字集合中的元素往往是离散的，用该方法产生的散列表会造成空间的大量浪费。

9.8.3 冲突处理

在实际的应用中，无论如何构造散列函数，冲突是不可避免的。本小节介绍 3 种常用的解决散列冲突的方法。

散列表冲突处理

1．开放定址法

开放定址法的基本做法是在发生冲突时，按照某种方法继续探测基本表中的其他存储单元，直到找到一个开放的地址（即空位置）为止。显然这种方法需要用某种标记区分空单元与非空单元。

开放定址法的一般形式可表示为：

$$H_i(k) = [H(k) + d_i] \bmod m, i = 1,2,\cdots,k \ (k \leqslant m-1)$$

其中，$H(k)$ 为关键字为 k 的直接散列地址，m 为散列表表长，d_i 为每次再探测时的地址增量。当 $d_i = 1,2,3,\cdots,m-1$ 时，称为线性探测再散列；当 $d_i = 1^2,-1^2,2^2,-2^2,\cdots,k^2,-k^2$（$k \leqslant m/2$）时，称为二次探测再散列；当 d_i 为随机数序列时，称为随机探测再散列。

在往散列表中插入数据元素时，若未发生冲突，则直接将记录插入其散列地址单元；若发生冲突，则可采用开放定址法探测空位置，一旦找到一个空位置，就把该记录存入刚探测到的空位置上，插入过程结束；如果用完整个探测地址序列还没有找到空位置，则说明散列表已满，插入操作失败。

线性探测再散列法所采用的就是当散列函数产生的数据地址已有数据存在，即发生碰撞时，往下一批数据位置寻找可用空间存储数据。利用线性探测再散列解决冲突容易发生"聚集"现象，即当表中 $i,i+1,i+2$ 位置上已存储关键字，下一次散列地址为 $i,i+1,i+2,i+3$ 的关键字都将企图填入 $i+3$ 的位置，这种几个散列地址不同的关键字争夺同一个后继散列地址的现象称为聚集。它使在处理同义词的冲突过程中又添加了非同义词的冲突，即本来不应发生冲突的关键字也发生冲突，显然，这种现象对查找不利。

在散列表中查找关键字为 k 的记录的过程很简单，方法是：按照散列表建立散列函数，根据 k 值求出其散列地址，若该地址记录为空，则查找失败；若该地址记录不为空，将 k 与该地址记录的关键字相比较，若二者相等，则查找成功，否则按照散列表建立时采用的解决冲突的办法继续在"下一散列地址"中查找；若在某个地址中有关键字与 k 相等的记录，则查找成功；若探测完整个散列地址序列都未找到 k，则查找失败，说明散列表中没有此关键字 k。

例如，有数据(654,638,214,357,376,854,662,392)，现采用数字分析法，取得第二位数作为散列地址，将数据逐个存入大小为 10 的散列表（此处为顺序表）中。若采用线性探测再散列法解决地址冲突，则 8 个数据全部插入完成后，散列表的状态如图 9.45 所示。

0	1	2	3	4	5	6	7	8	9
392	214		638		654	357	376	854	662

图 9.45　采用线性探测再散列法的散列表示例

2. 再散列法

采用再散列法解决冲突的做法是当待存入散列表的某个元素 k 在原散列函数 $H(k)$ 的映射下与其他数据发生碰撞时，采用另外一个散列函数 $H_i(k)$（$i = 1,2,\cdots,n$）计算 k 的存储地址（H_i 均是不同的散列函数），这种计算直到冲突不再发生为止。

显然这种方法不易发生聚集，但增加了计算的时间。

3. 拉链法

采用拉链法解决冲突的做法是，将所有关键字为同义词的节点链接在同一个单链表中，若选定的散列表长度为 m，则可将散列表定义为一个由 m 个头指针组成的指针数组 $T[0..m-1]$，凡是散列地址为 i 的节点，均插入以 $T[i]$ 为头指针的单链表中。

与开放定址法相比，拉链法有如下明显优点：拉链法处理冲突简单，且无聚集现象，即非同义词不会发生冲突，因此平均查找长度较短；在用拉链法构造的散列表中，删除节点的操作易于实现，只要简单地删除链表上相应的节点即可；另外，由于拉链法中各链表上的节点空间是动态申请的，因此它更适用于事前无法确定表长的情况。

拉链法的缺点主要是指针需要用额外的空间，故当节点规模较小时，开放定址法较为节省空间。

例如，关键字集合为{1,13,20,5,14,33}，散列表长度 m=5，现采用除余法构造散列函数并采用拉链法解决地址冲突，所创建的散列表如图 9.46 所示。

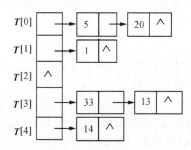

图 9.46　采用除余法构造散列函数并用拉链法解决地址冲突创建散列表示例

算法 9.14 给出了一个运用除余法构造散列函数并用拉链法解决地址冲突的散列表构造及查找算法。

```
/******************************************/
/*  基于散列表的插入与查找算法,文件名:hash.c      */
/******************************************/
#define Max 6
#define Hashmax 5
int data[Max];                    /*数据数组*/
```

```
struct list                           /*声明列表结构*/
{   int key;                          /*关键字*/
    struct list *next;
};
typedef struct list node;
typedef node *link;
link hashtab[Hashmax];                /*散列表表头指针数组*/
int counter=1;                        /*计数器*/
/****************************************/
/*   函数功能:采用除余法构造散列函数      */
/*   函数参数:关键字 key                 */
/*   函数返回值: 散列函数值               */
/*   文件名:hash.c,函数名:hash_mod()    */
/****************************************/
int hash_mod(int key)
{
  return key%Hashmax;
}
/****************************************/
/*   函数功能:散列表插入运算             */
/*   函数参数:关键字 key                 */
/*   函数返回值: 无                      */
/*   文件名:hash.c,函数名:insert_hash() */
/****************************************/
void insert_hash(int key)
{   link  p,new;
    int index;
    new=(link)malloc(sizeof(node));        /*生成新节点*/
    new->key=key;
    new->next=NULL;
    index=hash_mod(key);                   /*插入所在的链表表头*/
    new->next=hashtab[index];
    hashtab[index]=new;
}
/****************************************/
/*   函数功能:基于散列表的查找           */
/*   函数参数:关键字 key                 */
/*   文件名:hash.c,函数名:hash_search() */
/****************************************/
int hash_search(int key)
{   link p;
    int index;
    counter=0;                             /*查找次数初始化*/
    index=hash_mod(key);                   /*取得数据位置*/
    p=hashtab[index];                      /*散列表起始指针*/
    printf("Data[%d]:",index);
    while(p)
    { counter++;
      printf("[%d]",p->key);
      if(p->key==key)                      /*查找到数据*/
```

```
        return 1;
        else
            p=p->next;                          /*指向下一个节点*/
    }
    return 0;
}
```

算法 9.14 散列表上的基本运算

除了上述 3 种方法，还有差值法可用于解决地址冲突。这种方法在发生冲突时，处理原则是以现在的数据地址加上一个固定的差值，当数据地址超出数据大小时，则让数据地址采用循环的方式处理。另外，还可以通过建立一个公共溢出区的方法来解决地址冲突。即 m 个散列地址用数组 $T[0..m-1]$ 表示，称此数组为基本表，每一个分量存放一个关键字，另外设立一个数组 $v[0..n]$ 为溢出表。若关键字和基本表中的关键字为同义词，不管它由散列函数得到的散列地址是什么，一旦发生冲突，都填入溢出表。

直观上看，负载因子 α 越小，发生冲突的可能性就越小，查找时所用的平均比较次数也就越少；α 越大，即表越满，发生冲突的可能性就越大，查找时所用的平均比较次数也就越多。因此，散列表查找成功的平均查找长度 S_n 和查找不成功的平均查找长度 U_n 均与 α 有关。散列查找的效率分析比较复杂，这里仅给出部分结论。

假设负载因子为 α，则有如下结论。

（1）如果用线性探测再散列法解决冲突，散列表查找成功和查找不成功的平均查找长度 S_n 和 U_n 分别为：

$$S_n \approx \frac{1}{2}\left(1+\frac{1}{1-\alpha}\right), \quad U_n \approx \frac{1}{2}\left[1+\frac{1}{(1-\alpha)^2}\right]$$

（2）如果用二次探测再散列法解决冲突，散列表查找成功和查找不成功的平均查找长度 S_n 和 U_n 分别为：

$$S_n \approx -\frac{1}{\alpha}\ln(1-\alpha), \quad U_n \approx \frac{1}{(1-\alpha)}$$

（3）如果用拉链法解决冲突，散列表查找成功和查找不成功的平均查找长度 S_n 和 U_n 分别为：

$$S_n \approx 1+\frac{\alpha}{2}, \quad U_n \approx \alpha+\mathrm{e}^{-\alpha}$$

【例题】将关键字序列(7,8,30,11,18,9,14)散列存储到散列表中。散列表的存储空间是一个下标从 0 开始的一维数组，散列函数为 $H(key)=(key \times 3) \bmod 7$，处理冲突采用线性探测再散列法，要求负载因子为 0.7。

（1）请画出所构造的散列表。

（2）分别计算等概率情况下查找成功和查找不成功的平均查找长度。

【解答】由于负载因子为 0.7，数据总数为 7，得出一维数组大小为 7/0.7=10，数组下标为 0～9。所构造的散列函数值如下。

key	7	8	30	11	18	9	14
H(key)	0	3	6	5	5	6	0

采用线性探测再散列法处理冲突，所构造的散列表如下。

地址	0	1	2	3	4	5	6	7	8	9
key	7	14		8		11	30	18	9	

查找成功时，根据每个元素查找次数来计算平均长度，在等概率的情况下，各关键字的查找

次数如下。

key	7	8	30	11	18	9	14
次数	1	1	1	1	3	3	2

故，ASL $_{成功}$=查找次数/元素个数=(1+1+1+1+3+3+2)/7=12/7。

查找失败时，可根据失败位置计算平均次数，根据"散列函数 mod 7"，初始只可能在 0～6 的位置。等概率情况下，查找 0～6 位置查找失败的查找次数如下。

位置	0	1	2	3	4	5	6
次数	3	2	1	2	1	5	4

故，ASL $_{不成功}$=查找次数/元素个数=(3+2+1+2+1+5+4)/7=18/7。

本章小结

本章主要知识点的思维导图如图 9.47 所示。

图 9.47   本章主要知识点的思维导图

习 题

9.1 选择题。

（1）在关键字序列(12,23,34,45,56,67,78,89,91)中采用二分查找法查找关键字为 45,89，12 的节点时，所需进行的比较次数分别为（   ）。

    A．4,4,3   B．4,3,3   C．3,4,4   D．3,3,4

（2）适用二分查找法的表的存储方式及元素排列要求为（   ）。

    A．链式方式存储、元素无序   B．链式方式存储、元素有序

    C．顺序方式存储、元素无序   D．顺序方式存储、元素有序

（3）有一个长度为 12 的有序表 R[0..11]，按二分查找法对该表进行查找，在表内各元素等概率情况下查找成功所需的平均比较次数为（   ）。

    A．35/12   B．37/12   C．39/12   D．43/12

（4）已知一个长度为 16 的顺序表，其元素按关键字有序排列，若采用二分查找法查找一个不存在的元素，则比较的次数最多为（　　）。

  A. 4   B. 5   C. 6   D. 7

（5）设顺序存储的线性表共有 123 个元素，按分块查找的要求等分成 3 块。若对索引表采用顺序查找来确定块，并在确定的块中进行顺序查找，则在查找概率相等的情况下，分块查找成功时的平均查找长度为（　　）。

  A. 21   B. 23   C. 41   D. 62

（6）已知含 10 个节点的二叉排序树是一棵完全二叉树，则该二叉排序树在等概率情况下查找成功的平均查找长度为（　　）。

  A. 1.0   B. 2.9   C. 3.4   D. 5.5

（7）由同一关键字集合构造的各棵二叉排序树（　　）。

  A. 其形态不一定相同，但平均查找长度相同

  B. 其形态不一定相同，平均查找长度也不一定相同

  C. 其形态均相同，但平均查找长度不一定相同

  D. 其形态均相同，平均查找长度也相同

（8）有数据序列(53,30,37,12,45,24,96)，从空二叉树开始逐步插入数据形成二叉排序树，若希望高度最小，则应该选择下列（　　）的序列输入。

  A. 37,24,12,30,53,45,96   B. 45,24,53,12,37,96,30

  C. 12,24,30,37,45,53,96   D. 30,24,12,37,45,96,53

（9）在含有 15 个节点的平衡二叉树上，查找关键字为 28 的节点，依次比较的关键字有可能是（　　）。

  A. 30,36   B. 38,48,28

  C. 48,18,38,28   D. 60,30,50,40,38,36

（10）在图 9.48 所示的平衡二叉树中，插入一个关键字为 5 的节点，需要进行（　　）型调整。

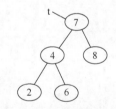

图 9.48　一棵平衡二叉树

  A. LL   B. LR   C. RR   D. RL

（11）【2021 年统考真题】给定平衡二叉树如图 9.49 所示，插入关键字 23 后，根节点中的关键字是（　　）。

  A. 16   B. 20   C. 23   D. 25

图 9.49　平衡二叉树

（12）【2018 年统考真题】已知字符集{a,b,c,d,e,f}，若各字符出现的次数分别是 6,3,8,2,10,4，则对应字符集中各字符的 Huffman 编码可能是（　　）。

A．00,1011,01,1010,11,100　　　　　B．00,100,110,000,0010,01

C．10,1011,11,0011,00,010　　　　　D．0011,10,11,0010,01,000

（13）若在 9 阶 B-树中插入关键字引起节点分裂，则该节点在插入前含有的关键字个数为（　　）。

A．4　　　　　　B．5　　　　　　C．8　　　　　　D．9

（14）设散列表长为 $m=14$，散列函数为 $H(key)=key \bmod 11$。表中已有 4 个节点，$H(15)=4$，$H(38)=5,H(61)=6,H(84)=7$，其余地址为空，如用线性探测再散列法处理冲突，则关键字为 49 的节点的地址是（　　）。

A．8　　　　　　B．3　　　　　　C．5　　　　　　D．9

（15）下面关于 B-树和 B+树的叙述中，不正确的是（　　）。

A．B-树和 B+树都能有效地支持顺序查找

B．B-树和 B+树都能有效地支持随机查找

C．B-树和 B+树都是平衡的多叉树

D．B-树和 B+树都可用于文件索引结构

9.2　在分块查找中，将有 256 个元素的线性表分成多少块最好？每块的最佳长度是多少？若每块的长度为 8，其平均查找长度是多少？

9.3　设有关键码 A、B、C 和 D，按照不同的输入顺序，共可能组成多少种不同的二叉排序树。请画出其中高度较小的 6 种。

9.4　已知序列(17,31,13,11,20,35,25,8,4,11,24,40,27)，试画出由该序列构成的二叉排序树，并分别给出下列操作后的二叉排序树。

（1）插入数据 9。

（2）删除节点 17。

（3）删除节点 13。

9.5　【2013 年统考真题】设包含 4 个数据元素的集合 $S=\{"do","for","repeat","while"\}$，各元素的查找概率依次为 $p_1=0.35,p_2=0.15,p_3=0.15,p_4=0.35$。将 S 保存在一个长度为 4 的顺序表中，采用二分查找法，查找成功时的平均查找长度为 2.2。

（1）若采用顺序存储结构保存 S，且要求平均查找长度更短，则元素应如何排列？应使用何种查找方法？查找成功时的平均查找长度是多少？

（2）若采用链式存储结构保存 S，且要求平均查找长度更短，则元素应如何排列？应使用何种查找方法？查找成功时的平均查找长度是多少？

9.6　设 T 是一棵给定的查找树，试编写一个在树 T 中删除根节点值为 a 的子树的程序。要求在删除的过程中释放该子树中所有节点所占用的存储空间。这里假设树 T 中的节点采用二叉链表存储结构。

9.7　含有 12 个节点的平衡二叉树的最大深度是多少（设根节点深度为 0）？并画出一棵这样的树。

9.8　试用 Adelson 方法依次把节点值为 60,40,30,150,130,50,90,80,96,25 的记录插入初始为空的平衡二叉排序树中，使在每次插入后保持该树仍然是平衡查找树，并依次画出每次插入后所形成的平衡查找树。

9.9　证明 Huffman 算法能正确地生成一棵具有最小带权外部路径长度的二叉树。

9.10　假设通信电文中只用到 A,B,C,D,E,F 这 6 个字母，它们在通信电文中出现的相对频率分别为 8,3,16,10,5,20，试为它们设计 Huffman 编码。

9.11　假设通信电文中使用的字符集为{a,b,c,d,e,f,g}，字符的 Huffman 编码依次为 0110,10,110,111,00,0111,010。

（1）请根据 Huffman 编码画出此 Huffman 树，并在叶子节点中标注相应字符。

（2）若这些字符在通信电文中出现的频率分别为 3,35,13,15,20,5,9，求该 Huffman 树的带权路径长度。

9.12　用依次输入的关键字 23,30,51,29,27,15,11,17,16 建一棵 3 阶 B-树，画出建立该树的变化过程示意图（每插入一个节点至少有一张图）。

9.13　设散列表长度为 11，散列函数 $H(x) = x\%11$，给定的关键字序列为(1,13,12,34,38,33,27,22)。试画出分别用拉链法和线性探测再散列法解决冲突时所构造的散列表，并求出在等概率的情况下，这两种方法查找成功和失败时的平均查找长度。

9.14　设散列表为 $T[0..12]$，即表的大小 $m = 13$。现采用再散列法（双散列法）解决冲突。散列函数和再散列函数分别为：

$$H_0(k) = k\%13, \quad H_i = [H_{i-1} + REV(k+1)\%11 + 1]\%13, \quad i = 1,2,\cdots,m-1$$

其中，函数 REV(x)表示颠倒十进制数的各位，如 REV(37) = 73、REV(1) = 1 等。假设插入的关键码序列为（2,8,31,20,19,18,53,27）。

（1）试画出插入这 8 个关键码后的散列表；

（2）计算查找成功时的平均查找长度。

10

第 10 章 排序

学习目标

（1）掌握排序的基本概念。
（2）掌握直接插入排序的思想、算法实现和算法复杂性。
（3）掌握二分法插入排序的思想、算法实现和算法复杂性。
（4）掌握 Shell 插入排序的思想、算法实现和算法复杂性。
（5）掌握直接选择排序的思想、算法实现和算法复杂性。
（6）掌握树状选择排序的思想、算法实现和算法复杂性。
（7）掌握堆排序的思想、算法实现和算法复杂性。
（8）掌握冒泡排序的思想、算法实现和算法复杂性。
（9）掌握快速排序的思想、算法实现和算法复杂性。
（10）掌握二路归并排序的思想、算法实现和算法复杂性。
（11）掌握基数排序的思想，了解其算法实现和算法复杂性。
（12）掌握外部排序的思想，了解其实现方法。
（13）能选择合适的排序算法解决实际应用中的排序问题。

　　排序是数据处理过程中经常使用的一种重要的运算，排序的方法有很多。本章主要讨论排序的各种算法，并对每个排序算法的时间和空间复杂度以及算法的稳定性等进行讨论。

10.1　排序的基本概念

　　排序是数据处理过程中经常使用的一种重要的运算，它往往是一个系统的核心部分。排序算法的优劣对一个系统来说是至关重要的。

排序

　　假设一个文件由 n 个记录 $R_1, R_2, \cdots, R_n$ 组成，所谓排序就是以记录中某个（或几个）字段值不减（或不增）的次序将这 n 个记录重新排列，称该字段为排序码。能唯一标识一个记录的字段称为关键码，关键码可以作为排序码，但排序码不一定是关键码。

　　排序的方法有很多。按排序过程中使用到的存储介质来分，可以将排序分成两大类：内排序和外部排序。所谓内排序，是指在排序过程中所有数据均放在内存中处理，不需要使用外存的排序方法。而对于数据量很大的文件，在内存不足的情况下，则需要使用外存，这种排序方法称为外部排序。10.2～10.6 节将讨论内排序，10.7 节将讨论外部排序。

　　在待排序文件中，可能存在排序码相同的记录，若经过排序后，这些记录仍保持原来的相对次序不变，则称这个排序算法是稳定的；否则，称为不稳定的排序算法。对于文件中的任意两个排序码相同的记录 R_i 和 R_j，i 小于 j，即排序前 R_i 在 R_j 的前面，如果排序后 R_i 还是在 R_j 的前面，则该算法是稳定的；如果排序后 R_i 在 R_j 的后面，则该算法是不稳定的。

　　既然排序算法较多，就应有评价排序算法优劣的标准。这个标准是：首先考虑算法执行所需的时间，这主要用执行过程中的比较次数和移动次数来度量；其次考虑算法执行所需要的附加空间。当然，保证算法的正确性是不言而喻的，可读性等也是要考虑的因素。

　　本章在讨论过程中，一般只考虑单排序码的情况，即排序是以记录中某个字段值不减的次序将这 n 个记录重新排列的，且排序码数据类型为整型。除排序码外的其他字段不进行详细讨论。

　　本章的排序算法如未做特别的说明，使用的有关定义如下。

```
/*********************************************/
/*   常见排序算法的头文件,文件名:table.h */
/*********************************************/
#define MAXSIZE 100              /*文件中记录个数的最大值*/
typedef int keytype;            /*定义排序码数据类型为整型*/
typedef struct{
  keytype key;
  int other;                    /*此处还可以定义记录中除排序码外的其他域*/
}recordtype;                    /*记录类型的定义*/
typedef struct{
  recordtype r[MAXSIZE+1];
  int length;                   /*待排序文件中记录的个数*/
}table;                         /*待排序文件类型*/
```

　　这里 MAXSIZE 表示的是文件中最多拥有的记录个数，结构中的 key 域是整型数组，用于存放待排序的排序码。为了与平时的习惯一致，r [0] 一般不用于存放排序码，在一些排序算法中它可以用来作为中间单元存放临时数据。length 域是待排序的记录个数，它必须不大于 MAXSIZE，这样，第 1～length 个记录的排序码分别存于 r [1] ～r[length]这些记录的 key 数据域中。

　　本章中，一般情况下，讨论的是按排序码不减的次序进行排序。

10.2　插入排序

　　插入排序的基本方法是：将待排序文件中的记录逐个地按其排序码值的大小插入目前已经排好序的若干个记录组成的文件中的适当位置，并保持新文件有序。本节介绍 4 种插入排序算法：直接插入排序算法、二分法插入排序算法、表插入排序算法和 Shell 插入排序算法。

10.2.1　直接插入排序

　　直接插入排序算法的思路如下：初始时可认为文件中的第 1 个记录已排好序，然后将第 2 个到第 n 个记录依次插入已排序的若干个记录组成的文件中。在对第 i 个记录 R_i 进行插入时，$R_1,R_2,\cdots,R_{i-1}$ 已排序（严格地讲，这 i－1 个记录应标记为 $R'_1,R'_2,\cdots,R'_{i-1}$，它们是 $R_1,R_2,\cdots,R_{i-1}$ 排序的结果），将记录 R_i 的排序码 key_i 与已经排好序的排序码从右向左依次比较，找到 R_i 应插入的位置，将该位置以后直到 R_{i-1} 各记录顺序后移，空出该位置让 R_i 插入。

直接插入排序

　　例如，一组记录的排序码分别为：

$$312,126,272,226,28,165,123$$

在直接插入排序过程中，初始时可认为第 1 个排序码已经排好序，把排好序的数据记录放入中括号[]中，表示有序的文件，剩下的在中括号外，如下：

$$[312],126,272,226,28,165,123$$

下面设前 3 个记录的排序码已重新排列有序，构成一个含有 3 个记录的有序文件，如下：

[126,272,312],226,28,165,123

　　现在要将第 4 个排序码 226 插入，按直接插入排序方法，将待插入的排序码 226 和已经有序的最后一个排序码 312 比较，因为待插入的排序码 226 小于 312，所以 226 肯定要置于 312 的前面，至于是否就是置于 312 的前一个位置，此时还不能确定，需要继续向左比较。将 226 和再前一个已经排好序的 272 比较，226 小于 272，同样需要继续比较。在 226 和 126 比较时，得知 226 不小于 126，这时可以确定 226 应置于 126 的后一个位置。将大于待插入排序码 226 的那两个排序码 312 和 272 依次后移一个位置，在空出的位置插入待排序的排序码 226，得到一个含有 4 个记录的有序文件，如下：

[126,226,272,312],28,165,123

　　从上面内容可以看出，在已经有序的排序码中插入一个新的排序码，且要使它仍然有序，只要将有序文件中所有大于待插入排序码的排序码后移再进行插入即可。

　　需要注意的是，当待插入排序码小于所有已排序的排序码时，如在插入第 5 个排序码 28 时，在查找插入位置时可以发现从右向左比较时所有的排序码都大于 28，那么在算法实现时每次比较时都必须判断是否有记录，即是否有排序码可以进行比较，这样做将比较费时，否则会出现下标越界的错误。为了既不出错，又节省时间，可以在已排序文件的第 1 个排序码前临时插入一个值作为哨兵，这个值就是待插入的排序码，这样可以保证在向左比较查找的过程中一定有一个排序码不大于待插入的排序码，极端情况是一直比较到哨兵，哨兵不大于待插入的排序码，它们是相等的。待插入的排序码应该插在从右向左比较时，出现的第一个不大于它的排序码后面。

　　在排序码后移的处理上，没有必要要在找到插入位置后再进行后移，而在比较的过程中，一旦有排序码大于待插入的排序码就让它后移一位。第 5 个排序码 28 的插入过程如图 10.1 所示。

	126	226	272	312	<u>28</u>	165	123
0	1	2	3	4	5	6	7

（数组中第1、2、3、4 个记录即排序码有序，待插入的排序码28 为第5 个记录）

<u>28</u>	126	226	272	312	<u>28</u>	165	123
0	1	2	3	4	5	6	7

（设置哨兵）

<u>28</u>	126	226	272		312	165	123
0	1	2	3	4	5	6	7

（312>28，后移）

<u>28</u>	126	226		272	312	165	123
0	1	2	3	4	5	6	7

（272>28，后移）

<u>28</u>	126		226	272	312	165	123
0	1	2	3	4	5	6	7

（226>28，后移）

<u>28</u>		126	226	272	312	165	123
0	1	2	3	4	5	6	7

（126>28，后移）

<u>28</u>	28	126	226	272	312	165	123
0	1	2	3	4	5	6	7

（28不大于28　插入28）

图 10.1　插入一个排序码的过程

由以上的分析，可以得到直接插入排序算法，其具体实现详见算法 10.1。

```
/***********************************************/
/*   函数功能:直接插入排序算法                 */
/*   函数参数:结构类型 table 的指针变量 tab    */
/*   函数返回值:无                             */
/*   文件名:insesort.c,函数名:insertsort()     */
/***********************************************/
void insertsort(table *tab)
{
  int i,j;
  for(i=2;i<=tab->length;i++)              /*依次插入从第 2 个开始的所有元素*/
  {
    j=i-1;
    tab->r[0]=tab->r[i];                   /*设置哨兵,准备找插入位置*/
    while(tab->r[0].key<tab->r[j].key)     /*排序码比较,找插入位置并后移*/
    {
      tab->r[j+1]=tab->r[j];               /*记录后移*/
      j=j-1;                               /*继续向前（左）查找*/
    }
    tab->r[j+1]=tab->r[0];                 /*插入第 i 个元素的副本,即前面设置的哨兵*/
  }
}
```

算法 10.1　直接插入排序

设待排序的 7 个记录的排序码为{312,126,272,226,28,165,123}，直接插入排序算法的执行过程如图 10.2 所示。

```
          哨兵              排序码
     []312, 126, 272, 226, 28, 165, 123

初始   （ ）     [312], 126, 272, 226, 28, 165, 123
i=2:   （126）   [126, 312], 272, 226, 28, 165, 123
i=3:   （272）   [126, 272, 312], 226, 28, 165, 123
          哨兵              排序码
i=4:   （226）   [126, 226, 272, 312], 28, 165, 123
i=5:   （28）    [28, 126, 226, 272, 312], 165, 123
i=6:   （165）   [28, 126, 165, 226, 272, 312], 123
i=7:   （123）   [28, 123, 126, 165, 226, 272, 312]
```

图 10.2　直接插入排序算法的执行过程

直接插入排序算法的思路简单明了，实现也比较容易。对于有 n 个排序码进行的直接插入排序，首先分析算法的执行时间。在最好的情况下，即初始排序码开始是有序的情况下，因为当插入第 i 个排序码时，该算法的内循环 while 只进行一次条件判断而不执行循环体，外循环共执行 $n-1$ 次，其循环体内不含内循环每次循环要进行 2 次移动操作，所以在最好的情况下，直接插入排序算法的比较次数为 $n-1$，移动次数为 $2(n-1)$。在最坏的情况下，即初始排序码开始是逆序的情况下，因为当插入第 i 个排序码时，该算法的内循环 while 要执行 i 次条件判断，循环体要执行 $i-1$ 次，每次要移动 1 个记录，外循环共执行 $n-1$ 次，其循环体内不含内循环每次循环要进行 2 次移动操作，所以在最坏的情况下，比较次数为 $\sum_{i=1}^{n-1}(i+1)$，移动次数为 $\sum_{i=1}^{n-1}(i+2)$。假设待排序文件中的记录以各种排列出现的概率相同，因为当插入第 i 个排序码时，该算法的内循环 while 平均约要执行 $i/2$ 次条件判断，循环体要执行$(i-1)/2$ 次，外循环共执行 $n-1$ 次，所以平均比较次数约为$(2+3+\cdots+n)/2(n-1)$，平均移动次数约为$(n-1)(2+1+3+1+\cdots+n+1)/2$，也即直接插入排序算法的时间复杂度为 $O(n^2)$。另外，该算法只使用了用于存放哨兵的一个附加存储空间。

直接插入排序算法是稳定的排序算法。

10.2.2　二分法插入排序

二分法插入排序

根据插入排序的基本思想，在找第 i 个记录的插入位置时，前 $i-1$ 个记录已排序，将第 i 个记录的排序码 key_i 和已排序的前 $i-1$ 个的中间位置记录的排序码进行比较，如果 key_i 小于中间位置记录的排序码，则可以在前半部分继续使用二分法查找，否则在后半部分继续使用二分法查找，直到查找范围为空，即可确定 key_i 的插入位置，这就是二分法插入排序（也称折半法插入排序）的思想。

二分法插入排序算法的具体实现详见算法 10.2。

```
/****************************************/
/*  函数功能:二分法插入排序算法              */
/*  函数参数:结构类型 table 的指针变量 tab   */
/*  函数返回值:无                         */
/*  文件名:binsort.c,函数名:binarysort()  */
/****************************************/
void binarysort(table *tab)
{
  int i,j,left,right,mid;
  for(i=2;i<=tab->length;i++)      /*依次插入从第 2 个开始的所有元素*/
  {
    tab->r[0]=tab->r[i];           /*保存待插入的元素*/
    left=1;right=i-1;              /*设置查找范围的左、右位置值*/
    while(left<=right)             /*查找第 i 个元素的插入位置*/
    {
      mid=(left+right)/2;          /*取中点位置*/
      if(tab->r[i].key<tab->r[mid].key)
        right=mid-1;
      else
        left=mid+1;                /*插入位置为 left*/
    }
    for(j=i-1;j>=left;j--)
        tab->r[j+1]=tab->r[j];     /*后移,空出插入位置*/
    tab->r[left]=tab->r[0];        /*插入第 i 个元素的副本*/
  }
}
```

算法 10.2　二分法插入排序

设待排序的 7 个记录的排序码为{312,126,272,226,28,165,123}，在前 6 个记录已经排序的情况下，使用二分法插入排序算法插入第 7 个记录的排序码 123 的执行过程如图 10.3 所示。

对于二分法插入排序算法，在查找第 i 个记录的插入位置时，每执行一次 while 循环体，查找范围缩小一半。与直接插入排序的比较次数对比，二分法插入排序的比较次数少于直接插入排序的最多比较次数，而一般要多于直接插入排序的最少比较次数。总体上讲，当 n 较大时，二分法插入排序的比较次数远少于直接插入排序的平均比较次数，但二者所要进行的移动次数相等，故二分法插入排序的时间复杂度也是 $O(n^2)$，所需的附加存储空间为一个记录空间。

123	28	126	165	226	272	312	123
0	1	2	3	4	5	6	7

left=1   mid=3   right=6

（先保存待插入的排序码）123<126，right=mid-1=2

123	28	126	165	226	272	312	123
0	1	2	3	4	5	6	7

left=1 right=2

mid=1

123!<28，left=mid+1=2（!<表示不小于）

123	28	126	165	226	272	312	123
0	1	2	3	4	5	6	7

left=2

right=2

mid=2

123<126，right=mid-1=1，left>right， 二分法查找结束，left=2 为插入位置

123	28		126	165	226	272	312
0	1	2	3	4	5	6	7

left=2 为插入位置，后移，空出插入位置

123	28	123	126	165	226	272	312
0	1	2	3	4	5	6	7

在插入位置插入排序码，结束

图 10.3　二分法插入排序算法的执行过程

二分法插入排序算法是稳定的排序算法。

10.2.3　表插入排序

表插入排序

对 10.2.1 小节和 10.2.2 小节介绍的插入排序算法进行分析可知，二分法插入排序的比较次数通常比直接插入排序的比较次数少，但移动次数相等。本小节介绍的表插入排序将在不进行记录移动的情况下，利用存储结构有关信息的改变来达到排序的目的。为此，可以给每个记录附设一个指针域 link，它的数据类型为整型。表插入排序的思路是，在插入第 i 个记录 R_i 时，$R_1, R_2, \cdots, R_{i-1}$ 已经通过各自的指针域 link 按排序码不减的次序连接成一个（静态链）表，将记录 R_i 的排序码 key_i 与表中已经排好序的排序码从表头向右（向后）依次比较，找到 R_i 应插入的位置，将其插入表中，使表中各记录的排序码仍然有序。

表插入排序算法使用的有关定义如下。

```
/********************************************/
/*  表插入排序定义的头文件，文件名:table2.h      */
/********************************************/
#define MAXSIZE 100          /*文件中记录个数的最大值*/
typedef int keytype;         /*定义排序码数据类型为整型*/
typedef struct{
  keytype key;
  int link;
```

```
    int other;                  /*此处还可以定义记录中除排序码外的其他域*/
  }recordtype;                  /*记录类型的定义*/
typedef struct{
  recordtype r[MAXSIZE+1];
  int length;                   /*待排序文件中记录的个数*/
}table2;                        /*待排序文件类型*/
```

对于将一个值为 x 的记录插入一个已排序（不减）的单链表 head 中，使新的单链表的节点值以不减的次序排列，读者容易给出解决此问题的算法，表插入排序算法的关键就在于此。初始时，r[0].link 用于存放表中第 1 个记录的下标，r[0].link 的值为 1，排序结束时，r[0].link 中存放的是所有排序码中值最小的对应记录的下标，其他的排序码通过各自的指针域 link 按不减的次序连接成一个（静态链）表，最大的排序码对应的 link 为 0。

设待排序的 7 个记录的排序码为{312,126,272,226,28,165,123}，表插入排序算法的执行过程如图 10.4 所示。

key		312	126	272	226	28	165	123
link								
下标	0	1	2	3	4	5	6	7

（a）初始存储状态

key		312	126	272	226	28	165	123
link	1	0						
下标	0	1	2	3	4	5	6	7

（b）由第1个记录构成的有序表

key		312	126	272	226	28	165	123
link	2	0	1					
下标	0	1	2	3	4	5	6	7

（c）插入第2个记录后的有序表

key		312	126	272	226	28	165	123
link	5	0	6	1	3	7	4	2
下标	0	1	2	3	4	5	6	7

（d）所有记录都插入后的结束状态（下标为5的记录的key值最小）

图 10.4　表插入排序算法的执行过程

表插入排序算法的具体实现详见算法 10.3。

```
/*******************************************/
/*  函数功能:表插入排序算法                 */
/*  函数参数:结构类型 table2 的指针          */
/*  函数返回值:无                           */
/*  文件名:tabinst.c,函数名:tableinsertsort() */
/*******************************************/
void tableinsertsort(table2 *tab)
{
  int i,p,q;
  tab->r[0].link=1;tab->r[1].link=0;      /*只有第 1 个元素的表是有序的*/
  for(i=2;i<=tab->length;i++)             /*依次插入从第 2 个开始的所有元素*/
  {
    q=0;p=tab->r[0].link;                 /*p 指向表中第 1 个元素,q 指向 p 的前驱元素位置*/
```

```
      while(p!=0&&tab->r[i].key>=tab->r[p].key)    /*找插入位置*/
      {
         q=p;
         p=tab->r[p].link;                         /*继续查找*/
      }
      tab->r[i].link=p;tab->r[q].link=i;  /*将第 i 个元素插入 q 和 p 所指向的元素之间*/
    }
}
```

算法 10.3   表插入排序

表插入排序没有记录的移动，但是增加了 link 域，进行了 $2n$ 次修改 link 值的操作。因为其比较次数和直接插入排序算法的情况相同，所以表插入排序的时间复杂度为 $O(n^2)$。

表插入排序算法也是稳定的排序算法。

10.2.4   Shell 插入排序

Shell 插入排序

Shell 插入排序算法是 D.L. 希尔（D.L.Shell）在 1959 年提出的，又称希尔插入排序算法或缩小增量排序算法。

从对直接插入排序的讨论中知道，直接插入排序对于较少记录组成的文件非常实用，且在最好情况下，即在待排序文件已基本有序的情况下，其时间复杂度为 $O(n)$，比其平均时间复杂度 $O(n^2)$ 有很大的改进。根据这些情况，在对一个文件进行排序时，可以将文件中的记录按某种规律分成若干组，这样每组中记录相对减少，可使用直接插入排序算法对每组中的记录排序，接下来将这若干组已经有序的记录组成的文件再重新分组，当然这次分组数目应比前几次分组数目少。然后，对重新分组的各组记录使用直接插入排序算法，尽管重新分组后每组中的记录数多了，因为已经进行了组中记录的部分排序，所以这时候每组中的记录已有相当部分是有序的，再对每组记录进行排序使用直接插入排序算法也会有比较高的效率。这样，逐步减少分组数，直到分组数为 1 再进行一次直接插入排序就可以完成排序工作，这就是 Shell 插入排序的思路。

Shell 插入排序的具体做法是：对 n 个记录进行排序，首先取 1 个整数 $d < n$，将这 n 个记录分成 d 组，所有位置相差为 d 的倍数的记录分在同一组，在每组中使用直接插入排序算法进行组内排序，然后缩小 d 的值，重复进行分组和组内排序，一直到 $d = 1$ 结束。

设待排序的 7 个记录的排序码为 {312,126,272,226,28,165,123}，初始时使 d 等于记录数量的一半，即 $d = 7/2 = 3$，以后每次让 d 缩小一半，其排序过程如图 10.5 所示。

图 10.5   Shell 插入排序过程

给定增量 d，Shell 插入排序算法组内排序的实现过程是：前 d 个记录分别作为 d 个组中的第 1 个记录，它们在各自的组中排序码是有序的，对从第 $d+1$ 个记录以后的各个记录，依次使用直接插入排序算法将它们插入各自所在的组中。因为直接插入排序可以看作增量为 1，所以对于增量为 d 的插入排序，在向左比较时每次前进的距离为 d。Shell 插入排序算法的具体实现详见算法 10.4。

```
/******************************************************/
/*  函数功能:Shell 插入排序算法                        */
/*  函数参数:结构类型 table 的指针                     */
/*  函数返回值:无                                      */
/*  文件名:shellins.c,函数名:shellinsertsort()         */
/******************************************************/
void shellinsertsort(table *tab)
{
  int i,j,d;
  d=tab->length/2;
  while(d>=1)
  {
    for(i=d+1;i<=tab->length;i++)      /*从第 d+1 个元素开始,将所有元素有序插入相应分
组中*/
    {
      tab->r[0]=tab->r[i];             /*保存第 i 个元素*/
      j=i-d;                           /*向前找插入位置*/
      while(j>0&&tab->r[0].key<tab->r[j].key)   /*排序码比较，找插入位置并后移*/
      {
        tab->r[j+d]=tab->r[j];         /*记录后移*/
        j=j-d;                         /*继续向前查找*/
      }
      tab->r[j+d]=tab->r[0];           /*插入第 i 个元素的副本*/
    }
    d=d/2;
  }
}
```

算法 10.4　Shell 插入排序

算法中 while 循环条件中的“$j > 0$”是为了保证比较时不会往左超越第 1 个记录而出现错误。Shell 插入排序一般而言要比直接插入排序快，但要给出时间复杂度的分析相当难。至今为止仍没有找到一个很好的缩小增量序列的选取方法。

Shell 插入排序算法是不稳定的排序算法。

10.3　选择排序

选择排序的基本思想是：每次从待排序的文件中选择出排序码最小的记录，将该记录放于已排序文件的最后一个位置，直到已排序文件记录个数等于初始待排序文件的记录个数为止。本节将介绍直接选择排序、树状选择排序和堆排序 3 种算法。

10.3.1　直接选择排序

直接选择排序（也称简单选择排序）是一种简单的方法，首先从所有 n 个

直接选择排序

待排序记录中选择排序码最小的记录，将该记录与第 1 个记录交换，再从剩下的 $n-1$ 个记录中选出排序码最小的记录与第 2 个记录交换。重复这样的操作，直到剩下两个记录时，再从中选出排序码最小的记录与第 $n-1$ 个记录交换。剩下的那一个记录肯定是排序码最大的记录。这样排序就完成了。

当已选出 $i-1$ 个记录放在前 $i-1$ 个位置，接下来从剩余的 $n-(i-1)$ 个记录中选出排序码最小的记录与第 i 个位置的记录交换时，可以找到这 $n-(i-1)$ 个记录中排序码最小的记录的位置。这里只需设置一个变量记下在查找过程中当前排序码最小记录的位置，直到查找完这 $n-(i-1)$ 个记录。只要最小排序码对应记录的位置不为 i，就将最小排序码对应位置上的记录与第 i 个记录交换。

直接选择排序算法的具体实现详见算法 10.5。

```
/***********************************************/
/*   函数功能:直接选择排序算法                    */
/*   函数参数:结构类型 table 的指针变量 tab        */
/*   函数返回值:无                               */
/*   文件名:selesort.c,函数名:simpleselectsort()  */
/***********************************************/
void simpleselectsort(table *tab)
{
  int i,j,k;
  for(i=1;i<=tab->length-1;i++)   /*每次选择一个最小的元素（的位置），与第 i 个元素交换*/
    {
      k=i;                        /*记下当前最小元素的位置*/
      for(j=i+1;j<=tab->length;j++)            /*向右查找更小的元素*/
      if(tab->r[j].key<tab->r[k].key) k=j;  /*修改当前最小元素的位置*/
            if(k!=i) /*如果第 i 次选到的最小元素位置 k 不等于 i,则将第 k、i 个元素交换*/
            {
              tab->r[0]=tab->r[k]; /*以没有用到的第 0 个元素作为中间单元进行交换*/
              tab->r[k]=tab->r[i];
              tab->r[i]=tab->r[0];
            }
    }
}
```

算法 10.5   直接选择排序

设待排序的 7 个记录的排序码为{312,126,272,226,28,165,123}，直接选择排序算法的执行过程如图 10.6 所示。

	312	126	272	226	28	165	123
0	1	2	3	4	5	6	7
	28	126	272	226	312	165	123
0	1	2	3	4	5	6	7

（a）$i=1$，$k=5$，交换 312 和 28

	28	126	272	226	312	165	123
0	1	2	3	4	5	6	7
	28	123	272	226	312	165	126
0	1	2	3	4	5	6	7

（b）$i=2$，$k=7$，交换 123 和 126

图 10.6   直接选择排序算法的执行过程

		28	123	272	226	312	165	126
	0	1	2	3	4	5	6	7

		28	123	126	226	312	165	272
	0	1	2	3	4	5	6	7

（c）i=3，k=7，交换 126 和 272

		28	123	126	226	312	165	272
	0	1	2	3	4	5	6	7

		28	123	126	165	312	226	272
	0	1	2	3	4	5	6	7

（d）i=4，k=6，交换 165 和 226

		28	123	126	165	312	226	272
	0	1	2	3	4	5	6	7

		28	123	126	165	226	312	272
	0	1	2	3	4	5	6	7

（e）i=5，k=6，交换 226 和 312

		28	123	126	165	226	312	272
	0	1	2	3	4	5	6	7

		28	123	126	165	226	272	312
	0	1	2	3	4	5	6	7

（f）i=6，k=7，交换 312 和 272，算法结束，排序完成

图 10.6　直接选择排序算法的执行过程（续）

在每次选择最小排序码的过程中，对于第 i 次选择，因为算法中内循环要执行 $n-i$ 次比较，所以算法的总比较次数为 $1+2+\cdots+n-1$。关于算法所进行的移动次数，当待排序文件初始就是有序文件时，该算法不需要进行任何移动记录的操作，而在特殊情况下，外循环的循环体每一次执行都要进行 3 次移动记录的操作，故在最坏情况下共要进行 $3(n-1)$ 次记录的移动。因此，直接选择排序算法的时间复杂度为 $O(n^2)$。该算法使用了存储一个记录的附加存储空间。

直接选择排序算法是不稳定的排序算法。例如，当排序码初始序列为 112,112,50 时，两个排序码相同的记录经过直接选择排序后相对位置就改变了。

10.3.2　树状选择排序

在直接选择排序中，排序码的总比较次数为 $n(n-1)/2$。实际上，在该算法中，有许多排序码之间进行了不止一次比较，也就是说，两个排序码之间可能进行了两次以上的比较。能否在选择排序码最小记录的过程中，把其中排序码比较的结果保存下来，使以后需要的时候直接看比较结果，而不再进行比较？回答是肯定的。体

树状选择排序

育比赛中的淘汰制就是每两个对手经过比赛留下胜者继续参加下一轮的淘汰赛，直到最后剩下两个对手在决赛中争夺冠军。树状选择排序就是这个道理。将所有待排序记录的排序码任意两个组成一对进行比较，把所有这些比较中的较小者保留下来，继续重复前面的两两比较，直到留下两个再进行一次比较，即得到所有待排序记录中排序码最小的记录。在选择初始待排序文件中最小排序码记录时，若整个文件中记录数 n 为奇数，可增加一个大于所有排序码的值参与比较。每选出一个排序码最小记录后，可将该记录保存起来，并将该记录原始位置的值设置为一个大于所有排序码的值。这样，在接下来选择下一个最小值时，由于保存了许多比较结果，这一过程就没有必要重复已进行了比较的操作，而只需进行部分比较即可。

用一棵二叉树来表示树状选择排序的示意图，所有待排序记录的排序码均作为叶子节点，二叉树中的分支节点保存的是左、右两个孩子节点比较后得到的较小者，二叉树的根节点为所有叶子节点中的最小者。

设待排序的 7 个记录的排序码为{312,126,272,226,28,165,123}，树状选择排序算法的执行过程如图 10.7 所示。

（a）最小排序码上升到根节点，排序码比较次数：6
已经排序的结果：28

（b）次小排序码上升到根节点，排序码比较次数：3
已经排序的结果：28，123

（c）第 3 小排序码上升到根节点，排序码比较次数：3
已经排序的结果：28，123，126

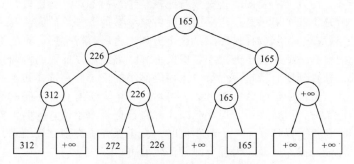

（d）第 4 小排序码上升到根节点，排序码比较次数：3
已经排序的结果：28，123，126，165

图 10.7 树状选择排序算法的执行过程

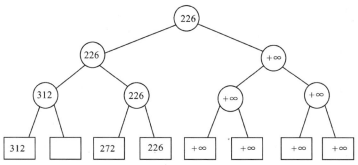

（e）第 5 小排序码上升到根节点，排序码比较次数：3
已经排序的结果：28, 123, 126, 165, 226

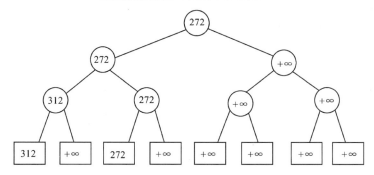

（f）第 6 小排序码上升到根节点，排序码比较次数：3
已经排序的结果：28, 123, 126, 165, 226, 272

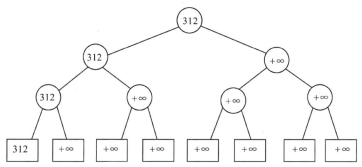

（g）第 7 小排序码上升到根节点，排序码比较次数：3
已经排序的结果：28, 123, 126, 165, 226, 272, 312

图 10.7　树状选择排序算法的执行过程（续）

树状选择排序使用的是满二叉树，如待排序记录数为 n，则叶子节点数为 n，分支节点数为 $n-1$。从 n 个记录中选最小排序码就需要进行 $n-1$ 次比较。而以后选择第 i 个最小排序码记录时，只需对从根节点到第 $i-1$ 个最小排序码记录所在叶子节点的路径上各节点的值进行比较和必要的修改，其他节点不必考虑，此时要进行 $\log_2 n$ 次比较，所以总的比较次数为 $(n-1)+(n-1)\log_2 n \approx n\log_2 n$。因为节点移动次数不会超过比较次数，所以树状选择排序的时间复杂度为 $O(\log_2 n)$。树状选择排序需要的附加存储空间包括存放中间比较结果的分支节点共 $n-1$ 个、存放已排序的记录等所需空间，空间需求较大。

10.3.3　堆排序

为了既要保存中间比较结果，减少后面的比较次数，又不占用大量的附加

堆排序

存储空间，使排序算法具有较好的性能，威洛姆斯（Williams）和费洛伊德在1964年提出了堆排序算法。

堆是一个序列$\{k_1,k_2,\cdots,k_n\}$，它满足下面的条件：

$$k_i \leqslant k_{2i} \text{ 并且 } k_i \leqslant k_{2i+1}, \quad i = 1,2,\cdots,n/2, \text{ 并且 } 2i+1 \leqslant n$$

采用顺序存储方式存储这个序列，就可以将这个序列的每一个元素k_i看成一棵有n个节点的完全二叉树的第i个节点，其中k_1是该完全二叉树的根节点。

把堆对应的一维数组（即该序列的顺序存储结构）看作一棵完全二叉树的顺序存储，那么堆的特征可解释为，完全二叉树中任意分支节点的值都小于或等于它的左、右孩子节点的值。堆的元素序列中第一个元素k_1的值，即对应的完全二叉树根节点的值，是所有元素中值最小的。堆中的第一个元素的值最小，也称为小根堆。堆排序算法就是利用这一点来选择最小元素的。

设待排序的9个记录的排序码序列为$\{312,126,272,226,28,165,123,8,12\}$，它的一维数组存储和完全二叉树的表示如图10.8所示。

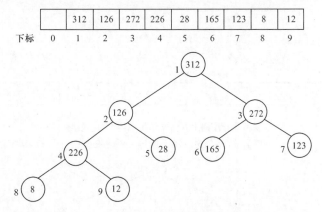

图10.8　一个序列的一维数组存储和相应的完全二叉树

从图10.8中可以清楚地看出，这个序列不是一个堆。堆排序的关键问题是如何将待排序记录的排序码建成一个堆。从图10.8中还可以看到，在$n=9$个元素组成的序列和它相对应的完全二叉树中，序号为9,8,7,6,5的节点没有孩子节点，以它们为根节点的子树显然满足堆的条件。因为在有$n=9$个节点的完全二叉树中，第4,3,2,1个节点都有孩子节点，一般情况下，以它们为根节点的子树不满足堆的条件，所以，要使该序列变换成一个堆，必须从这些节点处进行调整。调整是从序号为1的节点处开始直到4，还是从序号为4的节点开始，然后对序号为3,2,1的节点依次进行呢？应该从第4个节点开始，依次使以第4个节点为根节点的子树变成堆，直到以第1个节点为根节点的整个完全二叉树具有堆的性质，则建堆完成。为何不可以从序号为1的节点处开始调整？请读者试试这种做法，便知其中的缘故。建堆过程如图10.9所示。

上述建堆的过程中，一旦发生交换，需要在交换处继续调整，直到以调整处为根节点的子树满足堆的条件为止。

对于调整处的序号为k的调整算法，称为筛选算法，具体实现详见算法10.6。

```
/************************************************/
/*   函数功能:筛选算法                          */
/*   函数参数:结构类型 table 的指针变量 tab      */
/*           整型变量 k 为调整位置               */
/*           整型变量 m 为堆的大小               */
/*   函数返回值:无                              */
/*   文件名:sift.c,函数名:sift()               */
```

```
/**************************************************/
void sift(table *tab,int k,int m)
{
  int i,j,finished;
  i=k;j=2*i;tab->r[0]=tab->r[k];finished=0;
  while((j<=m)&&(!finished))
  {
    if((j<m)&&(tab->r[j+1].key<tab->r[j].key)) j++;
    if(tab->r[0].key<=tab->r[j].key) finished=1;
    else
    {
      tab->r[i]=tab->r[j];
      i=j;j=2*j;
    }
  }
  tab->r[i]=tab->r[0];
}
```

算法 10.6   筛选

图 10.9   建堆过程

图 10.9　建堆过程（续）

通过筛选算法，可以将一个任意的排序码序列建成一个堆，堆的第一个元素（即完全二叉树的根节点）的值就是排序码中最小的。将选出的最小排序码从堆中删除，对剩余的部分重新建堆，可以继续选出其中的最小者，直到剩余一个元素排序即可结束。

删除完全二叉树中的根节点重新建堆，并不需要从头再来。有效的方法是将当前堆中的最后一个元素与根节点交换位置，同时让堆中元素个数减 1，因为此时根节点的左、右子树都仍满足堆的条件，所以可以从根节点处利用筛选算法继续调整建堆。

堆排序算法的具体实现详见算法 10.7。

```
/****************************************/
/*  函数功能:堆排序算法                    */
/*  函数参数:结构类型 table 的指针变量 tab   */
/*  函数返回值:无                          */
/*  文件名:heapsort.c,函数名:heapsort()   */
/****************************************/
void heapsort(table *tab)
{
  int i;
  for(i=tab->length/2;i>=1;i--) sift(tab,i,tab->length); /*对所有元素建堆*/
  for(i=tab->length;i>=2;i--)    /*i 表示当前堆的大小,即等待排序的元素的个数*/
  {
    tab->r[0]=tab->r[i];
    tab->r[i]=tab->r[1];
    tab->r[1]=tab->r[0];         /*上述 3 条语句为将堆中最小元素和最后一个元素交换*/
    sift(tab,1,i-1);
  }
}
```

算法 10.7　堆排序

需要说明的是，堆排序算法的结果，其排序码是按不增的次序排列的。要使它们按不减的次序排列并不难，请读者思考解决办法。

堆排序算法对记录数 n 较大的文件排序是很好的，但当 n 较小时，不提倡使用该算法，因为初始建堆和调整建新堆时要进行反复的筛选。堆排序的时间复杂度为 $O(n\log_2 n)$，读者可自行根据二叉树的特点分析出来。

堆排序只使用了存放一个记录的附加存储空间。

堆排序算法是一种不稳定的排序算法。

10.4　交换排序

交换排序的基本思路是：对待排序记录两两进行排序码比较，若不满足排序顺序，则交换这对记录，直到任意两个记录的排序码都满足排序要求为止。

本节介绍冒泡排序和快速排序。

10.4.1　冒泡排序

冒泡排序

交换排序的一种简单形式是冒泡排序（也称起泡排序）。具体的做法是：第 1 趟，对所有记录从左到右每相邻两个记录的排序码进行比较，如果这两个记录的排序码不符合排序要求，则进行交换，这样一趟做完，将排序码最大者放在最后一个位置（即该排序码对应的记录最终应该放的位置）；第 2 趟，对剩下的 $n-1$ 个待排序记录重复上述过程，又将一个排序码放至最终位置；反复进行 $n-1$ 次，可将 $n-1$ 个排序码对应的记录放至最终位置，剩下的即排序码最小的记录，它在第 1 的位置处。如果在某一趟中，没有发生交换，则说明此时所有记录已经按排序要求排列完毕，排序结束。

冒泡排序算法的具体实现详见算法 10.8。

```
/**********************************************/
/*   函数功能:冒泡排序算法                     */
/*   函数参数:结构类型 table 的指针变量 tab      */
/*   函数返回值:无                             */
/*   文件名:bubbsort.c,函数名:bubblesort()     */
/**********************************************/
void bubblesort(table *tab)
{
  int i,j,done;
  i=1;done=1;
  while(i<=tab->length&&done)  /*最多进行 tab->length 次冒泡,如没有发生交换则结束*/
  {
    done=0;
    for(j=1;j<=tab->length-i;j++)
      if(tab->r[j+1].key<tab->r[j].key)
      /*相邻两记录的排序码不符合排序要求,则进行交换*/
      {
        tab->r[0]=tab->r[j];    /*以第 0 个元素作为中间单元进行交换*/
        tab->r[j]=tab->r[j+1];
        tab->r[j+1]=tab->r[0];
        done=1;
      }
    i++;
  }
}
```

算法 10.8　冒泡排序

设待排序的 9 个记录的排序码序列为{312,126,272,226,8,165,123,12,28}，使用冒泡排序算法进行的排序过程如图 10.10 所示。

下标	排序码	第1趟后	第2趟后	第3趟后	第4趟后	第5趟后	第6趟后	没有发生交换，结束
1	312	126	126	126	8	8	8	8
2	126	272	226	8	126	123	12	12
3	272	226	8	165	123	12	28	28
4	226	8	165	123	12	28	123	123
5	8	165	123	12	28	126	126	126
6	165	123	12	28	165	165	165	165
7	123	12	28	226	226	226	226	226
8	12	28	272	272	272	272	272	272
9	28	312	312	312	312	312	312	312

图 10.10　冒泡排序过程

显然，如果初始时各记录已有序，则进行一趟两两相邻比较，即 while 循环体只执行一次，算法结束，其中 for 循环中要比较 $n-1$ 次，移动次数为 0。如果初始时各记录是按从大到小排序的，该算法中 while 循环体要执行 $n-1$ 次，即要进行 $n-1$ 趟比较。第 i 趟比较中，for 循环中要比较 $n-i$ 次，总的比较次数为：

$$\sum_{i=1}^{n-1}(n-i)=(n-1)n/2$$

交换次数为 $3n(n-1)/2$。所以，冒泡排序算法的时间复杂度为 $O(n^2)$，并且其需要存放 1 个记录的附加存储空间。

冒泡排序是一种稳定的排序算法。

10.4.2　快速排序

快速排序的基本思路是：从 n 个待排序的记录中任取一个记录（不妨取第 1 个记录），设法将该记录放置于排序后它最终应该放的位置，使它前面的记录排序码都不大于它的排序码，而后面的记录排序码都大于它的排序码，然后对前、后两部分待排序记录重复上述过程，可以将所有记录放于排序成功后的相应位置，排序即完成。这里选取的那个记录可以称为枢轴或基准。快速排序又称分区交换排序，其关键的问题是在一组记录中选定一个记录（排序码假设为 x）后，怎样将这组记录调换成满足上述要求的前、后两部分，它们的中间存放选定的记录，即：

如果再开辟一个数组用于存放这组记录划分后的结果，实现过程是容易的。具体的做法是：将 x 和其他记录的排序码逐个比较，按一定的规则将这组记录放入新开辟的数组空间中，规则就是将排序码不大于 x 的记录从第 1 个位置由左向右顺序存放，而将排序码大于 x 的记录从最后一个位置由右向左顺序存放，最后那个位置存放排序码 x 对应的记录。这个实现方法简单的原因在于，新开辟的数组原先没有存放数据，在划分的过程中，对任意一个记录，可以依据它的排序码

和 x 比较的结果，将该记录简单地存放于新数组的前部或后部。事实上，在需要放置一个记录时，其相应的分区（前部或后部）有一个空的位置同样可以实现划分的操作。

受上面方法的启发，为了节省空间，可以不另开辟一个新的数组存储区，而在原存放记录的数组内原地进行调换，这样也能达到上述目的。先将第 1 个记录（设排序码为 x）暂存，这样就空出第 1 个位置，该位置应该存放排序码不大于 x 的记录，从第 n 个记录开始向左找一个排序码不大于 x 的记录，将它放在第 1 个位置，这样后面又空出一个位置，它应该存放排序码大于 x 的记录，反过来，又从第 2 个记录开始向右找一个排序码大于 x 的记录，将它放在后面空出的位置，重复这种两边向中间逼近的过程，可以把所有排序码不大于 x 的记录放在前面，而所有排序码大于 x 的记录放在后面，最后当两边逼近于同一位置时，便将暂存的 x 放于该位置，即达到了划分的目的。对前、后两部分递归使用上述操作，排序便可完成。

设待排序的 7 个记录的排序码序列为 {126,272,8,165,123,12,28}，一次划分的过程如图 10.11 所示。

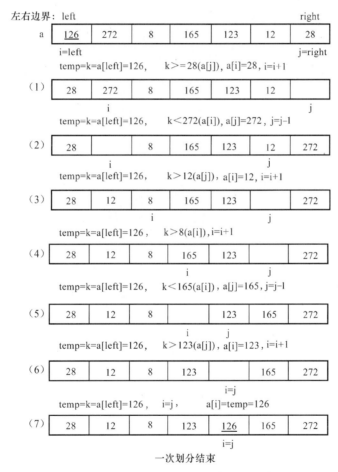

图 10.11　一次划分的过程

快速排序算法的具体实现详见算法 10.9。

```
/*****************************************************/
/*   函数功能:快速排序算法                           */
/*   函数参数:结构类型 table 的指针变量 tab           */
/*            整型变量 left 和 right 为左、右边界的下标  */
/*   函数返回值:无                                    */
```

```
/*  文件名:quicsort.c,函数名:quicksort()              */
/*****************************************************/
void quicksort(table *tab,int left,int right)
{
  int i,j;
  if(left<right)
  {
    i=left;j=right;
    tab->r[0]=tab->r[i];        /*准备以本次最左边的元素值为标准进行划分,先保存其值*/
    do
    {
      while(tab->r[j].key>tab->r[0].key&&i<j) j--;
      /*从右向左找第1个不小于标准值的位置j*/
      if(i<j)                              /*找到了,位置为j*/
      { tab->r[i].key=tab->r[j].key;i++;}   /*将第j个元素置于左端并重置i*/
      while(tab->r[i].key<tab->r[0].key&&i<j) i++;
      /*从左向右找第1个不大于标准值的位置i*/
      if(i<j)                              /*找到了,位置为i*/
      { tab->r[j].key=tab->r[i].key;j--;}   /*将第i个元素置于右端并重置j*/
    }while(i!=j);
    tab->r[i]=tab->r[0];                   /*将标准值放入它的最终位置,本次划分结束*/
    quicksort(tab,left,i-1);               /*对标准值左半部递归调用本函数*/
    quicksort(tab,i+1,right);              /*对标准值右半部递归调用本函数*/
  }
}
```

算法 10.9　快速排序

如果初始时记录就是有序的，那么快速排序的比较次数为：

$$\sum_{i=1}^{n-1}(n-i)=(n-1)n/2$$

特殊情况下，如果每一次的划分都将分区一分为二，且前、后两部分的大小相等，则当待排序记录个数为 n 的时候，排序所需的总比较次数为 $O(n\log_2 n)$。设快速排序对于总个数为 n 的一个文件进行排序所需的总比较次数为 $c(n)$，则有：

$$c(n)\leqslant n+2c(n/2)$$
$$\leqslant n+2[n/2+2c(n/2/2)]$$
$$\cdots$$

$$\leqslant nn\log_2 n+nc(1)$$
$$=O(n\log_2 n)$$

快速排序过程中记录的移动次数不会大于比较次数，且可证明平均比较次数为 $O(n\log_2 n)$，所以快速排序的时间复杂度为 $O(n\log_2 n)$，其所需的存储空间除附加存储一个记录的存储空间外，还应考虑递归调用时所需要占用的存储空间。

快速排序算法是不稳定的排序算法，请读者给予说明。

10.5　归并排序

归并排序的基本思路是：一个待排序记录构成的文件，可以看作由多个有序子文件组成，对有序子文件通过若干次使用归并的方法，得到一个有序文件。归并是指将两个（或多个）有序子表合并成一个有序表的过程。将两个有序子文件归并成一个有序文件的方法很简单，只需将两个有序子文件的当前记录的排序码进行比较，较小者放入目标——有序文件，重复这一过程，直到两个有序子文件中的记录都放入同一个有序文件为止。算法的具体实现也较简单。本节介绍的归并排序是指每次对两个有序子文件进行归并，使有序子文件中的记录个数不断增加，反复进行归并，直到所有待排序记录都在一个有序文件中，排序即完成。这种排序算法称为二路归并排序算法。

对于一个由 n 个记录构成的待排序文件，怎样进行归并排序呢？初始时可以将有 n 个记录的待排序文件看作由 n 个长度为 1（即由一个记录构成）的子文件组成。每两个相邻的有序子文件分为一组，共有 $\lceil n/2 \rceil$ 组，对每一组进行归并，这样可以得到长度为 2 的 $\lceil n/2 \rceil$ 个有序子文件。重复这一过程，即可得到长度为 n 的一个有序文件，排序完成。在归并过程中有序子文件的个数为奇数的情况下，可以将最后一个有序子文件直接放入目标文件，或者认为是这个有序子文件与一个空的文件进行归并。

归并排序需要调用两个操作，一个称为一次归并，另一个称为一趟归并。一次归并是指将一个数组中两个相邻的有序数组段（简称有序段）归并为一个有序数组段，其结果存储于另一个数组中的操作。一次归并操作示意如图 10.12 所示，具体实现详见算法 10.10。

图 10.12　一次归并操作示意

```
/**********************************************/
/*    函数功能:一次归并算法,将有序段 tabs[u..m]和          */
/*           tabs[m+1..v]合并成有序段 tabg[u..v]      */
/*    函数参数:结构类型 table 的指针变量 tabs 和 tabg      */
/*           整型变量 u、m 和 v                       */
/*    函数返回值:无                                  */
/*    文件名:merge.c,函数名:merge()                  */
/**********************************************/
void merge(table *tabs,table *tabg,int u,int m,int v)
{
  int i,j,k,t;
  i=u;            /*i 从第 1 段的起始位置开始,一直到最终位置 m*/
  j=m+1;          /*j 从第 2 段的起始位置开始,一直到最终位置 v*/
  k=u;            /*k 表示的是目标 tabg 的起始位置*/
  while(i<=m&&j<=v)
  { /*将两段有序元素中元素值较小的元素依次放入目标 tabg 中*/
    if(tabs->r[i].key<=tabs->r[j].key)
    {
      tabg->r[k]=tabs->r[i]; i++;
    }
    else
    {
      tabg->r[k]=tabs->r[j]; j++;
```

```
    }
    k++;
  }
  if(i<=m)          /*将第 1 段剩余元素放入目标 tabg 中*/
    for(t=i;t<=m;t++) tabg->r[k+t-i]=tabs->r[t];
  else              /*将第 2 段剩余元素放入目标 tabg 中*/
    for(t=j;t<=v;t++) tabg->r[k+t-j]=tabs->r[t];
}
```

算法 10.10　一次归并

在有 *n* 个元素的数组中，如果从第 1 个元素开始，每连续 len 个元素组成的数组段是有序的，当然，在 *n* 不是 len 的倍数时，最后一部分的元素也是有序的，那么可以从第 1 个数组段开始，每相邻的两个长度相等的有序段进行一次归并，直到剩余元素个数小于 2×len 时结束这种长度相等的两个有序段的归并。对于剩余的元素，如果其个数大于 len，则可以对一个长度为 len、另一个长度小于 len 的两个有序段进行一次归并；如果其个数小于等于 len，则将这些元素直接复制到目标数组中，如图 10.13 所示。这个过程称为一趟归并。

（a）对一个长度为 len、另一个长度小于 len 的两个有序段进行一次归并

（b）将剩余的一个有序段元素直接复制到目标数组中

图 10.13　一趟归并操作示意

一趟归并算法的具体实现详见算法 10.11。

```
/**********************************************************/
/*  函数功能:一趟归并算法,将 tabs 中长度为 len 的连续有序段使用 merge()  */
/*           函数归并成长度为 2*len 的有序段并存入 tabg 中               */
/*  函数参数:结构类型 table 的指针变量 tabs 和 tabg                      */
/*           整型变量 len 为 tabs 中有序段的长度                         */
/*  函数返回值:无                                                       */
/*  文件名:mergpass.c,函数名:mergepass()                                */
/**********************************************************/
void mergepass(table *tabs,table *tabg,int len)
{
  int i,j,n;
  n=tabg->length=tabs->length;
  i=1;
  while(i<=n-2*len+1)      /*将以 i 为起点、长度为 len 的两个相邻有序段依次进行归并*/
  {
    merge(tabs,tabg,i,i+len-1,i+2*len-1);          /*一次归并*/
```

一趟归并

```
      i=i+2*len;                              /*置下一个一次归并的起始位置*/
    }
    if(i+len-1<n)
      /*对剩下的一个长度为 len、另一个长度不足 len 且终点为 n 的两个有序段进行归并*/
      merge(tabs,tabg,i,i+len-1,n);
    else    /*对剩下的一个长度不超过 len、终点为 n 的有序段进行处理*/
      for(j=i;j<=n;j++)  tabg->r[j]=tabs->r[j];
  }                       /*本算法结束后 tabg 中的有序段的长度为 2*len*/
```

算法 10.11　一趟归并

如果待排序文件中从第 1 个元素开始，每连续 len 个元素组成的数组段是有序的，一趟归并算法的结果是在目标数组中从第 1 个元素开始，每连续 $2 \times$ len 个元素组成的数组段是有序的，其后面剩余的元素也是有序的，即一趟归并算法的结果使有序段的长度翻倍。对任意一个待排序的文件，初始时它的有序段的长度为 1，通过不断调用一趟归并算法，使有序段的长度不断增加，直到有序段的长度不小于待排序文件的长度，排序即完成。算法 10.12 给出了这个过程的具体描述，排序的最终结果还是放在初始存储位置。

```
/*****************************************/
/*  函数功能:归并排序算法                 */
/*  函数参数:结构类型 table 的指针变量 tab */
/*  函数返回值:无                         */
/*  文件名:mergsort.c,函数名:mergesort()  */
/*****************************************/
void mergesort(table *tab)
{
  int len;
  table temp;                    /*中间变量*/
  len=1;                         /*初始时有序段的长度为 1*/
  while(len<tab->length)         /*有序段的长度小于待排序元素的个数,继续归并*/
  {
    mergepass(tab,&temp,len);    /*一趟归并,结果保存在 temp 中*/
    len=2*len;                   /*有序段的长度翻倍*/
    mergepass(&temp,tab,len);    /*一趟归并,结果保存在 tab 中*/
    len=2*len;                   /*有序段的长度翻倍*/
  }
}
```

算法 10.12　归并排序

设待排序的 9 个记录的排序码序列为{312,126,272,226,8,165,123,12,28}，使用二路归并排序算法进行的排序过程如图 10.14 所示，图中方括号内为有序段。

```
[312]  [126]  [272]  [226]  [ 8 ]  [165]  [123]  [ 12 ]  [ 28 ]
[126   312]  [226   272]  [ 8   165]  [ 12   123]         [ 28 ]
[126   226   272   312]  [ 8   12   123         165]      [ 28 ]
[ 8    12   123   126   165   226   272         312]      [ 28 ]
[ 8    12    28   123   126   165   226   272   312]
```

图 10.14　二路归并排序过程

对二路归并排序而言，因为每一趟归并会使有序子段的长度增长 1 倍，即原有序子段长度的 2 倍，所以从长度为 1 的子段开始，需经过 $\log_2 n$ 次一趟归并才能产生长度为 n 的有序段，而每一趟归并都需要进行至多 $n - 1$ 次比较，故其时间复杂度为 $O(n\log_2 n)$。

二路归并排序需要与待排序文件容量相同的辅助存储空间。

二路归并排序算法是一种稳定的排序算法。

基数排序

10.6 基数排序

基数排序（又称分配排序）是一种与前述各种算法都不相同的排序算法。前面介绍的排序算法是通过对排序码的比较以及记录的移动来实现排序的，而基数排序不进行这两种操作，它不对排序码进行比较，它是借助多排序码排序的思想进行单排序码排序的算法。

10.6.1 多排序码的排序

对一个具体问题的了解，有助于理解多排序码排序的思想。一副扑克牌中除大、小王之外的52张牌的牌面次序如下：

♣2<♣3<…<♣A<♦2<♦3<…<♦A<♥2<♥3<…<♥A<♠2<♠3<…<♠A

每一张牌有两个"排序码"，即花色（梅花<方块<红心<黑桃）和面值（2<3<…<A），且花色的地位高于面值，即面值相等的两张牌，以花色大的为大。在比较两张牌的牌面大小时，先比较花色，若花色相同，再比较面值。通常采用下面的方法将扑克牌进行上述次序的排列：先将52张牌以花色分成4堆，再对每一堆同花色的牌按面值大小排序。实际上，还可以用下面的方法对扑克牌排序：首先将52张扑克牌按面值分成13堆，将这13堆牌由小到大叠在一起，然后重新根据不同花色分成4堆，最后将这4堆牌按由小到大的次序合在一起即可。这就是一个具有两个排序码的排序过程，其中分成若干堆的过程称为分配，从若干堆中由小到大叠在一起的过程称为收集。扑克牌排序进行了2次分配和2次收集操作。

10.6.2 静态链式基数排序

将扑克牌排序的第二种方法推广，可以得到对多个排序码排序的算法。即若每个记录有 b 个排序码，则可采用与扑克牌排序相同的思想，从最低位排序码 k^b 开始进行排序，再对高一位的排序码 k^{b-1} 进行排序，重复这一过程，直到对最高位 k^1 进行排序后便得到一个有序序列。

对于经常碰到的整数序列，可以把整数的个位数看作最低位排序码，十位数是次低位排序码，以此类推，若待排序整数序列中最大整数的位数为 b，则整数序列的排序问题可用 b 个排序码的基数排序方法实现。在对某一位进行排序时，并不需要进行比较，而通过分配与收集来实现。

设一个整数按位存放在一个数组中，若最大整数为 b 位，则整数的个位数放于数组的第 b 个位置，整数的十位数放于数组的第 $b-1$ 位置，整数的最高位数放于数组的第 1 个位置。显然，对十进制数而言，每一位的取值范围为 0～9。

静态链式基数排序的思想如下：先用静态链表存储待排序文件中的 n 个记录，即建立一个静态单链表，表中每一个节点对应一个记录，并用表头指针指向该静态单链表的表头节点。第一趟对最低位排序码（个位数）进行分配，修改静态单链表的指针域，将 n 个节点分配到序号为 0～9 的 10 个链式队列中，其中每个队列中节点对应记录的个位数相同，用 $f[i]$ 和 $e[i]$ 分别作为第 i 个队列的队首和队尾指针。第一趟收集过程将这 10 个队列中非空的队列依次合并在一起产生一个新的静态单链表，对这个新的静态单链表按十位数进行分配和收集，然后依次对百位数、千位数直到最高位数反复进行这样的分配和收集操作，排序即可结束。

设待排序的 9 个记录的排序码序列为 {312,126,272,226,8,165,123,12,28}，使用静态链式基数排序算法进行的排序过程如图 10.15 所示。

图 10.15　静态链式基数排序算法进行的排序过程

细心体会静态链式基数排序的思想和过程，可以给出它的实现。静态链式基数排序结构定义的头文件如下。

```
/*******************************/
/*  静态链式基数排序头文件       */
/*  文件名:radisort.h          */
/*******************************/
```

```
#define N 20      /*设待排序的记录个数为20*/
#define B 5       /*设排序码最多为5位数*/
typedef struct {
  int key[B+1];   /*key[i]为排序码从右向左（最低位）开始的第i位数*/
  int link;       /*指针域*/
}node;
typedef node list[N+1];
typedef int staticlist[10];
staticlist f,e;
```

静态链式基数排序的分配算法的具体实现详见算法10.13。

```
/***************************************************/
/*   函数功能:静态链式基数排序分配算法               */
/*   函数参数:结构类型list的指针变量r,整型变量I      */
/*   函数返回值:无                                  */
/*   文件名:distribu.c,函数名:distribute()          */
/***************************************************/
void distribute(list *r,int i)        /*分配*/
{
   int j,p;
   for(j=0;j<=9;j++)
      {f[j]=0;e[j]=0;}                 /*各子表初始化为空表*/
   p=r[0]->link;
   while(p!=0)
   {
      j=r[p]->key[i];                  /*j为第i个排序码*/
      if(!(f[j]))
         f[j]=p;
      else
         r[e[j]]->link=p;
      e[j]=p;                          /*将p所指的节点分配插入第j个子表中*/
      p=r[p]->link;                    /*继续指向下一个节点*/
   }
}
```

算法10.13　静态链式基数排序分配算法

静态链式基数排序的收集算法的具体实现详见算法10.14。

```
/***************************************************/
/*   函数功能:静态链式基数排序收集算法               */
/*   函数参数:结构类型list的指针变量r               */
/*   函数返回值:无                                  */
/*   文件名:collect.c,函数名:collect()              */
/***************************************************/
void collect(list *r)          /*收集*/
{ /*本算法以key[i]从小到大所指各非空子表（f[j]!=0）依次链接成一个链表,r[0]->link指向
该链表表头*/
   int j=0,t;
   while(!f[j]) j++;              /*找第一个非空子表*/
   r[0]->link=f[j];              /*p指向第一个非空子表中的第一个节点*/
   t=e[j];
   while(j<9)
```

```
        {
            j++;
            while(j<9&&!f[j]) j++;      /*找下一个非空子表*/
            if(f[j])
            {                           /*链接非空子表*/
                r[t]->link=f[j];
                t=e[j];
            }
        }
        r[t]->link=0;                   /*t 指向最后一个非空子表中的最后一个节点*/
                                        /*置所有非空子表合并后的链表最后一个节点指针域为 0*/
}
```

算法 10.14　静态链式基数排序收集算法

调用静态链式基数排序的分配和收集算法,可以得到静态链式基数排序算法,其具体实现详见算法 10.15。

```
/*************************************************/
/*   函数功能:静态链式基数排序算法               */
/*   函数参数:结构类型 list 的指针变量 r         */
/*   函数返回值:无                               */
/*   文件名:radisort.c,函数名:radixsort()        */
/*************************************************/
void radixsort(list *r)
{ /*采用静态链表表示的顺序表。对 r 进行基数排序,使 r 成为按关键字从小到大的有序静态链表,
r[0]为头节点*/
    int i;
    for(i=0;i<N;i++)  r[i]->link=i+1;
    r[N]->link=0;              /*建立初始静态链表*/
    for(i=B;i>=1;i--)
    { /*按最低位优先依次对各关键字进行分配和收集*/
        distribute(r,i);       /*第 i 趟分配*/
        collect(r);            /*第 i 趟收集*/
    }
}
```

算法 10.15　静态链式基数排序

从上面静态链式基数排序算法中可以看出,算法 10.13 中的分配过程与记录的个数有关,其时间复杂度为 $O(n)$;算法 10.14 中的收集过程与各位排序码的取值范围中值的个数 rd(十进制数为 10)有关,其时间复杂度为 $O(rd)$;静态链式基数排序要进行 b 趟收集和 b 趟分配,故其时间复杂度为 $O[b(n+rd)]$。

静态链式基数排序除了需要 $2rd$(这里是 2×10)个队列指针的存储空间,还增加了 n 个 link指针域的存储空间。

静态链式基数排序是一种稳定的排序算法。

10.7　外部排序

排序过程中需要使用外存的排序称为外部排序,简称外排序。内排序是外

外部排序

部排序的基础。外部排序中的主要方法是归并排序法,这种排序方法主要由两个关键步骤构成。第一步,根据内存可用空间的大小将待排序文件分成若干个子文件逐个调入内存,保证每个子文

数据结构（C语言版）（第4版）（微课版）

件都能利用选定的内排序算法进行排序，并将排序后的所有有序子文件再依次写入外存。这些已排序的子文件称为初始有序串。第二步，对这些有序串进行逐趟归并，使有序串的长度不断增大，而有序串的个数不断减少。反复执行第二步，直至得到整个有序文件为止。第一步的实质是内排序，第二步是外部排序的主要内容。

磁盘排序

10.7.1　磁盘排序

外部排序中使用的外存是磁盘存储器，这种方法称为磁盘排序。下面用一个实例说明磁盘排序的思想。设有一个待排序文件含有 54 000 个记录：$R_1,R_2,\cdots,R_{54\ 000}$。计算机系统中现有可用内存空间可以实现对 9 000 个记录进行排序。待排序文件存放在磁盘上，假设磁盘上每个块可以存放 300 个记录，排序过程如下。

首先，从磁盘上读入 30 个块共 9 000 个记录放入内存，在内存中进行内排序，得到一个有序串，反复进行，整个文件每 9 000 个记录进行一次内排序，可以得到 6 个有序串 S_1,S_2,S_3,S_4,S_5,S_6。它们为初始有序串，其示意如图 10.16 所示。

图 10.16　经过内排序产生的初始有序串

图 10.16 中每个初始有序串由 30 个块组成，其中每个初始有序串在图中用 3 个小方框表示，每个小方框代表 10 个块。

其次，取 3 个内存块，每块可放 300 个记录。用其中两块作为输入缓冲区，另一块作为输出缓冲区。先对有序串 S_1 和 S_2 进行归并，为此，可把这两个有序串中各自的第一个块分别写入两个输入缓冲区，这两个输入缓冲区的记录分别是有序的。利用归并排序的思路，对两个输入缓冲区的记录进行归并，将归并结果写入输出缓冲区。归并过程中，当输出缓冲区满时，就将输出缓冲区中的内容写入磁盘；当一个输入缓冲区腾空时，便把同一有序串的下一块读入；这样不断进行，直到有序串 S_1 和有序串 S_2 的归并完成。这两个有序串归并的结果还是存放在磁盘上，它是一个新的有序串，其大小为有序串 S_1 和有序串 S_2 的大小之和。用同样的方法将 S_3 和 S_4、S_5 和 S_6 分别归并。这样整个文件经这一趟归并后可以得到 3 个有序串。这趟归并需要对整个文件中的所有记录读写一次（即从磁盘上读入内存一次，并从内存写到磁盘一次），并在内存中进行一次归并。反复对每两个有序串进行归并，最后得到一个有序串，即排序结果。归并过程如图 10.17 所示。

图 10.17　将 6 个初始有序串归并为一个有序串

在通过内排序生成了若干个初始有序串后，一般要经过多趟归并才能得到排序结果。这里第 1 趟将 6 个各含 9 000 个记录的初始有序串两两归并，得到 3 个各含 18 000 个记录的有序串；第 2 趟将两个含 18 000 个记录的有序串归并，得到一个含 36 000 个记录的有序串；第 3 趟将含 36 000

282

个记录的有序串和另一个含 18 000 个记录的有序串归并，得到一个含 54 000 个记录的有序串，它就是排序结果。

磁盘排序的时间效率主要由磁盘读写操作的时间决定，要提高磁盘排序的时间效率，最重要的就是减少排序过程中磁盘的读写次数。由于每趟归并都需要对文件中的所有记录读写一次，所以归并的趟数对磁盘排序算法的时间复杂度将产生影响。减少归并的趟数就能提高磁盘排序的速度。

减少归并的趟数可以从两个方面考虑。一方面是将前面实例中叙述的使用两个输入缓冲区进行的归并（也可称为二路归并），改为使用多个输入缓冲区的 K（K>2）路归并。这样显然可以减少归并的趟数。另一方面，若能使初始有序串中所含记录的个数尽可能多而初始有序串的数量尽可能少，则也可以减少归并的趟数。

10.7.2　多路平衡归并

图 10.17 所示的归并是二路归并。一般而言，若初始有序串有 m 个，那么归并树就有 $\lfloor \log_2 m \rfloor + 1$ 层，需要进行 $\lfloor \log_2 m \rfloor$ 趟归并。图 10.18 所示是 8 路归并的选择树。

多路平衡归并

一般地，采用 K 路平衡归并（即每一次都将不超过 K 个的有序串归并成一个有序串）时，若初始有序串有 m 个，则要进行 $\lfloor \log_K m \rfloor$ 趟归并。

在 K 路平衡归并中，确定下一个要输出的记录就需要从 K 个记录中求排序码值最小的记录，最简单的方法就是从 K 个排序码中经过 K-1 次比较得到。如果待排序文件有 n 个记录，它们分布在 K 个有序串上，则进行一趟 K 路归并，需要进行 $(n-1) \times (K-1)$ 次比较，这样做的比较次数较大。内排序中的树状选择排序，其比较次数比直接选择排序的比较次数少。利用内排序中的树状选择排序的思想可以尽量减少比较次数，并把 K 个记录中排序码值最小的记录找出来。

K 路归并中，选择树的叶子节点为各有序串在归并过程中的当前记录，图 10.18 中只给出了它们各自的排序码值，分支节点是它两个孩子节点中排序码值较小的那一个。显然，根节点是树中排序码值最小的一个，即下一个要输出的。在分支节点中，可以只存放排序码值和指向相应记录的指针，并不需要存放一个记录的全部内容，这在记录内容较多的情况下可以节省存储空间。

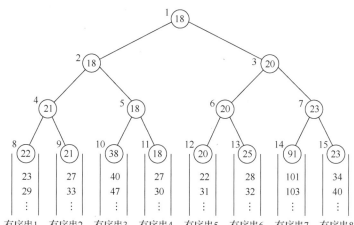

图 10.18　8 路归并的选择树

在图 10.18 中，根节点值为 18，它是 8 个有序串的当前记录（叶子节点）中最小的，这里是有序串 4 的当前记录。这样，可以把有序串 4 的排序码为 18 的当前记录输出。那么有序串 4 的下一个记录（排序码为 27）进入选择树，这就需要重新建造选择树。显然，重建的过程不必涉及整个选择树，可能要做修改调整的只是选择树中从第 11 号节点（排序码为 27）开始向上到根节点的路径上各节点和其兄弟节点重新进行比较选择。重建结果如图 10.19 所示。

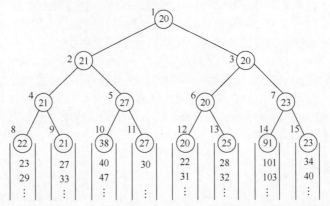

图 10.19　重建后的选择树

把上述的选择树称为"胜方树"，因为分支节点中存放的是其两个孩子节点中的"胜者"（要求选出最小者，值小的获胜）。如果对胜方树进行变形，分支节点中存放左、右孩子节点中的"败者"（进行比小的失败者），而让比较小的（比小的胜者）去进行更高一层的比较，便可得到所谓的"败方树"。比如图 10.20 中 8 号节点（排序码为 22）和 9 号节点（排序码为 21）比较，失败者是 8 号节点，那么它们的父节点（图中的 4 号节点）存放的就是失败者的信息，而胜者（排序码为 21）将与 10 号节点和 11 号节点的胜者（11 号节点，排序码为 18）进行下一轮的比较，2 号节点存放的也是败者的信息（排序码 21 和排序码 18 比较的失败者，排序码为 21），以此类推。败方树方法可以使多路归并的过程更为简捷。

图 10.20 显示的是与图 10.18 相对应的败方树，其中增加了一个节点，即图 10.20 中的 0 号节点，它表示 8 路归并中当前 8 个记录中排序码值最小者。

图 10.20　与图 10.18 相对应的败方树

从图 10.20 中可以看出，8 个当前记录中排序码（8 个叶子节点）值最小者为有序串 4 中的当前记录，排序码为 18，即 0 号节点。输出有序串 4 中的当前记录，排序码为 18，即 0 号节点，然后加入下一个记录（排序码为 27）到 11 号节点。败方树的重建结果如图 10.21 所示。

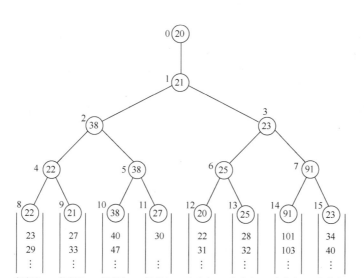

图 10.21　重建后的败方树

实际实现时，为了应对有序串在归并过程中变为空的情况，可以在每个有序串的最后附加一个排序码最大的记录，当败方树中的 0 号节点为最大值时，本次归并结束。

对于 m 个初始有序串，采用 K 路平衡归并时要进行 $\lfloor \log_K m \rfloor$ 趟归并。需要注意的是，尽管归并的趟数与 K 成反比例关系，但是 K 值的选择并不是越大越好，还要综合考虑其他因素。

10.7.3　置换-选择排序

置换-选择排序

磁盘排序的时间效率主要取决于磁盘读写的次数，磁盘读写的次数与归并的趟数成正比例关系。归并的趟数与多路归并的路数 K 成反比例关系，与归并的初始有序串数量成正比例关系。因此，对一个待排序的文件而言，从二路归并改为 K（$K>2$）路归并，可以提高效率；而减少初始有序串的数量则是提高排序效率的另一个途径。

在内存空间有限的情况下，采用前述内排序方法生成的初始有序串（最后一个不一定）的长度都是一样的。

如果待排序文件有 22 个记录，每个记录对应的排序码分别是：17,13,99,29,18,93,67,30,61,32,19,28,89,73,92,51,53,90,83,80,67,98。假设内存工作区最多仅可以容纳 4 个记录排序，那么可以得到下面 6 个初始有序串。

初始有序串 1：13,17,29,99。

初始有序串 2：18,30,67,93。

初始有序串 3：19,28,32,61。

初始有序串 4：51,73,89,92。

初始有序串 5：53,80,83,90。

初始有序串 6：67,98。

使用内排序的方法生成初始有序串，串的长度受到内存工作区大小的限制。如上所述，内存工作区可容纳 4 个记录，那么初始有序串的长度最大就是 4。在待排序记录个数和内存工作区大小确定的情况下，初始有序串的个数也就随之确定。在内存工作区有限的情况下，如何使有序串的长度超越内存工作区可容纳的记录数量，从而减少初始有序串的数量，以便提高外排序的效率，这需要探索新的排序方法。

置换-选择排序是以前述树状选择排序为基础变化而来的。下面通过一个实例解释置换-选择排序的思路。表 10.1 中第 3 列表示的是待排序文件中各记录（为了方便介绍，这里仅给出了相应的排序码，其他两列及相关的表述也是如此），这里举例用的还是前面待排序文件的 22 个记录；第 2 列是内存工作区，这里仍然假设内存工作区可容纳 4 个记录；第 1 列是输出文件，用于存放初始有序串，有序串最后不妨用"#"表示结束。

置换-选择排序初始状态下，输出文件和内存工作区都是空的，输入文件中存储的是待排序的记录，如表 10.1 中第 2 行所示。

第 1 步，依据内存工作区的大小，从输入文件中输入若干个记录到内存工作区（这里是 4 个记录，如表 10.1 中第 3 行所示）。

第 2 步，在内存工作区中选出排序码最小的记录，并记为 MINIMAX（这里第一次选到的是 13）。

第 3 步，将记录 MINIMAX 输出到输出文件（这里第一个输出的是 13，如表 10.1 中第 4 行所示）。

第 4 步，由于上一步将内存工作区的一个记录输出到输出文件，这样内存工作区就空出了一个记录的存储空间，如果输入文件不空，则从输入文件输入下一个记录到内存工作区（这里输入的是 18，如表 10.1 中第 5 行所示）。

第 5 步，从内存工作区中排序码比 MINIMAX 大的所有记录中选择排序码最小的记录，作为新的 MINIMAX。

重复上述第 3 步、第 4 步和第 5 步，可以在输出文件中得到有序串。这 3 步的工作包括输出、置换（从输入文件中输入一个记录到内存工作区，置换已输出的记录）和选择（选出 MINIMAX）。

下面看表 10.1，进一步理解上述各个步骤。

表 10.1　置换-选择排序过程

FO（输出文件） （若干个初始有序串，串之间以"#"分隔）	WA （内存工作区）	FI（输入文件）
空	空	17,13,99,29,18,93,67,30,61,32,19,28,89,73,92,51,53,90,83,80,67,98
空	17,13,99,29	18,93,67,30,61,32,19,28,89,73,92,51,53,90,83,80,67,98
13	17,　,99,29	18,93,67,30,61,32,19,28,89,73,92,51,53,90,83,80,67,98
13	17,18,99,29	93,67,30,61,32,19,28,89,73,92,51,53,90,83,80,67,98
13, 17	,18,99,29	93,67,30,61,32,19,28,89,73,92,51,53,90,83,80,67,98
13,17	93,18,99,29	67,30,61,32,19,28,89,73,92,51,53,90,83,80,67,98
13,17,18	93,　,99,29	67,30,61,32,19,28,89,73,92,51,53,90,83,80,67,98
13,17,18	93,67,99,29	30,61,32,19,28,89,73,92,51,53,90,83,80,67,98
13,17,18,29	93,67,99,	30,61,32,19,28,89,73,92,51,53,90,83,80,67,98
13,17,18,29	93,67,99,30	61,32,19,28,89,73,92,51,53,90,83,80,67,98
13,17,18,29,30	93,67,99,	61,32,19,28,89,73,92,51,53,90,83,80,67,98
13,17,18,29,30	93,67,99,61	32,19,28,89,73,92,51,53,90,83,80,67,98
13,17,18,29,30,61	93,67,99,	32,19,28,89,73,92,51,53,90,83,80,67,98
13,17,18,29,30,61	93,67,99,32	19,28,89,73,92,51,53,90,83,80,67,98
13,17,18,29,30,61,67	93,　,99,32	19,28,89,73,92,51,53,90,83,80,67,98
13,17,18,29,30,61,67	93,19,99,32	28,89,73,92,51,53,90,83,80,67,98
13,17,18,29,30,61,67,93	,19,99,32	28,89,73,92,51,53,90,83,80,67,98
13,17,18,29,30,61,67,93	28,19,99,32	89,73,92,51,53,90,83,80,67,98
13,17,18,29,30,61,67,93,99	28,19,　,32	89,73,92,51,53,90,83,80,67,98
13,17,18,29,30,61,67,93,99	28,19,89,32	73,92,51,53,90,83,80,67,98

续表

FO（输出文件） （若干个初始有序串，串之间以"#"分隔）	WA （内存工作区）	FI（输入文件）
注：此时内存工作区中记录的排序码都比输出文件中最后一个记录的排序码小（即在内存工作区中找不到新的 MINIMAX），于是一个初始有序串产生完毕，在其尾部加上结束标志"#"。输入文件尚未读完，继续产生新的初始有序串		
13,17,18,29,30,61,67,93,99,#	28,19,89,32	73,92,51,53,90,83,80,67,98
13,17,18,29,30,61,67,93,99,#,19	28, ,89,32	73,92,51,53,90,83,80,67,98
13,17,18,29,30,61,67,93,99,#,19	28,73,89,32	92,51,53,90,83,80,67,98
13,17,18,29,30,61,67,93,99,#,19,28	,73,89,32	92,51,53,90,83,80,67,98
13,17,18,29,30,61,67,93,99,#,19,28	92,73,89,32	51,53,90,83,80,67,98
13,17,18,29,30,61,67,93,99,#,19,28,32	92,73,89,	51,53,90,83,80,67,98
13,17,18,29,30,61,67,93,99,#,19,28,32	92,73,89,51	53,90,83,80,67,98
13,17,18,29,30,61,67,93,99,#,19,28,32,51	92,73,89,	53,90,83,80,67,98
13,17,18,29,30,61,67,93,99,#,19,28,32,51	92,73,89,53	90,83,80,67,98
13,17,18,29,30,61,67,93,99,#,19,28,32,51,53	92,73,89,	90,83,80,67,98
13,17,18,29,30,61,67,93,99,#,19,28,32,51,53	92,73,89,90	83,80,67,98
13,17,18,29,30,61,67,93,99,#,19,28,32,51,53,73	92, ,89,90	83,80,67,98
13,17,18,29,30,61,67,93,99,#,19,28,32,51,53,73	92,83,89,90	80,67,98
13,17,18,29,30,61,67,93,99,#,19,28,32,51,53,73,83	92, ,89,90	80,67,98
13,17,18,29,30,61,67,93,99,#,19,28,32,51,53,73,83	92,80,89,90	67,98
13,17,18,29,30,61,67,93,99,#,19,28,32,51,53,73,83,89	92,80, ,90	67,98
13,17,18,29,30,61,67,93,99,#,19,28,32,51,53,73,83,89	92,80,67,90	98
13,17,18,29,30,61,67,93,99,#,19,28,32,51,53,73,83,89,90	92,80,67,	98
13,17,18,29,30,61,67,93,99,#,19,28,32,51,53,73,83,89,90	92,80,67,98	空
13,17,18,29,30,61,67,93,99,#,19,28,32,51,53,73,83,89,90,92	,80,67,98	空
13,17,18,29,30,61,67,93,99,#,19,28,32,51,53,73,83,89,90,92,98,	,80,67,	空
13,17,18,29,30,61,67,93,99,#,19,28,32,51,53,73,83,89,90,92,98,#	,80,67,	空
13,17,18,29,30,61,67,93,99,#,19,28,32,51,53,73,83,89,90,92,98,#,67	,80, ,	, 空
13,17,18,29,30,61,67,93,99,#,19,28,32,51,53,73,83,89,90,92,98,#,67,80	空	空
13,17,18,29,30,61,67,93,99,#,19,28,32,51,53,73,83,89,90,92,98,#,67,80,#	空	空

从表 10.1 中可以看到，在重复第 3 步到第 5 步的过程中，可能出现内存工作区中所有记录的排序码均小于 MINIMAX 的排序码的情况，这时一个初始有序串就产生了。接下来要继续生成新的初始有序串。在前面 5 步的基础上再加下面两步，就是置换-选择排序算法。

第 6 步，重复第 3 步到第 5 步，一直到出现内存工作区中所有记录的排序码均小于 MINIMAX 的排序码时结束，将有序串的结束标记"#"输出到输出文件中（一个初始有序串就产生了）。

第 7 步，重复第 2 步到第 6 步，一直到内存工作区为空为止。

从表 10.1 可以知道，通过应用置换-选择排序，可得到下面 3 个初始有序串。

初始有序串 1：13,17,18,29,30,61,67,93,99。

初始有序串 2：19,28,32,51,53,73,83,89,90,92,98。

初始有序串 3：67,80。

可以证明,应用置换-选择排序生成的初始有序串的平均长度为内存工作区所能容纳的记录数的两倍。

在置换-选择排序算法中，选择 MINIMAX 的操作利用败方树实现。

最佳归并树

10.7.4 最佳归并树

从 10.7.3 小节可以知道，通过置换-选择排序生成的各个初始有序串的长度一般不会相等，这样在 K 路平衡归并时，不同的归并组合就会导致出现磁盘读写次数不同，排序的效率也就不一样。

假设有 9 个初始有序串，它们所含的记录个数即串的长度分别是 3,5,7,9,11,15,20,25,30。使用 3 路平衡归并排序，一棵可能的 3 路平衡归并树如图 10.22 所示。

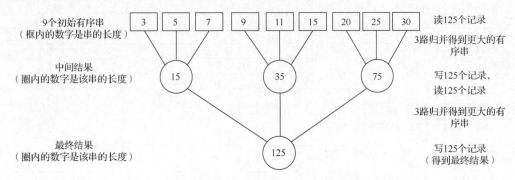

图 10.22　一棵可能的 3 路平衡归并树

上面所示的是 3 路平衡归并排序的一种可用的组合，其排序过程总的磁盘读写次数为 500（125×4）。

如果归并时采用另外的组合方式，可以得到图 10.23 所示的一棵 3 路平衡归并树。

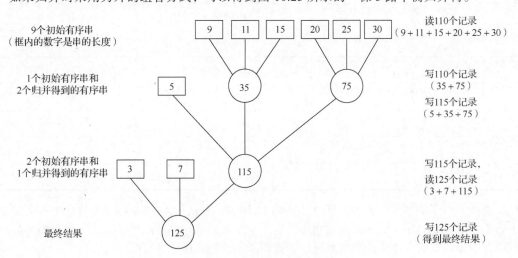

图 10.23　一棵 3 路平衡归并树

从图 10.23 可以看出，这种归并方式总的磁盘读写次数为 700。

对比上述两种不同的组合归并方式，可以发现它们磁盘读写的次数差别很大。观察图 10.23 可以看出，导致磁盘读写次数增加的原因是将长度更大的初始有序串较早地进行了归并。那么图 10.22 所示的归并方式是不是磁盘读写最少的呢？

第 9 章中讨论的 Huffman 树，是具有 n 个叶子节点（外部节点）的带权外部路径长度（WPL）最小的二叉树。事实上，可以将第 9 章讨论的 Huffman 树构造方法推广，对于 n 个外部节点，用同样

的方法可以构造 K （$K>2$）叉树，使 K 叉树的带权外部路径长度最小，也称为 K 叉 Huffman 树，或简称 Huffman 树。根据第 9 章介绍的 Huffman 树的构造方法，对于上述 9 个长度不等的初始有序串，以这些初始有序串为叶子节点，其长度为节点的权值，可以构造相应的 Huffman 树，如图 10.24 所示。该 Huffman 树的带权外部路径长度最小，其就是归并组合的最佳选择，称之为最佳归并树。

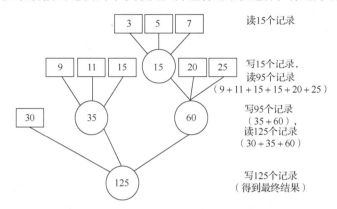

图 10.24　3 路平衡归并的最佳归并树（Huffman 树）

该 Huffman 树的带权外部路径长度 WPL=235，归并排序磁盘读写次数为 WPL × 2=235 × 2=470。

上面的归并树中，除叶子节点（表示的是初始有序串）外，其他的分支节点的度数均为 3，这是真正的三叉树，即三叉树中仅有度数为 0 和度数为 3 的节点。

如果在上面的 9 个初始有序串的基础上，再增加一个长度为 81 的初始有序串，共有 10 个初始有序串，那么按照上面的构造方法，将会在最后一次归并的时候出现只有 2 个有序串的情况。这里就是长度为 81 的初始有序串与生成的那个长度为 125 的有序串进行二路归并，此时不难算出磁盘读写次数为：WPL × 2=882。可以把最后那次的二路归并视为 3 路归并，其中有一个长度为 0 的"虚"有序串。显然这样做的方法不是最佳的，因为按照 Huffman 树的构造原则，权值最小的叶子节点应该离根节点最远。增加一个长度为 0 的虚的初始有序串，把上述 10 个初始有序串的 3 路归并看成 11 个初始有序串的归并，得到图 10.25 所示的 3 路平衡归并的最佳归并树。

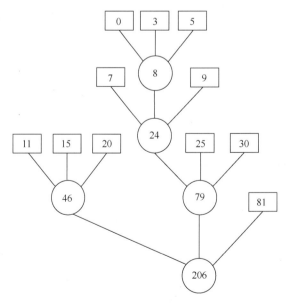

图 10.25　10 个非空初始有序串的 3 路平衡归并的最佳归并树

这棵 Huffman 树的带权外部路径长度 WPL=363，这个归并方案的磁盘读写次数为 WPL×2=363×2=726。在一些情况下，通过增加虚的初始有序串来构造相应的 Huffman 树，可以得到最佳的归并组合方案，使磁盘读写次数最少。

一般地，对于有 m 个初始有序串，使用 K 路归并，在什么情况下需要增加虚的初始有序串，增加几个虚的初始有序串，才能使每次归并都是对 K 个有序串进行归并？也就是对于 m 个初始有序串，需要增加 Z（$Z \geq 0$）个虚的初始有序串，才能构造出具有 $m+Z$ 个叶子节点的真正的 K 叉 Huffman 树，使该 K 叉 Huffman 树中除叶子节点外，其他节点的度数均为 K。

下面分析 Z 的计算方法。叶子节点有 $m+Z$ 个，度数为 K 的节点设为 n_K 个，树中节点总数为 n。真正的 K 叉 Huffman 树中只有度数为 K 的节点和叶子节点，即 $n=(m+Z)+n_K$。另外，除根节点外，其他每个节点都有双亲节点，每个分支节点有 K 个孩子节点，所以 $n-1=k \cdot n_K$。这样就有下式成立：$k \cdot n_K +1=(m+Z)+ n_K$，$n_K = \lceil (m+Z)-1 \rceil /(K-1)=(m-1)/(K-1)+Z/(K-1)$。显然，$n_K$ 是整数。因为 $n_K =(m-1)/(K-1)+Z/(K-1)$，所以当 $(m-1)\%(K-1)=0$ 时，可以置 $Z=0$，即此时不需要增加虚的初始有序串；当 $(m-1)\%(K-1) \neq 0$ 时，可以让 $Z=(K-1)-(m-1)\%(K-1)$。

上述 3 路平衡归并中，$K=3$，当初始有序串个数为 9，即 $m=9$ 时，$(m-1)\%(K-1)=(9-1)\%(3-1)=0$，所以不需要增加虚的初始有序串；而当 $m=10$ 时，$(m-1)\%(K-1)=(10-1)\%(3-1)=1 \neq 0$，因此需要增加 $Z=(K-1)-(m-1)\%(K-1)=(3-1)-(10-1)\%(3-1)=1$ 个虚的初始有序串。对于 3 路平衡归并，初始有序串个数为奇数时，不需要增加虚的初始有序串；而当初始有序串个数为偶数时，则需要增加 1 个虚的初始有序串。

本章小结

本章主要知识点的思维导图如图 10.26 所示。

图 10.26　本章主要知识点的思维导图

习　题

10.1　选择题。

（1）下列说法错误的是（　　　　）。

A．冒泡排序在数据有序的情况下具有最少的比较次数

B．直接插入排序在数据有序的情况下具有最少的比较次数

C．二路归并排序需要借助 $O(n)$ 的存储空间

D．基数排序适用于实型数据的排序

（2）下面的序列中初始序列构成堆（小根堆）的是（　　　　）。

A．10,60,20,50,30,26,35,40

B．70,40,36,30,20,16,28,10

C．20,60,50,40,30,10,8,72

D．10,30,20,50,40,26,35,60

（3）在下列算法中，（　　　　）算法可能出现下列情况：在最后一趟开始之前，所有的元素都不在其最终的位置上。

A．堆排序　　　　B．插入排序　　　　C．冒泡排序　　　　D．快速排序

（4）若需要在 $O(n\log_2 n)$ 的时间内完成对数组的排序，且要求排序算法是稳定的，则可选择的排序算法是（　　　　）。

A．归并排序　　　　B．堆排序　　　　C．快速排序　　　　D．直接插入排序

（5）以下排序算法中，不稳定的排序算法是（　　　　）。

A．直接选择排序　　　　　　　　B．二分法插入排序

C．归并排序　　　　　　　　　　D．基数排序

（6）一个序列中有 10 000 个元素，若只想得到其中前 10 个最小元素，最好采用（　　　　）算法。

A．快速排序　　　　B．堆排序　　　　C．插入排序　　　　D．二路归并排序

（7）若要求尽可能快地对实数数组进行稳定的排序，则应选择（　　　　）。

A．快速排序　　　　B．堆排序　　　　C．归并排序　　　　D．基数排序

（8）排序的趟数与待排序元素的原始状态有关的排序算法是（　　　　）。

A．冒泡排序　　　　B．快速排序　　　　C．插入排序　　　　D．选择排序

（9）直接插入排序在最好情况下的时间复杂度为（　　　　）。

A．$O(n)$　　　　B．$O(\log_2 n)$　　　　C．$O(n\log_2 n)$　　　　D．$O(n^2)$

（10）【2014 年统考真题】用 Shell 插入排序算法对一个数据序列进行排序时，若第 1 趟排序结果为 9,1,4,13,7,8,20,23,15，则该趟排序采用的增量（间隔）可能是（　　　　）。

A．2　　　　B．3　　　　C．4　　　　D．5

（11）【2018 年统考真题】对初始数据序列 8,3,9,11,2,1,4,7,5,10,6 进行 Shell 插入排序。若第一趟排序结果为 1,3,7,5,2,6,4,9,11,10,8，第二趟排序结果为 1,2,6,4,3,7,5,8,11,10,9，则两趟排序采用的增量（间隔）依次是（　　　　）。

A．3,1　　　　B．3,2　　　　C．5,2　　　　D．5,3

（12）【2010 年统考真题】对一组数据 2,12,16,88,5,10 进行排序，已知前 3 趟排序结果如下。

第一趟排序结果：2,12,16,5,10,88。

第二趟排序结果：2,12,5,10,16,88。

第三趟排序结果：2,5,10,12,16,88。

采用的排序算法可能是（　　　）。

  A．冒泡排序　　　　　　　　　　B．Shell 插入排序

  C．归并排序　　　　　　　　　　D．基数排序

（13）【2011 年统考真题】为实现快速排序算法，待排序序列宜采用的存储方式是（　　　）。

  A．顺序存储　　　B．散列存储　　　C．链式存储　　　D．索引存储

（14）【2014 年统考真题】下列选项中，不可能是快速排序第 2 趟排序结果的是（　　　）。

  A．2,3,5,4,6,7,9　　B．2,7,5,6,4,3,9　　C．3,2,5,4,7,6,9　　D．4,2,3,5,7,6,9

（15）【2020 年统考真题】下列关于大根堆（至少含 2 个元素）的叙述中，正确的是（　　　）。

  Ⅰ．可以将堆视为一棵完全二叉树

  Ⅱ．可以采用顺序存储方式保存堆

  Ⅲ．可以将堆视为一棵二叉排序树

  Ⅳ．堆中的次大值一定在根的下一层

  A．仅Ⅰ、Ⅱ　　　　　　　　　　B．仅Ⅱ、Ⅲ

  C．仅Ⅰ、Ⅱ和Ⅳ　　　　　　　　D．Ⅰ、Ⅲ和Ⅳ

（16）【2016 年统考真题】对 10TB 的数据文件进行排序，应使用的算法是（　　　）。

  A．Shell 插入排序　B．堆排序　　　C．快速排序　　　D．归并排序

（17）【2017 年统考真题】在内排序时，若选择了归并排序而未选择插入排序，则可能的理由是（　　　）。

  Ⅰ．归并排序的程序代码更短　　　　Ⅱ．归并排序的占用空间更少

  Ⅲ．归并排序的运行效率更高

  A．仅Ⅱ　　　　B．仅Ⅲ　　　　C．仅Ⅰ、Ⅱ　　　D．仅Ⅰ、Ⅲ

（18）【2019 年统考真题】选择一个排序算法时，除考虑算法的时间和空间效率，下列因素中，还需要考虑的是（　　　）。

  Ⅰ．数据的规模　　Ⅱ．数据的存储方式　　Ⅲ．算法的稳定性　　Ⅳ．数据的初始状态

  A．仅Ⅲ　　　　　　　　　　　　B．仅Ⅰ、Ⅱ

  C．仅Ⅱ、Ⅲ、Ⅳ　　　　　　　　D．Ⅰ、Ⅱ、Ⅲ、Ⅳ

（19）【2020 年统考真题】对大部分元素已有序的数组排序时，直接插入排序比简单选择排序效率更高，其原因是（　　　）。

  Ⅰ．直接插入排序过程中元素之间的比较次数更少

  Ⅱ．直接插入排序过程中所需的辅助空间更少

  Ⅲ．直接插入排序过程中元素的移动次数更少

  A．仅Ⅰ　　　　B．仅Ⅲ　　　　C．仅Ⅰ、Ⅱ　　　D．Ⅰ、Ⅱ和Ⅲ

（20）【2013 年统考真题】已知三叉树 T 中 6 个叶子节点的权分别是 2,3,4,5,6,7，T 的带权（外部）路径长度最小是（　　　）。

  A．27　　　　　　B．46　　　　　　C．54　　　　　　D．56

（21）【2019 年统考真题】设外存上有 120 个初始归并段，进行 12 路归并时，为实现最佳归并，需要补充的虚段个数是（　　　）。

  A．1　　　　　　B．2　　　　　　C．3　　　　　　D．4

10.2　给出初始待排序码{27,46,5,18,16,51,32,26}，画出下面各种排序算法的状态变化示意图。

（1）直接插入排序。

（2）表插入排序。

（3）二分法插入排序。

（4）直接选择排序。

（5）冒泡排序。

（6）快速排序。

（7）二路归并排序。

（8）基数排序。

10.3　在冒泡排序过程中，有的排序码在某一次冒泡中可能朝着与最终排序相反的方向移动，试举例说明。在快速排序过程中是否也会出现这种现象？

10.4　修改冒泡排序算法，使第一趟把排序码最大的记录放到最末尾，第二趟把排序码最小的记录放到最前面，如此反复进行，达到排序的目的。

10.5　对于习题 10.2 中给出的初始待排序码，画出堆排序中建堆过程示意图。

10.6　【计数排序】一个记录在已排序的文件中的位置，可通过此文件中比该记录排序码小的记录的个数来确定，由此得到一个简单的排序方法：对于每一个记录，增加一个 count 字段来确定在已排序的文件中位于该记录之前的记录的个数。编写一个算法，确定一个无序文件中每个记录的 count 值，并证明若文件有 n 个记录，则至多进行 $n(n-1)/2$ 次排序码比较，即可确定所有记录的 count 值。

10.7　设计一个算法，重新排列一组整数位置，使所有负值的整数位于正值的整数之前（不要对这一组整数进行排序，要求尽量减少算法中的交换次数）。

10.8　对于本章中介绍的各种排序算法，请说明哪些是稳定的、哪些是不稳定的。对于不稳定的排序算法，请举例说明。

10.9　总结本章中介绍的各种排序算法的特点，分析比较各算法的时间复杂度、空间复杂度及附加存储空间情况。

10.10　一油田欲建设一条连接油田内 n 口油井的主输油管道，管道由东向西，每一口油井都有一条支输油管道和主输油管道相连。如果知道每口油井的具体位置，应该如何确定主输油管道的建设位置，使所有支输油管道的长度之和最小？

10.11　某大学一、二、三年级的学生报名参加一项知识竞赛，报名信息包括年级和姓名，已知这 3 个年级都有学生报名，报名信息中的年级用 1、2、3 表示。请设计一个算法，对所有报名参赛学生按年级排序，要求排序算法的时间复杂度是线性的。

1

附录 1 基础实验

实验 1 线性表的顺序存储实现

一、实验目的

1. 掌握顺序表的存储结构形式及其描述方法和基本运算的实现。

2. 掌握用顺序表表示集合等数据的方法,并能设计出合理的存储结构,编写出有关运算的算法。

二、实验内容

已知顺序表结构与相关函数定义如下(详见 sequlist.h 文件),基于该文件完成实验题 1～实验题 7。

```c
#define MAXSIZE 100
typedef int datatype;
typedef struct{
    datatype a[MAXSIZE];
    int size;
}sequence_list;
/*********************************/
/* 函数名称:initseqlist()        */
/* 函数功能:初始化顺序表          */
/*********************************/
void initseqlist(sequence_list *L)
{    L->size=0;
}
/*********************************/
/* 函数名称:input()              */
/* 函数功能:输入顺序表            */
/*********************************/
void input(sequence_list *L)
{   datatype x;
    initseqlist(L);
    printf("请输入一组数据,以 0 作为结束符: \n");
    scanf("%d",&x);
```

```
    while(x)
        {      L->a[L->size++]=x;
               scanf("%d",&x);
        }
}
/********************************/
/* 函数名称:inputfromfile()      */
/* 函数功能:从文件输入顺序表        */
/********************************/
void inputfromfile(sequence_list *L,char *f)
{ int i,x;
  FILE *fp=fopen(f,"r");
  L->size=0;
  if(fp)
  {   while(!feof(fp))
      {
           fscanf(fp,"%d",&L->a[L->size++]);
      }
      fclose(fp);
  }
}
/********************************/
/* 函数名称:print()              */
/* 函数功能:输出顺序表             */
/********************************/
void print(sequence_list *L)
{   int i;
    for(i=0;i<L->size;i++)
      {    printf("%5d",L->a[i]);
           if((i+1)%10==0) printf("\n");
      }
    printf("\n");
}
```

1. 基于 sequlist.h 中定义的顺序表，编写算法函数 reverse(sequence_list *L)，实现顺序表的倒置（实验代码详见 lab1_01.c）。

```
#include "sequlist.h"
/*请将本函数补充完整,并进行测试*/
void reverse(sequence_list *L)
{


}
int main()
{   sequence_list L;           /*定义顺序表*/
    input(&L);                 /*输入测试用例*/
    print(&L);                 /*输出原表*/
    reverse(&L);               /*顺序表倒置*/
    print(&L);                 /*输出新表*/
}
```

2. 编写一个算法函数 sprit(sequence_list *L1,sequence_list *L2,sequence_list *L3)，将顺序表

L1 中的数据进行分类，奇数存放到顺序表 L2 中，偶数存放到顺序表 L3 中，编写 main( )函数进行测试（实验代码详见 lab1_02.c）。

```
#include "sequlist.h"
/*请将本函数补充完整,并进行测试*/
void sprit(sequence_list *L1,sequence_list *L2,sequence_list *L3)
{


}
int main()
{   sequence_list L1,L2,L3;    /*定义 3 个顺序表*/
    input(&L1);                /*输入 L1*/
    sprit(&L1,&L2,&L3);        /*对 L1 进行分类*/
    print(&L1);                /*输出 L1、L2 和 L3*/
    print(&L2);
    print(&L3);
}
```

3. 已知顺序表 L1 和 L2 中的数据均由小到大排序，请用尽可能快的方法将 L1 与 L2 中的数据合并到 L3 中，使数据在 L3 中按升序排列（实验代码详见 lab1_03.c）。

```
#include "sequlist.h"
/*请将本函数补充完整,并进行测试*/
void merge(sequence_list *L1,sequence_list *L2,sequence_list *L3)
{


}
int main()
{
    sequence_list L1,L2,L3;
    input(&L1);                /*输入时请输入有序数据*/
    input(&L2);                /*输入时请输入有序数据*/
    merge(&L1,&L2,&L3);        /*合并数据到 L3*/
    print(&L3);                /*输出 L3*/
}
```

4. 假设顺序表 la 与 lb 分别存放两个整数集合，函数 inter(sequence_list *la,sequence_list *lb,sequence_list *lc)的功能是求顺序表 la 与 lb 的交集并将其存放到顺序表 lc 中，请将函数补充完整（实验代码详见 lab1_04.c）。

```
#include "sequlist.h"
/*请将本函数补充完整,并进行测试*/
void  inter(sequence_list *la,sequence_list *lb,sequence_list *lc)
{


}
int main()
{
  sequence_list la,lb,lc;
  inputfromfile(&la,"1.txt");        /*从文件 1.txt 建立顺序表*/
  inputfromfile(&lb,"2.txt");        /*从文件 2.txt 建立顺序表*/
  print(&la);                        /*输出 la*/
  print(&lb);                        /*输出 lb*/
  inter(&la,&lb,&lc);                /*求 la 与 lb 的交集并将其存于 lc 中*/
```

```
    print(&lc);                        /*输出lc*/
    return 0;
}
```

5．请编写一个算法函数 partion(sequence_list *L)，尽可能快地将顺序表 L 中的所有奇数调整到表的左边，所有偶数调整到表的右边，并分析算法的时间复杂度（实验代码详见 lab1_05.c）。

```
#include "sequlist.h"
/*请将本函数补充完整，并进行测试*/
void partion(sequence_list *L)
{

}
int main()
{ sequence_list L;
  inputfromfile(&L,"3.txt");
  print(&L);                          /*输出表L*/
  partion(&L);
  print(&L);                          /*输出新表*/
  return 0;
}
```

6．已知长度为 n 的线性表 L 采用顺序存储结构，编写一个时间复杂度为 $O(n)$、空间复杂度为 $O(1)$ 的算法，该算法删除线性表中所有值为 x 的数据元素，请根据提示补充完成 delNode1( ) 与 delNode2( ) 函数，并构造测试程序进行测试（实验代码详见 lab1_06.c）。

解法一：用 k 记录顺序表 L 中不等于 x 的元素个数（即需要保存的元素个数），边扫描 L 边统计 k，并将不等于 x 的元素向前放在 k 位置上，最后修改 L 的长度。

```
void delNode1(sequence_list *L,datatype x)
{

}
```

解法二：用 k 记录顺序表 L 中等于 x 的元素个数，边扫描 L 边统计 k，并将不等于 x 的元素前移 k 个位置，最后修改 L 的长度。

```
void delNode2(sequence_list *L,datatype x)
{

}
```

7．设有 n（$n>1$）个整数存放到顺序表 L 中。试设计一个时间和空间两方面尽可能高效的算法，将顺序表 L 中整数序列循环左移 p（$0<p<n$）个位置，即将 L 中的数据序列 $(X_0,X_1,\cdots,X_{n-1})$ 变换为 $(X_p,X_{p+1},\cdots,X_{n-1},X_0,X_1,\cdots,X_{p-1})$（实验代码详见 lab1_07.c）。

实验 2　不带头节点的单链表

一、实验目的

1．熟练掌握动态链表结构及有关算法的设计方法。
2．理解不带头节点的单链表的特点，掌握其基本操作。
3．熟练掌握运用不带头节点的单链表表示特定形式的数据的方法，并设计出有关算法。

二、实验内容

已知不带头节点的链表结构定义及头插法建表、尾插法建表和输出链表等函数定义如下（详见 slnklist.h 文件)，基于该文件完成实验题 1～实验题 4。

```c
#include <stdlib.h>
#include <stdio.h>
typedef int datatype;
typedef struct link_node{
   datatype info;
   struct link_node *next;
}node;
typedef node *linklist;
/********************************/
/* 函数名称:creatbystack()      */
/* 函数功能:用头插法建立单链表    */
/********************************/
linklist creatbystack()
{   linklist  head,s;
    datatype x;
    head=NULL;
    printf("请输入若干整数序列:\n");
    scanf("%d",&x);
    while(x!=0)                /*以 0 结束输入*/
    {   s=(linklist)malloc(sizeof(node));   /*生成待插入节点*/
        s->info=x;
        s->next=head;          /*将新节点插入链表最前面*/
        head=s;
        scanf("%d",&x);
    }
    return head;               /*返回建立的单链表*/
}
/********************************/
/* 函数名称:creatbyqueue()      */
/* 函数功能:用尾插法建立单链表    */
/********************************/
linklist creatbyqueue()
{   linklist head,r,s;
    datatype x;
    head=r=NULL;
    printf("请输入若干整数序列:\n");
    scanf("%d",&x);
    while(x!=0)                /*以 0 结束输入*/
    {   s=(linklist)malloc(sizeof(node));
        s->info=x;
        if(head==NULL)         /*将新节点插入链表最后面*/
           head=s;
        else
           r->next=s;
        r=s;
        scanf("%d",&x);
    }
    if(r)  r->next=NULL;
    return head;               /*返回建立的单链表*/
```

```
}
/*********************************/
/* 函数名称:print()              */
/* 函数功能:输出不带头节点的单链表 */
/*********************************/
void print(linklist head)
{   linklist p;
    int i=0;
    p=head;
    printf("List is:\n");
    while(p)
    {   printf("%5d",p->info);
        p=p->next;
        i++;
        if(i%10==0) printf("\n");
    }
    printf("\n");
}
/**********************************/
/* 函数名称:delList()             */
/* 函数功能:释放不带头节点的单链表  */
/**********************************/
void delList(linklist head)
{ linklist p=head;
  while(p)
  {     head=p->next;
        free(p);
        p=head;
  }
}
```

1. 编写函数 linklist delx(linklist head, datatype x)，删除不带头节点的单链表 head 中第一个值为 x 的节点，并构造测试用例进行测试（实验代码详见 lab2_01.c）。

```
#include "slnklist.h"
/*请将本函数补充完整,并进行测试*/
linklist delx(linklist head,datatype x)
{

}
int main()
{   datatype x;
    linklist head;
    head=creatbyqueue();        /*用尾插法建立单链表*/
    print(head);
    printf("请输入要删除的值: ");
    scanf("%d",&x);
    head=delx(head,x);          /*删除单链表中第一个值为 x 的节点*/
    print(head);
    delList(head);              /*释放单链表空间*/
    return 0;
}
```

2．假设线性表$(a_1,a_2,a_3,\cdots,a_n)$采用不带头节点的单链表存储，请设计算法函数 linklist reverse1(linklist head)和 void reverse2(linklist *head)将不带头节点的单链表 head 倒置，使表变成$(a_n,a_{n-1},\cdots,a_3,a_2,a_1)$，并构造测试用例进行测试（实验代码详见 lab2_02.c）。

```
#include "slnklist.h"
/*请将本函数补充完整,并进行测试*/
linklist reverse1(linklist head)
{


}
void reverse2(linklist *head)
{


}
int main()
{   datatype x;
    linklist head;
    head=creatbystack();          /*用头插法建立单链表*/
    print(head);                  /*输出原链表*/
    head=reverse1(head);          /*倒置单链表*/
    print(head);                  /*输出倒置后的单链表*/
    reverse2(&head);              /*倒置单链表*/
    print(head);
    delList(head);
    return 0;
}
```

3．假设不带头节点的单链表 head 是升序排列的，设计算法函数 linklist insert(linklist head,datatype x)，将值为 x 的节点插入单链表 head 中，并保持单链表的有序性，分别构造插入表头、表中和表尾 3 种情况的测试用例进行测试（实验代码详见 lab2_03.c）。

```
#include "slnklist.h"
/*请将本函数补充完整,并进行测试*/
linklist insert(linklist head,datatype x)
{


}
int main()
{   datatype x;
    linklist head;
    printf("输入一组升序排列的整数：\n");
    head=creatbyqueue();                   /*用尾插法建立单链表*/
    print(head);
    printf("请输入要插入的值：");
    scanf("%d",&x);
    head=insert(head,x);                   /*将输入的值插入单链表适当位置*/
    print(head);
    delList(head);
    return 0;
}
```

4．编写算法函数 linklist delallx(linklist head, int x)，删除不带头节点的单链表 head 中所有值为 x 的节点（实验代码详见 lab2_04.c）。

```
#include "slnklist.h"
/*请将本函数补充完整,并进行测试*/
linklist delallx(linklist head,int x)
{


}
int main()
{   datatype x;
    linklist head;
    head=creatbyqueue();                    /*用尾插法建立单链表*/
    print(head);
    printf("请输入要删除的值: ");
    scanf("%d",&x);
    head=delallx(head,x);
    print(head);
    delList(head);
    return 0;
}
```

实验 3　带头节点的单链表

一、实验目的

1. 理解带头节点的单链表的特点，掌握采用这种结构的算法设计。
2. 熟练掌握运用带头节点的单链表表示特定形式的数据的方法，并设计出有关算法。
3. 能够综合应用带头节点的单链表解决实际问题。

二、实验内容

带头节点的单链表的存储结构定义同实验 2，修改 slnklist.h 头文件中头插法、尾插法建表函数及链表输出函数，使其能正确应用于带头节点的单链表，在此基础上，完成实验题 1～实验题 9。

1. 编写函数 void delx(linklist head, datatype x)，删除带头节点的单链表 head 中第一个值为 x 的节点，并构造测试用例进行测试（实验代码详见 lab3_01.c）。

2. 设线性表$(a_1,a_2,a_3,\cdots,a_n)$采用带头节点的单链表存储，请设计算法函数 void reverse(linklist head)，将带头节点的单链表 head 倒置，使表变成$(a_n,a_{n-1},\cdots,a_3,a_2,a_1)$，并构造测试用例进行测试（实验代码详见 lab3_02.c）。

3. 假设带头节点的单链表 head 是升序排列的，设计算法函数 void insert(linklist head,datatype x)，将值为 x 的节点插入单链表 head 中，并保持单链表的有序性，分别构造插入表头、表中和表尾 3 种情况的测试用例进行测试（实验代码详见 lab3_03.c）。

4. 编写算法函数 void linklist delallx(linklist head, int x)，删除带头节点的单链表 head 中所有值为 x 的节点（实验代码详见 lab3_04.c）。

5. 已知线性表存储在带头节点的单链表 head 中，请设计算法函数 void sort(linklist head)，将 head 中的节点按节点值升序排列（实验代码详见 lab3_05.c）。

```
#include "slnklist.h"
/*请将本函数补充完整,并进行测试*/
void sort(linklist head)
{
```

```
    }
int main()
{   linklist head;
    head=creatbyqueue();            /*用尾插法建立带头节点的单链表*/
    print(head);                    /*输出单链表 head*/
    sort(head);                     /*排序*/
    print(head);
    delList(head);
    return 0;
}
```

6. 已知两个带头节点的单链表 L1 和 L2 中的节点值均已按升序排列，设计算法函数 linklist mergeAscend (linklist L1,linklist L2)，将 L1 和 L2 合并成一个升序的带头节点的单链表，并将其作为函数的返回结果；设计算法函数 linklist mergeDescend (linklist L1,linklist L2)，将 L1 和 L2 合并成一个降序的带头节点的单链表，并将其作为函数的返回结果；设计 main( )函数进行测试（要求利用原单链表中的节点，不需要复制新节点）（实验代码详见 lab3_06.c）。

```
#include "slnklist.h"
/*请将本函数补充完整,并进行测试*/
linklist mergeAscend(linklist L1,linklist L2)
{


}
linklist mergeDescend(linklist L1,linklist L2)
{


}
int main()
{   linklist h1,h2,h3;
    h1=creatbyqueue();              /*用尾插法建立单链表,请输入升序序列*/
    h2=creatbyqueue();
    print(h1);
    print(h2);
    h3=mergeAscend(h1,h2);          /*升序合并到 h3*/
                                    /*降序合并请调用 h3=mergeDescend(h1,h2);*/

    print(h3);
    delList(h3);
    return 0;
}
```

7. 请编写一个算法函数 void partion(linklist head)，将带头节点的单链表 head 中的所有值为奇数的节点调整到单链表的前面，所有值为偶数的节点调整到单链表的后面（实验代码详见 lab3_07.c）。

```
#include "slnklist.h"
/*请将本函数补充完整,并进行测试*/
void partion(linklist head)
{


}
int main()
{   linklist head;
    head=creatbyqueue();                        /*用尾插法建立带头节点的单链表*/
```

```
        print(head);                        /*输出单链表 head*/
        partion(head);
        print(head);
        delList(head);
        return 0;
}
```

8. 编写一个程序，用尽可能快的方法返回带头节点的单链表中倒数第 k 个节点的地址，如果不存在，则返回 NULL（实验代码详见 lab3_08.c）。

```
#include "slnklist.h"
/*请将本函数补充完整,并进行测试*/
linklist search(linklist head,int k)
{

}
int main()
{   int k;
    linklist head,p;
    head=creatbyqueue();            /*用尾插法建立带头节点的单链表*/
    print(head);                    /*输出单链表 head*/
    printf("k=");
    scanf("%d",&k);
    p=search(head,k);
    if(p) printf("%d\n",p->info);
    else
        printf("Not Found!\n");
    delList(head);
    return 0;
}
```

9. 假设多项式采用带头节点的单链表存储，请设计算法，建立按项的指数升序排列的多项式存储结构，并实现多项式求和算法。例如，多项式 $12x^{17}+8x^6-3x^2+45$ 与 $3x^9-8x^6+12x^4-4x+11$ 的存储结构分别如图 fl1.1、图 fl1.2 所示，两个多项式相加的结果如图 fl1.3 所示（实验代码详见 lab3_09.c）。

图 fl1.1　多项式 a 的存储结构

图 fl1.2　多项式 b 的存储结构

图 fl1.3　多项式 $a+b$ 的存储结构

实验 4　栈与字符串

一、实验目的

1. 掌握栈的结构及基本运算的实现方法。
2. 掌握用栈实现表达式计算的基本技术。

3．掌握应用栈进行问题求解的基本方法。

4．理解并掌握字符串的有关概念和运算实现方法。

5．掌握快速模式匹配等字符串的典型算法。

二、实验内容

1．已知顺序栈存储结构及基本操作已定义（详见 seqstack.h 文件），利用顺序栈结构，编写算法函数 void Dto16(int m)实现十进制无符号整数 m 到十六进制数的转换（实验代码详见 lab4_01.c）。

```
#include "seqstack.h"
/*请将本函数补充完整,并进行测试*/
void Dto16(int m)
{   seqstack s;              /*定义顺序栈*/

    init(&s);
    printf("十进制数%d 对应的十六进制数是: ",m);
    while(m)
    {

    }
    while(!empty(&s))
      putchar(     );
    printf("\n");
}
int main()
{    int m;
    printf("请输入待转换的十进制数: \n");
    scanf("%d",&m);
    Dto16(m);
    return 0;
}
```

2．基于下面的链式栈存储结构，重新实现栈的基本操作，并基于链式栈，改写上题的进位制转换程序（实验代码详见 lab4_02.c）。

```
#define MAXSIZE 100
typedef int datatype;
typedef struct node
{   datatype data;
    struct node *next;
}linknode;
typedef linknode *linkstack;
```

3．利用字符顺序栈，设计并实现算术表达式求值的程序，请将相关函数补充完整（实验代码详见 lab4_03.c）。

4．已知字符串采用带头节点的链表存储（详见 linkstring.h 文件），请编写函数 linkstring substring(linkstring s,int i,int len)函数，在字符串 s 中从第 i 个位置起取长度为 len 的子串，函数返回子串链表（实验代码详见 lab4_04.c）。

5．已知字符串采用带头节点的链表存储,设计算法函数 void delstring(linkstring s, int i,int len),在字符串 s 中删除从第 i 个位置开始长度为 len 的子串（实验代码详见 lab4_05.c）。

```
#include "linkstring.h"
/*请将本函数补充完整,并进行测试*/
```

```
void delstring(linkstring  s,int i,int len)
{

}
int main()
{   linkstring str;
    str=creat();           /*建字符串单链表*/
    print(str);
    delstring(str,2,3); /*测试,从第2个位置删除长度为3的子串,请自行构造不同的测试用例*/
    print(str);            /*输出*/
    delList(str);
    return 0;
}
```

6. 已知字符串采用带头节点的链表存储，编写函数 linkstring index(linkstring s, linkstring t)，查找子串 t 在主串 s 中第一次出现的位置,若匹配不成功,则返回 NULL(实验代码详见 lab4_06.c)。

7. 利用朴素模式匹配算法，查找模式 t 在主串 s 中所有出现的位置，并将这些位置存储在带头节点的单链表中(实验代码详见 lab4_07.c)。

```
#include <stdio.h>
#include <string.h>
#include <stdlib.h>
typedef struct node
{    int data;
     struct node *next;
}linknode;
typedef linknode *linklist;
/*朴素模式匹配算法,返回t在s中第一次出现的位置,没有找到则返回-1。请将程序补充完整*/
int index(char *s,char *t)
{

}
/*利用朴素模式匹配算法,将模式t在s中所有出现的位置存储在带头节点的单链表中。请将函数补充
完整*/
linklist indexall(char *s,char *t)
{

}
/*输出带头节点的单链表*/
void print(linklist head)
{ linklist p;
  p=head->next;
  while(p)
  {      printf("%5d",p->data);
         p=p->next;
  }
  printf("\n");
}
int main()
{ char s[80],t[80];
  linklist head;
  printf("请输入主串:\n");
```

```
    gets(s);
    printf("请输入模式串:\n");
    gets(t);
    int k=index(s,t);
    printf("k=%d",k);
    head=indexall(s,t);
    printf("\n[ %s ]在[ %s ]中的位置有: \n",t,s);
    print(head);
    return 0;
}
```

8. 编写快速模式匹配算法（KMP 算法），请将相关函数补充完整（实验代码详见 lab4_08.c）。

```
#define maxsize 100
typedef struct{
    char str[maxsize];
    int length ;
}seqstring;
/*求模式 p 的 next 值。请将函数补充完整*/
void getnext(seqstring p,int next[])
{

}
/*快速模式匹配算法。请将函数补充完整*/
int kmp(seqstring t,seqstring p,int next[])
{

}
int  main()
{    seqstring t,p;
    int next[maxsize],pos;
    printf("请输入主串: \n");
    gets(t.str);
    t.length=strlen(t.str);
    printf("请输入模式串: \n");
    gets(p.str);
    p.length=strlen(p.str);
    getnext(p,next);
    pos=kmp(t,p,next);
    printf("\n");
    printf("%d",pos);
    return 0;
}
```

实验 5   递归

一、实验目的

1. 理解递归程序的执行过程。
2. 掌握应用递归进行问题求解的基本方法。
3. 应用递归技术对线性表问题进行求解。

二、实验内容

已知 ArrayIo.h 内容如下，基于 ArrayIo.h 完成实验题 1～实验题 3；带头节点的单链表结构定义同实验 3，基于 slnklist.h 完成实验题 4～实验题 6。

```c
#include <time.h>
/*对长度为 n 的整型数组进行输入*/
/*******************************/
/* 函数名称:input()            */
/* 函数功能:数组输入           */
/*******************************/
void input(int a[],int n)
{   int i;
    printf("请输入 %d 个整数: \n",n);
    for(i=0;i<n;i++)
        scanf("%d",&a[i]);
}
/*******************************/
/* 函数名称:print()            */
/* 函数功能:数组输出           */
/*******************************/
void print(int a[ ],int n)
{ int i;
  printf("\n 数组的内容是: \n");
  for(i=0;i<n;i++)
    { if(i%10==0) printf("\n");
      printf("%6d",a[i]);
    }
  printf("\n");
}
/*******************************/
/* 函数名称:init()             */
/* 函数功能:用随机数初始化数组 */
/*******************************/
void init(int a[],int n)
{   int i;
    srand(time(NULL));
    for(i=0;i<n;i++)
        a[i]=rand()%1000;
}
```

1. 编写递归函数 int max(int a[],int left, int right)，求数组 a[left..right]中的最大数（实验代码详见 lab5_01.c）。

```c
#include "ArrayIo.h"
/*请将本函数补充完整,并进行测试*/
int max(int a[],int left,int right)
{


}
int main()
{   int a[10];
    input(a,10);
```

```
    print(a,10);
    printf("数组的最大数是:%d\n",max(a,0,9));
    return 0;
}
```

2. 请编写一个递归函数 void partion(int a[], int left, int right)，将数组 a[left..right]中的所有奇数调整到数组的左边，所有偶数调整到数组的右边（实验代码详见 lab5_02.c）。

```
#include "ArrayIo.h"
#define N 10
/*请将本函数补充完整,并进行测试*/
void partion(int a[],int left,int right)
{

}
int main()
{   int a[N];
    init(a,N);                    /*随机产生 N 个数*/
    print(a,N);
    partion(a,0,N-1);
    print(a,N);
    return 0;
}
```

3. 请编写递归函数 void bubbleSort(int a[],int n)，对长度为 n 的数组采用冒泡排序进行升序排列；并编写递归函数 int binSearch(int a[],int left,int right,int key)，采用二分查找法，在数组 a[left..right]中查找值为 key 的元素所在的位置，若查找失败则返回-1（实验代码详见 lab5_03.c）。

```
#include "ArrayIo.h"
#define N 10
/*请将本函数补充完整,并进行测试*/
void bubbleSort(int a[],int n)
{

}
int binSearch(int a[],int left,int right,int key)
{

}
int main()
{   int x,pos,a[N];
    init(a,N);
    bubbleSort(a,N);
    print(a,N);
    printf("请输入要查找的数: \n");
    scanf("%d",&x);
    pos=binSearch(a,0,N-1,x);
    if(pos!=-1) printf("a[%d]=%d\n",pos,x);
    else printf("Not found!\n");
    return 0;
}
```

4. 假设单链表中所有节点的值均不相同，请编写一个递归函数 linklist max(linklist head)，返回单链表中最大数所在的节点地址，若单链表为空，则返回 NULL（实验代码详见 lab5_04.c）。

```
#include "slnklist.h"
/*请将本函数补充完整,并进行测试*/
linklist max(linklist head)
{


}
int main()
{   linklist head,p;
    head=creatbyqueue();
    print(head);
    p=max(head);
    if(p)
        printf("max=%d\n",p->info);
    else
        printf("单链表为空\n");
    return 0;
}
```

5. 设计一个递归算法，删除带头节点的单链表 head 中所有值为 x 的节点（实验代码详见 lab5_05.c）。

```
#include "slnklist.h"
/*请将本函数补充完整,并进行测试*/
void delAll(linklist head,datatype x)
{
    linklist p;
    if(          )               /*单链表为空表*/
          return;
    if(head->next->info==x)      /*单链表的第 1 个节点的值为 x*/
    {

    }
    else
                                 /*递归调用*/
}
```

6. 设计一个递归算法，使它对任一给定的带头节点的整数单链表 head，删除重复节点，对于多个值相同的节点，仅保留最后一个节点（实验代码详见 lab5_06.c）。

```
#include "slnklist.h"
/*请将本函数补充完整,并进行测试*/
/*函数 inList(linklist head,datatype x)的功能是判断带头节点的单链表 head 中是否含有
值为 x 的节点,有则返回 1,无则返回 0*/
int inList(linklist head,datatype x)
{

}
/*函数 delSameNode 的功能是采用递归算法删除单链表 head 中的重复节点( 对于多个值相同的节点,
保留最后一个节点 )*/
void delSameNode(linklist head)
{
    linklist p;
    if(          )          /*单链表为空或只有一个节点*/
```

```
            return;
   if(             )           /*第 1 个节点属于重复节点*/
   {

   }
   else
                    /*递归调用*/
}
```

实验 6　树

一、实验目的

1. 理解树的结构特征及各种存储方法。
2. 掌握前序序列递归建树算法。
3. 掌握树的前序、后序及层次遍历算法，设计并实现树结构相关问题算法，如求高度、求叶子节点数等。

二、实验内容

已知树的指针方式孩子表示法的存储结构及前序递归建树算法定义如下（详见 tree.h 文件），基于该文件完成实验题 1～实验题 5。

```
#define m 3              /*树的最大度*/
#define MAXLEN 100
typedef char datatype;
typedef struct node {
    datatype data;
    struct node *child[m];
} node;
typedef  node *tree;
/***************************************************/
/*   函数功能:根据树的前序遍历结果建立一棵 3 度树    */
/*   函数返回值:树根节点地址                        */
/*   文件名:tree.h,函数名:createtree()             */
/***************************************************/
tree  createtree()
{ int i; char ch;
  tree t;
  if((ch=getchar())=='#')  t=NULL;
  else
    {    t=(tree)malloc(sizeof(node));
         t->data=ch;
         for(i=0;i<m;++i)
              t->child[i]=createtree();
    }
    return t;
}
```

1. 编写算法函数 void levelorder(tree t)实现树的层次遍历，要求分别采用顺序队列和链式队列实现（实验代码详见 lab6_01.c）。

```
#include "tree.h"
/*请将本函数补充完整,并进行测试*/
void levelorder(tree t)      /*层次遍历以 t 为根节点的 m 度树*/
{


}
```

2. 假设树采用指针方式的孩子表示法存储,试编写一个非递归函数 void PreOrder1(tree root),实现树的前序遍历算法,要求分别采用顺序栈和链式栈实现(实验代码详见 lab6_02.c)。

```
#include "tree.h"
/*请将本函数补充完整,并进行测试*/
void  PreOrder1(tree root)
{


}
```

3. 假设树采用指针方式的孩子表示法存储,试编写一个非递归函数 void PostOrder1(tree t),实现树的后序遍历算法(实验代码详见 lab6_03.c)。

```
#include "tree.h"
/*请将本函数补充完整,并进行测试*/
void  PostOrder1(tree root)
{


}
```

4. 假设树采用指针方式的孩子表示法存储,试编写一个函数 int equal(tree t1, tree t2),判断两棵给定的树是否等价,两棵树等价当且仅当其根节点的值相等且其对应的子树均相互等价(实验代码详见 lab6_04c)。

```
#include "tree.h"
#define TRUE 1
#define FALSE 0
/*请将本函数补充完整,并进行测试*/
int equal(tree t1,tree t2)
{


}
int main()
{    tree t1,t2;
    printf("please input the preorder sequence of the tree:\n");
    t1=createtree();
    getchar();
    printf("please input the preorder sequence of the tree:\n");
    t2=createtree();
    if(equal(t1,t2)==TRUE)
    {   printf ("两棵树相等\n");
    }
    else
    {   printf ("两棵树不相等\n");
    }
    return 0;
}
```

5．试编写一个函数 tree Ct(char s[])，根据树的括号表示字符串 s，建立树的指针方式孩子表示法存储结构。例如，若要建立图 6.4（a）所示的树，应输入 A(B(E,F),C,D(G(I,J,K),H))。注意，tree.h 中定义的常量 *m* 表示树的最大度，请根据建树的需要自行修改 *m* 的值（实验代码详见 lab6_05）。

```c
#include "tree.h"
/*请将本函数补充完整,并进行测试*/
tree Ct(char s[MAXLEN])
{


}
int main()
{ char s[MAXLEN];
  tree root=NULL;
  printf("请用树的括号表示法输入一棵树:\n");
  scanf("%s",s);
  root=Ct(s);
  preorder(root);          /*前序遍历树*/
  return 0;
}
```

实验 7 二叉树

一、实验目的

1．掌握二叉树的动态存储结构及表示方法。
2．掌握二叉树的前序、中序和后序遍历的递归与非递归算法，掌握二叉树的层次遍历算法。
3．运用二叉树的遍历算法求解基于二叉树的有关问题。

二、实验内容

已知二叉树的二叉链表存储结构、顺序栈以及根据扩充二叉树的前序序列（字符串 a）建立二叉树存储结构的函数 creatbintree( )已定义在 bintree.h 文件中，基于此文件完成实验题 1～实验题 9。

```c
#define N 100
extern char *a;        /*存放扩充二叉树的前序序列的外部变量*/
typedef struct node /*二叉树结构定义*/
{   char data;
    struct node *lchild,*rchild;
}binnode;
typedef binnode *bintree;
/*函数 creatbintree()根据扩充二叉树的前序序列(字符串a)建立二叉树t的存储结构*/
bintree  creatbintree()
{   char ch=*a++;
    bintree t;
    if(ch=='#')  t=NULL;
    else
    { t=(bintree)malloc(sizeof(binnode));
      t->data=ch;
      t->lchild=creatbintree();
```

```
        t->rchild=creatbintree();
    }
    return t;
}
```

1. 编写算法函数 void preorder1(bintree t)，实现二叉树 t 的非递归前序遍历（实验代码详见 lab7_01.c）。

```
#include "bintree.h"
char *a="ABC##D#E##F###";       /*扩充二叉树 t 的前序序列*/
/*请将本函数补充完整,并进行测试*/
void preorder1(bintree t)
{


}
int main()
{   bintree t;
    t=creatbintree();             /*建立二叉树 t 的存储结构*/
    printf("二叉树的前序序列为: \n");
    preorder1(t);                 /*前序非递归遍历二叉树*/
    return 0;
}
```

2. 编写算法函数 void levelbintree(bintree t)，实现二叉树的层次遍历（实验代码详见 lab7_02.c）。

```
#include "bintree.h"
char *a="ABC##D#E##F###";       /*扩充二叉树 t 的前序序列*/
/*请将本函数补充完整,并进行测试*/
void levelbintree(bintree t)
{


}
int main()
{   bintree t;
    t=creatbintree();             /*建立二叉树 t 的存储结构*/
    printf("二叉树的层次序列为: \n");
    levelbintree(t);              /*层次遍历二叉树*/
    return 0;
}
```

3. 编写函数 bintree prelast(bintree t)和 bintree postfirst(bintree t)，分别返回二叉树 t 在前序遍历下的最后一个节点地址和后序遍历下的第一个节点地址（实验代码详见 lab7_03.c）。

```
#include "bintree.h"
char *a="ABC##D##EF#G###";              /*扩充二叉树 t 的前序序列*/
/*请将本函数补充完整,并进行测试*/
bintree prelast(bintree t)
{


}
bintree postfirst(bintree t)
{


}
```

```
int main()
{   bintree t,p,q;
    t=creatbintree();      /*建立二叉树 t 的存储结构*/
    p=prelast(t);
    q=postfirst(t);
    if(t!=NULL)
    {   printf("前序遍历最后一个节点为：%c\n",p->data);
        printf("后序遍历第一个节点为：%c\n",q->data);
    }
    else printf("二叉树为空！ ");
    return 0;
}
```

4．假设二叉树采用链式存储方式存储，t 为其根节点，编写一个函数 int Depth(bintree t, char x)，求值为 x 的节点在二叉树中的层数（实验代码详见 lab7_04.c）。

```
#include "bintree.h"
char *a="ABC##D##EF#G###";        /*扩充二叉树 t 的前序序列*/
/*请将本函数补充完整,并进行测试*/
int Depth(bintree t,char x)
{

}
int main()
{   bintree root;
    char x;
    int k=0;
    root=creatbintree();
    printf("请输入树中的 1 个节点值：\n");
    scanf("%c",&x);
    k=Depth(root,x);
    printf("%c 节点的层次为%d\n",x,k);
}
```

5．试编写一个函数，将一棵给定二叉树中所有节点的左、右子女互换（实验代码详见 lab7_05.c）。

```
#include "bintree.h"
char *a="ABC##D##EF#G###";        /*扩充二叉树 t 的前序序列*/
/*请将本函数补充完整,并进行测试*/
void change(bintree t)
{

}
int main()
{   bintree root;
    root=creatbintree();
    change(root);
    preorder(root);
}
```

6．试编写一个递归函数 bintree buildBintree(char *pre, char *mid, int length)，根据二叉树的前序序列 pre、中序序列 mid 和前序序列长度 length，构造二叉树的二叉链表存储结构，函数返回二叉树的树根地址（实验代码详见 lab7_06.c）。

```
#include "bintree.h"
#include <string.h>
char *a="";
/*请将本函数补充完整,并进行测试*/
bintree buildBintree(char *pre,char *mid,int length)
{


}
int main()
{   bintree root;
    char pre[100],mid[100];
    puts("请输入前序序列: ");
    gets(pre);
    puts("请输入中序序列: ");
    gets(mid);
    root=buildBintree(pre,mid,strlen(pre));
    puts("后序序列是: ");
    postorder(root);
}
```

7. 假设二叉树采用二叉链表存储结构,设计一个算法,求二叉树 t 中距节点 p 最近的叶子节点(实验代码详见 lab7_07.c)。

8. 假设二叉树采用二叉链表存储结构,设计一个算法,求非空二叉树 t 的宽度,即具有节点数最多的那一层的节点个数,例如,图 fl1.4 所示的二叉树宽度为 4(实验代码详见 lab7_08.c)。

9. 假设二叉树采用二叉链表存储结构,请设计一个算法,求非空二叉树中指定的某一层 lev(lev≥1)的叶子节点个数(实验代码详见 lab7_09.c)。

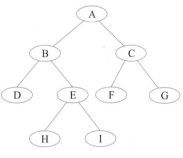

图 fl1.4　测试二叉树

实验 8　图

一、实验目的

1. 熟练掌握图的邻接矩阵与邻接表存储结构及其应用方法。
2. 掌握深度优先及广度优先算法,能利用两种算法求解相关问题。
3. 理解并掌握最小生成树算法的基本思想及其实现方法。
4. 理解并掌握最短路径算法的基本思想及其实现方法。
5. 理解并掌握拓扑排序算法的基本思想及其实现方法。

二、实验内容

已知图的邻接表存储结构定义及建立图的邻接表、输出邻接表等函数均已定义（详见 ljb.h 文件），图的邻接矩阵存储结构定义及建立图的邻接矩阵、输出邻接矩阵等函数均已定义（详见 ljjz.h 文件），基于这两个文件完成实验题 1～实验题 6。

1. 编写程序输出以邻接表为存储结构的无向图的各顶点的度（实验代码详见 lab8_01.c ）。

```
#include "ljb.h"
/*请将本函数补充完整,并进行测试*/
void degree(LinkedGraph g)
```

```
{

}
int main()
{   LinkedGraph g;
    creat(&g,"g11.txt",0);      /*已知 g11.txt 中存储了图的信息*/
    printf("\n The graph is:\n");
    print(g);
    degree(g);
}
```

2. 假设图 G 采用邻接表存储，试设计一个算法，求不带权无向图 g 中距离顶点 v 的最远的
一个顶点（实验代码详见 lab8_02.c）。

```
#include "ljb.h"
int visited[M];   /*全局标识向量*/
/*
    函数名称:MaxDist()
    函数功能:查找图 g 中与顶点 v 最远的节点（基于广度优先遍历算法）
*/
int MaxDist(LinkedGraph g,int v)       /*请将本函数补充完整*/
{

}
```

3. 假设无向图 g 采用邻接表存储，试设计一个算法，判断无向图 g 是否是一棵树（实验代码
详见 lab8_03.c）。

```
#include "ljb.h"
int visited[M];
/*
    函数名称:Dfs1()
    函数功能:对采用邻接表存储的无向图 g，从顶点 v 开始深度优先遍历，并通过指针变量 vn 及 en
返回遍历经过的顶点及边数
*/
void Dfs1(LinkedGraph g,int v,int *vn,int *en)          /*请将本函数补充完整*/
{

}
/*
    函数名称:isTree()
    函数功能:判断无向图 g 是否是一棵树
*/
int isTree(LinkedGraph g)
{
    int vn=0,en=0,i;
    for(i=0;i<g.n;i++)
        visited[i]=0;
    Dfs1(g,0,&vn,&en);
    if(vn==g.n&&en==2*(g.n-1))
        return 1;         /*遍历顶点为 G.n 个,遍历边数为 2(g.n-1),则为树*/
    else
        return 0;
}
```

4．假设无向图采用邻接矩阵存储，编程实现 Prim 求解最小生成树算法（实验代码详见 lab8_04.c）。

5．假设无向图采用邻接矩阵存储，编程实现 Dijkstra 求单源最短路径算法（实验代码详见 lab8_05.c）。

6．编程实现图的拓扑排序算法（实验代码详见 lab8_06.c）。

实验 9　查找

一、实验目的

1．掌握顺序表的查找方法，尤其是二分查找法，并能给出实现过程。
2．掌握基于链表的查找方法，并能给出实现过程。
3．掌握二叉排序树的建立及查找方法，并能给出实现过程。

二、实验内容

已知 data1.txt 中存储了 50 万个无序整数，data2.txt 中存储了 50 万个有序整数。slnklist.h 文件定义同实验 3。ArrayIo.h 定义了相关函数：int readData(int a[],int n,char *f)的功能是从 f 指示的文件读入 n 个整数并存入数组 a[0],…,a[n-1]，函数返回实际成功读入的数据个数（若 n 小于等于 500 000，返回 n；若 n 大于 500 000，返回 500 000）；void saveData(int a[],int n,char *f)的功能是将数组 a 的前 n 个数存入文件 f 中。请完成实验题 1～实验题 8。

1．利用 readData( )函数从 data1.txt 中读入不同规模的数据并存入数组，编写基于数组的顺序查找算法，测试数据量为 1 万、5 万、10 万、20 万、30 万、40 万和 50 万时的数据查询时间（实验代码详见 lab9_01.c）。

```
#include "ArrayIo.h"
#define N 10000                          /*数据量,可自行修改*/
/*请将本函数补充完整,并进行测试*/
int seqsearch(int a[],int n,int key)
{


}
int main()
{   int a[N],n,x,pos;
    n=readData(a,N,"data1.txt"); /*从 data1.txt 文件中读入前 N 个数并存入 a 中，函数
返回成功读入的数据个数*/
    printf("请输入要查找的整数: ");
    scanf("%d",&x);
    pos=seqsearch(a,n,x);
    if(pos==-1)
        printf("查找失败");
    else
        printf("a[%d]=%d\n",pos,x);
}
```

2．利用 slnklist.h 中的 creatLink( )函数从 data1.txt 中读入不同规模的数据并存入不带头节点的单链表，编写基于单链表的顺序查找算法，测试数据量为 1 万、5 万、10 万、20 万、30 万、40 万和 50 万时的数据查询时间（实验代码详见 lab9_02.c）。

3．利用 readData( )函数从 data2.txt 中读入有序数据并存入数组，编写基于数组的非递归二分

查找算法，测试数据量为 1 万、5 万、10 万、20 万、30 万、40 万和 50 万时的数据查询时间（实验代码详见 lab9_03.c）。

4．利用 readData( )函数从 data2.txt 中读入有序数据并存入数组，编写基于数组的递归二分查找算法（实验代码详见 lab9_04.c）。

5．已知二叉树存储结构定义见 bstree.h，请编写一个算法函数 bstree creatBstreeByArray(int a[], int n)，以数组 a 中的数据作为输入建立一棵二叉排序树，并将建立的二叉排序树进行中序遍历（数组 a 中的原始数据可从 data1.txt 中读入，实验代码详见 lab9_05.c）。

6．设计一个递归算法，从大到小输出二叉排序树中所有关键字不小于 k 的节点值（实验代码详见 lab9_06.c）。

7．设计一个算法，在一棵二叉排序树中求出指定节点的层次，若树为空，则返回-1；若节点不在树中，则返回 0（实验代码详见 lab9_07.c）。

8．假设二叉排序树 t 中所有的关键字是由整数构成的，为了查找某关键字 k，会得到一个查找序列。设计一个算法，判断一个序列（存放在数组 a 中）是否是从 t 中搜索关键字 k 得到的序列（实验代码详见 lab9_08.c）。

实验 10　排序

一、实验目的

1．理解并掌握内排序各种算法的性能和适用场合。
2．理解并掌握 Shell 插入排序的基本思想及其算法。
3．理解并掌握堆排序的基本思想及其算法。
4．理解并掌握快速排序的基本思想及其算法。
5．理解并掌握归并排序的基本思想及其算法。
6．理解并掌握基于链表的基数排序的基本思想及其算法。
7．能根据具体问题的要求（如数据的初始特征），选择合适的算法。

二、实验内容

已知 data1.txt 中存储了 50 万个无序整数，本实验代码中的 ArrayIo.h 相关函数已修改为：n 个数据存储在数组 a 中的 1～n 位置，a[0]不存储数据。请完成实验题 1～实验题 9。

1．请设计直接插入排序算法函数 void insertSort(int a[],int n)，对 a[1],…,a[n]进行升序排列，并测试在不同数据规模（1 万～50 万）下的排序效率（实验代码详见 lab10_01.c）。

```
#include "ArrayIo.h"
#define N 10000   /*N 为数据量大小，因为 data1.txt 中只有 50 万个无序整数，所以自行设定 N
值时应使 N 小于等于 500000*/
/*请将本函数补充完整,并进行测试*/
void insertSort(int a[],int n)
{

}
int main()
{ int a[N+1],n;                /*有效数据存储在 a[1],…,a[N]中*/
  printf("数据初始化…\n");
  n=readData(a,N,"data1.txt");  /*从 data1.txt 中读入 N 个整数存入数组 a,n 为实际读
入的数据个数*/
```

```
    printf("%d 个数据排序中…\n",n);
    insertSort(a,n);
    saveData(a,n,"out.txt");          /*排序结果存放在 out.txt 文件中*/
    printf("排序结束,排序结果保存在 out.txt 文件中。\n");
    return 0;
}
```

2. 请设计二分插入排序算法函数 void binInsertSort(int a[],int n)，对 a[1],…,a[n]进行升序排列，并测试在不同数据规模下的排序效率（实验代码详见 lab10_02.c）。

3. 请设计 Shell 插入排序算法函数 void shellSort(int a[],int n)，对 a[1],…,a[n]进行升序排列，并测试在不同数据规模下的排序效率（实验代码详见 lab10_03.c）。

4. 请设计简单选择排序算法函数 void selectSort(int a[],int n)，对 a[1],…,a[n]进行升序排列，并测试在不同数据规模下的排序效率（实验代码详见 lab10_04.c）。

5. 请设计筛选函数 void sift(int a[],int k,int n)，对 a[k] 进行筛选，利用其设计堆排序算法函数 void heapSort(int a[],int n)，对 a[1],…,a[n]进行升序排列，并测试在不同数据规模下的排序效率（实验代码详见 lab10_05.c）。

6. 请设计冒泡排序算法函数 void bubbleSort(int a[],int n)，对 a[1],…,a[n]进行升序排列，并测试在不同数据规模下的排序效率（实验代码详见 lab10_06.c）。

7. 请设计快速排序算法函数 void quickSort(int a[],int low,int right)，对 a[low],…,a[right]进行升序排列，并测试在不同数据规模下的排序效率（实验代码详见 lab10_07.c）。

8. 请设计归并排序算法函数 void mergeSort(int a[],int n)，对 a[1],…,a[n]进行升序排列，并测试在不同数据规模下的排序效率（实验代码详见 lab10_08.c）。

9. 请设计基于链表的基数排序函数 void radixSort(linklist head)，对带头节点的整型非负单链表进行升序排列（slnklist.h 定义同实验 3，单链表中的最大整数为 500 000，实验代码详见 lab10_09.c）。

```
#include "slnklist.h"
struct node2
{
    linklist front,rear;
};
#define N 1000    /*N 为数据量大小,因为 data1.txt 中只有 50 万个无序整数,所以自行设定 N 值
时应使 N 小于等于 500000*/
/*请将本函数补充完整,并进行测试*/
void radixSort(linklist head)
{    struct node2 q[10];          /*队列*/

}
int  main()
{ linklist head;
  printf("数据初始化…\n");
  head=creatLink("data1.txt",N);          /*从 data1.txt 中读入 N 个整数存入数组 a,n 为实
际读入的数据个数*/
  printf("数据排序中…\n");
  radixSort(head);
  writetofile(head,"out.txt");          /*排序结果保存在 out.txt 中*/
  delList(head);
  return 0;
}
```

2

附录 2　综合实验

1. 基本要求

综合实验又称为课程设计，要求学生组成设计小组，综合运用所学各章知识上机解决与实际应用结合紧密的、规模较大的问题，通过分析、设计、编码和调试等各环节的训练，使学生深刻理解、牢固掌握、综合应用数据结构和算法设计技术，增强学生分析、解决实际问题的能力，培养学生项目管理能力和团队合作精神。

实验应该采用基本的软件工程开发方法。常用的软件开发方法是将软件开发过程划分为需求分析、概要设计和详细设计、编码实现及总结和整理报告 4 个阶段。每个阶段设置相应的里程碑进行检查，对学生的设计过程进行评价。

（1）需求分析阶段

首先应该充分地分析和理解问题，明确要求做什么、限制条件是什么。这里强调的是做什么，而不是怎么做。对所需完成的任务做出明确的回答。例如，输入数据的类型、值的范围以及输入的形式；输出数据的类型、值的范围及输出的形式；若是会话式的输入，结束标志是什么；是否接收非法的输入，对非法输入的回答方式是什么；等等。另外，还应该为调试程序准备好测试数据，包括合法的输入数据和非法的输入数据。同时，实验小组应对设计工作进行分工，并形成小组成员通过的书面记录。

（2）概要设计和详细设计阶段

设计通常分为概要设计和详细设计两步。在进行概要设计时，要对问题描述中涉及的操作对象定义相应的抽象数据类型，并按照自顶向下、逐步求精的原则划分模块，画出模块之间的调用关系图。详细设计原则是定义相应的存储结构并写出各函数的伪代码算法。

（3）编码实现阶段

在详细设计的基础上，用特定的程序设计语言编写程序。良好的程序设计风格可以保证我们较快地完成程序测试。程序的每行不要太长，每个函数不要太大，否则应该考虑将其分解为较小的函数。对函数功能、核心语句、重要的类型和变量等应给出注释。一定要按缩进格式书写程序，分清每条语句的缩进层次、上下对齐层次的括号，这样便于发现语法错误。

（4）总结和整理报告阶段

调试正确后，认真整理源程序及其注释，提交带有完整注释且格式良好的源程序并填写报告。

课程设计报告中除了上面提到的分析、设计过程，还应给出下面几方面内容。

① 调试分析：调试过程中主要遇到过哪些问题？是如何解决的？核心算法的时间复杂度和空间复杂度分析以及改进设想、经验和体会。

② 使用说明：列出每一个操作步骤，说明每一步的具体操作要求和注意事项。

③ 测试结果：采用测试数据，列出实际的输入、输出结果。

与课程设计报告同时提交的应包括一个说明文件以及实验程序的项目文件。说明文件应包括程序的运行环境、编译运行步骤和程序功能等内容；实验程序的项目文件应包含所有与项目相关的源代码、外部资源文件及配置文件。

2. 课程设计题例

以下题例仅供参考，读者可以结合应用背景与课程知识，自行设计更丰富的课程设计题目。

题例 1　图书管理程序

（1）问题描述

图书管理程序是大家非常熟悉的程序，高校图书管理系统实现图书馆馆藏图书的信息管理与图书借阅。请使用文件和顺序表分别作为外部与内部存储，设计一个简易的图书管理程序。

（2）基本功能

程序应具有以下基本功能。

① 新进图书基本信息的输入。

② 图书基本信息的查询。

③ 对撤销图书信息的删除。

④ 为借书人办理注册。

⑤ 办理借书手续。

⑥ 办理还书手续

（3）算法分析

本课程设计主要训练学生应用顺序表存储和管理信息的综合能力，涉及顺序表的删除、查找、插入和排序等基本算法。

题例 2　学生信息管理程序

（1）问题描述

学生信息包括学号、姓名、年龄、性别、出生年月、地址、电话和 E-mail 等。试设计一个学生信息管理程序，实现学生信息的电子化管理。要求：使用文件方式存储数据，采用链表组织学生数据。

（2）基本功能

程序应具有以下基本功能。

① 系统以菜单方式工作。

② 学生信息录入功能（学生信息用文件保存）——输入。

③ 学生信息浏览功能——输出。

④ 学生信息查询功能——按学号查询、按姓名查询。

⑤ 学生信息的删除与修改。

⑥ 学生信息的排序（按学号排序、按年龄排序）。

（3）算法分析

本课程设计主要训练学生应用链表存储和管理信息的综合能力，涉及链表的删除、查找、插入和排序等基本算法。

题例 3　Huffman 编/译码系统

（1）问题描述

利用 Huffman 编码进行信息通信可大大提高信道利用率，缩短信息传输时间，降低传输成本。要求：在发送端通过一个编码系统对待传输数据预先编码；在接收端将传入的数据进行译码（复原）。对于双工信道（即可以双向传输信息的信道），每端都需要一个完整的编/译码系统。试为这样的信息收发站写一个 Huffman 编/译码系统。

（2）基本功能

系统应具有以下功能。

① I：初始化。从终端读入字符集大小 n 及 n 个字符和 n 个权值，建立 Huffman 树，并将它存于文件 HuffmanTree 中。

② C：编码。利用已建立好的 Huffman 树（如不在内存，则从文件 HuffmanTree 中读入），对文件 tobetrans 中的正文进行编码，然后将结果存入文件 codefile 中。

③ D：解码。利用已建立好的 Huffman 树将文件 codefile 中的代码进行译码，结果存入 testfile 中。

④ P：输出代码文件。将文件 codefile 以紧凑格式显示在终端上，每行 50 个代码；同时将此字符形式的编码文件写入文件 codeprint 中。

⑤ T：输出 Huffman 树。将已在内存中的 Huffman 树以直观的方式（树或凹入表形式）显示在终端上，同时将此字符形式的 Huffman 树写入文件 treeprint 中。

（3）算法分析

本题例主要用到 3 个算法，如下。

① Huffman 编码。在初始化（I）的过程中，要用输入的字符和权值建立 Huffman 树并求得 Huffman 编码。先将输入的字符和权值放到一个结构体数组中，建立 Huffman 树，将计算所得的 Huffman 编码存储到另一个结构体数组中。

② 代码段的匹配。在解码（D）的过程中，要对已经编码过的代码进行译码，可利用循环将代码中与 Huffman 编码长度相同的代码段与这个 Huffman 编码进行比较，如果相等就回显并存入文件。

③ 二叉树的遍历。在输出 Huffman 树（T）的过程中，因为 Huffman 树也是二叉树，所以就要利用二叉树的前序遍历将 Huffman 树输出。

题例4 电话号码查询系统

（1）问题描述

设计散列表实现电话号码查询系统。

（2）基本功能

系统应具有以下基本功能。

① 每个记录有数据项：电话号码、用户名、地址。

② 从键盘输入各记录，分别以电话号码和用户名为关键字设计散列表；采用不同的散列函数，比较冲突率。

③ 采用适当的方法解决冲突；在散列函数确定的前提下，尝试不同类型处理冲突的方法，考察平均查找长度的变化。

④ 查找并显示给定电话号码的记录。

⑤ 查找并显示给定用户名的记录。

题例5 农夫过河问题

（1）问题描述

一个农夫带着一只狼、一只羊和一棵白菜，身处河的南岸，他要把这些东西全部运到北岸。他面前只有一条小船，船只能容下他和一件物品，另外只有农夫才能撑船。如果农夫在场，则狼不能吃羊，羊不能吃白菜；否则狼会吃羊，羊会吃白菜。所以农夫不能留下羊和白菜自己离开，也不能留下狼和羊自己离开，而狼不吃白菜。要求给出农夫将所有的东西运过河的方案。

（2）问题提示

求解该问题的简单方法是一步一步地进行试探，每一步搜索所有可能的选择，结合对前一步状态的分析，考虑下一步的方案。

模拟农夫过河需要对问题中每个角色的位置进行描述。可用 4 位二进制数顺序表示农夫、狼、羊和白菜的位置。用 0 表示农夫、狼、羊、白菜在河的南岸，1 表示在河的北岸。问题变成：从初始状态二进制 0000（全部在河的南岸）出发，寻找一种全部由安全状态构成的状态序列，它以二进制 1111（全部到达河的北岸）为最终目标，并且在序列中的每一个状态都可以从前一状态得到。为避免重复，要求在序列中不出现重复的状态。

实现求解的搜索过程可采用广度优先搜索和深度优先搜索实现。

农夫过河问题的广度优先算法，把每一步所有可能的状态都放在队列中，从队列中顺序取出分别进行处理，处理过程中再把下一步的状态放在队列中……具体算法中需要用到一个整数队列 moveTo，它的每个元素表示一个可以安全到达的中间状态。还需要一个数据结构记录已被访问过的各种状态，以及已被发现的能够到达当前这个状态的路径。构造一个包含 16 个元素的整数顺序表 route 来列举所有 16 种状态（二进制 0000 到 1111）。顺序表 route 的每个分量初始值为-1，第 i 个元素记录状态 i 是否已被访问过，若已被访问过，则在这个顺序表元素中记录前驱状态值。route 的一个元素具有非负值表示这个状态已访问过，或者正被考虑。最后，可以利用 route 顺序表元素的值建立起正确的状态路径。

（3）功能设计

① 确定农夫、狼、羊和白菜位置的功能模块。

用整数 locate 表示 4 位二进制数描述的状态。用 4 位二进制数表示农夫、狼、羊和白菜，使用位操作的"与"操作来考察每个角色所在位置的代码是 0 还是 1。函数返回值为真，表示所考察的角色在河的北岸；否则在南岸。

② 确定安全状态的功能模块。

此功能模块通过位置分布的代码来判断当前状态是否安全。若状态安全则返回 1，状态不安全则返回 0。

③ 将各个安全状态还原成友好的提示信息的功能模块。

由于 route 顺序表中存放整型数据，使用状态表把各个整数按照 4 位二进制数的各个位置上的 0、1 代码所表示的含义输出成容易理解的文字。附表 1 所示为测试结果。

附表 1　测试结果

步骤　　　状态	南岸	北岸
0	农夫　狼　羊　白菜	—
1	狼　白菜	农夫　羊
2	狼	农夫　羊　白菜
3	农夫　狼　羊	白菜
4	羊	农夫　狼　白菜
5	农夫　羊	狼　白菜
6	—	农夫　狼　羊　白菜

题例 6　全国交通咨询模拟

（1）问题描述

具有不同目的的旅客对交通工具有不同的要求。例如，因公出差的旅客希望在旅途中的时间尽可能短，出门旅游的游客则期望旅费尽可能省，而老年旅客则要求中转次数最少。编制一个全国城市间的交通咨询程序，为旅客提供 2 种或 3 种最优决策的交通咨询。

（2）基本功能

基本功能如下。

① 提供对城市信息进行编辑（如添加或删除）的功能。

② 城市之间有两种交通工具，即火车和飞机，提供对列车时刻表和飞机航班进行编辑（增设或删除）的功能。

③ 提供两种最优决策：最快到达和最省钱到达。全程只考虑一种交通工具。

④ 旅途中耗费的总时间应该包括中转站的等候时间。

⑤ 咨询以用户和计算机的对话方式进行。输入信息为起始站、终点站、最优决策原则和交通工具，输出信息为最快需要多长时间才能到达或者最少需要多少旅费才能到达，并详细说明于何时乘坐哪一趟列车或哪一次班机到何地。

测试数据：参考全国交通图，自行设计列车时刻表和飞机航班。

（3）实现提示

① 对全国城市交通图和列车时刻表及飞机航班表进行编辑，应该提供文件形式输入和键盘输入两种方式。飞机航班表的信息应包括起始站的出发时间、终点站的到达时间和票价；列车时刻表则需根据交通图给出各个路段的详细信息。

② 以邻接表作为交通图的存储结构，表示边的结构内除含有邻接点的信息外，还应包括交通工具、路程中耗费的时间和花费以及出发和到达的时间等多种属性。

选做内容：增加旅途中转次数最少的最优决策。

题例7　例句搜索

我们在写英文文章时，遇到生词可能会借助一些字典工具，来查找某个词的词义、词性。但是如果仅仅根据这些还不是太容易掌握其地道的用法，很有可能造出"中国式的英语"，而直接借鉴别人的使用方法是一种比较可靠的途径。该题例的目的就是做一个好用的根据英语单词查找相应例句的搜索程序。

（1）问题描述

输入某一个（或若干个）英语单词，要求返回相应的英语例句。

可以按下列3个步骤来进行。

① 准备语料。寻找英语文章，如托福、GRE的文章等，或者下载一些英语新闻。

② 处理语料。对语料进行清理、分句、索引、生成字典。需要做一些取语干的操作。分句可以根据标点符号处理，也可以根据提供的资料进行处理。

③ 根据索引进行查询。支持一个或多个查询，需要进行取词干的处理。例如，查read，那么reading等单词也要能够返回。

（2）问题提示

① 索引功能是基本的功能，而且需要物化到外存。不能每次机械地从原始语料中去匹配字符串，也不能每次都是在内存里建立好索引，下次启动程序时又重新建立一次索引。

② 索引的粒度可以自己根据实际情况调整。由于查询的结果是语句，如果按照词与文章的关系建立倒排索引，每次去查询时可能需要太多的匹配操作。而且如果只是针对原始语料进行索引，最后需要从文档中找出句子，导致查询比较慢。

③ 可以针对一些特殊类型的单词做一些处理，如一些常用词，这些词可能导致索引膨胀得比较厉害，可以进行一些删减。

④ 可以预先定义一个词典，这个词典可以扩充。需要保证在语料中的词都能够被检索到。预先定义的词典可以包含其他内容，如单词中的中文翻译等。

⑤ 查询的基本要求是给出一个单词，可以找出这些单词对应的例句。

（3）加分功能

① 支持解释单词的意思，中英文解释皆可。这可能需要学生自己找词库。当然，如果能够根据语料库的内容来自动生成解释可以加更多的分（如网络上的新词、一些特殊用法等）。

② 支持不断增加的语料库。

③ 支持一些复杂的查询，如布尔查询；支持中文查询（输入中文词语，查询对应的英语单词的语句），或者一些拼写检查的功能、近义词查询等。

④ 支持一些相关信息查询，如同义词、反义词、词形变化、固定搭配和相关搭配（如一个名词前常用的形容词等）。

⑤ 其他更多的先进功能，如例句的好坏评价、语法分析等。